智能变电站原理及测试技术

冯 军 主编

ZHINENG BIANDIANZHAN YUANLI JI CESHI JISHU

U0913740

中国电力出版社
CHINA ELECTRIC POWER PRESS

内容提要

本书以智能变电站工程技术应用为主线，系统阐述了智能变电站的原理和测试技术，包括智能变电站概述，IEC 61850 协议体系介绍，电子式互感器原理及测试技术，过程层原理及测试技术，站控层原理及测试技术，智能变电站对时、同步原理及其测试技术，变电站智能状态监测系统，物联网在智能变电站的应用，智能变电站工程测试技术，常用测试仪器及软件等内容。

本书系统介绍了智能变电站的测试技术，对智能变电站的工程实践具有较大的指导价值。本书可供变电站技术管理、运行、检修等专业人员参考，也可供高校、科研单位及制造厂商借鉴学习。

图书在版编目（CIP）数据

智能变电站原理及测试技术/冯军主编．—北京：中国电力出版社，2011.5

ISBN 978-7-5123-1667-6

Ⅰ．①智…　Ⅱ．①冯…　Ⅲ．①变电所-智能技术②变电所-测试技术　Ⅳ．①TM63

中国版本图书馆 CIP 数据核字（2011）第 083433 号

中国电力出版社出版、发行

（北京市东城区北京站西街 19 号　100005　http://www.cepp.sgcc.com.cn）

北京瑞禾彩色印刷有限公司印刷

各地新华书店经售

*

2011 年 6 月第一版　　2013 年 1 月北京第二次印刷

787 毫米×1092 毫米　16 开本　19 印张　452 千字

印数 4001—7000 册　　定价 **80.00** 元

编 委 会

主　　编　冯　军

副 主 编　马苏龙　孟庆强

编委会成员　肖向东　甄玉林　鲁庭瑞　王海林
张　龙　刘华伟　龚　冰　林　敏
周志刚　蔡升华　蒯狄正　文乐斌
许　扬　朱　斌　张　军　王建明

编写组组长　蒯狄正

编写组副组长　文乐斌　陈久林　袁宇波

编写组成员　（按姓氏笔画排）
卜强生　马长征　王立辉　王忠东
王洪帅　王　展　邓洁清　卢树峰
伍雪峰　刘　伟　刘孝刚　孙纯军
孙　健　朱晓燕　严国平　宋亮亮
张子阳　张小易　张　帆　张佳敏
李修金　杨世海　苏　麟　洪幼江
费益军　高　磊　崔晓祥　曹海欧
黄　伟　黄浩声　魏　旭

序

我国电力工业正面临着新的形势，能源发展格局、电力供需状况、电网发展方式正在发生着深刻的变化。加快建设以特高压电网为骨干网架、各级电网协调发展，以信息化、自动化、互动化为特征的坚强智能电网，努力实现我国电网从传统电网向高效、经济、清洁、互动的现代电网的升级和跨越，为经济社会又好又快发展提供强大支撑。

智能变电站是建设坚强智能电网的重要组成部分，基于 IEC 61850 标准的智能变电站将变革传统的变电站运行、检修模式，同时电子式互感器、智能化保护测控、监控系统、智能状态监测系统等新设备、新技术的应用为电网带来了新的机遇和挑战。为此，尽快编写一本能够阐述智能变电站原理及测试技术的实用教材，有针对性地帮助运行、检修人员全面了解智能变电站技术，更好地推广智能变电站建设，是一件具有重要意义的工作。

江苏省电力公司积极响应国家电网公司的号召，依托国家电网公司变电站智能设备检测技术实验室，全方位开展了变电站一、二次智能设备试验技术的研究。在国家电网公司 220kV 西泾智能变电站、500kV 苏州东智能变电站及 500kV 常熟南智能变电站工程试验及研究过程中，理论联系实际，积极探索新技术、新方法，并将其融入本书的内容中，体现广大专业技术人员的智慧与经验。

希望本书的出版能为电网技术管理、运行、检修等专业人员对智能变电站原理及测试技术有一个全面的了解；同时本书介绍了智能变电站测试过程中遇到的问题及解决方案，可为高校、科研单位及制造厂商对智能变电站的现场应用需求提供有价值的参考，并在智能变电站建设与实践中不断探索和提高，为我国坚强智能电网电网建设作出贡献。

江苏省电力公司总经理

前言

智能变电站是智能电网的重要组成部分，随着智能变电站建设和推广应用的逐步深入，迫切需要对智能变电站的工程应用进行阶段性总结，并对智能变电站的工程技术进行深入阐述。

本书以智能变电站工程技术应用为主线，系统阐述了智能变电站的原理和测试技术，总结了江苏省电力公司在智能变电站建设过程中的工程应用经验。本书从电子式互感器、合并单元、智能保护测控、监控系统、状态监测系统等智能变电站的关键设备入手，对智能变电站各模块进行全面深入的阐述，并结合工程实际，阐述智能变电站集中集成测试方法、现场调试的技术方法。

智能电网的发展是一个渐进的过程，本书仅是对现有研究和实践成果的总结，目的是为今后智能变电站的建设提供借鉴和指导。随着对变电站智能化技术研究的深入，智能变电站的建设模式必将进一步丰富，并形成一套成熟、稳定、可靠、先进的智能变电站技术体系。

本书由江苏省电力公司组织编写，冯军担任主编，马苏龙、孟庆强担任副主编。参加编写的同志都具有丰富的现场实践经验和较强的理论基础，其中，第一章由陈久林、袁宇波、崔晓祥编写，第二章由朱晓燕、黄伟编写，第三章由王立辉、孙健、卜强生、袁宇波编写，第四章由高磊、卜强生、邓洁清、苏麟编写，第五章由张小易、黄浩声、张帆编写，第六章由宋亮亮、高磊、袁宇波编写，第七章由刘伟、张子阳、魏旭编写，第八章由王建明、洪幼江、费益军编写，第九章由邓洁清、袁宇波、卜强生、李修金、张佳敏、马长征编写，第十章由王洪帅、卜强生编写。

在本书的编写过程中，江苏省电力公司电力科学研究院、无锡供电公司等单位的领导高度重视并给予了大力支持；同时本书得到了国电南自、南瑞继保、南瑞科技、北京四方、许继电气等公司的大力支持与帮助。另外本书的编写还参阅了相关参考文献、技术标准和技术说明书等。在此，对以上单位及相关作者表示衷心的感谢！

本书的初稿得到了东南大学陆于平教授，国网电科院李力、陈德辉，国电南自林俊，夏盛铭、兰金波，江苏方天电力技术有限公司李澄等专家的审阅，专家们提出了很多宝贵的修改意见，在此表示衷心的感谢！

由于编写时间仓促，书中难免有疏漏和不足之处，恳请读者批评指正。

目录

序
前言

1 智能变电站概述 …… 1

1.1 智能变电站的基本概念及特点 …… 1
1.2 智能变电站中的主要技术 …… 2

2 IEC 61850 协议体系介绍 …… 11

2.1 IEC 61850 概述 …… 11
2.2 面向对象技术 …… 12
2.3 变电站配置语言 SCL …… 14
2.4 抽象通信服务接口 ACSI …… 17
2.5 制造报文规范(MMS) …… 18
2.6 面向通用对象事件模型 …… 19
2.7 采样值服务 …… 22
2.8 一致性测试 …… 22
2.9 虚端子 …… 23
2.10 配置文件的应用 …… 24

3 电子式互感器原理及测试技术 …… 36

3.1 电子式互感器概述 …… 36
3.2 电子式电流互感器原理 …… 37
3.3 电子式电压互感器原理 …… 43
3.4 电子式互感器测试技术 …… 45
3.5 电子式互感器应用中注意问题 …… 54

4 过程层原理及测试技术 …… 57

4.1 智能变电站过程层特点 …… 57
4.2 智能变电站过程层设备 …… 58
4.3 智能变电站过程层网络 …… 64
4.4 智能变电站过程层典型配置 …… 76

4.5 智能变电站过程层测试技术 …… 79

5 站控层原理及测试技术 …… 93

5.1 智能变电站站控层特点 …… 93
5.2 智能变电站站控层原理 …… 94
5.3 站控层测试技术 …… 103
5.4 站控层典型报文解析 …… 108

6 智能变电站对时、同步原理及其测试技术 …… 117

6.1 对时方法介绍 …… 117
6.2 IEEE 1588 精密时钟技术 …… 120
6.3 智能终端 IEEE 1588 对时应用 …… 128
6.4 采样值同步技术 …… 133
6.5 同步测试技术 …… 137

7 变电站智能状态监测系统 …… 143

7.1 电力设备状态监测概述 …… 143
7.2 智能状态监测系统 …… 152

8 物联网在智能变电站的应用 …… 187

8.1 物联网技术概述 …… 187
8.2 物联网应用于智能变电站状态监测和辅助系统 …… 191
8.3 智能变电站辅助系统设计实例 …… 195

9 智能变电站工程测试技术 …… 199

9.1 西泾智能变电站工程配置 …… 199
9.2 西泾智能变电站 IEC 61850 工程应用模型 …… 227
9.3 智能变电站集中集成测试技术 …… 235
9.4 智能变电站现场测试技术 …… 243

10 常用测试仪器及软件 …… 261

10.1 虚端子自动生成系统 …… 261
10.2 数字化继电保护测试仪 …… 264
10.3 电子式互感器校验仪 …… 270
10.4 网络报文分析仪 …… 275
10.5 网络性能测试仪 …… 280
10.6 网络抓包工具 …… 284

参考文献 …… 290

1 智能变电站概述

在发电、输电、变电、配电、用电和调度六个环节之中，变电环节占据着相当重要的地位，智能变电站因此成为建设坚强智能电网的重要组成部分。国家电网公司智能电网规划报告变电环节发展目标中指出："设备信息和运行维护策略与电力调度实现全面互动，实现基于状态的全寿命周期综合优化管理。枢纽及中心变电站全面建成或改造成为智能化变电站，实现全网运行数据的统一采集、实时信息共享以及电网实时控制和智能调节，支撑各级电网的安全稳定运行和各类高级应用。"网络技术、传感器技术、信息技术的发展，使传统的变电站向智能变电站的转变逐渐成为现实。目前，国内已经陆续有各电压等级的智能变电站投入运行，智能变电站的建成投运可大幅提升设备智能化水平和设备运行可靠性，实现变电站无人值班和设备操作的自动化，提高资源使用和生产管理效率，使运行更加经济、节能和环保。

本章介绍智能变电站的基本概念及特点，阐述智能变电站对电力系统生产运行带来的影响及发展趋势。

1.1 智能变电站的基本概念及特点

智能变电站是以数字化变电站为依托，通过采用先进的传感、信息、通信、控制、人工智能等技术，建立全站所有信息采集、传输、分析、处理的数字化统一应用平台，实现变电站的信息化、自动化、互动化。它以全站信息数字化、通信平台网络化、信息共享标准化为基本要求，自动完成信息采集、测量、控制、保护、计量和监测等基本功能，并可根据需要支持电网实时自动控制、智能调节、在线分析决策、协同互动等高级功能，实现与相邻变电站、电网调度的互动。

智能变电站是数字化变电站的延续和发展，以一次设备参量数字化、标准化和规范化信息平台为基础，实现全站信息化、自动化、互动化的变电站。常规变电站的各个子系统是信息的孤岛，相互之间没有充分的联系。随着各种先进技术的发展及 IEC 61850 统一规约的应用，可以将各种应用以统一的规约通信方式交互到统一的信息平台，实现信息资源的共享。因此智能变电站包括了统一的信息平台，统一的传输规约，将一、二次状态信息统一应用到一体化的信息平台中去，实现变电站的信息化、自动化、互动化。

作为智能电网的一个重要节点，智能变电站是指以变电站一、二次设备为数字化对象，以高速网络通信平台为基础，通过对数字信息进行标准化，实现站内外信息共享和互操作，实现测量监视、控制保护、信息管理、智能状态监测等功能的变电站。智能变电站是坚强可靠的变电站，具有“一次设备智能化、全站信息数字化、信息共享标准化、高级应用互动化”等重要特征。

(1) 坚强可靠的变电站：智能变电站除了关注站内设备及变电站本身可靠性外，更关注自身的自诊断和自治功能，做到设备故障提早预防、预警，并可以在故障发生时，自动将设备故障带来的供电损失降至最低。

(2) 一次设备智能化：随着基于光学或电子学原理的电子式互感器和智能断路器的使用，常规模拟信号和控制电缆将逐步被数字信号和光纤代替，测控保护装置的输入输出均为数字通信信号，变电站通信网络进一步向现场延伸，现场的采样数据、开关状态信息能在全站甚至广域范围内共享。

(3) 全站信息数字化：实现一、二次设备的灵活控制，且具备双向通信功能，能够通过信息网进行管理，使全站信息采集、传输、处理、输出过程完全数字化。

(4) 信息共享标准化：基于 IEC 61850 标准的统一标准化信息模型实现了站内外信息共享。智能变电站将统一和简化变电站的数据源，形成基于同一断面的唯一性、一致性基础信息，通过统一标准、统一建模来实现变电站内的信息交互和信息共享，可以将常规变电站内多套孤立系统集成为基于信息共享基础上的业务应用。

(5) 高级应用互动化：实现各种站内外高级应用系统相关对象间的互动，满足智能电网互动化的要求，实现变电站与控制中心之间、变电站与变电站之间、变电站与用户之间和变电站与其他应用需求之间的互联、互通和互动。

1.2 智能变电站中的主要技术

智能变电站技术是不断发展的，随着智能化开关、电子式互感器、一次运行设备在线状态监测等技术的日趋成熟和逐步推广应用，原来的自适应技术在继电保护方面的应用取得重大突破，实现变电站全数字化已经成为现实，并逐渐向融合高级功能应用的智能化方向过渡。智能变电站的发展趋势将主要体现以下三个方面：

(1) 设备方面。随着新型互感器数据采集准确性和运行可靠性提高，智能变电站逐步实现一次设备的自动测量、自动调节、自身状态监测及预警、通信功能，实现一次设备的灵活控制，且具备双向通信功能，能够通过信息网进行管理。

(2) 系统方面。智能变电站在全数字化变电站的基础上，通过信息一体化平台采集全站 SCADA 数据、保护信息数据、录波数据、计量数据、在线监测数据，利用变电站自动化系统高级应用模块，对数据进行深度挖掘、分析，实现智能告警、顺序控制、设备状态可视化、故障信息综合分析决策等。引入智能专家决策系统和控制系统，针对分布式电源并网可能产生的稳定与电能质量问题，与配电自动化系统有机结合，建立智能控制系统和储能系统。

(3) 建设与运行管理。采用 IEC 61850 标准建模的智能变电站将逐步向结构紧凑化、功能集成化、设计模块化方向发展。同时，易扩展、易升级、易改造和易维护特性将使智能变电站的运行管理。

鉴于目前智能变电站技术管理评价体系不够完善，一次智能设备和高级应用技术水平不够成熟，在今后智能变电站的发展中，以下四个方面需要重点开展研究：

(1) 智能变电站检验测试平台及评价体系。智能变电站设备的实现方式和应用方式均有较大变化，对智能变电站各种设备的检验测试提出了新的要求，而智能变电站设备的可靠性对整个变电站乃至整个电网的安全稳定性是至关重要的，随着智能变电站技术的推进，单个设备与其他设备的关联性日益紧密，因此，迫切需要探索对设备的系统级测试手段以及相应的测试方法，并建立对智能变电站设备的科学评价体系。例如，统一规范的电子式互感器试验认证体系、电子式电能计量系统的校验体系、基于 IEC 61850 的变电站网络的可靠性及实时性测试体系等。

(2) 智能变电站运维技术研究。智能变电站中应用的很多新技术需要经过长期的实践考验，如电子式互感器、网络等设备的运行，通过运维过程中的经验总结，及时地反馈到智能变电站设备的设计和制造环节，建立智能变电站运维技术标准体系等。

(3) 一次设备智能化研究。逐步实现一次设备的自动测量，自动控制，自动调节，自身状态监测及预警、通信功能（实现一次设备的灵活控制，且具备双向通信功能，能够通过信息网进行管理）。

(4) 高级数据处理技术。开展变电站动态数据分析处理技术研究，实现各种站内外高级应用系统相关对象间的互动，全面满足智能电网运行、控制要求。在初步完成一次设备智能化和高级应用互动化研究的基础上，建设具备全站信息数字化、通信平台网络化、信息共享标准化、高级应用互动化技术特征的智能变电站。

1.2.1 IEC 61850 通信技术体系

IEC 61850 是目前关于变电站自动化系统及其通信的国际标准，它不是一个简单的通信协议，全称是“Communication networks and system in substations”，即变电站通信网络和系统。其技术特点是对变电站的通信进行信息分层、面向对象建模、统一的描述语言和抽象服务接口，区别于常用的通信协议，如 TCP/IP 协议、IEC 60870－5－101 和 IEC 60870－5－104，其他协议只规定了报文的格式和内容。

20 世纪 80 年代，微机远动设备取代了常规远动设备，通信标准从 1985 年开始使用的 CDT、Polling、现场总线等十几种协议，逐渐统一到 IEC 60870－5－101、IEC 60870－5－103、IEC 60870－5－104 几个标准，这也是通信、计算机技术的发展给变电站自动化系统带来的必然结果。随着网络技术给变电站自动化系统带来的根本性改变，必须要有一种适合于百兆、千兆以太网的变电站传输规约技术。IEC 61850 采用了面向对象建模、自描述的方式，因此，比其他的通信标准更具有长久的生命力，实现了变电站内不同厂家电子设备(IED) 之间的互操作和信息共享，同时，IEC 61850 能为智能变电站的一次设备状态监测提供有效的标准。

1.2.2 新型传感器技术

电子式互感器是电力系统中用于电能计量和继电保护的重要设备之一，是实现智能变电站“信息化”的关键设备，其测量准确度及可靠性对电力系统的安全、稳定和经济地运行有着重要的影响。随着电压等级的升高，电子式互感器的综合优势更加明显，尤其对于超高压和特高压系统，电子式互感器的绝缘性能和暂态特性优良，能承受高水平的动热稳定，适应强电磁环境，有着常规互感器不可比拟的优势。

电子式电流互感器采用低功耗线圈（LPCT）、罗氏线圈或光学材料作为一次传感器。电子式电压互感器采用电阻/电容分压器或光学材料作为一次传感器，利用光纤进行信号传输，通过对测量电量的信号处理，实现数字量或模拟量的输出。

电子式互感器与常规的互感器的区别在于，由连接到传输系统和二次转换器的一个或多个电流或电压传感器组成，用于传输正比于被测量的量，供测量仪器、仪表和继电保护或控制装置使用。若采用数字接口，一组电子式互感器共用一台合并单元完成此功能。合并单元可以是互感器的一个组成件，也可以是一个分立单元，例如安装在控制室内。

（一）电子式电压互感器

电子式电压互感器主要利用常规的电分压原理和光学传感原理制成，电分压原理主要有电容、电感和电阻三种，光学传感原理主要是电光 Pockels 效应、电网 Kerr 效应、逆电压效应。

电力系统对电压互感器的稳定性与可靠性要求很高，稳定性与可靠性是光学电压互感器所要解决的主要问题。美国、日本、法国等虽已研制出高至 765kV 的系列光学电压互感器，但其稳定性与可靠性还未能达到实用化的要求。影响光学电压互感器稳定性与可靠性的主要因素是运行环境、振动、温度等，目前智能变电站中主要基于电分压原理的电子式电压互感器。

（二）电子式电流互感器

目前，市场上电子式电流互感器主要有三种，它们的信号转换电路的结构配置如图 1－1 所示：

（1）罗氏线圈＋LPCT。罗氏线圈和 LPCT 属于有源工作方式（即一次侧电路需要电源），敏感元件是空心线圈，与采集电路之间无任何隔离，属于“互感器”，LPCT 为低功耗线圈。

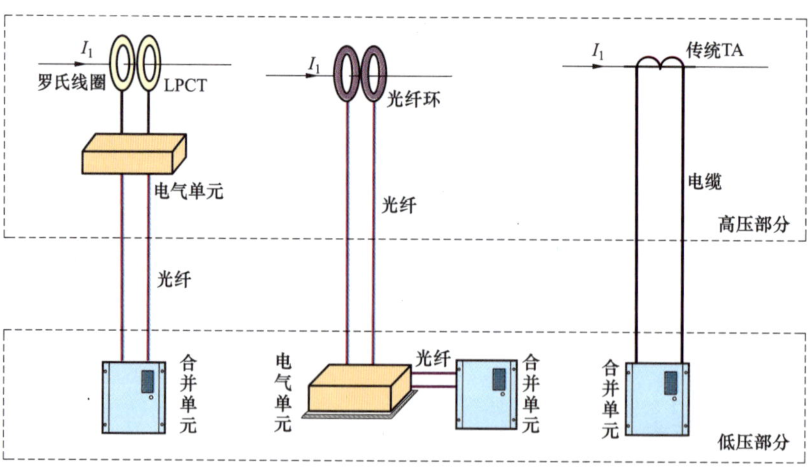

图 1－1 几种典型的电子式互感器信号转换电路的结构配置示意图

（2）光学器件电流互感器。主要包括磁光玻璃型电流互感器和全光纤型电流互感器，属于无源工作方式，敏感元件是磁光玻璃或光纤，与采集电路之间实现了完全的光隔离，属于“传感器”。

（3）常规互感器+合并单元方式。这种方式是将常规互感器的二次电流线圈直接接入到合并单元中，转换成数字量送到计量和保护装置，该方式比较适合常规变电站的智能化改造。

1.2.3 数字化变电站

智能变电站的早期表现形式主要是数字化变电站。从技术发展的路线来看，智能变电站的技术发展和建设是分阶段完成的。现阶段，以数字化变电站技术体系为基础，探索建设符合智能电网要求的智能变电站；未来几年，随着在线监测技术和资产全寿命周期管理理论的发展，逐步完善具有智能预警监控功能的智能变电站。

数字化变电站是由电子式互感器、智能化开关等智能化一次设备、网络化二次设备分层构建，建立在 IEC 61850 通信规约基础上，能够实现变电站内电气设备间信息共享和互操作的变电站。

IEC 61850 将变电站在逻辑上分为变电站层（第三层）、间隔层（第二层）、过程层（第一层）三层体系架构，如图 1－2 所示，变电站层通常也称为站控层。在变电站层和间隔层之间的网络通信采用抽象通信服务接口映射到制造报文规范（MMS）、传输控制协议/网际协议（TCP/IP）；在间隔层和过程层之间的网络采用单点向多点的单向传输以太网。变电站内的智能电子设备、测控单元和继电保护均采用统一的协议，通过网络进行信息交换。

图 1－2 中各逻辑接口的定义如下：

IF1：间隔层和变电站层之间保护数据交换，如保护动作事件等。

IF2：间隔层与远方保护之间保护数据交换，如线路差动保护中光纤通道之间的数据

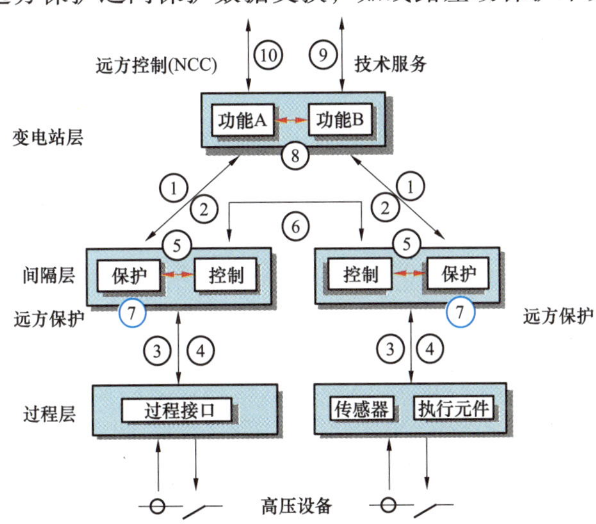

图 1－2　数字化变电站的三层体系结构

①—IF1；②—IF6；③—IF4；④—IF5；⑤—IF3；⑥—IF8；⑦—IF2；⑧—IF9；⑨—IF7；⑩—IF10

交换。

IF3：间隔层间隔内数据交换。

IF4：过程层和间隔层之间电子式互感器瞬时数据交换，如保护接收瞬时采样值 SV 数据。

IF5：过程层和间隔层之间控制数据交换，如保护向智能终端发送的 GOOSE 跳闸信号。

IF6：间隔层和变电站层之间控制数据交换，如监控后台发送给测控装置的保护控制命令。

IF7：变电站层与远方工程师站的数据交换。

IF8：间隔层间隔之间直接数据交换，尤其是“五防”联/闭锁这样的快速功能。

IF9：变电站层内数据交换。

IF10：变电站（装置）和远方控制中心之间控制数据交换。

数字化变电站具有一次设备智能化、互感器数字化、二次设备网络化、传输介质光纤化、通信标准统一化、信息应用集成化六大特征。主要表现在：硬件上由智能化一次设备（电子式互感器、智能化开关等）和网络化、数字化二次设备组成；软件上以 IEC 61850 标准作为通信协议，实现设备间充分的信息共享和互操作。数字化变电站典型网络结构如图 1 -3 所示。

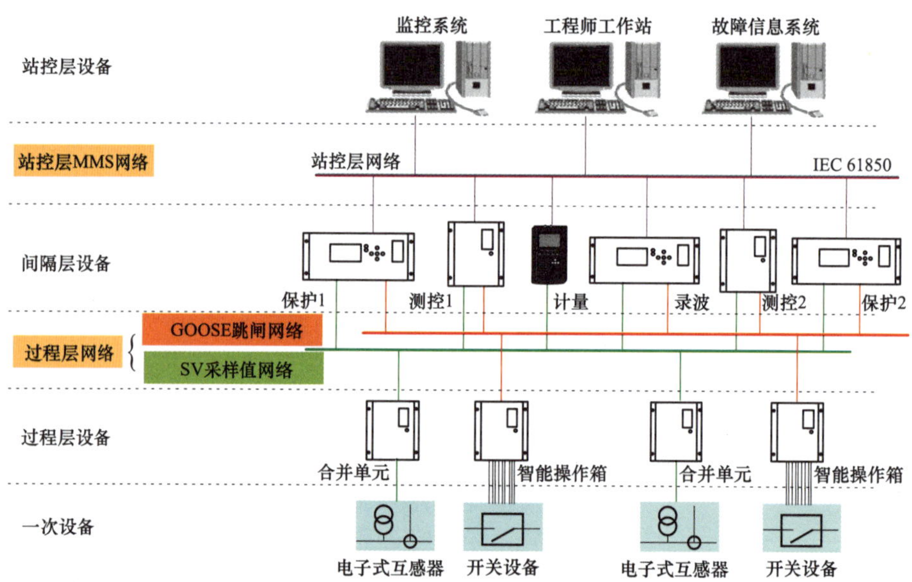

图 1 -3 数字化变电站的网络结构

变电站数字化的程度可从图 1 -4 中三个网络的数字化程度来判断：

（1）站控层网络是否采用了 IEC 61850 协议；站控层的协议由 IEC 61850 替代原来的 103 或 104。

（2）开关量跳闸二次回路是否实现了网络化、数字化；过程层 GOOSE 实现开关量信号采集传输及跳闸功能。

（3）模拟量采集二次回路是否实现了网络化、数字化；过程层 SV 实现模拟量采样及传输，通过网络方式实现数据交换和共享。

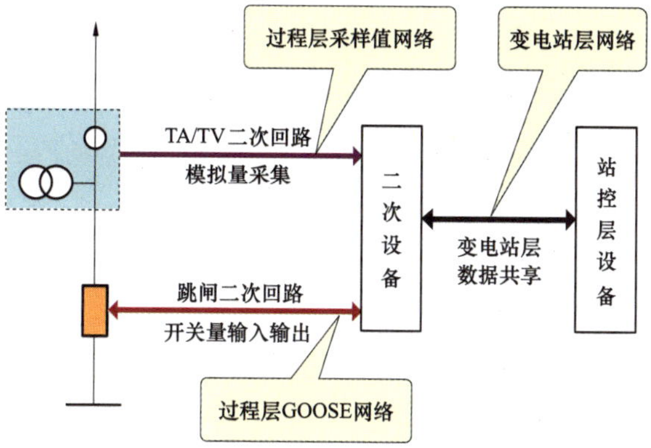

图 1－4　数字化变电站中网络数字化程度

1.2.4　智能化一次设备

开关设备是输配电网络的基础设备，一般分为一次设备和辅助设备两个部分：一次设备即开关设备的高压部分，用于高压绝缘、载流和开合等；辅助设备即开关设备的低压部分，用于主元件的控制和监测，随高压部分分散安装。

一次设备如断路器、隔离开关等高压部件，其技术已非常成熟，其故障率远低于控制设备的故障率。鉴于传统开关设备存在不足且电力系统要求的可靠性及自动化越来越高，随着电子技术的快速发展，催生了智能开关设备的概念。智能开关设备是指具有较高性能的开关设备和控制设备，配装有电子设备、变送器和执行器，不仅具有开关设备的基本功能，还具有附加功能，尤其是监测和诊断功能。目前，智能开关设备是智能变电站技术体系中技术相对滞后的环节。开关设备仅限于通过智能终端（也称智能操作箱，相当于控制执行、采集单元）与开关设备接口实现网络化操作和接入，与智能变电站信息化、自动化、互动化有较大的差距。目前智能化一次设备有以下三种表现形式：

（1）机构执行器（如弹簧钳夹、液压阀即断路器的脱扣/合闸线圈、隔离开关或接地开关的电动机、弹簧或液压泵的电动机等）及其机电控制回路不变，按间隔设置智能终端和在线监测单元，分散安装于各断路器汇控柜，如图 1－5 所示。

（2）机构执行器及其机电控制回路不变，按间隔设置智能终端，智能终端兼在线监测功能，分散安装于各断路器汇控柜，如图 1－6 所示。

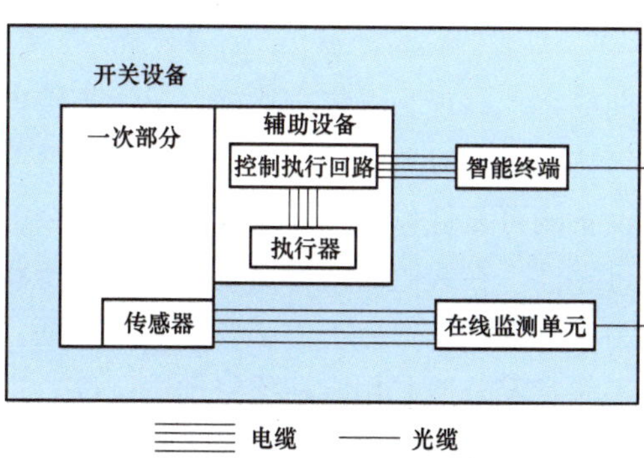

图 1－5　开关设备＋智能终端＋在线监测单元

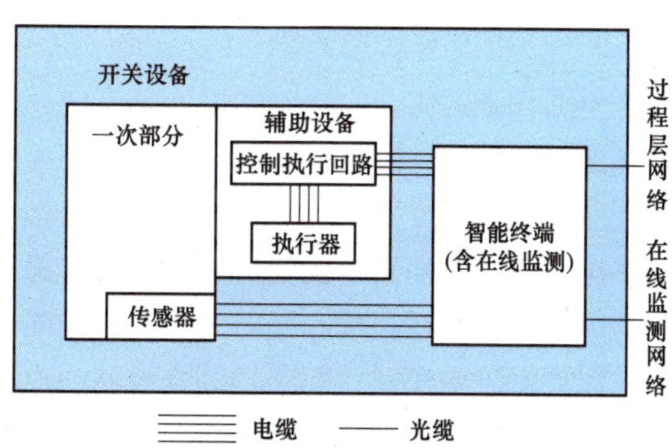

图 1－6　开关设备＋智能终端（含在线监测单元）

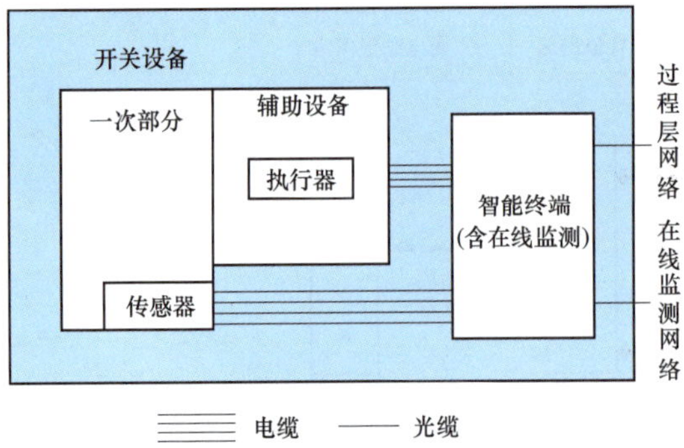

图 1 - 7 智能开关设备

（3）机构执行器不变，取消其机电控制回路，开关机构集成智能终端，智能终端实现原机电控制回路功能，直接驱动断路器的脱扣/合闸线圈、隔离开关的电动机、弹簧或液压泵的电动机等，智能终端兼在线监测功能，形成所谓智能机构，如图 1 - 7 所示。

为全面掌握开关设备的运行情况，保证电网的安全可靠性，更广泛地对开关设备进行监测成为一个趋势。采用在线监测技术，不仅能够及时发现电气设备的早期缺陷，防止突发性事故发生，而且可以减少不必要的停电检修，将某些预试项目在线化，避免传统试验对电气设备“过度检修”所造成的巨大损失，实现对设备运行状况的综合诊断，促进电力设备由定期试验向状态检修过渡，有效延长设备使用寿命。

（一）智能终端

智能终端是一次设备的智能化接口设备，采用电缆与一次设备连接，采用光纤与保护、测控等二次设备连接。智能终端以 GOOSE 方式上传一次设备的状态信息，同时接收来自二次设备的 GOOSE 下行控制命令，实现对一次设备的实时控制功能。

（二）智能化一次设备

将传感器、微处理器、操作箱、通信接口等全部或部分部件集成于一次设备本体，集智能诊断和控制技术于一身，对外数据传送通过光缆实现。

将智能终端作为一次设备的智能化接口，实现智能一次设备的功能要求。在不改变现有一次设备本体结构或是改动较小（如加装传感器等）的前提下，实现一次设备部分智能化功能。

对于保护、测控、通信、状态检测等各种组件与高压设备集成，需要充分考虑传统二次设备与一次设备融合的技术难度与复杂性。在技术发展的不同阶段，应考虑不同的技术方案，但原则上还是应在保证安全可靠性的前提下，尽可能采用设计紧凑的集成方案，同时兼顾经济性。

1.2.5 一次设备状态监测

电力设备的劣化、缺陷的发展具有统计性和前期征兆，表现为电气、物理、化学等特性参量的渐进变化，通过传感器、计算机、通信网络等技术，及时获取设备的各种特征参量并结合一定算法的专家系统软件进行分析处理，可对设备的可靠性作出判断，对设备的剩余寿命作出预测，从而及早发现潜在的故障，提高供电可靠性。在线监测的特点是可以对运行状态的电力设备进行连续和随时的监测和判断，为电力设备的状态检修提供必要的判断依据。

以往对于变压器、断路器等变电站一次设备的工作状况普遍采用定期检修预试制度，即定期停电后通过预防性试验（离线）以决定能否继续运行，存在需要停电、试验真实性和实时性差等缺点。

随着技术的进步，逐渐出现了一些参数的在线监测技术。以变压器为例，如套管介损、铁芯电流、油中气体、局部放电、油中微水、热点温度、绕组变形等，部分解决了停电试验的一些缺点，但仍存在诸如检测的参数不全、自成系统、相互兼容性差、不能统筹考虑、有时需要改动设备而实施困难等缺点，不能保证全面、实时地反映设备的运行状况，缺乏相应的标准，无法满足智能电网建设对变电站在线监测的要求。

（一）变压器在线监测

电力变压器是电力系统中最主要和最昂贵的设备之一，其安全运行对保证供电可靠性有重要意义。为了提高电力系统运行的可靠性，减少故障及事故引起的经济损失，要定期对变压器进行绝缘预防性试验。但是，如果变压器停电进行预防性试验，将影响正常供电。因此对变压器运行状况进行在线监测越来越受到供电部门的重视。在线监测技术的发展与广泛应用是电力系统状态检修的基础，在电力生产中起到重要作用。

目前，国内外对变压器的监测主要有以下几方面的内容：

① 变压器局部放电在线监测；② 变压器有载分接开关在线监测；③ 变压器的套管绝缘在线监测；④ 变压器油温、绕组温度及负荷在线监测；⑤ 变压器油中微水在线监测；⑥ 变压器油的气相色谱监测。

（二）GIS 状态监测

对开关设备工况的监控、维护和检修，是确保电力设备及电力系统安全运行重要手段。状态监测是利用各种传感器和测量手段对反映设备运行状态的物理、化学量进行检测，包括对有关设备运行参数及相关零部件性能工况的在线或离线监控、测量、试验等，以此判明设备是否处于正常状态。

GIS 除进出线套管外没有外露的带电部分，采用 SF_6 气体绝缘，可靠性较高，检修少，通过发展外部诊断、监视法可减小不必要的拆卸检修工作量。GIS 是一种不解体设备，可以用确切简易的办法从外部进行各种（在线的、离线的、带电的、停电）测量，监视、诊断其内部状态及性能的好坏，包括故障定位。

（1）局部放电。GIS 的绝缘性能是确保其安全运行的重要条件。GIS 设备内部中的金属微粒、粉末和水分等导电性杂质是引发 GIS 故障的重要原因。GIS 存在导电性杂质时，因局部放电而发出不正常声音、振动，产生放电电荷、发光，产生分解气体等异常现象。因此局部放电是 GIS 状态监测重要对象之一。

（2）SF_6 气体的监测。GIS 是采用 SF_6 气体绝缘和灭弧的，其性能状态是影响 GIS 的重要参数，需要对 SF_6 气体的压力、是否发生泄漏、SF_6 气体的微水含量等内容进行监测。

（3）断路器机械特性的监测。

1）合、分闸线圈电流监测：用补偿式霍尔电流互感器在线监测断路器合、分闸线圈电流波形，并与正常电流波形比较，可监测断路器机械特性异常情况。

2）行程、速度监测：用条形码读出器通过非接触方法进行光学测定，测定出断路器的机械特性（行程、合/分时间、平均速度等），综合诊断断路器的机械特性是否良好。

3）压缩空气压力等监测：通过监测空气压力、压缩机启动频次或电动机电流等，了解压缩空气气站及机构运行状况是否良好。

（三）避雷器在线监测

避雷器在线监测系统利用避雷器运行时的接地电流作为取样装置的电源，将泄漏电流的大小转换成光脉冲频率的变化信号，采用光纤取样、微机数据处理和数据通信等高科技手段，解决了避雷器泄漏电流测量、传输中的无源取样、高电压隔离、数据远传和泄漏电流超标即时报警等关键问题，实现了无人值班变电站自动在线监测避雷器的绝缘状况。

1.2.6 物联网技术

物联网技术是物理世界通向逻辑世界的一条通途，通过物联网技术可以将物理世界无缝地映射到逻辑世界，是未来智能世界信息获取的主要技术手段。由大量多种类传感器节点组成的传感器网络是物联网的一种具体表现形式，能实现更透彻、更细致的信息感知，对所获取的多维信息进行协同感知与处理，获取更可信的信息，为智能决策和智能行为提供准确的、可信的信息。

智能电网的实现，首先依赖于电网各个环节重要运行参数的在线监测和实时信息掌控，传感器网络作为“智能信息感知神经元”，将成为推动智能电网发展的重要技术手段。目前，智能电网对传感器网络技术的应用需求，也将进一步促进传感器网络的发展，促进其行业应用，形成新型产业链。

目前变电站配置的图像监视、安全警卫、火灾报警、主变压器消防、给排水、采暖通风等辅助生产系统依然是各自独立的、不具备智能对话能力的小型自动化装置，形成了信息孤岛，需要更多的人工来关注、理解和处理这些设备的信息，没有达到智能变电站的智能运行管理的要求。除了实现变电站的智能运行管理外，验证站内人员的动作行为，减少站内人员的人为工作量也应该是智能变电站的另一个体现。

利用物联网技术，通过对外界的感知，构建传感网监测网络，对影响变电站运行的因素实施全方位智能监测。在传感网监测平台基础上建立一套全站公用的智能状态监测与辅助控制系统，集成状态监测、图像监视、安全警卫、火灾报警、主变压器消防、采暖通风等系统功能，达到智能监测、智能判断、智能管理、智能验证的要求，实现变电站智能运行管理。

2 IEC 61850 协议体系介绍

IEC 61850 的宗旨是"一个世界、一种技术、一种标准"，目标是实现设备间的互操作，其作为国际统一变电站通信标准已经获得广泛的认同与应用，DL/T 860 等同采用了该标准。本章主要描述 IEC 61850 标准相关技术，介绍变电站配置描述语言（Substation Configuration description Language，SCL）、制造报文规范（Manufacturing Message Specification，MMS）、抽象服务 ACSI（Abstract Communication Service Interface，ACSI）、面向通用对象变电站事件（Generic Object Oriented Substation Event，GOOSE）、采样值服务（Sampled Value，SV）等，重点阐述工程中如何对配置文件的遥信遥测报告、GOOSE、SV、控制、定值等服务进行配置，以及国家电网公司对工程实施中 IEC 61850 建模的规范要求。

2.1 IEC 61850 概述

随着嵌入式计算机与以太网通信技术的飞跃发展，智能电子设备之间的通信能力大大加强，保护、控制、测量、数据功能逐渐趋于一体化，形成庞大的分布式电力通信交互系统，电力系统正逐步向电力信息系统方向发展。以往，几乎所有的设备生产商都具有一套自己的通信规约，通常一个传统变电站可能有南瑞、许继、四方等多个厂商的协议同时在使用，整个电网里运行的规约多达上百种。而各大设备厂商出于商业利益，对自己的通信协议一般都是采取保密措施，进一步加大了系统集成的困难程度，客户在进行设备采购时也受限于设备生产商，系统集成成本大为提高。一个变电站需要使用不同厂家的产品，必须进行规约转换，这需要大量的信息管理，包括模型的定义、合法性验证、解释和使用等，这些都非常耗时而且代价昂贵，对电网的安全稳定运行形成不利影响。

为此，作为全球统一的变电站通信标准 IEC 61850 受到了广泛的关注，其主要目标是实现设备间的互操作，实现变电站自动化系统无缝集成，该标准是今后电力系统无缝通信体系的基础。所谓互操作（Interoperability）是指一种能力，使分布的控制系统设备间能即插即用、自动互联，实现通信双方理解相互传达与接收到的逻辑信息命令，并根据信息正确响应、触发动作、协调工作，从而完成一个共同的目标。互操作的本质是如何解决计算机异构信息系统集成问题。因此，IEC 61850 采用了面向对象思想建立逻辑模型、基于 XML 技术的变电站配置描述语言 SCL、将 ACSI 映射到 MMS 协议、基于 ASN.1 编码的以太网报文等计算机异构信息集成技术。

与传统 IEC 60870－5－103 相比，IEC 61850 不是一个单纯的通信规约，而是一个面向变电站自动化系统性的标准，它指导了变电站自动化的设计、开发、工程、维护等各个领域。IEC 61850 共分为 10 个部分，其中第 1、2、3、4、5 部分为简单概述、术语、总体要求、系统项目管理、通信性能评估方面内容；第 6～9 部分为通信标准核心内容；第 10 部分为 IEC 61850 规约一致性测试内容。对于工程技术人员建议重点掌握第 6～9 部分，可以直接跳过前 1～5 部分，从第 6 部分开始学习 IEC 61850。DL/T 860 等同采用了 IEC 61850 标准，其各部分名称如下：

DL/T 860.1 变电站通信网络和系统　第 1 部分：概论

DL/T 860.2 变电站通信网络和系统　第 2 部分：术语

DL/T 860.3 变电站通信网络和系统　第 3 部分：总体要求

DL/T 860.4 变电站通信网络和系统　第 4 部分：系统和项目管理

DL/T 860.5 变电站通信网络和系统　第 5 部分：功能和设备模型的通信要求

DL/T 860.6 变电站通信网络和系统　第 6 部分：与变电站有关的 IED 通信的配置描述语言

DL/T 860.71 变电站通信网络和系统　第 7-1 部分：变电站和馈线设备的基本通信结构　原理和模型

DL/T 860.72 变电站通信网络和系统　第 7-2 部分：变电站和馈线设备的基本通信结构　抽象通信服务接口（ACSI）

DL/T 860.73 变电站通信网络和系统　第 7-3 部分：变电站和馈线设备基本通信结构　公用数据类

DL/T 860.74 变电站通信网络和系统　第 7-4 部分：变电站和馈线设备的基本通信结构　兼容的逻辑节点类和数据类

DL/T 860.81 变电站通信网络和系统　第 8-1 部分：特定通信服务映射（SCSM）映射到 MMS（ISO/IEC 9506 第 1 部分和第 2 部分）

DL/T 860.91 变电站通信网络和系统　第 9-1 部分：特定通信服务映射（SCSM）通过串行单方向多点共线链接传输采样测量值

DL/T 860.92 变电站通信网络和系统　第 9-2 部分：特定通信服务映射（SCSM）通过 ISO 802.3 传输采样测量值

DL/T 860.10 变电站通信网络和系统　第 10 部分：一致性测试

由于变电站与变电站、调度中心与调度中心之间各种协议不兼容，IEC 委员会 TC57 工作组认为有必要从变电站信息源头直至调度中心采用统一的通信协议，IEC 61850 数据对象统一建模有必要与 IEC 61970CIM 信息模型协调一致。因此，IEC 61850 正在不断的发展与扩充中，另外，IEC 61850 还正在向风能、水电、配电和工业控制等其他领域拓展应用，凭借良好的可扩展性和体系结构，IEC 61850 将在全世界所有电力相关行业的信息共享、功能交换及调度协调方面发挥重大的、决定性的作用。

2.2 面向对象技术

IEC 61850 标准中 IED 的信息模型为分层结构化类模型。信息模型的每一层都定义为抽象的类，并封装了相应的属性和服务，属性描述了这个类的所有实例的外部可视特征，而服务提供了访问（操作）类属性的方法。

IEC 61850 中 IED 的分层信息模型自上而下分为四个层级，如图 2－1 所示：服务器（SERVER）、逻辑设备（LOGICAL-DEVICE）、逻辑节点（LOGICAL-NODE）和数据（DATA），上一层级的类模型由若干个下一层级的类模型“聚合”而成，位于最低层级的 DATA 类由若干数据属性（DataAttribute）组成。IEC 61850－7－2 明确规定了这四个层级的类模型所封装的属性和服务。LOGICAL-DEVICE、LOGICAL-NODE、DATA 和 DataAttribute 均从 Name 类继承了对象名（ObjectName）和对象引用（ObjectReference）属性。在特定作用域内，对象名是唯一的；将分层信息模型中的对象名串接起来所构成的整个路径名即为对象引用。作用域内唯一的对象名和层次化的对象引用是 IEC 61850 标准实现设备自我描述的关键技术之一。

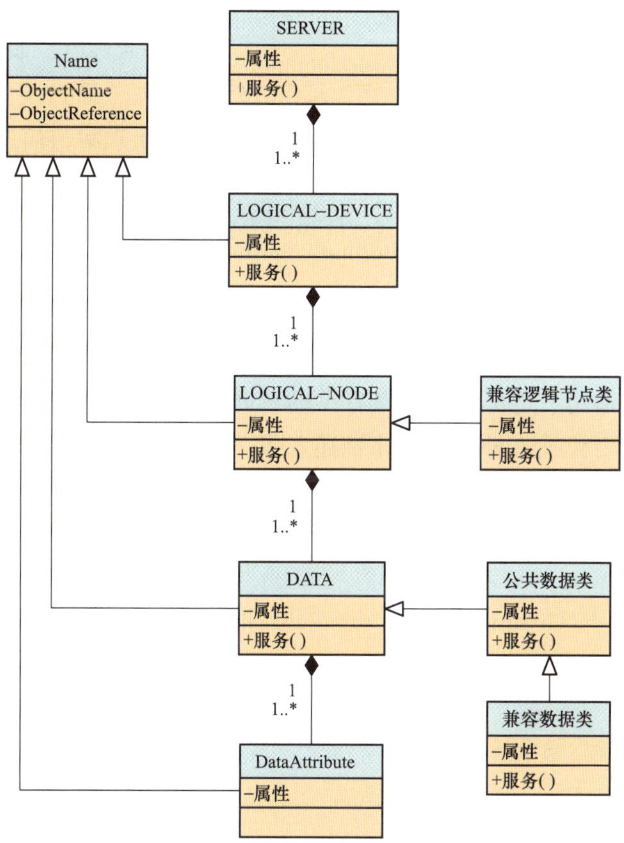

图 2－1　IED 的分层信息模型

通过面向对象建模技术的应用，IEC 61850 构建起结构化的信息模型，并采用标准化命名的兼容逻辑节点类和兼容数据类对变电站自动化语义进行了明确的约定，为实现 IED 互操作提供了有力保证。IEC 61850－7－4 中目前共规范了近百个逻辑节点，不仅包含保护测控装置的模型和通信接口，而且还定义了数字式 TA、TV、智能式开关等一次设备的模型和通信接口。例如断路器逻辑节点为 XCBR、距离保护逻辑“PDIS”。以图 2－2 中 XCBR 逻辑

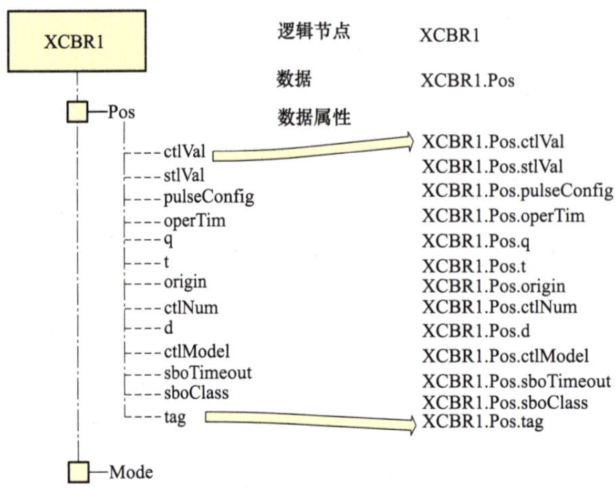

图 2－2　XCBR 逻辑节点数据建模

节点为例，从中可以了解到 XCBR 下面包含数据 DO 有 Pos、Mode 等，而 Pos 数据有 ctlVal、stVal、sboTimeOut 等一系列数据属性。

通过面向对象抽象与层次化结构表达，断路器位置状态量可用“XCBR1. Pos. stVal”这个自表达的字符串表示。对应路径层次表达方式，如果采用了功能约束 FC（Function Constraint）分类，如状态（ST）、控制（CO）、配置（CF）等，断路器位置状态量也可以描述成“XCBR1 $ ST $ Pos $ stVal”，如对断路器控制可以描述成“XCBR1 $ CO $ Pos $ ctVal”。总之，IEC 61850－7 部分通过定义一系列逻辑节点、公共数据类达到了模型自描述的目标，较传统点表序号更易于理解与信息交互。

2.3 变电站配置语言 SCL

变电站配置描述语言 SCL 基于 XML1.0，利用 XML 的自描述特性，主要用于智能化设备能力描述和变电站系统与网络通信拓扑结构描述。XML（eXtensible Markup Language）即可扩展标记语言，它适用于定义特定领域有关的、语义结构化的标记语言。XML 使用文档类型定义（DTD）或者模式（Schema）来描述 XML 的文档格式。XML 也是一种简单的数据存储语言，使用一系列简单的标记描述数据，XML 的文档结构具有灵活性、可扩展性。另外，从数据处理的角度看，简单易于掌握与阅读。

［例 2－1］

```
< SCLxmlns: xsi = " http://www.w3.org/2001/XMLSchema-instance " xmlns = " http://www.iec.ch/61850/2003/SCL" >
………………
<IEDmanufacturer = "SAC"configVersion = "1.0"name = "IT111A"desc = "PSIU641 #1 主变 10kV 分支 1 智能终端 1"type = "PSIU641" >
…………………………
<AccessPointname = "G1" >
…………………………
<Server>
<LDeviceinst = "RPIT" >
<LNdesc = "总断路器"inst = "1"lnClass = "XCBR"lnType = "SAC_RPIT_XCBR"prefix = "Q0" >
………………
<DOIname = "Pos"desc = "开关位置(双点)" >
<DAIname = "dU"valKind = "Set" >
```

```
<Val>开关位置(双点)</Val>
</DAI>
<DAIname="ctlModel"valKind="Set">
<Val>0</Val>
</DAI>
</DOI>
</LN>
…………
<LNdesc="闸刀1"inst="1"lnClass="XSWI"lnType="SAC_RPIT_XSWI"prefix="QG1">
<DOIname="Pos"desc="刀闸位置(双点)">
<DAIname="dU"valKind="Set">
<Val>刀闸位置(双点)</Val>
</DAI>
<DAIname="ctlModel"valKind="Set">
<Val>0</Val>
</DAI>
</DOI>
</LN>
</LDevice>
</Server>
</AccessPoint>
</IED>
………………
</SCL>
```

[例2-1] 中描述了西泾变电站1号主变压器10kV分支1智能终端1的配置信息，从自带描述的信息中可以知道装置型号PSIU641，定义了GOOSE访问点G1，描述了该智能设备总断路器（Q0XCBR1）与闸刀1（QG1XSWI1）实例化的逻辑节点信息。

IEC 61850-6中SCL采用XMLSchema文档类型定义SCL文档结构，标准中以SCL.xsd为主文件，引用和包含了其他7个Schema文件，用于校验IED配置文件格式的正确性与数据信息的有效性。

SCL.xsd文件包含5个元素，分别是Header、Substation、IED、Communication和DataTypeTemplates，图2-3所示为西泾变电站SCD配置文件结构示意图。

（1）Header元素包含了SCL配置文件的版本号、名称等信息。

（2）Substation元素描述变电站的功能结构、主元件及电气连接。

（3）IED元素描述所有IED的信息，如接入点（AccessPoint）、逻辑设备、逻辑节点、数据对象与具备的通信服务功能；在西泾变电站工程应用中，IED子元素下接入点采用S1表示MMS通信、G1表示过程层GOOSE通信、M1表示采样值通信、P1表示GOOSE和采样值共网的通信，如图2-4所示。

（4）Communication元素定义逻辑节点之间通过逻辑纵向和IED接入点之间的联系方式。

（5）DataTypeTemplates元素详细定义了在文件中出现的逻辑节点类型模板以及逻辑节

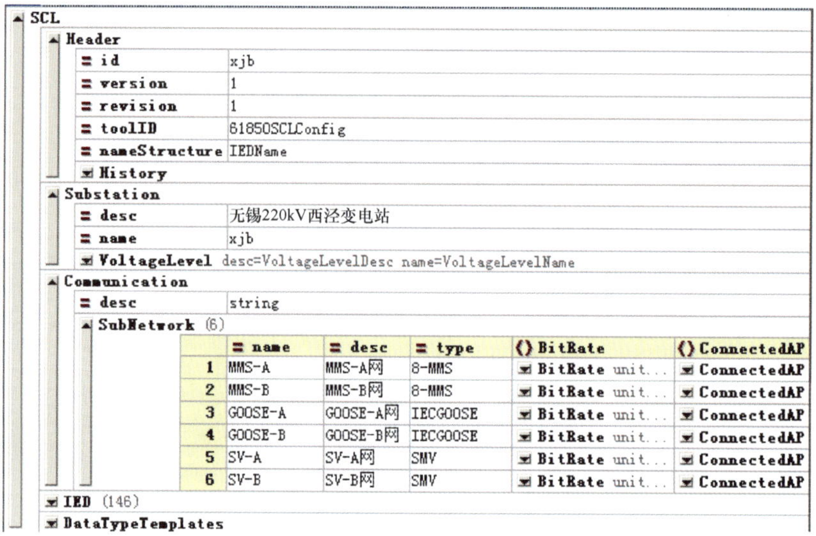

图 2－3　西泾变电站 SCD 配置文件结构示意图

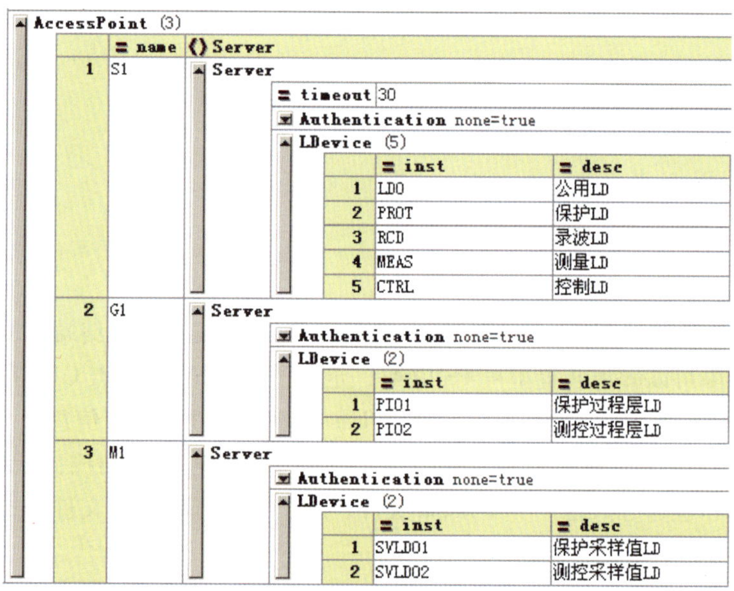

图 2－4　西泾变电站 IED 接入点配置

点所包含的数据对象、数据属性、枚举类型等模板。从图 2－5 可以看出在实际应用中在 IEC 61850 基本逻辑节点基础上，用户可以对逻辑节点进行继承，选择需要的数据 DO（DataObject）进行扩展，OthV 即为用户自扩展。

SCL 配置文件共分为四类，分别以 ICD、CID、SSD、SCD 为后缀进行区分，必须满足 SCL. xsd 的约束并且通过其校验。

（1）ICD 文件描述了 IED 提供的基本数据模型及服务，包含模型自描述信息，但不包含 IED 实例名称和通信参数。ICD 文件还应包含设备厂家名、设备类型、版本号、版本修改信息、明确描述修改时间、修改版本号等内容，同一型号 IED 具有相同的 ICD 模板文件，

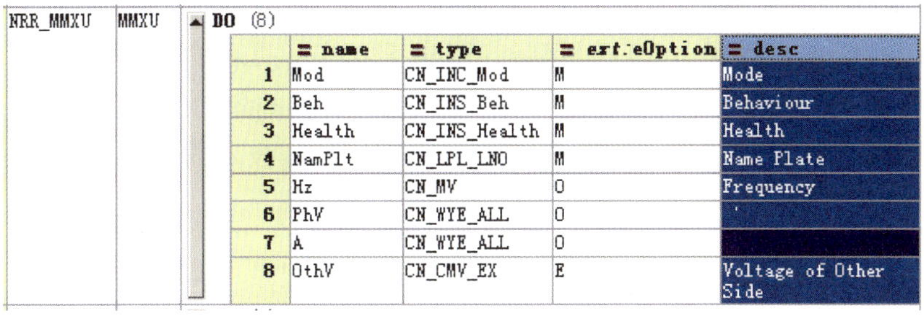

NRR_MMXU	MMXU	DO (8)				
			name	type	ext:eOption	desc
		1	Mod	CN_INC_Mod	M	Mode
		2	Beh	CN_INS_Beh	M	Behaviour
		3	Health	CN_INS_Health	M	Health
		4	NamPlt	CN_LPL_LNO	M	Name Plate
		5	Hz	CN_MV	O	Frequency
		6	PhV	CN_WYE_ALL	O	
		7	A	CN_WYE_ALL	O	
		8	OthV	CN_CMV_EX	E	Voltage of Other Side

图 2－5　MMXU 逻辑节点扩展

ICD 文件不包含 Communication 元素。

ICD 文件按照 IEC 61850－7－4 中提供的模型及 Q/GDW 396—2009《IEC 61850 工程继电保护应用模型》中的规定进行建模，尽量不进行扩展，如需扩展需工程各方协调，尽可能少用 GGIO，不同类型保护应使用不同的 LN 模型；ICD 文件中所有 LN 的 DO 建议都要有中文描述，对于重要信息的 DO 一定要有中文描述。

（2）SSD 文件描述变电站一次系统结构以及相关联的逻辑节点，全站唯一，SSD 文件应由系统集成厂商提供，并最终包含在 SCD 文件中。

（3）SCD 文件包含全站所有信息，描述所有 IED 的实例配置和通信参数、IED 之间的通信配置以及变电站一次系统结构。SCD 文件应包含版本修改信息，明确描述修改时间、修改版本号等内容。SCD 文件建立在 ICD 和 SSD 文件的基础上，目前，一些监控系统已支持根据 SCD 或 ICD 文件自动映射生成数据库，减少了监控后台数据库配点号的困难。

（4）CID 文件是 IED 的实例配置文件，一般从 SCD 文件导出生成，禁止手动修改，以避免出错，一般全站唯一，每个装置一个，直接下载到装置中使用。IED 通信程序启动时自动解析 CID 文件映射生成相应的逻辑节点数据结构，实现通信与信息模型的分离，可在不修改通信程序的情况下，快速修改相关模型映射与配置。

2.4 抽象通信服务接口 ACSI

源于人们对现实设备的实践经验抽象，IEC 61850 对变电站涉及的设备与通信服务进行了功能建模、数据建模，并规范了一套抽象的通信服务接口，使得 ACSI 与具体的实现方法分离，与下层通信系统独立，使标准拥有足够的开放性以适应未来的变电站通信发展，保障了客户的长期投资利益。

ACSI 主要服务模型包括连接服务模型、变量访问服务模型、数据传输服务模型、设备控制服务模型、文件传输服务模型、时钟同步服务模型等。这些服务模型定义了通信对象以及如何对这些对象进行访问，实现了客户应用端和服务器应用端的通信，完成实时数据的访问和检索、对设备的控制、时间报告和记录、设备的自我描述等。

为了保证 ACSI 的独立性并适应未来的网络技术通信发展，IEC 61850 标准中并没有具体指定实现 ACSI 的方法，只提供了特殊通信服务映射（SCSM）来描述映射过程，在 IEC 61850－8－1 部分定义了 ACSI 映射到制造报文规范（MMS，ISO/IEC 9506 第 1、2 部分），IEC 61850 -9 -1 部分定义了 ACSI 映射到单向多路点对点串行通信的采样值，IEC 61850 -9 -2 部分定义了 ACSI 映射到基于 ISO 8802 -3 的采样值。随着技术的发展，可能采取新的 SCSM 映射，如图 2 -6、图 2 -7 所示。ACSI 与抽象的逻辑节点及数据等模型将可以得到长期稳定的应用，实现了通信抽象服务框架与通信技术的分离，保障了 IEC 61850 标准的生命力与长期性。

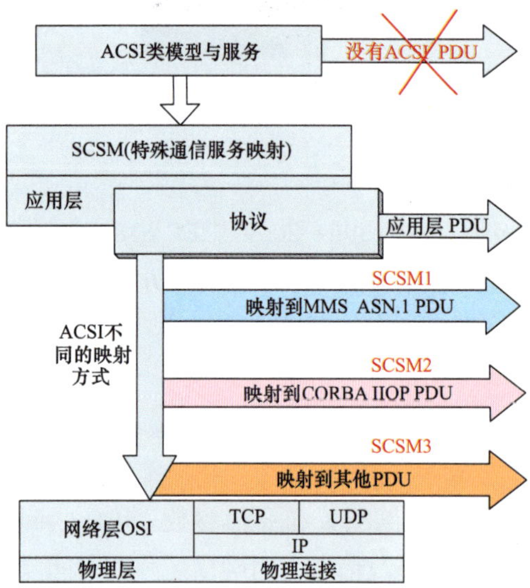

图 2 -6　IEC 61850 中 ACSI 映射实现模型

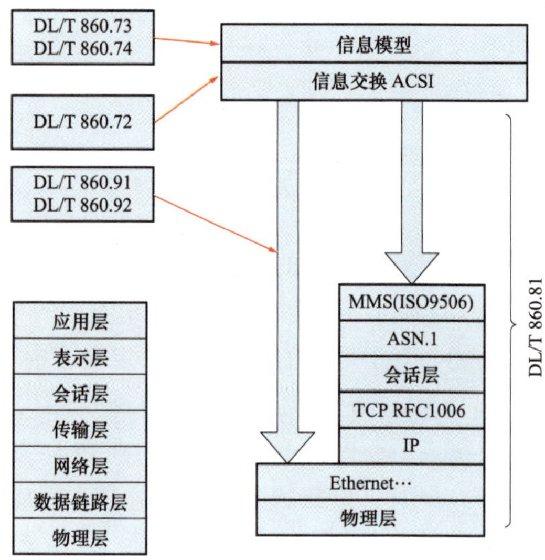

图 2 -7　通信映射举例

2.5 制造报文规范（MMS）

MMS 标准即 ISO/IEC 9506，是由 ISOTC184 提出的解决在异构网络环境下智能设备之间实现实时数据交换与信息监控的一套国际报文规范。MMS 所提供的服务有很强的通用性，已经广泛的运用于汽车制造、航空、化工、电力等工业自动化领域。IEC 61850 中采纳了 ISO/IEC 9506 -1 和 ISO/IEC 9506 -2 部分，制定了 ACSI 到 MMS 的映射。MMS 特点如下：

（1）定义了交换报文的格式，结构化层次化的数据表示方法，可以表示任意复杂的数据结构，ASN.1 编码可以适用于任意计算机环境。

（2）定义了针对数据对象的服务和行为。

（3）为用户提供了一个独立于所完成功能的通用通信环境。

MMS 标准作为 MAP（Manufacturing Automation Standard）应用层中最主要的部分，通过引入 VMD（Virtual Manufacturing Device）概念，隐藏了具体的设备内部特性，设定一系列类型的数据代表实际设备的功能，同时定义了一系列 MMS 服务来操作这些数据，通过对 VMD 模型的访问达到操纵实际设备工作，MMS 的 VMD 概念首次把面向对象设计的思想引入了过程控制系统。MMS 对其规定的各类服务没有进行具体实现方法的规定，以保证实现的开放性。

在 IEC 61850 ACSI 映射到 MMS 服务上，报告服务是其中一项关键的通信服务，

IEC 61850 报告分为非缓存与缓存两种报告类型，分别适用于遥测与遥信量的上送。图 2－8 中给出了缓存报告实现遥信量的上送。通过使能报告控制块，可以实现遥测的变化上送（死区和零漂）、遥信变位上送、周期上送、总召。其触发方式包括数据变化触发 dchg（data-change）、数据更新触发 dupd（data-update）、品质变化触发 qchg（quality-change）等。

由于采用了多可视的实现方案，使得事件可以同时送到多个监控后台。遥测类报告控制块使用非缓存报告控制块类型，报告控制块名称以 urcb 开头；遥信、告警类报告控制块为缓存报告控制块类型，报告控制块名称以 brcb 开头。

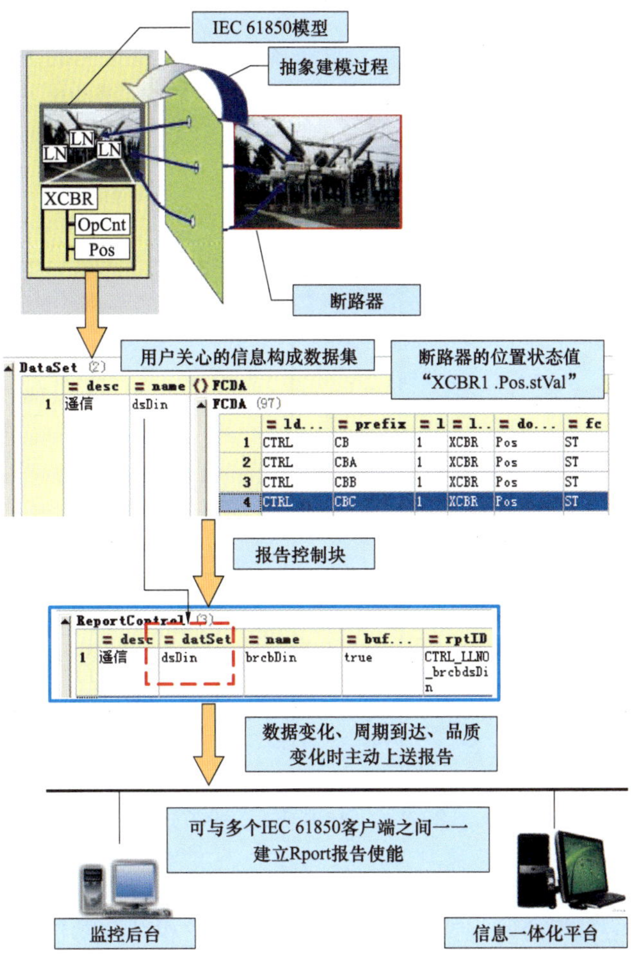

图 2－8　IEC 61850 中 MMS 报告实现

2.6 面向通用对象事件模型

IEC 61850 中提供了面向通用对象事件（Generic Object Oriented Substation Event，GOOSE）模型，可在系统范围内快速且可靠的传输数据值。GOOSE 使用 ASN. 1 编码的基本编码规则（BER），不经过 TCP/IP 协议，在直接映射的以太网链路层上进行传输，采用了发布者/订阅者模式，逻辑链路控制（LLC）协议的单向无确认机制，具有以下特点：① 信息按内容标识；② 点对多点传输；③ 事件驱动。

与点对点通信结构和客户/服务器通信结构模式相比，发布者/订阅者模式可用来实现站内快速、可靠的发送输入和输出信号量，可利用重传机制保证通信的可靠性。发布者/订阅者通信结构模式是一个数据源（发布者）向多个接收者（订阅者）发送数据的最佳方案，尤其适用于数据流量大且实时性要求高的数据通信。GOOSE 报文传输利用组播服务，从而有效地保证了向多个物理设备同时传输同一个通用变电站事件信息。GOOSE 报文可以快速可靠地传输实时性要求非常高的跳闸命令，也可同时向多个设备传输开关位置等信息。

GOOSE 信息交换方式如图 2－9 所示，发布者将值写入发送侧的当地缓冲区；订阅者从接收侧的当地缓冲区读数据；通信系统负责刷新订阅者的当地缓冲区；发布者的通用变电站事件控制类用以控制这个过程。

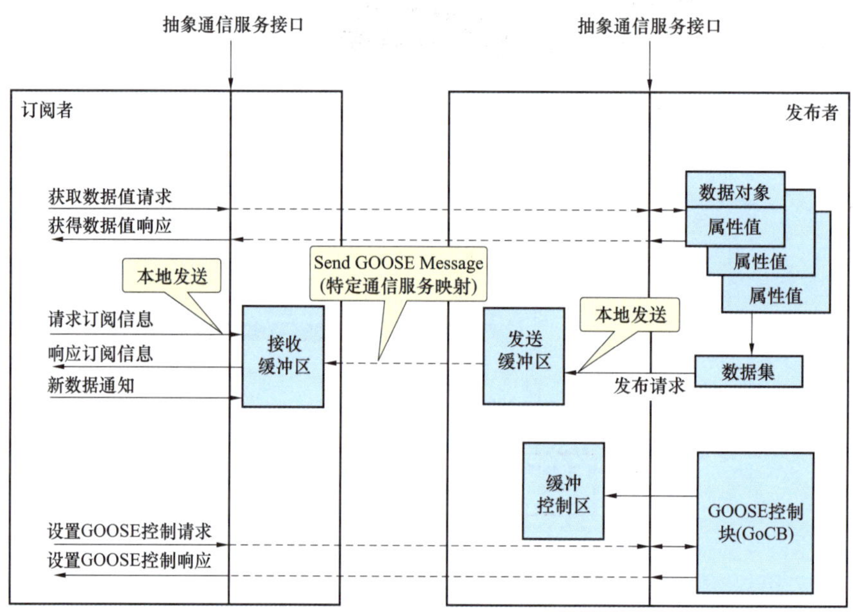

图 2－9 GOOSE 信息交换方式

图 2－10 给出了 IEC 61850 中 GOOSE 方式实现断路器位置状态的传输。

GOOSE 报文发送采用心跳报文和变位报文快速重发相结合的机制。当有 IEC 61850－7－2 中定义过的事件发生后，GOOSE 服务器生成一个发送 GOOSE 命令的请求，该数据包将按照 GOOSE 的信息格式组成并用组播包方式发送。为保证可靠性一般重传相同的数据包若干次，在顺序传送的每帧信息中包含一个“允许存活时间”的参数，它提示接收端接收下一帧重传数据的最大等待时间。如果在约定时间内没有收到相应的包，接收端认为连接丢失。

如图 2－11 所示，在 GOOSE 数据集中的数据没有变化的情况下，发送时间间隔为 T_0（一般为 5s 或更大）的心跳报文，报文中状态号（stnum）不变，顺序号（sqnum）递增。当 GOOSE 数据集中的数据发生变化情况下，发送一帧变位报文后，以时间间隔 T_1、T_1、

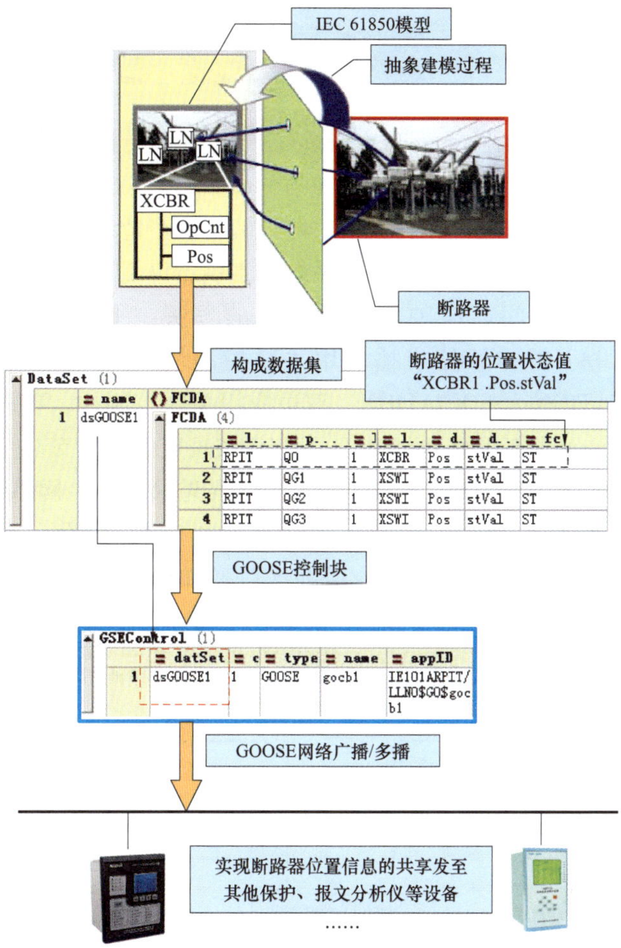

图 2－10　IEC 61850 中 GOOSE 实现断路器位置状态的传输

T_2、T_3（T_1、T_2、T_3 时间依次增加，但比 T_0 要短）进行变位报文快速重发。数据变位后的第一帧报文中 stnum 增加 1，sqnum 从零开始，随后的报文中 stnum 不变，sqnum 递增。GOOSE 接收可以根据 GOOSE 报文中的允许生存时间 T_{AL}（Time Allow to Live）来检测链路是否中断。

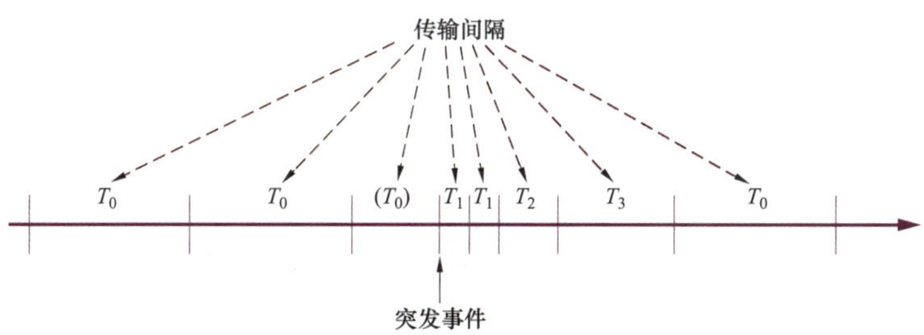

图 2－11　GOOSE 传输时间

T_0—稳定条件下，心跳报文传输间隔；(T_0)—稳定条件下，心跳报文传输可能被事件打断；

T_1—事件发生后，最短的重传间隔；T_2、T_3—直至获得稳定条件的重传间隔

2.7 采样值服务

IEC 61850 中提供了采样值（Sampled Value，SV）相关的模型对象和服务，以及这些模型对象和服务到 ISO/IEC 8802－3 帧之间的映射。SV 采样值服务也是基于发布/订阅机制，在发送侧发布者将值写入发送缓冲区；在接收侧订阅者从当地缓冲区读值。在数值上加上序号，订阅者可以校验值是否及时刷新。通信系统负责刷新订阅者的当地缓冲区。在一个发布者和一个或多个订阅者之间有两种交换采样值的方法：一种方法是采用 MULTICAST-APPLICATION-ASSOCIATION（多路广播应用关联控制块，MSVCB）；另一种方法是采用 TWO-PARTY-APPLICATION-ASSOCIATION（双边应用关联控制块，也即单路传播采样值控制块 USVCB，unicast sampled value control）。发布者按规定的采样率对输入电流/电压进行采样，由内部或者通过网络实现采样的同步，采样存入传输缓冲区，网络嵌入式调度程序将缓冲区的内容通过网络向订阅者发送。其中，采样率为映射特定参数。采样值存入订阅者的接收缓冲区，一组新的采样值到达了接收缓冲区就通知应用功能。SV 采样值传输过程如图 2－12 所示。

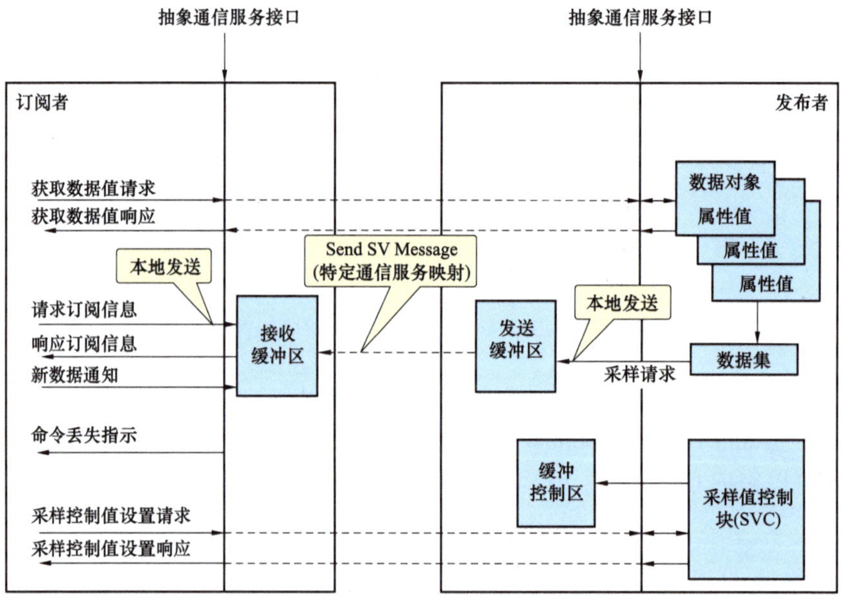

图 2－12　IEC 61850 中 SV 传输

2.8 一致性测试

一致性测试是指验证通信接口与标准要求的一致性。验证串行链路上数据流与有关标准条件的一致性，例如访问组织、帧格式、位顺序、时间同步、定时、信号形式和电平，以及对错误的处理。IEC 61850 的第 10 部分即一致性测试内容。

测试前被测方应提供以下被测设备的相关材料：

1）PICS，被测系统能力的总结。

2）PIXIT，包括系统、设备有关其通信能力的特定信息。

3）MICS，说明系统或设备支持的标准数据对象模型情况。

4）设备系统安装和操作指南。

一致性测试内容主要包括静态测试和动态测试，测试过程如图2－13所示。

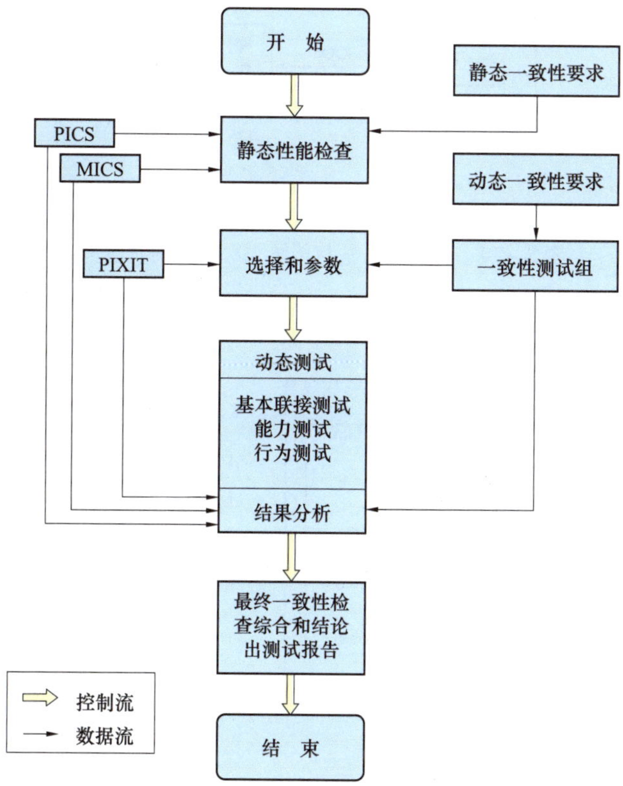

图2－13 一致性测评过程

静态测试包括检查提交的各种文件是否齐全、设备的控制版本是否正确；用Schema对被测设备配置文件（ICD）进行正确性检验；检验被测设备的各种模型是否符合标准的规定。

动态测试包括采用合理数据作为肯定测试用例、采用不合理数据作为否定测试用例，对每个测试用例按IEC 61850－10的操作流程进行测试；使用硬件信号源进行触发（触点、电压、电流等）进行动态的测试。

2.9 虚端子

GOOSE、SV输入输出信号为网络上传递的变量，与传统屏柜的端子存在着对应的关系，为了便于形象地理解和应用GOOSE、SV信号，将这些信号的逻辑连接点称为虚端子。智能变电站中的GOOSE相当于传统变电站中的二次直流电缆，SV相当于常规变电站中的二次交流电缆，如图2－14所示。

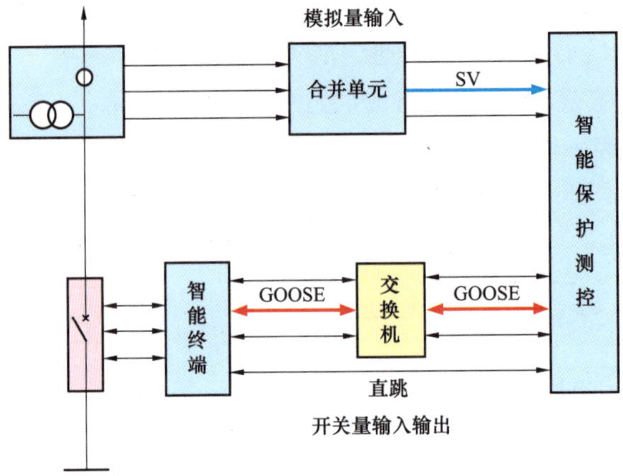

图 2－14　智能变电站与传统二次回路的对应关系

智能变电站中设备间的虚端子联系如图 2－15 所示。

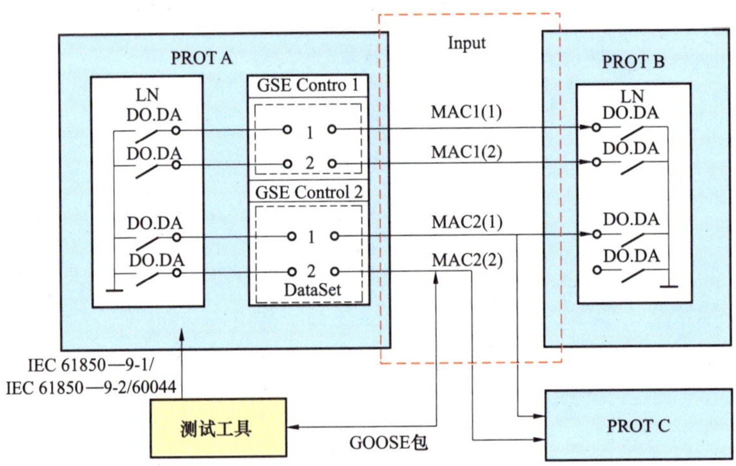

图 2－15　虚端子联接关系

LN—逻辑节点，相当于保护的板卡；DO. DA—数据对象/数据属性，相当于板卡上的接点；

DataSet—数据集（开出），集合要用到的开出接点 LN. DO. DA；

GSEControl—数据块，一般每个数据块里打包一个数据集发布到 GOOSE 网上，相当于端子排；

MAC—组播地址，每个数据块有唯一的 MAC 地址；Input—订阅（开入），相当于柜间线

2.10 配置文件的应用

随着光纤以网络通信代替了传统电缆硬接线，工程中以往一些查点对信号的工作变成了对配置文件参数与配置的核对。因此，工程人员需对配置文件的格式与配置方法深入掌握。从前述可知，四类配置文件中，配置信息最终主要在 CID 中实例化配置文件，以下以 220kV 西泾变电站中的保护测控、故障录波、合并器等实例化配置文件为例，介绍遥信、遥测、遥控、遥调、定值、GOOSE、SV 在配置文件中是如何配置的，并介绍 IEC 61850 中数据集、

控制块、报告等的概念。

以 220kV 西泾变电站 SCD 文件中导出 PL2202B 的 CID 文件为例，该装置型号为 PSL603U，是 220kV 线路保护测控装置，通过工具软件可以直接将 CID 配置文件以层次化结构展示出来，如图 2－16 所示，可以看到文件中主要包括 IEC 61850 模型（Data）、用于将用户关心的数据组合成一个集合（Datasets）、非缓存报告控制块（Unbuffered Reports）、缓存报告控制块（BufferedReports）、GOOSE 控制块（GOOSE）等。

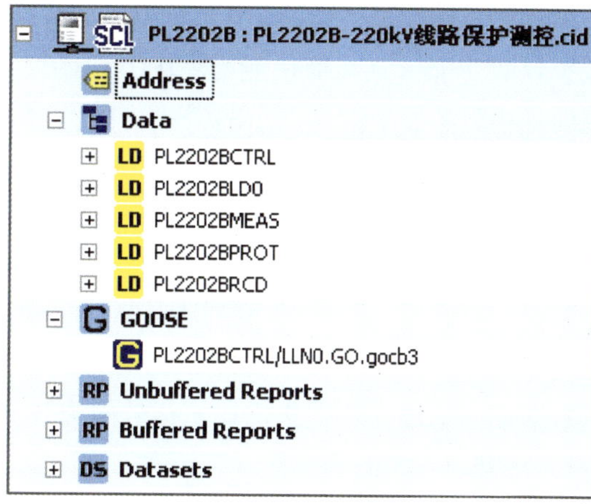

图 2－16　装置 CID 文档结构

（一）Data（IED 61850 模型）

与传统的需要人工参与点表的配置、对点的工程化流程不同，IEC 61850 中所有数据都采用面向对象方式来表达，且自带描述。根据配置文件树状结构列表可知道，该保护设备具有五个逻辑设备，分别是控制（CTRL）、公用（LD0）、测量（MEAS）、保护（PROT）、录波（RCD）。

以展开的一个测量 MMXU 逻辑节点为例，从图 2－17 中可以看出，在 MX 功能约束（FC）下，定义了 PPV、A、TotW、Hz 等一系列数据（DO）。限于篇幅不一一展开，以频率测量为例，其路径信息层次即可表达“PL2202BMEAS/MeaMMXU1 $ MX $ Hz $ mag $ f”。

另以故障遥信量为例，如图 2－18 所示，在 PL2202B 的 LD0 逻辑设备下，定义了 DevAlmGGIO1 逻辑节点，在 ST 功能约束下定义了一系列 Alm 的告警信息量。以 Alm1 告警量为例，其路径信息层次即可表达成“PL2202BLD0/DevAlmGGIO1 $ ST $ Alm1 $ stVal”。

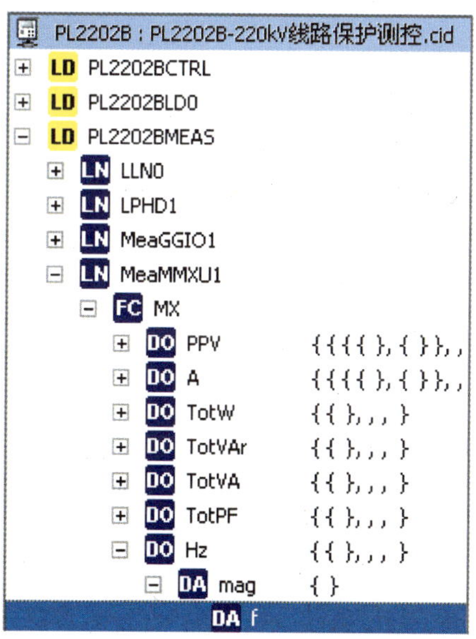

图 2－17　装置遥测数据建模

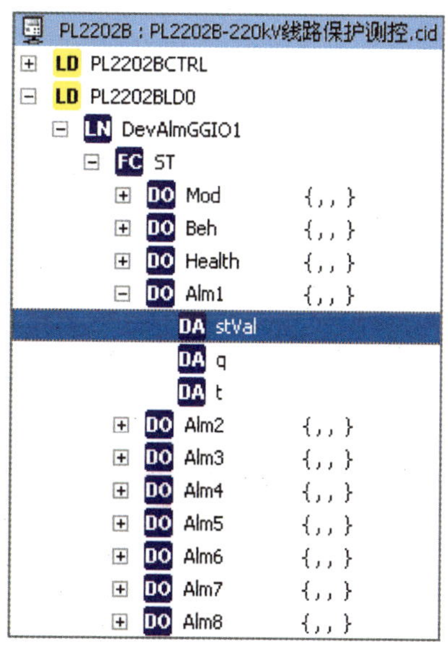

图 2－18　装置遥信数据建模

因此，与传统规约相比，IEC 61850 带有良好的自描述特性，基于配置文件即可快速了解该装置的功能信息与通信能力，IEC 61850 客户端与 IEC 61850 服务器间建立连接后，客户端即可从服务器中读到图示的树状结构，访问各个数据对象，进行设置数据集、控制块、定值组切换等操作。

（二）Datasets（用于将用户关心的数据组合成一个集合）

Datasets 指将用户关心的一些对象，将其组合为一个集合体，以便于实现监视与集中上传，是报告控制块、GOOSE 控制块、SV 控制块中的重要参数。

按 Q/GDW 396—2009《IEC 61850 工程继电保护应用模型》的要求，测控装置预定义下列数据集，前面为数据集描述，括号中为数据集名：

1）遥测（dsAin）；

2）遥信（dsDin）；

3）故障信号（dsAlarm）；

4）告警信号（dsWarning）；

5）通信工况（dsCommState）；

6）装置参数（dsParameter）；

7）GOOSE 信号（dsGOOSE）。

保护装置预定义下列数据集，前面为数据集描述，括号中为数据集名：

1）保护事件（dsTripInfo）；

2）保护遥信（dsRelayDin）；

3）保护压板（dsRelayEna）；

4）保护录波（dsRelayRec）；

5）保护遥测（dsRelayAin）；

6）故障信号（dsAlarm）；

7）告警信号（dsWarning）；

8）通信工况（dsCommState）；

9）装置参数（dsParameter）；

10）保护定值（dsSetting）；

11）GOOSE 信号（dsGOOSE）；

12）采样值（dsSV）；

13）日志记录（dsLog）。

各类数据集的具体建模要求如下：

（1）保护压板数据集中同时包含硬压板和软压板数据。

（2）故障信号数据集中包含所有导致装置闭锁无法正常工作的报警信号。

（3）告警信号数据集中包含所有影响装置部分功能，装置仍然继续运行的告警信号。

（4）通信工况数据集中包含所有装置 GOOSE、SV 通信链路的告警信息。

（5）装置参数数据集中包含要求用户整定的设备参数，如定值区号、被保护设备名、保护相关的电压、电流互感器一次和二次额定值，不应包含通信等参数。

（6）保护定值数据集中包含的应为支持多个区的保护定值和控制字。

（7）日志记录数据集中可包含事件和模拟量数据，实现对历史事件和历史数据的访问。若数据集内容与前面的其他数据集内容相同，也可以使用已定义的数据集，应用时只需额外添加相关的日志控制块。

（8）在数据集过大或信号需要分组的情况下，可将该数据集分成多个以从 1 开始的数字作为尾缀的数据集，如需要多个 GOOSE 数据集时，GOOSE 数据集名依次为 dsGOOSE1、dsGOOSE2、dsGOOSE3。

以 PL2202B 为例，PL2202B 有 16 个数据集，包括保护事件（dsTripInfo）、告警信号（dsWarning）、保护定值（dsSetting）、保护压板（dsRelayEna）、遥测（dsAin）、GOOSE 信号（dsGOOSE3）、遥信（dsDin）、通信工况（dsCommState）、故障信号（dsAlarm）等。

以 dsAlarm 故障信号数据集为例。如图 2－19 所示，该数据集中包含了多个 Alm 故障信号量，装置自动不断监视数据集中故障信号变位情况，如果发生变位或周期时刻到达，在故障报警报告使能情况下，将自动上送报告至监控后台。

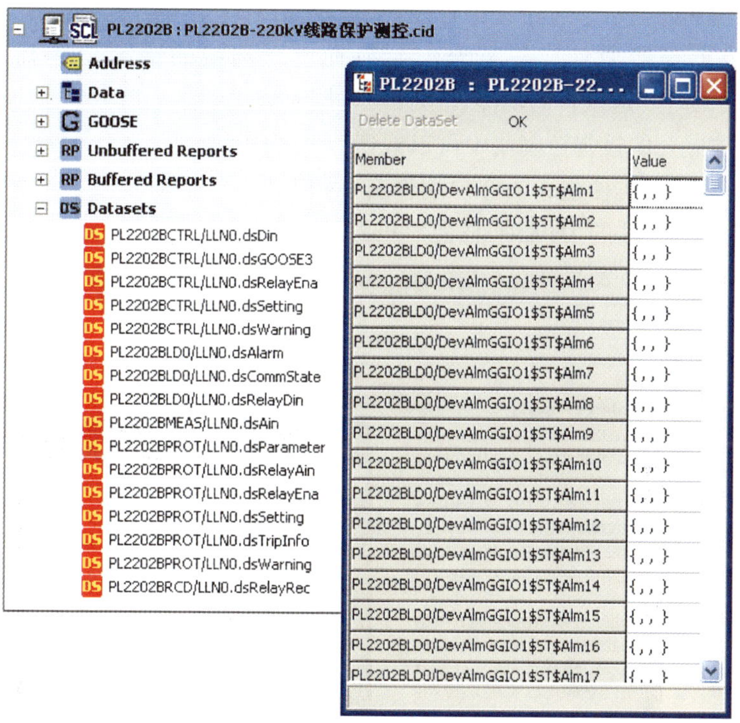

图 2－19　装置告警数据集

（三）Reports 报告

按 Q/GDW 396—2009《IEC 61850 工程继电保护应用模型》的要求，测控装置预配置下列报告控制块，前面为描述，括号中为名称：

1）遥测（urcbAin）；

2）遥信（brcbDin）；

3）故障信号（brcbAlarm）；

4）告警信号（brcbWarning）；

5）通信工况（brcbCommState）。

保护装置预配置下列报告控制块，前面为描述，括号中为名称：

1）保护事件（brcbTripInfo）；

2）保护压板（brcbRelayEna）；

3）保护录波（brcbRelayRec）；

4）保护遥测（urcbRelayAin）；

5）保护遥信（brcbRelayDin）；

6）故障信号（brcbAlarm）；

7）告警信号（brcbWarning）；

8）通信工况（brcbCommState）。

以非缓存报告为例，图 2－20 所示 PL2202B 的 MEAS 逻辑设备中共有 urcbAin01-urcbAin 12 个报告控制块，即允许最大与客户端建立 12 个报告连接，发送遥测量。在设计配置文件时，应该考虑现场实际需求，以避免报告控制块不够而出现抢占控制块的情况，导致一些系统无法稳定与装置连接通信，甚至无法与装置建立连接的情况。由于支持面向多个 IEC 61850 客户端同时发送报告的功能，事件可以同时传送到多个后台。

从图 2－20 中展开的报告控制块中可以看到有 RptID、RptEna、DataSet、GI 等一系列参数，其中 RptEna 表示报告使能，当客户端将其中的 False 置成 True 后，服务器即可向该客户端开始发送报告，发送的 DataSet 名为“PL2202BMEAS/LLN0 $ dsAin”，即前述的 dsAin

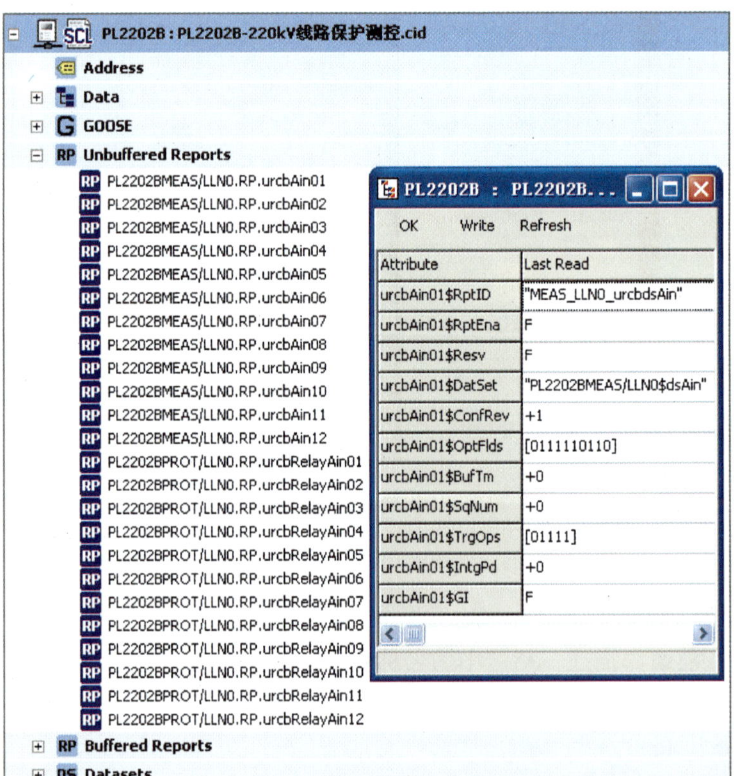

图 2－20 非缓存报告控制块

遥测量数据集名。GI 表示总召，当客户端将其中 False 置成 True 后，服务器端将允许该数据集响应总召上送。

缓存报告控制块（BR）与非缓存报告控制块（RP）类似，但缓存报告具有断开连接后能将报告保存在缓存区的功能，当再次重新连接服务器时能及时将未发出的报告继续上送，而非缓存报告断开后无法对信息进行预存保留。通过缓存报告控制块，可以实现遥信的变化上送、周期上送、总召和事件缓存。图 2－21 所示为缓存报告控制块中的参数。

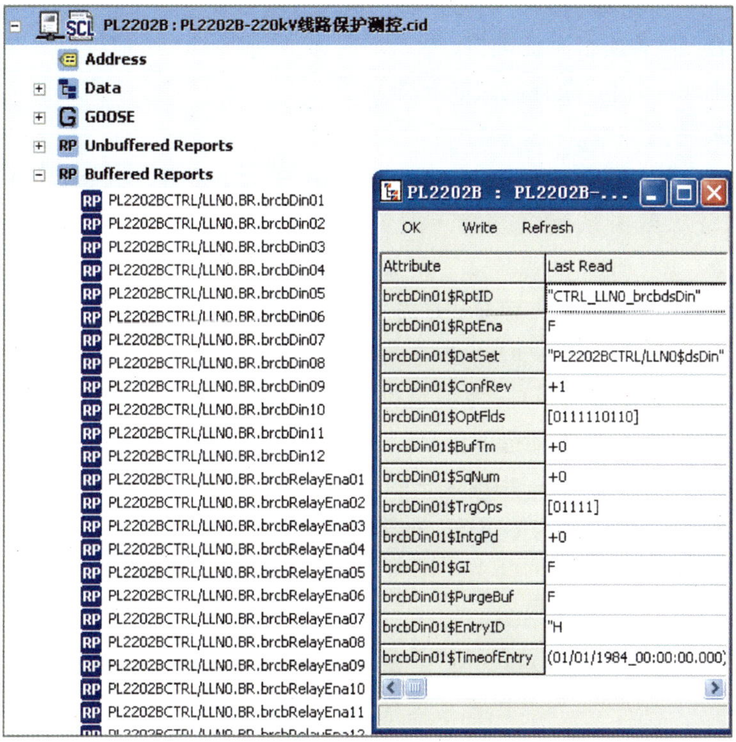

图 2－21　缓存报告控制块

可见，缓存报告控制块与非缓存报告控制块参数略有差别，各参数的简要说明如下（具体一些的参数含义可以参考标准）：

（1） RptID：报告控制块的 ID 号，这里报告标识是 brcbdsDin。

（2） RptEna：报告控制块使能，当客户端访问服务器时，首先要将报告控制块使能置 True 才能进行将数据集内容上送。

（3） DateSet：报告控制块所对应的数据集，这里就是 dsDin。

（4） CofRev：配置版本号，这里是 1。

（5） OptFlds：包含在报告中的选项域，就是发送报告中所含的选项参数：

1） sequence-number（顺序号）：事件发生的正确顺序；

2） report-time-stamp（报告时标）：通知客户何时发出报告；

3） reason-for-inclusion（包含的原因）：指出引起发送报告的触发原因；

4） data-set-name（数据集名）：指明哪个数据集的值产生报告；

5） data-reference（数据引用）：包含值的 objectreference。

（6）BufTm：缓存时间，这里设得缺省值0。

（7）Sqnum：报告顺序号。

（8）TrgOpt：报告触发条件，有5个变化条件，即值变化dchg、品质更新qchg、值更新上送dupd、周期性上送IntgPd、总召唤GI。

（9）IntgPd：周期上送时间，这里是0ms。

（10）GI：表示总召唤，置1时，BRCB启动总召唤过程。

（11）PurgeBuf：清除缓冲区，当为1时，舍弃缓存报告。

（12）EntryID：报告条目的标识符。

（13）TimeofEntry：报告条目的时间属性。

（四）GOOSE通信

GOOSE在配置文件里分为GOOSE发送配置与GOOSE接收配置，GOOSE配置基本要求如下：

（1）通信地址参数由系统组态统一配置，装置根据SCD文件的通信配置具体实现GOOSE功能。

（2）GOOSE输出数据集应支持DA方式。

（3）装置应在ICD文件的GOOSE数据集中预先配置满足工程需要的GOOSE输出信号（除测控联闭锁用GOOSE信号外）。为了避免误选含义相近的信号，进行GOOSE连线配置时应从保护装置GOOSE数据集中选取信号。

（4）装置GOOSE输入定义采用虚端子的概念，在以“GOIN”为前缀的GGIO逻辑节点实例中定义DO信号，DO信号与GOOSE外部输入虚端子一一对应，通过该GGIO中DO的描述和dU可以确切描述该信号的含义，作为GOOSE连线的依据。装置GOOSE输入进行分组时，采用不同GGIO实例号来区分。

（5）在SCD文件中每个装置的LLN0逻辑节点中，Inputs部分定义了该装置输入的GOOSE连线，每一个GOOSE连线包含了装置内部输入虚端子信号和外部装置的输出信号信息，虚端子与每个外部输出信号为一一对应关系。Extref中的IntAddr描述了内部输入信号的引用地址，应填写与之相对应的以“GOIN”为前缀的GGIO中DO信号的引用名，引用地址的格式为“LD/LN. DO. DA”。

（6）装置应通过在ICD文件中支持多个AccessPoint的方式支持多个独立的GOOSE网络。在只连接过程层GOOSE网络的AccessPoint中，SCD文件中装置应通过在相应LD的LN0中定义Inputs，接收来自相应GOOSE网的GOOSE输入；在相应LD的LN0中定义GOOSE数据集和GOOSE控制块用来发送GOOSE信号。

以西泾变电站PL2202B的GOOSE发送部分为例，在GOOSE控制块中主要配置GOOSE的name、appID、datSet等信息，如图2－22所示。装置将一些遥信量通过GOOSE共享广播/多播给需要的对象，首先在DataSets数据集中先定义了dsGOOSE1这个数据集，这个数据集包含“LinPTRC1 $ ST $ BlkRec $ stVal、LinRREC1 $ ST $ Op $ general”等，然后在GSEControl中定义appID，并将datSet设置为dsGOOSE1。

另外，根据SCL. xsd在Communication元素中SubNetwork子元素下定义ConnectedAP描述了GOOSE通信所需要的参数，如图2－23所示，包括订阅方MAC地址、APPID、VLAN参数、MinTime、MaxTime等参数信息。

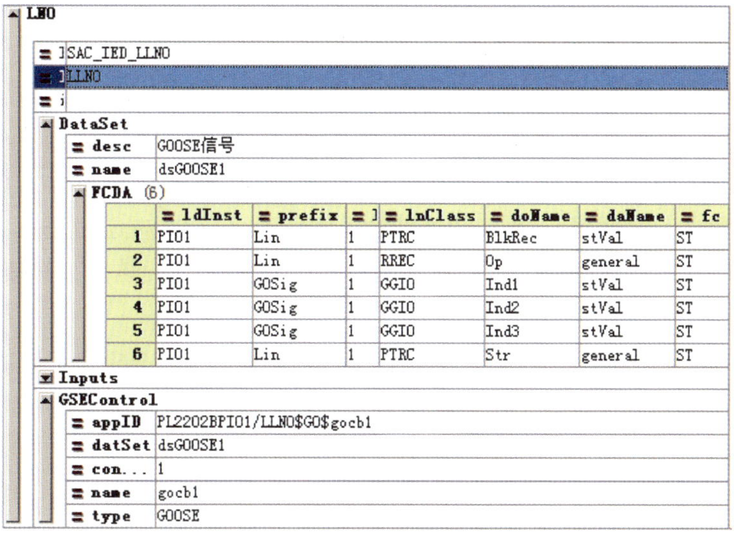

图 2－22　装置 GOOSE 发送控制块

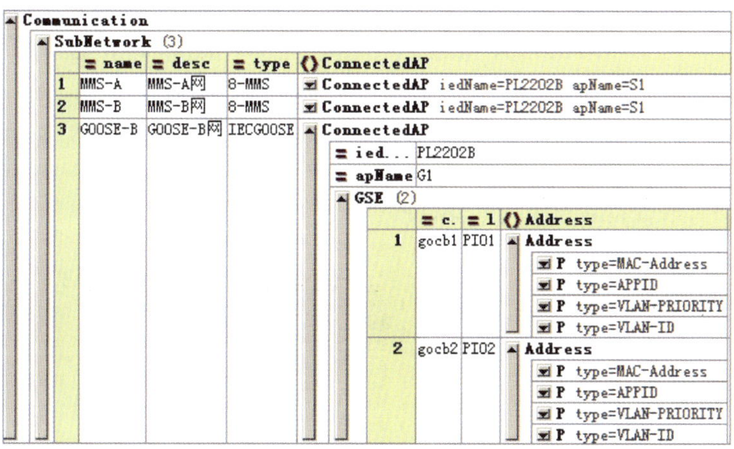

图 2－23　装置 GOOSE 通信参数

以西泾变电站 IT2001A 的 GOOSE 接收部分为例。如图 2－24 所示，配置文件中定义了 GOOSE 接收来自装置 PT2001A 的信息，数据包括 OpHi、OpLo、OpStop 等，并将接收到的信息映射到自身 IEC 61850 模型下，如：将收到来自 PT2001A 的信息 PI_PROT/GOOUTGGIO1.Ind2.stVal 赋给自身模型 RPIT/GOINGGIO1.SPCSO4.stVal。

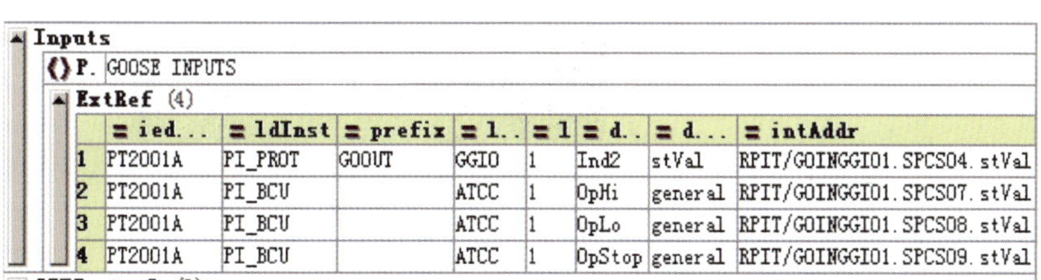

图 2－24　装置 GOOSE 输入

（五）SV 采样值服务

SV 在配置文件分为 SV 发送配置与 SV 接收配置，SV 配置基本要求如下：

（1）采样值输出数据集应支持 DO 方式，数据集的 FCD 中包含每个采样值的 instMag. i 和 q 属性。

（2）装置采样值输入定义采用虚端子的概念，在以“SVIN”为前缀的 GGIO 逻辑节点实例中定义 DO 信号，DO 信号与采样值外部输入虚端子一一对应，通过该 GGIO 中 DO 的描述和 dU 可以确切描述该信号的含义，作为采样值连线的依据。装置采样值输入进行分组时，采用不同 GGIO 实例号来区分。

（3）在 SCD 文件中每个装置的 LLN0 逻辑节点中的 Inputs 部分定义了该装置输入的采样值连线，每一个采样值连线包含了装置内部输入虚端子信号和外部装置的输出信号信息，虚端子与每个外部输出采样值为一一对应关系。Extref 中的 IntAddr 描述了内部输入采样值的引用地址，应填写与之相对应的以“SVIN”为前缀的 GGIO 中 DO 信号的引用名，引用地址的格式为“LD/LN. DO”。

（4）装置应通过在 ICD 文件中支持多个 AcccssPoint 的方式支持多个独立的 SV 网络。在只连接过程层 SV 网络的 AccessPoint，SCD 文件中装置应通过在相应 LD 的 LN0 中定义 Inputs，接收来自相应 SV 网的采样值输入；在相应 LD 的 LN0 中定义采样值数据集和 MSVCB 控制块用来发送采样值。

以西泾变电站 MM2201B 合并单元配置文件发送部分为例，其采样配置如图 2－25 所示，

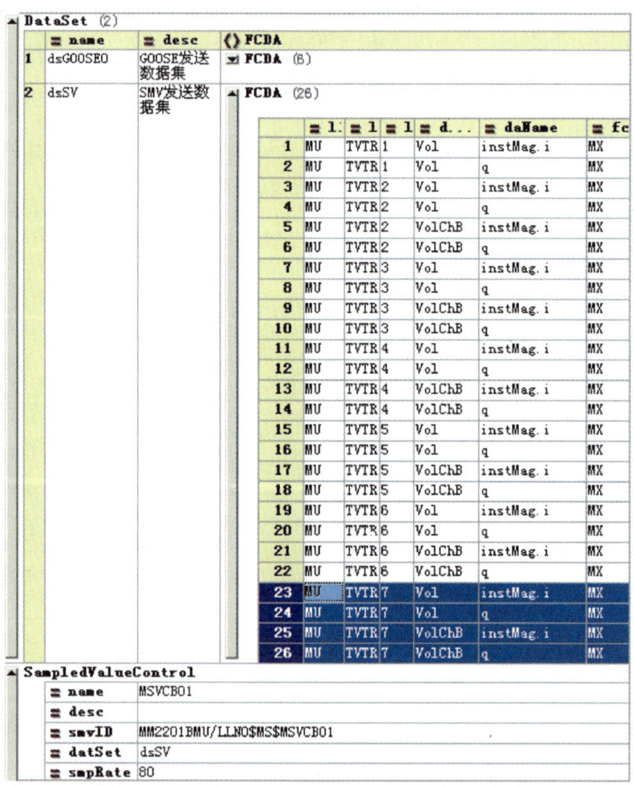

图 2－25　合并单元 SV 发送数据集采样配置图

先配置好要发送的采样值数据集，名字为 dsSV，将需要合并输出的电流电压作为数据集元素。配置采样值控制块（SampleValueControl），指定关联的数据集名是 dsSV。

以西泾变电站 PL2201A 保护装置为例，该装置需要接收到来自 ML2201A 合并器的电流与电压数据，并且 Extref 中的 IntAddr 描述了内部对应输入采样值的引用地址，如图 2-26 所示。

Inputs

P... SMV INPUTS

ExtRef (30)

	iedName	]	]	l.	l	doName	daName	intAddr
1	ML2201A	MU		TCTR	1	Amp1	instMag.i	SVLD1/SVINPATCTR1.Amp.instMag.i
2	ML2201A	MU		TCTR	1	Amp1	q	SVLD1/SVINPATCTR1.Amp.q
3	ML2201A	MU		TCTR	1	Amp2	instMag.i	SVLD1/SVINPATCTR1.AmpChB.instMag.i
4	ML2201A	MU		TCTR	1	Amp2	q	SVLD1/SVINPATCTR1.AmpChB.q
5	ML2201A	MU		TCTR	2	Amp1	instMag.i	SVLD1/SVINPBTCTR1.Amp.instMag.i
6	ML2201A	MU		TCTR	2	Amp1	q	SVLD1/SVINPBTCTR1.Amp.q
7	ML2201A	MU		TCTR	2	Amp2	instMag.i	SVLD1/SVINPBTCTR1.AmpChB.instMag.i
8	ML2201A	MU		TCTR	2	Amp2	q	SVLD1/SVINPBTCTR1.AmpChB.q
9	ML2201A	MU		TCTR	3	Amp1	instMag.i	SVLD1/SVINPCTCTR1.Amp.instMag.i
10	ML2201A	MU		TCTR	3	Amp1	q	SVLD1/SVINPCTCTR1.Amp.q
11	ML2201A	MU		TCTR	3	Amp2	instMag.i	SVLD1/SVINPCTCTR1.AmpChB.instMag.i
12	ML2201A	MU		TCTR	3	Amp2	q	SVLD1/SVINPCTCTR1.AmpChB.q
13	ML2201A	MU		TVTR	1	Vol1	instMag.i	SVLD1/SVINUATVTR1.Vol.instMag.i
14	ML2201A	MU		TVTR	1	Vol1	q	SVLD1/SVINUATVTR1.Vol.q
15	ML2201A	MU		TVTR	1	Vol2	instMag.i	SVLD1/SVINUATVTR1.VolChB.instMag.i
16	ML2201A	MU		TVTR	1	Vol2	q	SVLD1/SVINUATVTR1.VolChB.q
17	ML2201A	MU		TVTR	2	Vol1	instMag.i	SVLD1/SVINUBTVTR1.Vol.instMag.i
18	ML2201A	MU		TVTR	2	Vol1	q	SVLD1/SVINUBTVTR1.Vol.q
19	ML2201A	MU		TVTR	2	Vol2	instMag.i	SVLD1/SVINUBTVTR1.VolChB.instMag.i
20	ML2201A	MU		TVTR	2	Vol2	q	SVLD1/SVINUBTVTR1.VolChB.q
21	ML2201A	MU		TVTR	3	Vol1	instMag.i	SVLD1/SVINUCTVTR1.Vol.instMag.i
22	ML2201A	MU		TVTR	3	Vol1	q	SVLD1/SVINUCTVTR1.Vol.q
23	ML2201A	MU		TVTR	3	Vol2	instMag.i	SVLD1/SVINUCTVTR1.VolChB.instMag.i
24	ML2201A	MU		TVTR	3	Vol2	q	SVLD1/SVINUCTVTR1.VolChB.q
25	ML2201A	MU		TVTR	6	Vol1	instMag.i	SVLD1/SVINUXTVTR1.Vol.instMag.i
26	ML2201A	MU		TVTR	6	Vol1	q	SVLD1/SVINUXTVTR1.Vol.q
27	ML2201A	MU		TVTR	6	Vol2	instMag.i	SVLD1/SVINUXTVTR1.VolChB.instMag.i
28	ML2201A	MU		TVTR	6	Vol2	q	SVLD1/SVINUXTVTR1.VolChB.q
29	ML2201A	MU		LLN0		DelayTRtg	instMag.i	SVLD1/SVINGGIO1.AnIn1.mag.i
30	ML2201A	MU		LLN0		DelayTRtg	q	SVLD1/SVINGGIO1.AnIn1.q

图 2-26 保护装置 SV 接收数据

（六）遥控与遥调

遥控、遥调等控制功能通过 IEC 61850 的控制相关数据结构实现，将其映射到 MMS 的读写和报告服务。IEC 61850 提供了 4 种控制模型，即常规安全的直接控制、常规安全的操作前选择控制、增强安全的直接控制、增加安全的操作行前选择控制。同时支持检同期、检无压、闭锁逻辑检查等功能。如图 2-27 所示，在配置文件的 DataTypeTemplates 子元素下，可以看到 EnumType 中列出了控制模式 ctlModel 的定义，0～4 表示不同的控制类型，0 是为只读状态量，4 为增强型 SBOw 带选择控制功能。

DataTypeTemplates

LNodeType (321)

DOType (453)

DAType (90)

EnumType (37)

	id	EnumVal
1	ctlModel	EnumVal (5)

	ord	Text
1	0	status-only
2	1	direct-with-normal-security
3	2	sbo-with-normal-security
4	3	direct-with-enhanced-security
5	4	sbo-with-enhanced-security

图 2-27 2-10 枚举类型数据模板

目前，智能变电站中典型的遥控类型如下：

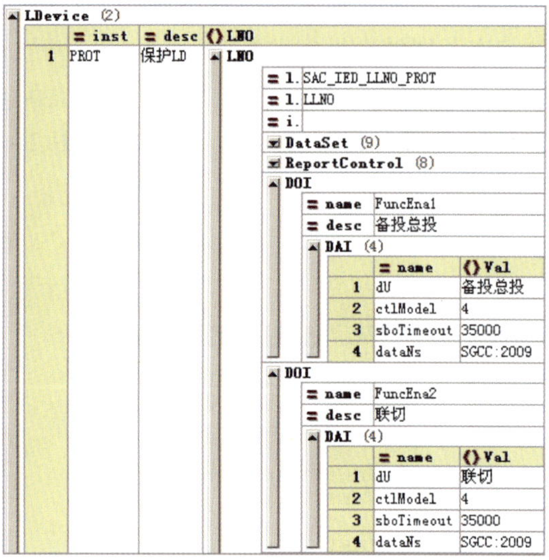

图 2-28 备投装置建模

（1）断路器隔离开关遥控使用 sbo-with-enhencedsecurity 方式。

（2）装置复归使用 Directcontrolwith-enhencedsecurity 方式。

（3）保护软压板采用 sbo-with-enhancedsecurity 的控制方式。

（4）变压器挡位采用 directcontrol-withnormalsecurity 的控制方式。

装置应初始化遥控相关参数（ctlModel、sboTimeout 等）。

以西泾变电站备投总投与联切对应的数据对象 FuncEna1、FuncEna2 为例，如图 2-28 所示，配置文件中设置 ctlModel 为 4，即带选择 SBOw 控制，sboTimeOut 表示其选择后超时 35 000ms 失效。

（七）定值服务

IEC 61850 的 ACSI 中提供了一系列定值服务，包括选择激活定值组（SelectActiveSG）、选择编辑定值组（SelectEditSG）、设置定值组值（SetSGValuess）、确认编辑定值组值（ConfirmEditSGValues）、读定值组值（GetSGValues）和读定值组控制块值（GetSGCBValues）服务。按 Q/GDW 396—2009 的要求，规定了 dsSetting 作为保护定值数据集的名称，数据集中元素顺序按定值序号排列。单个保护装置 IED 可以有多个 LD 和定值控制块（SGCB），每个 LD 应只有一个 SGCB 实例，图 2-29 所示为保护定值数据集示意图。

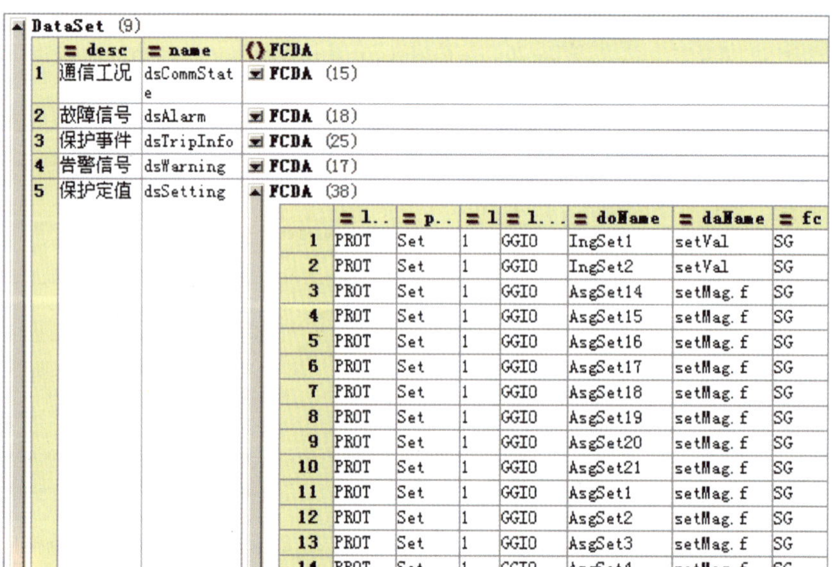

图 2-29 保护定值数据集示意图

图2－30所示配置文件中SettingControl的数据属性numOfSGs参数表示共用多少个定值组，actSG表示当前运行中使用的定值组序号，示例中表示共有31个定值组，当前激活为定值组1。

根据Q/GDW 396—2009的要求，定值管理中应注意以下几点：

（1）“远方修改定值”软压板只能在装置本地修改。“远方修改定值”软压板投入时，装置参数、装置定值可远方修改。

（2）“远方切换定值区”软压板只能在装置本地修改。“远方切换定值区”软压板投入时，装置定值区可远方切换。定值区号宜放入遥测数据集，供远方监控。

（3）“远方控制压板”软压板只能在装置本地修改。“远方控制压板”软压板投入时，装置功能软压板、GOOSE出口软压板可远方控制。

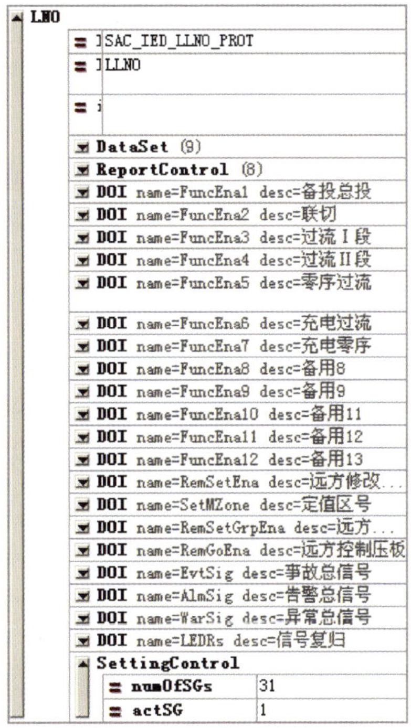

图2－30　备投装置定值控制块

3 电子式互感器原理及测试技术

智能变电站技术的重要特征在于一次系统电气量的传递实现了数字化应用，此项突破主要依赖于电子式互感器的数字输出技术的发展。电子式互感器作为智能变电站过程层的重要设备，近年来成为研究的热点，目前已由理论研究逐渐转向实际工程应用，已在智能变电站陆续得到了应用。本章主要描述电子式互感器原理，介绍各种电子式互感器的基本特点，重点阐述了电子式互感器的测试技术。

3.1 电子式互感器概述

电流和电压互感器是为电力系统中电能计量、继电保护、测控装置提供电流、电压信号的重要设备，其精度和可靠性与电力系统的安全、可靠与经济运行密切相关。传统的电流和电压互感器是电磁感应式的，具有类似变压器的结构。随着电力工业的发展，电力系统传输的电力容量不断增加，电网运行电压等级也越来越高，随着电压等级的提高，电磁式互感器逐渐暴露出一系列固有的缺点。自20世纪70年代以来，人们一直在寻求一种安全、可靠、理论完善、性能优越的新方法来实现电力系统高电压、大电流的测量。基于光学传感技术的光电电流互感器（Optical Current Transformer，OCT）和光学电压互感器（Optical Voltage Transformer，OVT)，及采用空心线圈或低功耗铁芯线圈感应被测电流的电子式电流互感器（Electrical Current Transformer，ECT）和电分压原理的电子式电压互感器（Electrical Voltage Transformer，EVT）一直受到国内外的广泛关注。随着温度稳定性和工艺一致性等问题的逐渐解决，目前ECT和OCT已经逐步由试验阶段走向工程应用阶段。

与常规电磁式互感器相比，电子式互感器具有一系列优点：

（1）优良的绝缘性能。电磁感应式互感器高压侧与二次侧之间通过铁芯磁耦合。它们之间的绝缘结构复杂，其造价随电压等级呈指数关系上升。在电子式互感器中，高压侧信息是通过由绝缘材料制成的光纤而传输到低电位的，其绝缘结构简单，造价一般随电压等级升高线性地增加。

（2）无磁饱和、铁磁谐振等问题。电子式互感器一般不用铁芯做磁耦合，因此消除了或大大降低磁饱和及铁磁谐振现象，互感器运行暂态响应和稳定性提高，保证了系统运行的高可靠性。

（3）抗电磁干扰性能好，无低压侧开路和短路危险。电磁感应式电流互感器二次回路不能开路，低压侧存在开路高电压危险；电磁式电压互感器同样存在二次回路不能短路的问题。由于电子式互感器的高压与低压之间只存在光纤联系，而光纤具有良好的绝缘性能，可保证高压回路与二次回路在电气上完全隔离，低压侧不会开路或短路，同时也没有磁耦合，消除了电磁干扰对互感器性能的影响。

（4）暂态响应范围大，测量精度高。电网正常运行时，电流互感器流过的电流并不大，但短路电流越来越大。电磁感应式电流互感器因存在磁饱和问题，难以实现大范围测量并在一个通道同时满足高精度计量和继电保护的需要。电子式互感器具有很宽的动态范围，一个测量通道额定电流可达几十安培至几千安培，过电流范围可达几万安培。因此既可同时满足计量和继电保护的需要，又可避免电磁感应式电流互感器多个测量通道的复杂结构。

（5）频率响应范围宽。电子式互感器传感器部分频带响应范围宽，实际能测量的频率范围主要决定于电子线路部分。可以测出高压电力线路上的谐波。电磁感应式互感器动态测量范围小，频带窄，高频响应特性差。

（6）没有因充油而产生的易燃、易爆等危险。电磁感应式互感器一般采用充油来解决绝缘问题，这样不可避免地存在易燃、易爆等危险。而电子式互感器绝缘结构简单，可以不采用油绝缘，在结构设计上就可避免这方面的危险。

（7）适应了电力计量与保护数字化、微机化、自动化和智能化的发展。

在实际工程应用中的电子式互感器的主流产品分类如图 3－1 所示，有源电流互感器主要由罗戈夫斯基线圈组成，有源电压互感器采用电阻或电容分压技术；无源电流互感器的原理是法拉第磁光效应和塞格耐克（Sagnac）效应，无源电压互感器的原理是普克尔效应和逆压电效应。各类电子式互感器的实现原理、构成、关键技术都有较大的差异，下面逐一介绍。

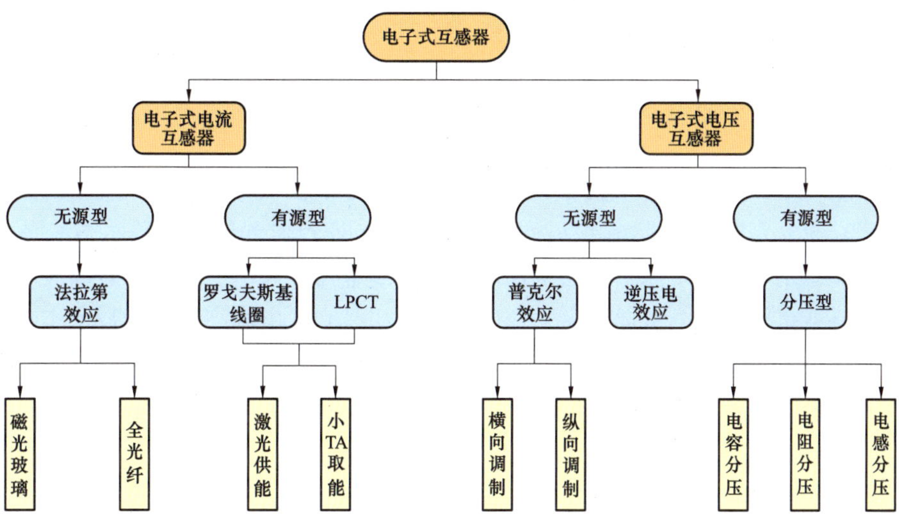

图 3－1　电子式互感器的分类

3.2　电子式电流互感器原理

3.2.1　有源电子式电流互感器

有源电子式电流互感器（ECT）主要指由罗戈夫斯基（Rogowski）线圈（以下简称罗氏

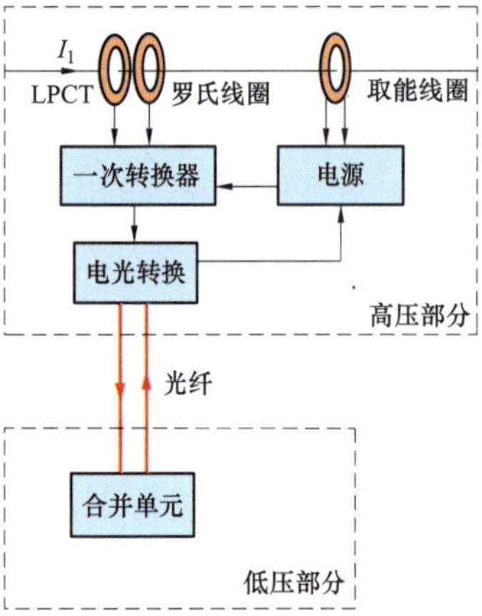

图3－2　有源电子式电流互感器结构图

线圈）和低功耗线圈（LPCT）组成的互感器，其特点是需要向一次转换部分提供电源。

ECT 的结构如图 3－2 所示，其主要由以下四部分组成：

（1）一次传感器。一次传感器位于高压侧，包括一个低功耗线圈、两个罗氏线圈、一个高压电流取能线圈。低功耗线圈用于传感测量级电流信号，罗氏线圈用于传感保护级电流信号，取能线圈用于从一次侧电流获取电能供远端电子模块工作。

（2）远端电子模块。远端电子模块也称一次转换器，远端电子模块接收并处理低功耗线圈及罗氏线圈的输出信号，远端电子模块的输出为串行数字光信号。远端电子模块的工作电源由合并单元内的激光器或高压电流取能线圈提供，当一次侧电流小于20A 时，远端电气单元的工作电源由激光器提供，当一次侧电流大于20A时远端电气单元的工作电源由高压电流取能线圈提供，两种供电方式可实现无缝切换。

（3）光纤绝缘子。绝缘子为内嵌光纤的实芯支柱式复合绝缘子。绝缘子内嵌 8 根 62.5/125μm 的多模光纤，实际使用 4 根光纤（两根传输激光，两根传输数字信号），另外 4 根光纤备用。光纤绝缘子高压端光纤以 ST 头与远端电气单元对接，低压端光纤以熔接的方式与传输信号的光缆对接。

（4）合并单元。一方面为远端电气单元提供供能激光；另一方面接收并处理三相电流互感器及三相电压互感器远端电气单元下发的数据，对三相电流、电压信号进行同步，并将测量数据按规定的协议输出供二次设备使用。合并单元的输出信号采用 62.5/125μm 多模光纤传送，接头为 ST 型。

有源电子式电流互感器高压侧有电子电路构成的电子模块，电子模块采集线圈的输出信号，经滤波、积分变换及 A/D 转换后变为数字信号，通过电光转换电路将数字信号变为光信号，然后通过光纤将数字光信号送至低压侧，供继电保护和电能计量等设备使用。有源电子式电流互感器高压侧的电子模块需工作电源，利用激光供电和高压取能技术实现对高压侧电子模块的供电是目前普遍采用的方法，这也是有源电子式互感器的关键技术之一，由此也引出了在高压条件下电源绝缘问题。

（一）罗氏线圈原理

罗氏线圈是一种较成熟的测量元件。它实际上是一种特殊结构的空心线圈，将测量导线均匀地绕在截面均匀的非磁性材料的框架上，线圈两端接上采样电阻组成，如图 3－3 所示。由于这种线圈本身与被测电流回路并不存在直接电的联系，因此有良好的电气绝缘。罗氏线圈骨架采用非铁磁材料加工而成，大大降低了磁饱和，即使被测电流的直流分量很大也不饱和，线性度好。相对于常规的电流互感器，具有准确度高、测量范围大、通频带宽的特点。

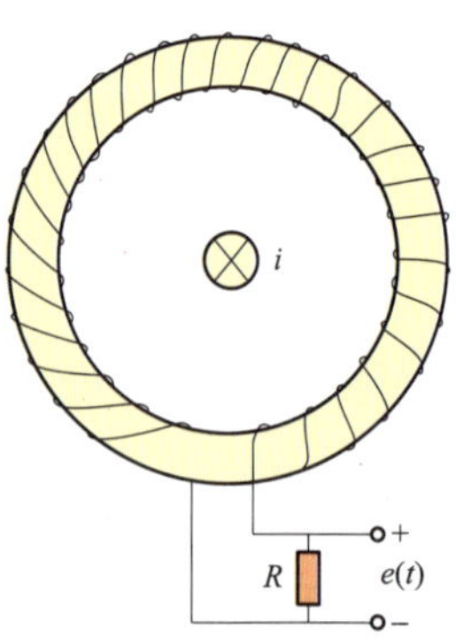

图3－3　罗氏线圈

罗氏线圈测量电流的依据是全电流的电磁感应原理。设骨架的横截面积为 A，骨架内半径为 r_1，外半径为 r_2，平均半径为 R，线圈匝数为 N，载流导体待测电流为 $i_1(t)$，从线圈中心穿过，线圈感应电流为 $i_2(t)$。由安培环路定理，沿线圈骨架取一个环形回路 L，回路半径 r 满足 $r_1 < r < r_2$。则有

$$\int B \cdot \mathrm{d}l = \mu_0 \sum I = \mu_0 [i_1(t) - N \cdot i_2(t)] \tag{3-1}$$

通常线圈感应电流远远小于待测电流，即 $i_2(t) \gg i_1(t)$，可得

$$\int B \cdot \mathrm{d}l = \mu_0 \cdot i_1(t) \tag{3-2}$$

式中：μ_0 为真空磁导率。

由电磁感应定律，当载流导体流过交变电流时，线圈感应的电动势应满足

$$e(t) = -\mathrm{d}\phi/\mathrm{d}t = -\mathrm{d}(\int B \cdot \mathrm{d}S)/\mathrm{d}t \tag{3-3}$$

式中：S 为线圈一匝所包围的面积。

考虑线圈为一理想模型，即假设圆环截面积为常数且线圈绕线均匀、导线无限细，相邻线匝无限接近，可推得

$$e(t) = -N \cdot A \cdot \mathrm{d}B/\mathrm{d}t \tag{3-4}$$

由（3-2）式和（3-4）式可得

$$e(t) = -\mu_0 \cdot A \cdot N/l_c[\mathrm{d}i_1(t)/\mathrm{d}t] = -M[\mathrm{d}i_1(t)/\mathrm{d}t] \tag{3-5}$$

式中：A 为线圈圆环截面积；N 为线圈总匝数。

因此，$e(t)$ 与 $i_1(t)$ 为微分关系，求待测电流 $i_1(t)$ 只需通过电路对 $e(t)$ 求积分即可。式（3-5）表明空心线圈的感应信号与被测电流的微分成正比，经积分变换等信号处理便可获知被测电流的大小。如果线圈的输出和一个积分器连接，则积分器的输出就和所要测量的电流成正比。

（二）低功耗线圈（LPCT）

如图 3-4 所示，LPCT 是常规电磁式电流互感器的一种改进，按照高阻抗进行设计，使常规电流互感器在很高的一次电流下出现饱和的基本特性得到了改善，扩大了测量范围。LPCT 一般在 50% ~120% 额定电流下线性度较好，精度较高，通常为 0.1/0.2S，适用于测量和高精度计量。

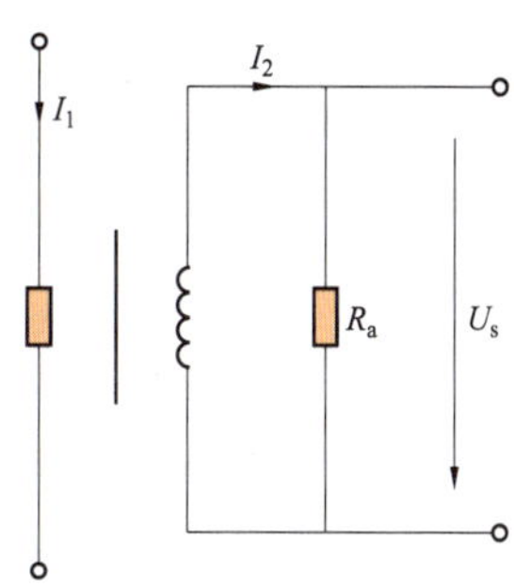

图 3-4　低功耗线圈

3.2.2 无源电子式电流互感器

无源电子式电流互感器主要指采用光学测量原理的电流互感器，又称为光学电流互感器（OCT），其特点是无须向互感器高压部分提供电源。OCT 采用法拉第磁光效应进行电流测量，按照传感元件的不同又可分为磁光玻璃型电流互感器和全光纤型电流互感器，结构如图 3-5 所示。

法拉第磁光效应又称为光波磁致圆双折射效应，是指偏振光沿外加磁场方向或磁化强度方向通过介质时偏振面发生旋转的现象，其示意图如图 3-6 所示。法拉第磁场旋转相位 θ_F 与沿光传播方向的磁场分量满足如下关系

$$\theta_F = V \cdot \int_L B dz \tag{3-6}$$

式中：B 为磁场强度，V 为介质范德尔（Verdet）常数，L 为光纤长度；法拉第旋转方向与光的传播矢量方向、磁场矢量方向相关。

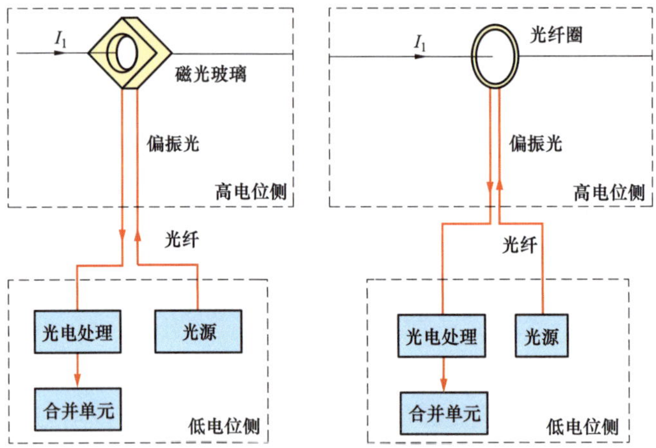

图 3-5 无源电子式电流互感器结构图

磁光玻璃型电流互感器的基本工作原理是法拉第磁光效应，即加在光学介质上的外部磁场会使通过光学介质的偏振光发生偏振面的旋转的效应。其原理光路图如图 3-7 所示。法拉第磁光效应还表明，利用适当的光路设计，增加围绕载流导体的光路圈数可提高传感器灵敏度。

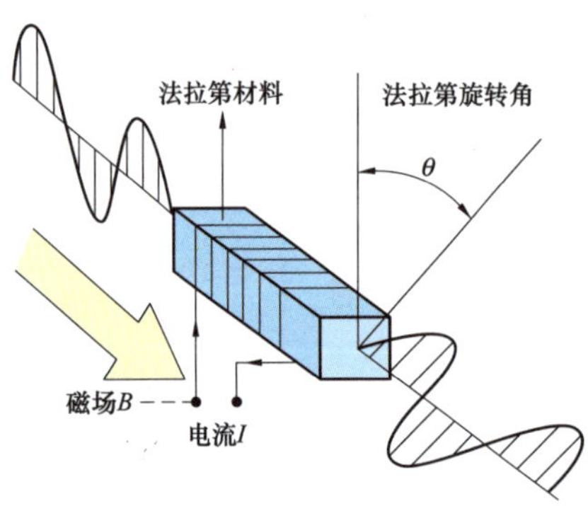

图 3-6 法拉第磁光效应示意图

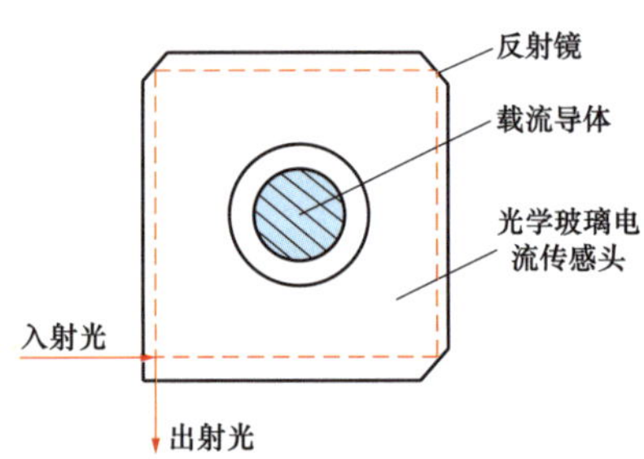

图 3-7 磁光玻璃型电流传感器原理光路图

磁光玻璃型电流互感器的加工难度大，传感器易碎，成本高，而且光在反射过程中引入的反射相移会使线偏光变成椭圆偏振光而影响系统性能。但是，随着光纤光学技术的发展，全光纤型电流互感器克服了光学玻璃型电流互感器的弱点，逐渐应用于工程实践中。

根据光纤传感器的结构，光纤型电流互感器分为反射式及环形 Sagnac 式两种类型，如图 3-8、图 3-9 所示。由于反射式光纤电流互感器（Reflective fiber optic current transformer，RFOCT）采用共光路设计，具有高度的结构互易性和优良的抗震动及抑制温度干扰特性，且能克服陀螺效应的影响，成为光纤电流互感器的主要结构。光纤型电流互感器通过借鉴光纤陀螺光电信号数字闭环反馈技术，实时测量光波环路中由磁场法拉第磁光效应导致的非互易性相位角，进而获取外部电流信息。电磁场—光波耦合感应技术及数字闭环反馈信号处理技术使全光纤型电流互感器具有动态范围宽、测量精度高、绝缘性能好等优点。

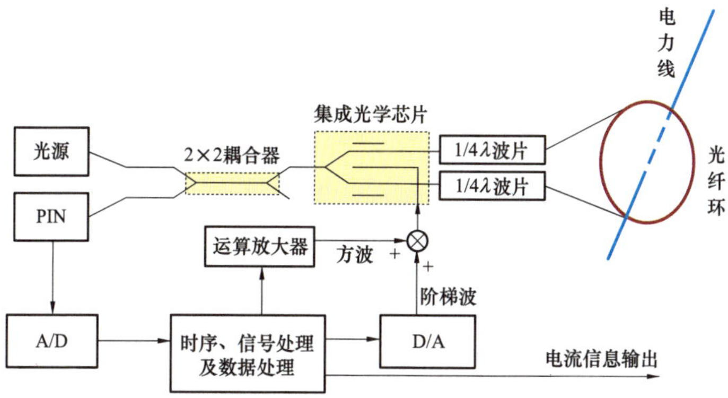

图 3－8　Sagnac 式光纤电流互感器基本结构

反射式光纤型电流互感器的原理如图 3－9 所示。

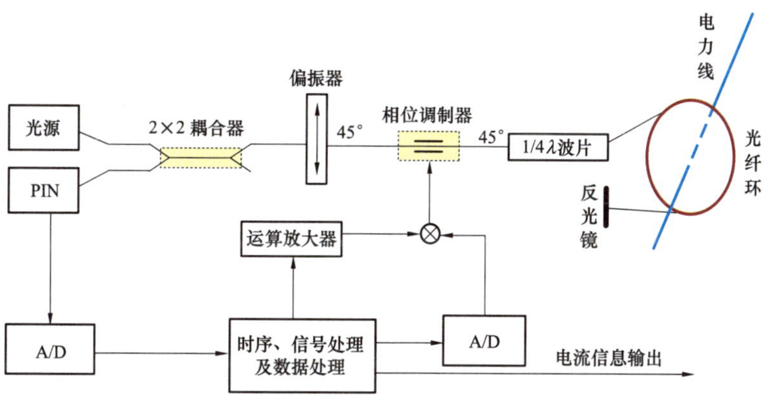

图 3－9　反射式光纤电流互感器基本结构

图 3－9 中光纤电流互感器结构描述了光波的传播流程：

（1）光源发出的光波经过耦合器后由偏振器起偏，形成线偏振光，线偏振光以 45°注入保偏光纤，被均匀地注入到保偏光纤的 X 轴（快轴）和 Y 轴（慢轴）传输。

（2）当这两束正交模式的光波以 45°夹角经过 $\lambda/4$ 波片后，分别转变为左旋和右旋的圆偏振光，进入传感光纤。

（3）在传感光纤中，由于传导电流产生法拉第磁光效应，这两束圆偏振光以不同的速度传输。

（4）经传感光纤端面的镜面反射后，两束圆偏振光的偏振模式互换（即左旋光变为右旋光，右旋光变为左旋光），再次穿过传导光纤，并再次和电流产生的磁场相互作用，使产生的相位加倍。

（5）两束光再次通过 $\lambda/4$ 波片后，恢复为线偏振光，原来沿保偏光纤 X 轴和 Y 轴进入波片的光波，此刻分别沿 Y 轴和 X 轴射出波片，并在起偏器处发生干涉。

（6）由于发生干涉的两束光，在光路的传输过程中，分别都通过了保偏光纤的 X 轴和 Y 轴与传感光纤的左旋和右旋模式，只在时间上有差别，因此返回探测器的光只携带了由法拉第效应产生的非互易性相位差。

全光纤型电流互感器本质上是一种建立在偏振光干涉基础上的光学精密仪器，光波偏振态控制是其关键技术之一。

3.2.3 性能比较

各种类型的电子式电流互感器各有优缺点，表 3－1 给出了它们之间以及与常规电磁式互感器之间的比较。

表 3－1 电子式电流互感器性能比较

	电磁式互感器	罗氏线圈	磁光玻璃式 OCT	全光纤式 OCT
测量原理	法拉第电磁感应	法拉第电磁感应	法拉第磁光效应 安培环路定律	法拉第磁光效应 安培环路定律 塞格奈克效应
高压侧传感元件	电磁线圈	罗氏线圈＋有源电路	磁光玻璃＋ 3 根连接光纤	光纤环
光路结构	无	无	复杂	复杂
高低压连接光纤	无	一根上传光能， 一根下传数据	一根上传光， 二根下传数据	一根同时上传光和 下传数据
直流	不可测	不可测	可测	可测
精度测量范围	小	小	小	较大
是否有源	无	有	无	无
抗干扰能力	差	差	良好	良好
光波长影响	无	无	大	小
线性双折射影响	无	无	大	小
频率响应特性	差	良好	良好	良好
安全性能	差	好	好	好
长期稳定性	良好	良好	尚需现场验证	尚需现场验证
安装灵活性	差	差	差	好
运行经验	长	相对较长	短	较短

有源电子式电流互感器基于法拉第电磁感应原理，具有测量范围大，线性度好，无磁饱和等优点而成为研究的热点。这种电流互感器既利用了光纤系统提供的高绝缘性的优点，显著降低了电流互感器的制造成本、体积和重量，又充分发挥了被电力系统广泛接受的常规 TA 测量装置的优势，同时还避免了光学电流互感器传感器光路的复杂性及线性

双折射、块状玻璃全反射相位差等技术难点。其实用化的主要技术障碍包括罗氏线圈结构、抗电磁干扰能力、电磁兼容特性、采样线性与精度等性能的保证及稳定问题；高压侧电子模块含电光—光电转换及光纤传输系统的温度稳定性问题；高压侧电子模块供电问题。

无源电子式电流互感器基于光电传感技术，一次侧光学传感器无需工作电源，可靠性较高，是独立安装互感器的理想解决方案，目前正在进行实用化研究。OCT 还存在一些难以突破的技术问题，如磁光效应会随环境因素而变化、传感器的线性双折射问题、电光效应易受弹光和热光效应的干扰、对温度和振动敏感等，使其实用化受到限制。基于法拉第磁光效应原理的 OCT 则因其良好的动态品质而可能胜任，并且在高压侧不需要电源，可靠性较高。

3.3 电子式电压互感器原理

3.3.1 有源电子式电压互感器

有源电子式电压互感器（EVT）一般由一次侧传感器（分压器）、远端电子模块、光纤绝缘子与合并单元组成。分压器低压臂输出的模拟信号通过远端电子模块进行模/数转换、数/光转换，经光纤将信号传送至合并单元，电容分压器的外绝缘采用硅橡胶复合绝缘子，重量较轻。根据一次侧传感器的分压原理的不同又可划分为电容分压或电阻分压，利用与有源电子式电流互感器类似的电子模块处理信号，使用光纤传输信号。

电阻分压式电压互感器的工作原理如图 3－10 所示，其核心为一电阻式分压器。分压器由高压臂电阻 R_1 和低压臂电阻 R_2 组成，电压信号在低压侧取出。U_1 为高压侧输入电压，U_2 为低压侧输出电压。由于两个电阻串联，所以有 $U_1=U_2(R_1+R_2)/R_1=U_2k$，被测电压和 R_2 上的电压在幅值上相差 k 倍，相位差为零。只要适当选择 R_1 和 R_2，即可得到所需的分压比。为防止低压部分出现过电压，保护二次侧测量装置，必须在低压电阻上加装一个放电管或稳压管 S，使其放电电压恰好略小于或等于低压侧的最大允许电压。为了使电子线路不影响电阻分压器的分压比，增加一个电压跟随器。

电容分压式电压互感器的工作原理如图 3－11 所示，其核心为一电容式分压器。分压器由高压臂电容 C_1 和低压臂电容 C_2 组成，电压信号在低压侧取出。U_1 为被测一次电压，U_{C1}、U_{C2}为别分压电容上的电压。由于两个电容串联，所以有 $U_{C2}=U_1C_1/(C_1+C_2)=U_1k$。只要适当选择 C_1 和 C_2 的电容量，即可得到合适的分压比。

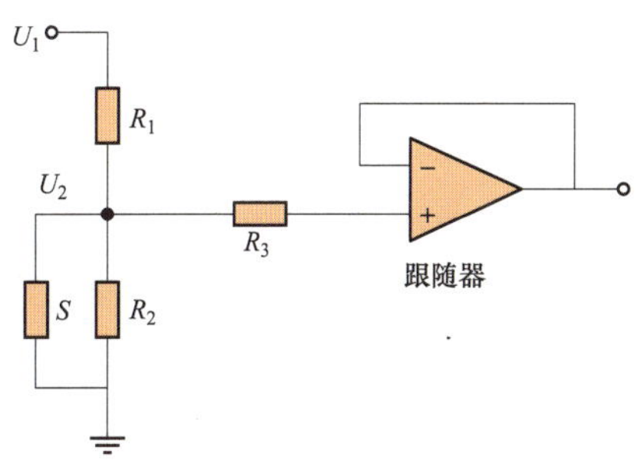

图 3－10 电阻分压式电压互感器原理图

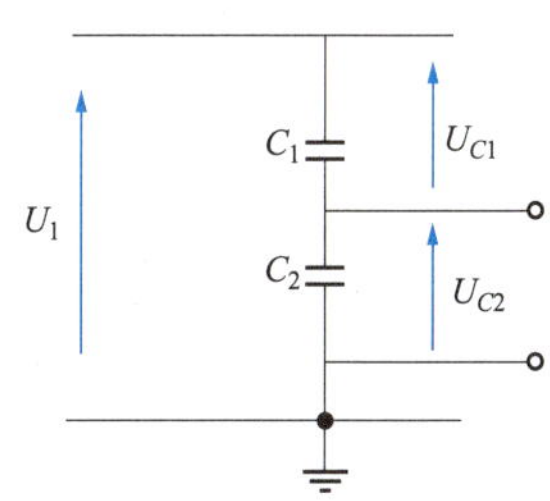

图 3－11 电容分压式电压互感器原理图

3.3.2 无源电子式电压互感器

无源电子式电压互感器主要指采用光学测量原理的电压互感器，又称为光学电压互感器，目前研究较多的是采用普克尔（Pockels）效应原理的光学电压互感器。1893 年，德国物理学家普克尔发现，一些晶体在电场作用下会改变其各向异性性质，产生附加的双折射效应，晶体折射率随外加电压呈线性变化的现象称为线性电光效应，即普克尔效应。普克尔效应只存在于无对称中心的晶体中，有两种工作方式：一种是通光方向与被测电场方向重合，称为纵向普克尔效应；另一种是通光方向与被测电场方向垂直，称为横向普克尔效应。在光学电场测量应用中最为普遍的有以下两种电光晶体：

1）BGO 晶体。随温度形变小，均匀性好，无自然双折射效应和热电效应，但是电场调制时感生光轴发生旋转，加工工艺要求高，晶体半波电压高，测量电场灵敏度不如 LN 晶体高，适用于高压强电场的测量。

2）LN 晶体。随温度形变较大，存在自然双折射效应，电场调制时光轴不发生旋转，加工方便，晶体半波电压低，测量灵敏度高，适用于空间电场和弱电场的测量。

（1）纵向普克尔效应。当一束线偏光沿与外加电场 E 平行的方向入射处于此电场中的电光晶体时，由于普克尔效应使线偏光入射晶体后产生双折射，于是从晶体出射的两双折射光束就产生了相位差，该相位差与外加电场的强度成正比，利用检偏器等光学元件将相位变化转换为光强变化，即可实现对外加电场（或电压）的测量。其表达式为

$$\delta = \frac{2\pi}{\lambda_0} n_0^3 \gamma E d = \frac{2\pi}{\lambda_0} n_0^3 U \tag{3-7}$$

式中：δ 为由普克尔效应引起的双折射的两光束的相位差；E 为外加电场强度；λ_0 为通过晶体的光波长；n_0 为晶体的折射率；γ 为晶体的线性电光系数；d 为晶体沿施加电压方向的厚度；U 为晶体上的外加电压。

从式（3-7）中可以看到：此相位差正比于加在晶体上的电压，与晶体厚度即与晶体的尺寸无关。

（2）横向普克尔效应。当外加电场 E 与晶体的通光方向垂直时，两双折射光束产生的相位差为

$$\delta = \frac{2\pi}{\lambda_0} n_0^3 \gamma \frac{l}{d} U \tag{3-8}$$

式中：l 为晶体通光方向的长度；δ 为由普克尔效应引起的双折射的两光束的相位差；λ_0 为通过晶体的光波长；n_0 为晶体的折射率；γ 为晶体的线性电光系数；d 为晶体沿施加电压方向的厚度；U 为晶体上的外加电压。

纵向普克尔效应的外加电场与通光方向平行，其引起的总普克尔效应是由晶体中沿光束方向上各处电场所引起的普克尔效应累积。由于任意两点间的电压差等于这两点间电场沿路径的积分，而此积分与两点间的电场分布无关。纵向普克尔效应实现了对直接施加于晶体两端电压的测量，因此，测量时不受相邻电场或其他干扰电场的影响。但由于线偏振光束与外加电场 E 平行的方向入射处于此电场中的电光晶体，因此，要求电极既透明让光束尽量多地通过，又导电以便施加外加电场，给实际制作互感器带来较大的困难。横向普克尔效应由自然双折射引起的相位延迟，这个附加的相位差易受外界温度变

化的影响。为克服这一缺点，常常要用两块晶片进行补偿，以消除自然双折射，这对晶体加工及工艺都提出了较高要求。纵向普克尔效应则没有自然双折射引起的相位延迟。纵向普克尔效应的半波电压只与晶体的电光性能有关，而与晶体尺寸无关。纵向普克尔效应的光学电压互感器工作原理如图 3－12 所示。

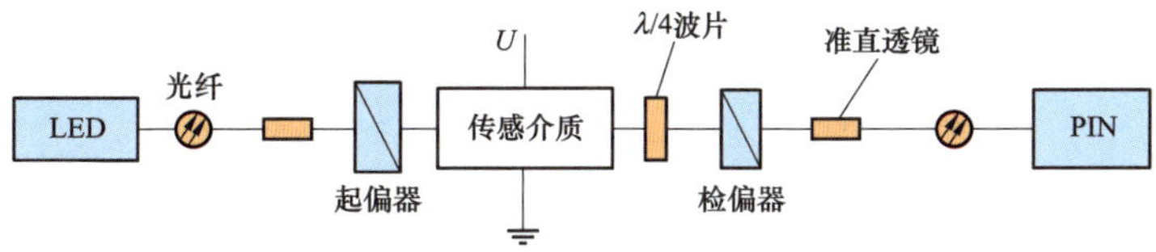

图 3－12　普克尔效应电压互感器的工作原理

目前，光学电流互感器和光学电压互感器还缺乏长期运行的考验，其长期稳定性、可靠性还有待进一步验证。环境温度、振动等外界因素对光学互感器的影响也需要在实际工程中去验证。全光纤型电流互感器已在工程中逐步得到应用，电子式电压互感器的应用目前还是以基于分压原理的有源电子式电压互感器为主。

3.4 电子式互感器测试技术

3.4.1　电子式互感器精度校验

电力系统中，用户主要关注的是电子式互感器采样数据通道的幅值误差、角度误差等精度性能。电子式互感器区别于常规的互感器，因此精度校验方法也将有所不同。电子式电流互感器精度校验装置由调压器、升流器、标准电流互感器、电子式互感器校验仪、二次转换器及相关配套设备等组成。电子式电压互感器精度校验装置由调压器、试验变压器、谐振装置、标准电压互感器、耦合电感、调压器、电子式互感器校验仪、二次转换器及相关配套设备等组成。

（一）电子式互感器校验方法及系统

根据 Q/GDW 441—2010《智能变电站继电保护规范》的要求，“220kV 及以上保护装置应不依赖于外部对时系统实现其保护功能”。电子式互感器校验系统应能根据合并单元的固有延时对其补偿，满足了“直接采样”保护不依赖外部同步时钟的要求，不需要采用外部同步信号，同时支持外部同步脉冲功能。另外，有些低压站采用的是外同步方式，应保留具有外部方式。

电子式互感器稳态校验系统如图 3－13 所示，系统可以对模拟量输出的电子式互感器、数字量输出的电子式互感器进行稳态精度校验，同时可以兼容常规的电磁式互感器校验试验。其中一次电量可以为电流或者电压，试品侧为“电子式互感器”的通用结构。校验系统包括高精度多路同步采集模块、同步模块、同步数据采集板卡。上位机为装有分析软件的计算机终端。

校验仪采用 FFT 算法计算出两个不同输入源的基波幅值和相位角，从而进行相应的误差分析。同步模块同时给高精度同步采集模块和同步数据采集板卡发送采样脉冲，主 CPU 采用 FFT 算法对离散采样值进行傅里叶变换。设同步脉冲的采样周期为 T_s，采样点数为 N，

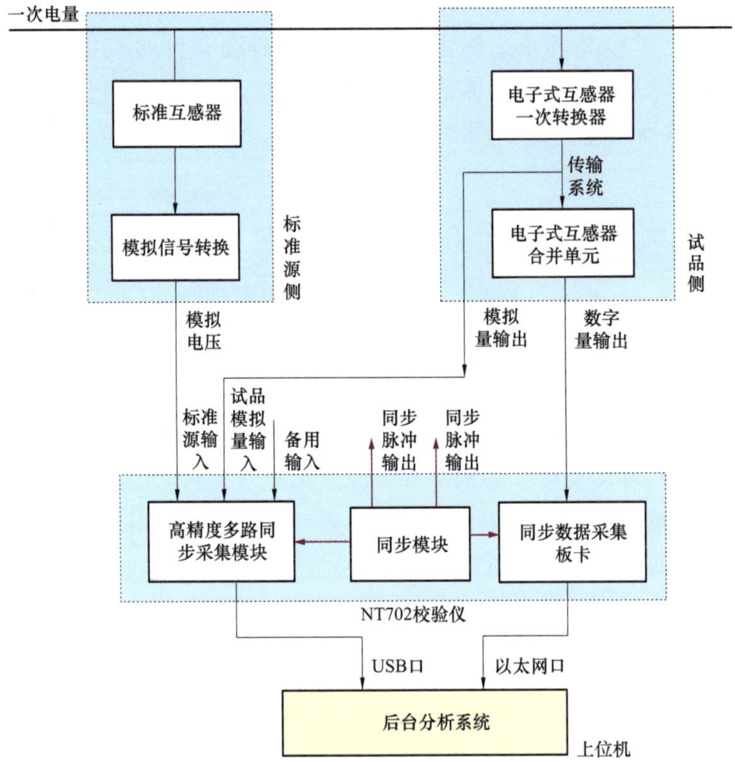

图 3－13 电子式互感器稳态校验系统

则在该区间内的离散傅里叶变换为

$$X(n)=\sum_{k=0}^{N-1}x(k)\mathrm{e}^{-\mathrm{j}\frac{2\pi}{N}kn}=\mathrm{Re}[X(n)]+\mathrm{jIm}[X(n)]\qquad(0\leqslant n\leqslant N-1)\qquad(3-9)$$

式中：$X(n)$ 为时域周期函数的 n 次谐波复系数。

基波信号的相位为

$$\theta=\arctan\frac{\mathrm{Im}[X(1)]}{\mathrm{Re}[X(1)]}\qquad(3-10)$$

通过对两路输入信号提取基波参数，分别求取相位角，即得两路信号的相位差 $\Delta\theta$。

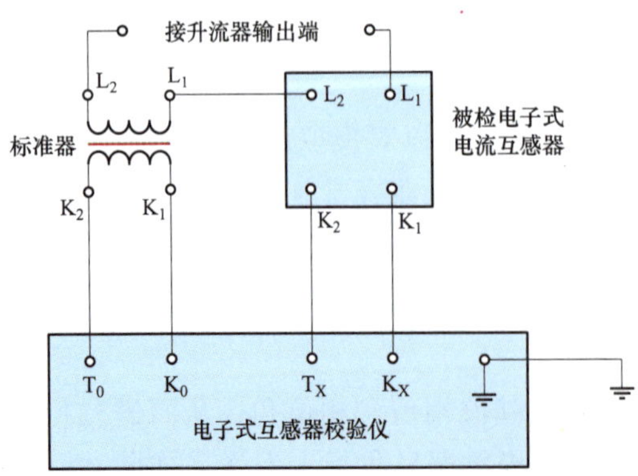

图 3－14 模拟量输出电子式电流互感器校验接线图

（二）电子式电流互感器校验方案

根据不同类型的电子式电流互感器，相应的校验方法和手段也有区别。对输出有模拟电压信号的罗氏线圈和 LPCT，将被测互感器与标准互感器的输出直接接至校验系统，直接读出比差和角差，如图 3－14 所示。对于经合并单元输出数字量，且依赖外部时钟同步的电子式电流互感器，采用如图 3－15 的测试系统，此时由校验系统向合并单元发送采样同步采样脉冲，保证采样的同步性。对于经合并单元输出数字量，但不依赖外部时钟同步的电子式电流互感器，采用如图 3－16 的测试系统，由校验仪补偿电子式电流互感器的固有延时。

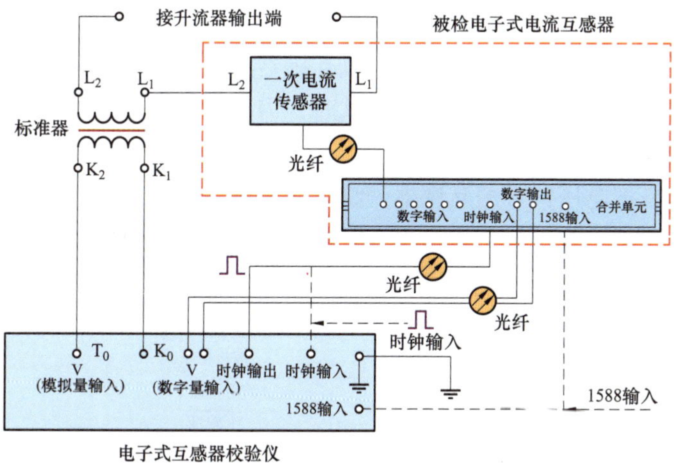

图 3－15　数字量输出电子式电流互感器同步校验接线图（采用外部同步方式）

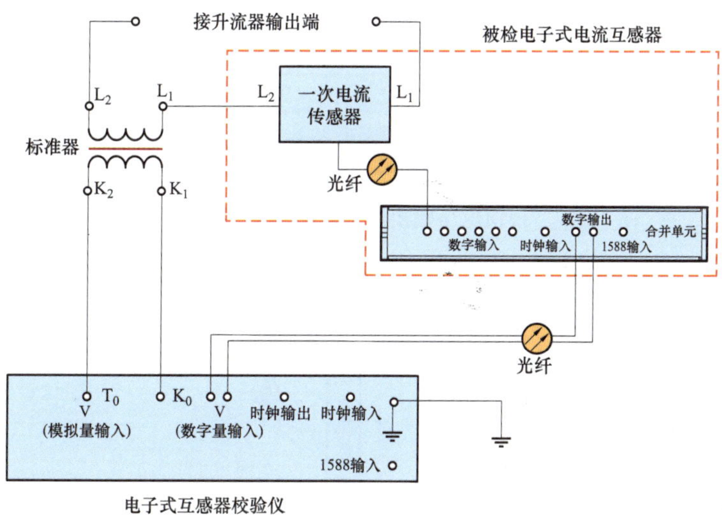

图 3－16　数字量输出电子式电流互感器绝对时延校验接线图（采用固定延时方式）

图 3－14～图 3－16 说明：L_1、L_2 为电流互感器一次的对应端子；K_1、K_2 为电流互感器二次对应的端子；K_0、T_0 为电子式互感器校验仪上的标准接口；K_x、T_X 为电子式互感器校验仪上的被试接口。

凡标准器具有一次补偿绕组，其首端与一次极性端连接，末端已接地，在测量时可不接对称支路。

当标准器输出不是电子式互感器校验仪输入回路需要的电压值时，需从标准器的二次输出端增加感应分压回路或标准电阻，将标准器的输出变换为小电压信号后，接入校验回路与被校验电子式互感器进行比对。

用于计量及保护的电子式电流互感器，数字量输出的数据报文中每个电流通道都应进行校验；对于多线圈输出的电子式电流互感器，每个绕组都应校验。

（三）电子式电压互感器校验方法

电子式电压互感器校验方法与电子式电流互感器类似，只是将标准电流互感器换成了标准电压互感器。但是，由于电压互感器在测试时，需要一次升压到较高的水平才能进行，更需要关注现场测试时安全问题。

对于直接输出模拟电压信号的互感器，将被测互感器与标准互感器的输出直接接至校验系统，如图3－17所示。对于数字量输出且依赖外同步时钟的互感器，采用如图3－18的测试系统。对于数字量输出但不依赖外同步时钟的互感器，采用如图3－19的测试系统。

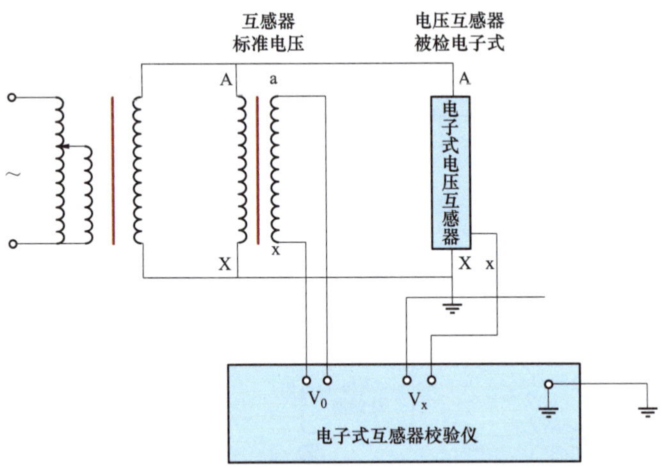

图3－17　模拟电压输出电子式电压互感器校验接线图

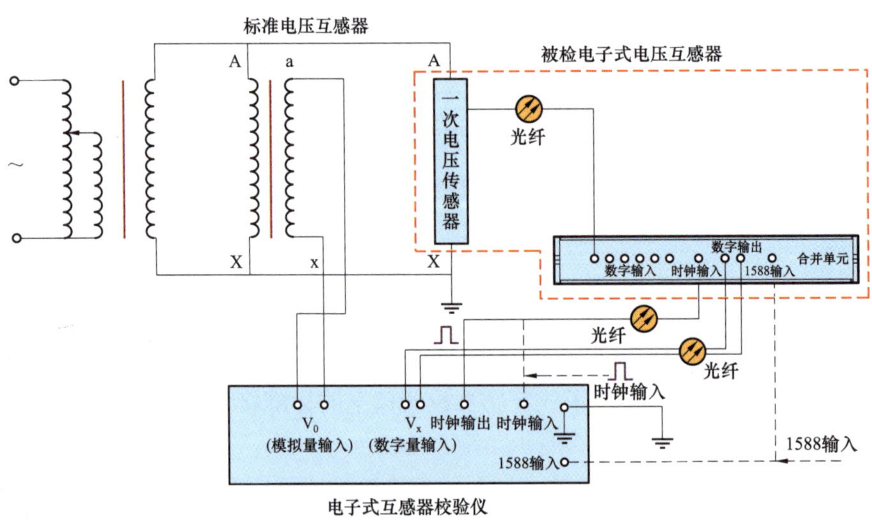

图3－18　电子式电压互感器数字量同步校验接线图（外部同步方式）

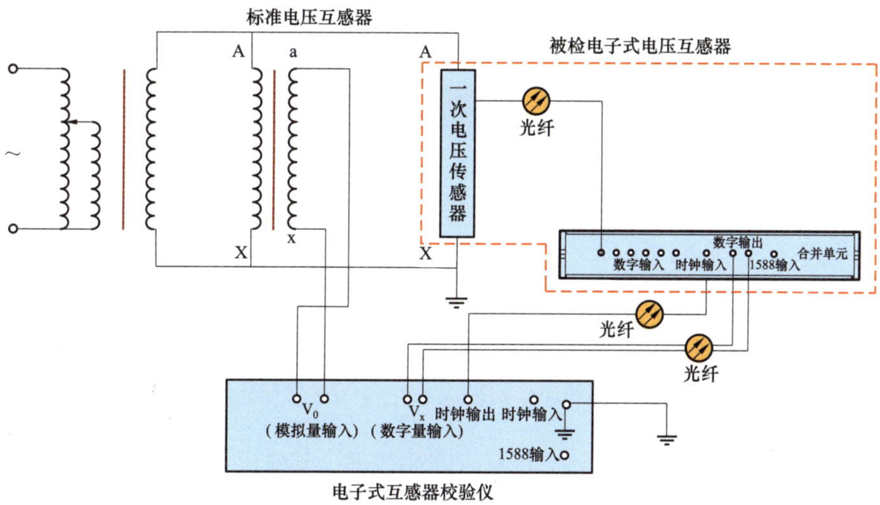

图 3－19 电子式电压互感器数字量绝对延时校验接线图（固定延时方式）

图 3－17～图 3－19 说明：A、X 为电压互感器一次的对应端子；a、x 为电压互感器二次的对应端子；V_0 为电子式互感器校验设备标准源输入；V_x 为电子式互感器校验设备被测互感器输入。

3.4.2 电子式互感器延时测试

为了满足 Q/GDW 441—2010 中“直接采样”的要求，电子式互感器要求能够正确输出额定延时以供保护采样时进行延时补偿。电子式互感器额定延时的正确与否直接关系到保护的采样正确性，甚至关系到保护动作行为的正确性。因此，必须对电子式互感器的延时进行测试，然后与其输出的额定延时进行比较，以校验其正确性。

电子式互感器额定延时测试系统与精度测试系统相同，忽略标准互感器的一、二次传变延时，可以通过比较被测电子式互感器与标准互感器之间的相位差来计算电子式互感器的额定延时。

在电子式互感器校验系统中，标准互感器的采样由系统同步模块的采样脉冲控制，而电子式互感器由其独立采样。电子式互感器的数据到达同步模块的时间刚好是脉冲发出的时刻时，如图 3－20 所示。

电子式互感器与标准互感器之间的时间差为

$$\Delta t = \frac{\Delta\theta}{2\pi}T_s \tag{3-11}$$

式中：T_s 为采样周期；$\Delta\theta$ 由式（3－10）求出。

当电子式互感器的数据到达同步模块的时间不刚好是脉冲发出的时刻时，如图 3－21 所示。

同步模块记录数据到达的时间 t_1，并记录下一脉冲发出的时间 t_2，可得它们之间的延时 Δt_s。将 t_1 时刻到达的数据移至下一脉冲发出时刻进行计算，在 FFT 算出相应延时后减去 Δt_s 即得真实值 Δt。

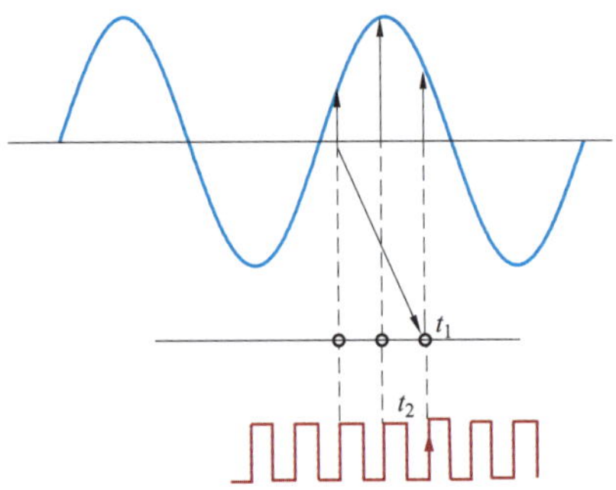

图 3－20　采样数据刚好在采样脉冲发出时候到达

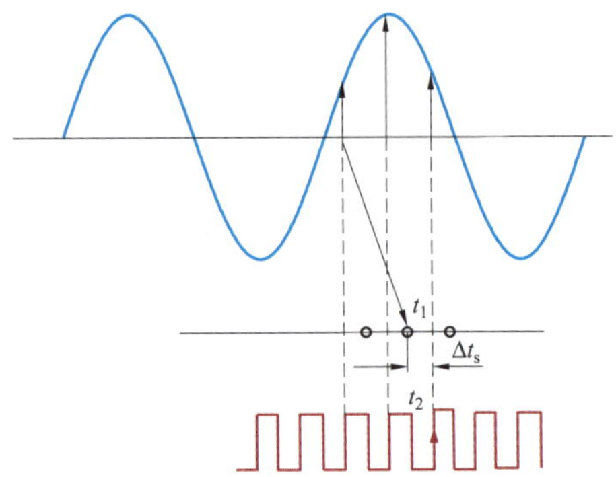

图 3－21　采样数据不刚好在脉冲发出的时候到达

表 3－2 给出了某电子式互感器额定延时测试数据，其输出额定延时为 1761μs，延时数据每秒钟记录一次。

表 3－2　电子式互感器额定延时测试数据

次　数	1	2	3	4	5	6	7	8
延时（μs）	1761.115	1761.111	1761.102	1761.115	1761.11	1761.12	1761.119	1761.116

3.4.3　电子式互感器极性校验

互感器极性正确与否直接关系到保护、测控等装置运行的正确性，因此互感器投运前必须对其极性正确性进行验证。

极性试验需要配置直流升流器、电子式互感器数据分析系统；或交流升流器、数字式互感器校验仪。

对于可传变直流电流的电子式互感器，可采用“直流法”测定其极性的正确性。“直流法”测定电子式电流互感器极性的原理如图 3－22 所示，从电子式电流互感器一次侧极性端通入直流电流，利用电子式互感器数据分析系统解析出合并单元的 SV 电流值，并以波形方式使显示。若 SV 电流值为正，表明电子式电流互感器为正极性接法；若 SV 电流值为负，表明电子式电流互感器为反极性接法。

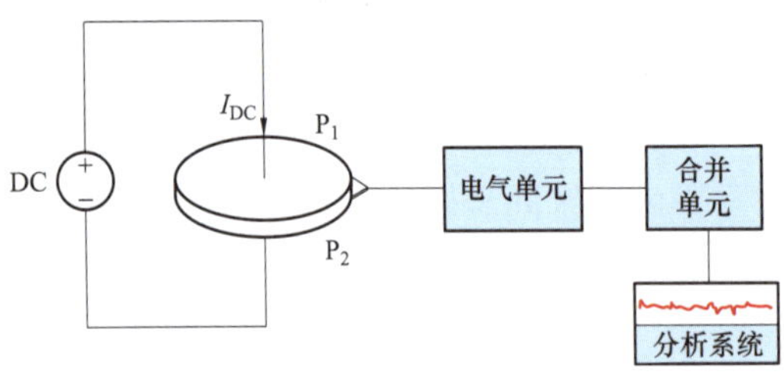

图 3－22　电子式电流互感器极性校验示意图

图 3－23 中给出了西泾智能变电站光纤

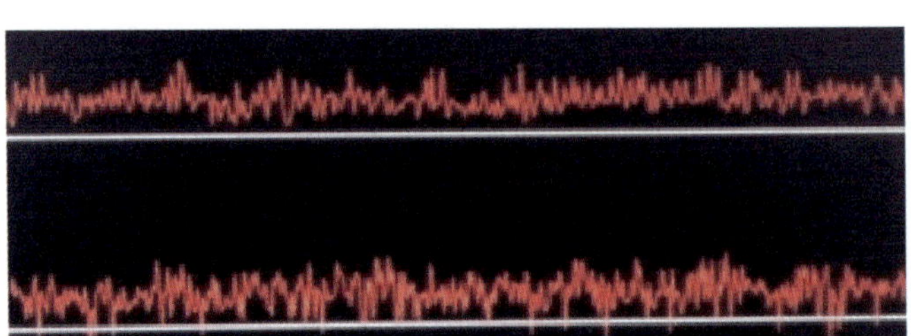

图 3－23　光纤电流互感器极性测试 C 相波形图

电流互感器极性测试过程中某线路间隔 C 相的波形，由图可以看出，该互感器 C 相极性是正极性接法。

3.4.4 电子式互感器的大电流测试

（一）测试原理

以 NAE-G 系列光纤电流互感器的 63kA 电流暂态特性在西安高压研究院测试为例，详细情况如下。

三相光纤电流互感器与高精度电流互感器基准串行试验，测试框图如图 3－24 所示，测试环境如图 3－25 所示。

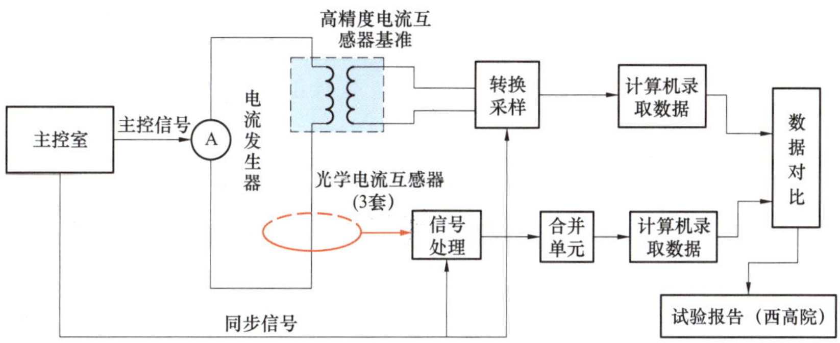

图 3－24 测试原理框图

（二）测试结果

三相光纤电流互感器与高精度电流互感器基准串行试验，测试结果中光纤电流互感器满足 63kA 电流暂态特性试验，测试结果如图 3－26 所示。

图 3－25 测试环境

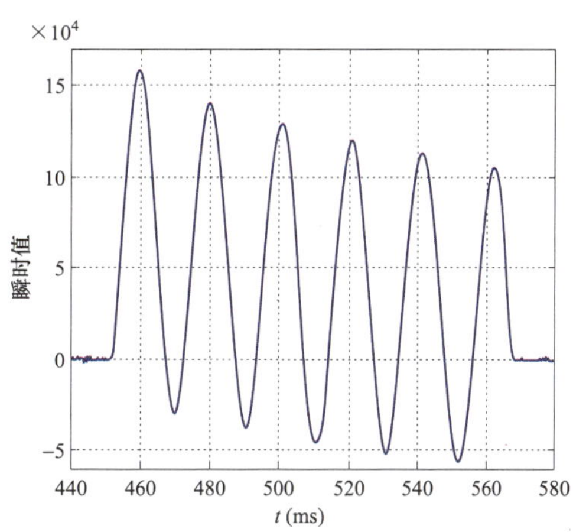

图 3－26 三相光纤电流互感器测试曲线

3.4.5 电子式互感器信噪比测试

（一）信噪比计算方法

IEC 60044－8 中 6.1.6 规定：“在制造方规定的频带宽度内，电子式电流互感器输出的最小信噪比应为 30dB（相对于额定二次输出）”。

信噪比计算方法为

$$N = 20\ln \frac{I_N}{\sigma} \tag{3-12}$$

式中：I_N 为电流互感器的额定电流；σ 为无一次电流输入条件下二次输出的标准差。

电子式互感器的输出可能包含某些扰动，加在所有电子系统共有的白噪声上。电子式互感器产生的这种扰动占有很宽的频带。且在无任何一次电流时，这些扰动源可能是转换器的时钟信号、多路开关的换向噪声、直流/直流的转换器整流频率。

试验方法由制造方和用户商定。推荐以下方法：

无一次信号时测量互感器在规定频带宽度上的输出，采用频谱分析仪测试。由此得到互感器本身感应的噪声图像。

其他扰动可能来自 50Hz 基波的畸变（产生本身的谐波），或来自基波的谐波调制（在二次转换器的输出上产生谐间波）。制造方应向用户提供这些扰动源的一些指标。得到有用指标的一种简单测试方法可以是：在 50Hz 一次信号下，测试电子式互感器在规定频带宽度上的输出，例如采用频谱分析仪，由此可得到互感器本身感应的谐波畸变图像。

（二）各种互感器信噪比比较

磁光玻璃的信噪比如图 3－27 所示。LPCT 的信噪比如图 3－28 所示。纯光纤的信噪比如图 3－29 所示。

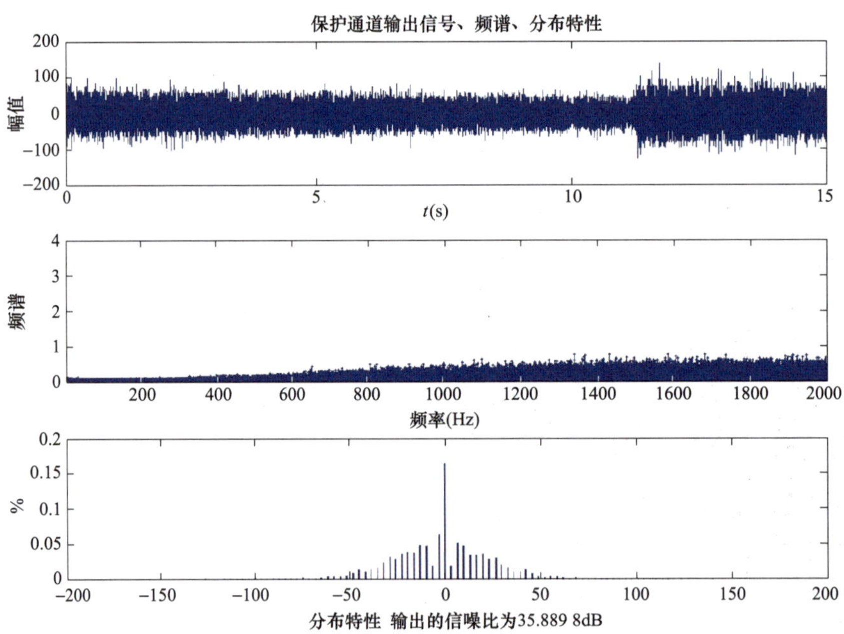

图 3－27 磁光玻璃的信噪比

LPCT 的信噪比较高，光学电流互感器的信噪比较低，但满足标准规定要求。

由于噪声的存在，电子式互感器精度校验的要求与常规互感器略有不同，主要是计算时间需要适当增长，以减小噪声对检测精度的影响。如额定电流 1000A，0.2S 级的互感器要

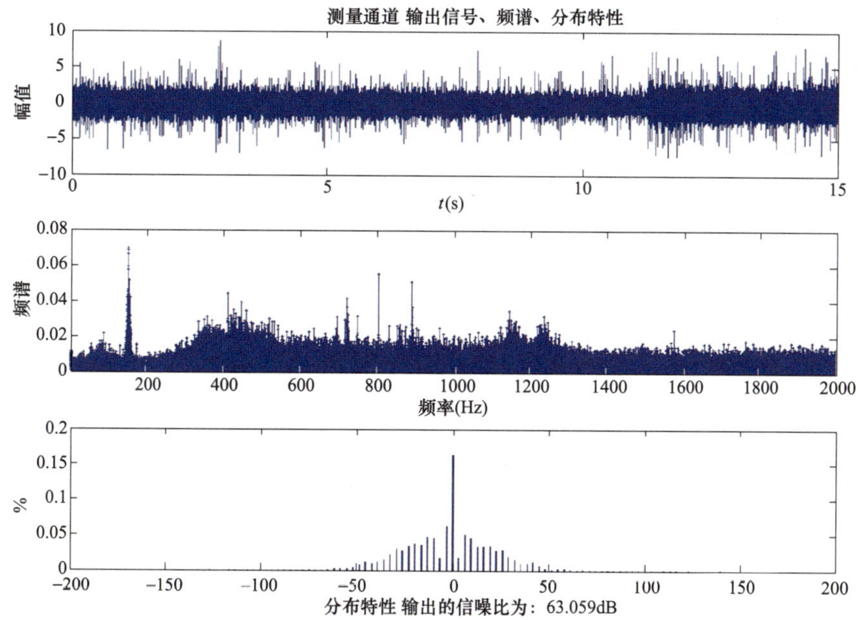

图 3－28 LPCT 的信噪比

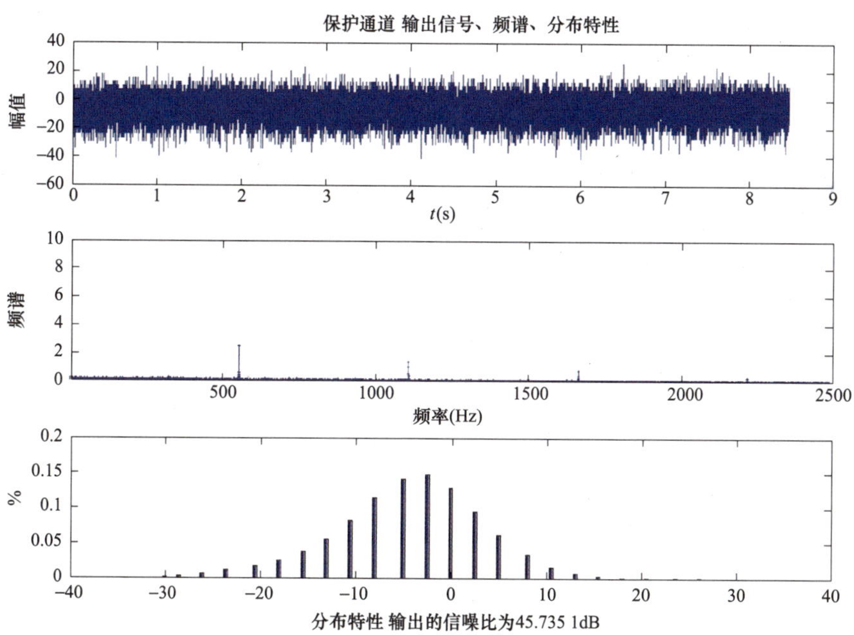

图 3－29 纯光纤的信噪比

求在 1%（10A）时的误差小于 0.75%，即 75mA。在检测部门进行测试时，通常只选择 0.2s 的数据量，那么噪声就有 0.31A，所以必须适当加长采样时间，将噪声影响降得足够低，才能测出互感器的真正误差。GB/T 20840.8—2007《电子式电流互感器》中规定可增加取样数据来降低校验误差。也就是说，如果要满足 0.75% 对应的 75mA 的测试误差，需要至少 40s 的数据量。

光学电流互感器的噪声水平比常规互感器高，但其输出的噪声是一个不相关的白噪声，这一噪声在一定频率下的波动量是恒定的，不会随被测信号的频率与幅值的变化而改变。在实际工程应用中应关注光学电流互感器噪声对继电保护及计量的影响及其长期的稳定性。

3.5 电子式互感器应用中注意问题

（1）罗氏线圈模拟量小信号输出容易受到电磁干扰。

目前，在低电压等级应用中，保护测控装置就地布置，装置与互感器距离近，电子式互感器采用模拟量形式输出，通过电缆传输给综合智能单元转换为数字量，然后提供给保护测控装置，电缆长度约为 3～5m，如图 3－30 所示。

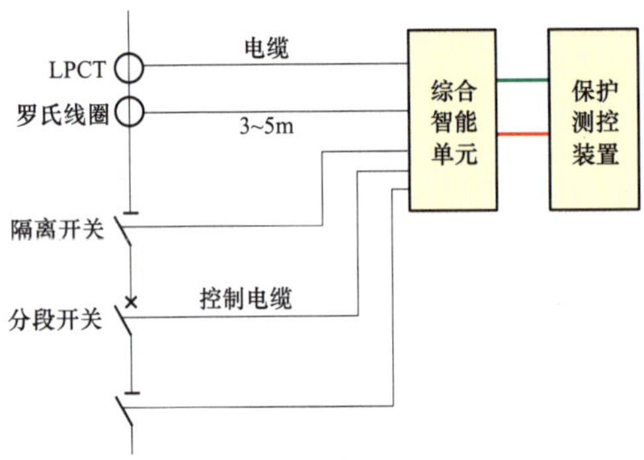

图 3－30　低电压保护测控接线示意图

由于罗氏线圈的模拟量是额定 150mV 的小电压信号输出，当现场分段开关操作时，较易受到电磁干扰影响，引起保护装置的误动。图 3－31 是某变电站 10kV 分段保护速断误动的录波波形，由录波数据可以看出开关动作时，罗氏线圈输出有一个阶跃影响，然后随时间衰减。

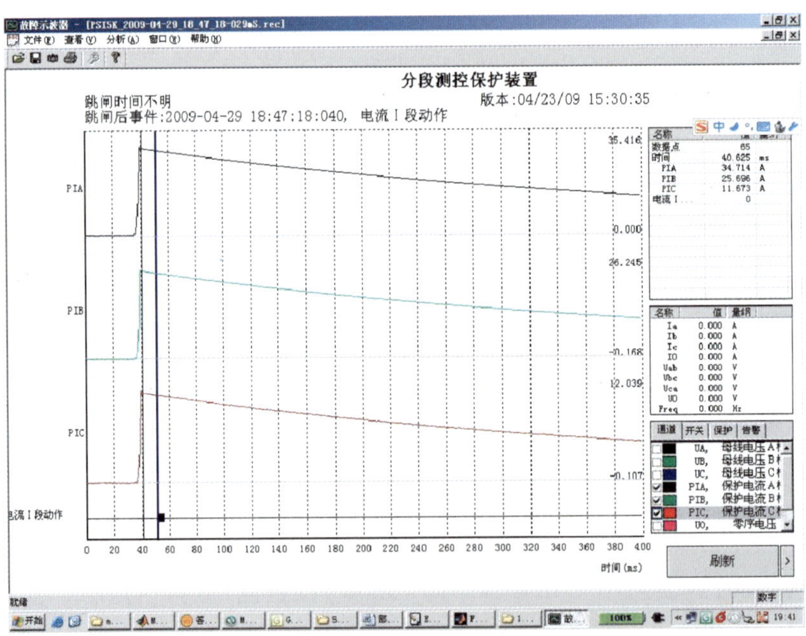

图 3－31　某分段保护误动波形

（2）罗氏线圈积分环节引起的波形漂移。

罗氏线圈测量的是原始信号的微分信号，要获得原始信号，必须要增加积分环节。理论上讲，在一次电流为正弦波时，互感器输出也应为正弦波，罗氏线圈输出的电流为正弦波，而且幅值不变。从现场实测来看，波形并非如此，整个正弦波会向上或向下漂移，似乎叠加了一个频率低于工频的低频分量信号，如图 3－32 所示。分析其主要原因是电子式互感器前置处理模块中的积分环节在抑制零飘环节时产生过抑制调节所致，在实际应用过程中需要对此开展分析研究。

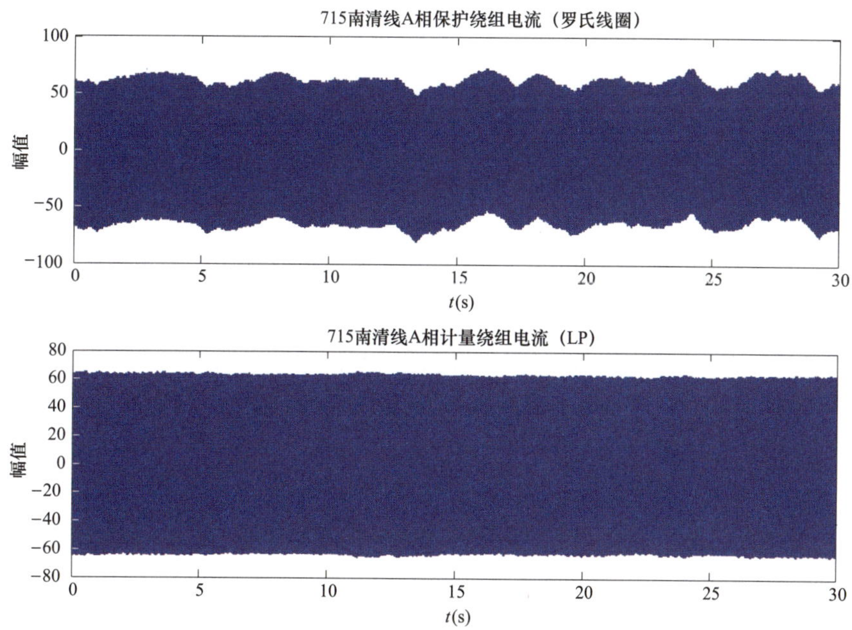

图 3－32　罗氏线圈输出电流漂移现象

（3）光纤电流互感器小信号噪声。

全光纤型电流互感器是利用光学检测的方法获取信号，其输出会叠加光学散粒噪声，这一噪声的特性在同类技术（光纤陀螺）中有较多的研究，但在电力应用领域是全新的研究课题。散粒噪声的主要来源是光子的自发辐射，可以减少，但不可能完全消除，这些噪声基本上是白噪声，在应用中对于计量的影响可以忽略不计。从对于光纤电流互感器白噪声特性的分析得知，光纤电流互感器的信噪比为 45.7dB，信噪比小于常规电流互感器，但如果瞬态的噪声过大，会影响保护动作、启动元件，工程应用中需在这方面进行研究分析。图 3－33 给出了全光纤型电流互感器一次施加 15A 时的电流波形输出，图中白色为标准互感器输出，红色为全光纤性电流互感器输出，绿色为两个各互感器输出的差。

（4）光纤电流互感器精度受温度影响。

光纤电流互感器在外界温度、压力、振动变化时，测量精度会有所变化，其中温度变化会对光纤电流互感器的精度产生影响，同时压力和振动也会对光纤电流互感器的精度产生影响，光纤互感器的光纤环与前置采集模块之间采用保偏光纤连接，这一段保偏光纤的性能对外部应力变化、温度变化、振动等比较敏感。在保偏光纤受到挤压或弯曲时，互感器输出会

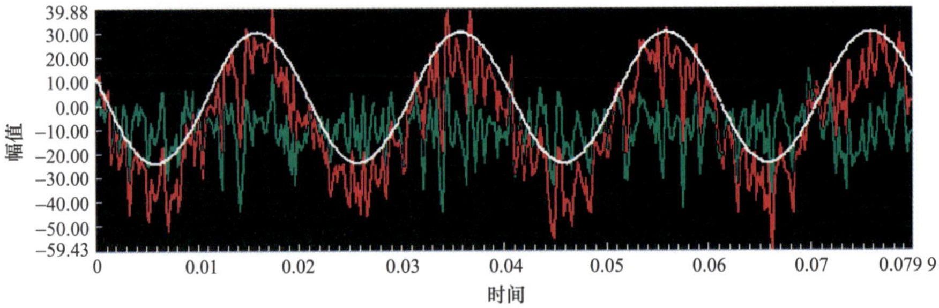

图 3-33 全光纤型电流互感器小电流时输出波形

发生严重畸变，甚至在用力捏保偏光纤时会出现采样值无效的现象。这对光纤互感器现场安装、运行提出了较高要求。

（5）电子式互感器现场试验过程中的极性标定。

传统的电流互感器存在 P1、P2 及 S1、S2 的极性接入，现场调试过程中若发现极性接反，可通过 S1 和 S2 的调整来满足工程需要。电子式互感器是通过合并器输出的，从原理上看，只存在 P1 接入，S1 输出，若发现极性接反，无法通过数据包二次极性的变化进行改变。不过修改电子式互感器输出数据极性的途径很多，可通过电气单元、合并单元、保护的输入三个环节来调整极性。但工程应用中应规定简捷方便的极性配置方法，保证运行、检修及将来扩建时各间隔的一致性。

4 过程层原理及测试技术

智能变电站必须首先满足变电站正常运行的要求，电网故障时能正确切除和隔离故障，保证电网安全。与常规变电站相比，智能变电站增加了过程层网络及设备，用于实现信息的共享以及间隔层设备与智能化一次设备之间的连接，从对应的角度看，智能变电站过程层网络相当于常规变电站的二次电缆回路，各智能设备之间的信息通过报文来交换，信息回路主要包括采样值回路、GOOSE 开关量输入输出回路等。从变电站功能角度出发，本章所阐述的过程层包括过程设备、间隔层设备以及过程层网络，它们有机组合，共同完成智能变电站继电保护、运行控制等任务。本章主要介绍过程层设备、间隔层设备的功能要求，过程层网络特点及原理技术，过程层的典型配置结构，最后介绍过程层的虚端子、GOOSE、SV、VLAN 和保护功能的测试技术，其余与过程层相关的单体性能、网络性能、采样同步、整组联动等与实际工程相关的测试将在第 9 章中介绍。

4.1 智能变电站过程层特点

智能变电站结构上可以分为变电站层设备、间隔层设备、过程层设备、站控层网络和过程层网络。从功能实现上看，智能变电站二次设备分为过程层和站控层，如图 4 –1 所示。过程层主要面向一次设备，完成保护、控制等功能，主要包括过程层设备、过程层网络以及间隔层设备的部分功能；站控层主要面向运行、工程师人员，完成变电站监控及一些高级应用。其中过程层设备为直接与一次设备连接的最底层的二次设备。

一次设备智能化是过程层智能化的基础。常见的智能化一次设备有电子式互感器，实现采样值的数字化、共享化；智能终端，也即智能操作箱，实现开关、隔离开关开入开出命令和信号的数字化以及一次设备的故障诊断。一次设备实现数字化为信息的共享提供了条件，总线传输为信息的共享提供了方式。过程层总线主要传输智能化一次设备的数字信号，与电缆传输模拟信号相比，其抗干扰能力增强，信息共享方便，在工程上仅需几根光缆就可实现和控制室的连接，大大简化了传统大量电缆的连接方式。智能变电站过程层总线的信息传输如图 4 –2 所示。

智能变电站过程层是变电站正确、可靠运行的保障，实时性要求非常高。因此，对过程层信息的传输要求是准确、可靠、快速。过程层传输的信息主要分为两种：

（1）周期性的采样值信号，该信息要求保证传输的实时、快速。

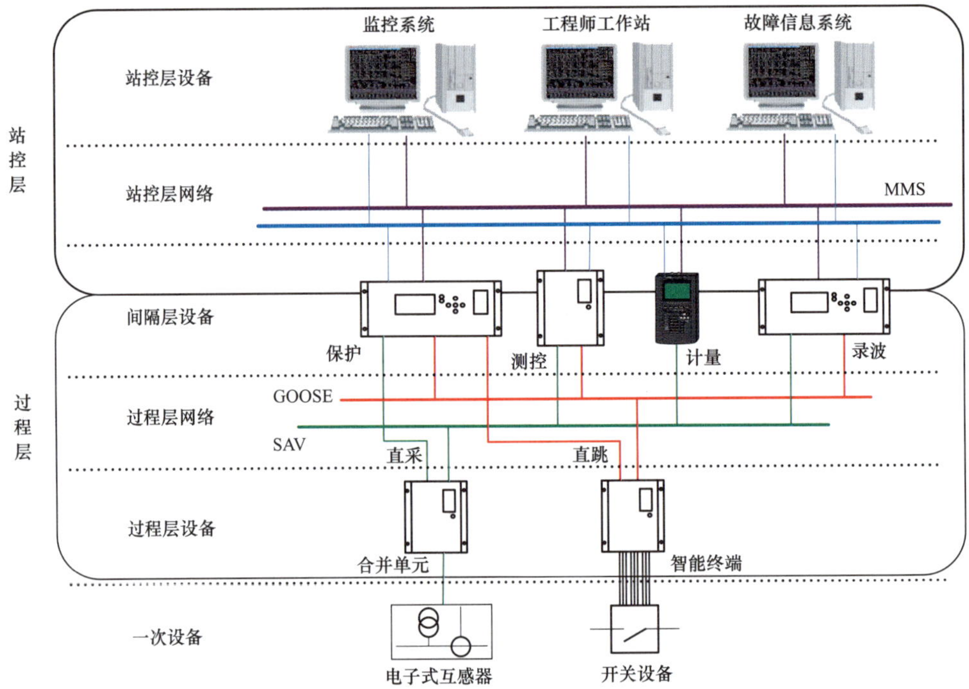

图 4－1　智能变电站分层

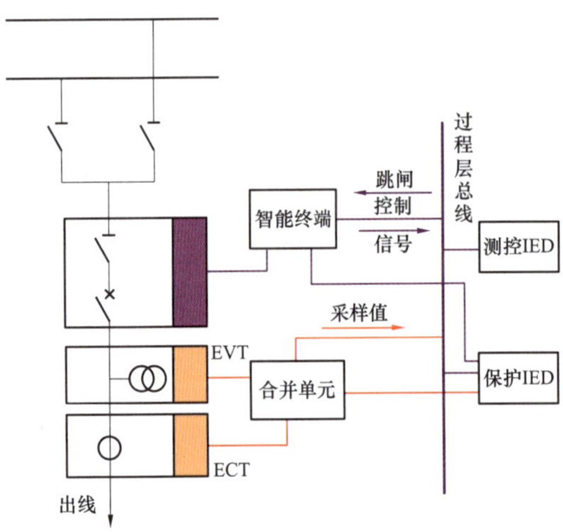

图 4－2　过程层总线的信息传输

（2）由事件驱动的开入开出信号，如分布式系统下各设备间跳闸命令、控制命令、状态信息、互锁信息的相互交换和智能设备状态信息的发布等，该信息不仅对数据传输实时性要求高，同时对可靠性要求也很高。

以太网是目前使用广泛、采用总线拓扑的网络技术，具有高效率、开放性、高可靠性等优势，便于实现信息的共享，IEC 61850推荐采用以太网作为通信途径。百兆或千兆光纤以太网可靠性好，实时性高，适用于智能变电站过程层总线。

4.2 智能变电站过程层设备

4.2.1 合并单元

（一）合并单元概述

随着电子式互感器在智能变电站的应用和推广，变电站二次电压/电流回路发生了本质的改变。电子式互感器的实现、远端电气单元的二次输出并没有统一的规定，各厂家使用的原理、介质系数、二次输出光信号含义也都不尽相同，因此，电子式互感器输出的光信号需要同步、系数转换等处理后才能输出统一的数据格式供变电站二次设备使用。由此，IEC 标准定义了电子式互感器接口的重要组成部分——合并单元（Merging Unit，MU），并严格规范了它与保护、测控等二次设备之间的接口方式。

合并单元的主要功能是采集多路电子式互感器的光数字信号，并组合成同一时间断面的电流电压数据，最终按照标准规定以统一的数据格式输出至过程层总线，合并单元系统架构如图 4－3 所示。合并单元与电子式互感器之间的数字量采用串行数据传输，可以采用异步方式传输，也可以采用同步方式传输，传输介质一般采用光纤。

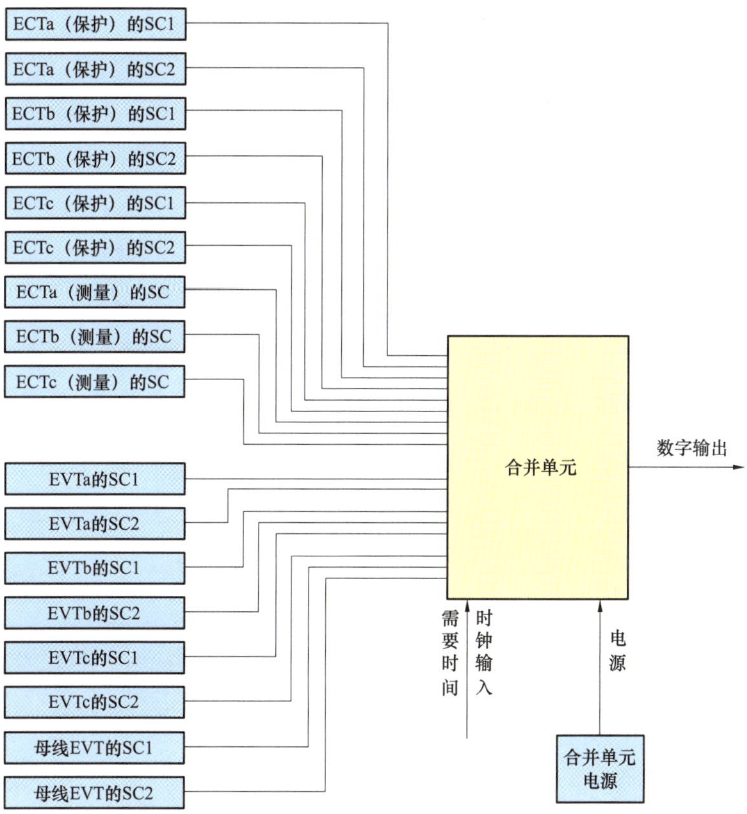

图 4－3　合并单元架构示意图

注：EVTa 的 SC1，为 a 相电子式电压互感器二次转换器的 AD1；EVTa 的 SC2，为 a 相电子式电压互感器二次转换器的 AD2。ECTa 的 SC1，为 a 相电子式电流互感器二次转换器的 AD1；ECTa 的 SC2，为 a 相电子式电流互感器二次转换器的 AD2。通道布局根据实际工程应用而决定，可能有其他通道布局。

在低电压等级的一些特殊应用情况下，合并单元除了组合电流和电压外，还可能同时组合了相应的开关设备状态量和控制量。

（二）合并单元数据接口

按照 GB/T 14285—2006《继电保护和安全自动装置技术规程》要求的“除出口继电器外，装置内的任一元件损坏时，装置不应误动作跳闸”，Q/GDW 441—2010《智能变电站继电保护技术规范》中要求“220kV 以上保护、合并单元双重化配置，每套电子式电流/电压互感器内至少应配置一个传感元件，由两路独立的采样系统进行采集”。

（1）对于只具备一个传感元件的电子式电流互感器，每个传感元件必须对应两路独立的采样系统进行采集（双 A/D 系统），两路采样系统形成三组电流数据（保护用 AD1、AD2 以及测量用数据），通过同一通道输入到合并单元，而合并单元将双 A/D 的三组采样数据输出为三组数字采样值，由同一路通道输入保护、测控等二次设备。

（2）对于不具备双 A/D 系统设计的电子式电流互感器，应具备两个传感元件，每个传感元件对应一个独立的采样系统，一个电子式电流互感器具备两路独立的采样系统，两路采样系统形成三组电流数据，通过同一通道输入到合并单元，而合并单元将双路采样系统的数据输出为三组数字采样值，由同一路通道输入保护、测控等二次设备。

（3）对于只具备一个传感元件的电子式电压互感器，每个传感元件必须对应两路独立的采样系统进行数据采集，两路采样系统形成两组电压数据（AD1 和 AD2），通过同一通道输入到合并单元，而合并单元将双 A/D 采样数据输出为两组数字采样值，由同一路通道输入保护、测控等二次设备。合并单元与电子式互感器之间数据接口如图 4－4 ~ 图 4－6 所示。

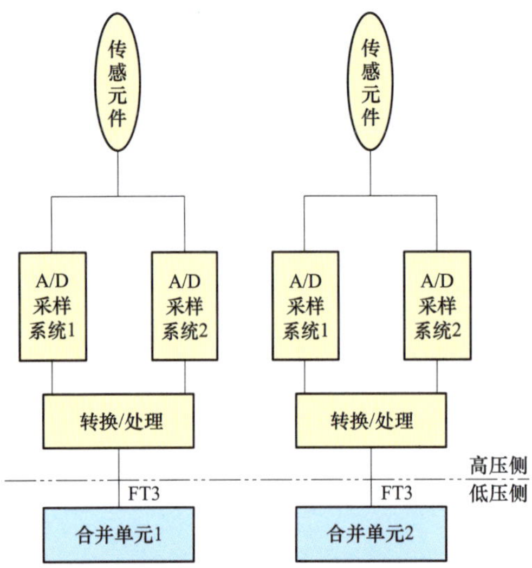

图 4－4　罗氏线圈型 ECT 接口

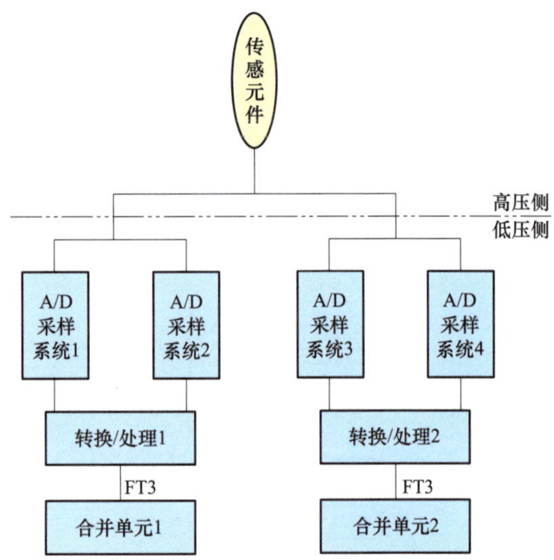

图 4－5　分压式 EVT 接口

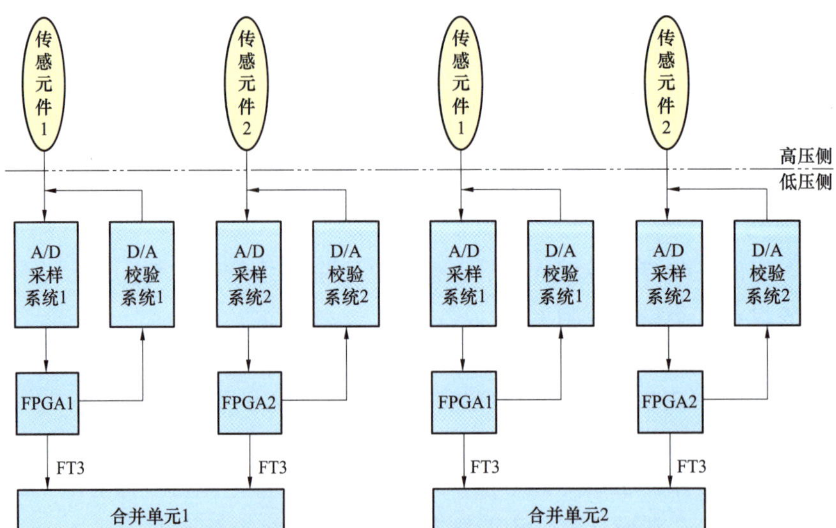

图 4－6　全光纤电流互感器 FOCT 接口

用于双重化保护的电子式互感器，其两个合并系统应由不同的电源供电并与相应保护装置使用同一组直流电源。

合并单元应能同时支持 GB/T 20840.8—2007《互感器　第 7 部分：电子式电流互感器》（IEC 60044－8）的 FT3 格式输出和 IEC 61850－9－2 规约输出，应用于具体工程时应能灵活配置。无论采用 IEC 61850－9－2 规约还是 IEC 60044－8 的 FT3 规约输出，合并单元都应支持数据帧通道可配置的功能。

FT3 数据格式如图 4－7 所示，每个通道的值用两个字节表示，最后的状态字 1 和状态字 2 用于集中表示各电压/电流通道数据的有效性。

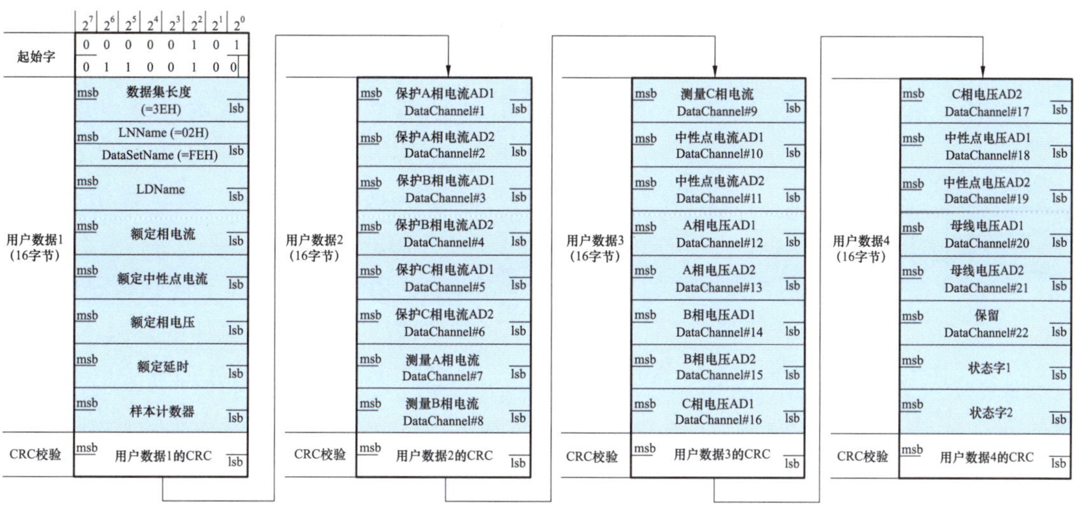

图 4－7　通用 FT3 数据帧格式

IEC 61850－9－2 规约格式如图 4－8 所示，数据按照 ASN.1 规则进行编码，采用 T－L－V（类型－长度－值，Type-Length-Value 或者标记－长度－值，Tag-Length-Value）格式传输，其中 V 可以是具体的值，可以是结构体，也可以是 T－L－V 组合本身，图中 PDU、ASDU 序列、ASDU1 序列的值即为向下包含的 T－L－V 组合。数据集中的每个通道的数据都包含两部分：大小（i）和品质（q），i 和 q 分别用四个字节的数据表示。数据集中通道的具体物理意义定义灵活，在配置文件中给出的，图 4－8 中给出的数据集是西泾变电站 220kV 线路间隔合并单元的数据集定义。

合并单元对电子式互感器送出的采样数据应能进行同步性、有效性等品质判别，并通过合并单元输出数据的标志告知保护、测控等二次设备，以保证采样数据被有效使用。采样数据的品质标志应实时反映自检状态，不应附加任何延时或展宽。

（三）合并单元的技术要求

每个合并单元应能满足最多 12 个电子式互感器通道输入，并对这些通道输出数据进行有效处理。考虑到高电压等级应用中，必须保证保护装置采样数据的快速性和可靠性，合并单元应采用点对点传输方式，将采样值直接输入到保护装置，因此，合并单元至少具备 8 个输出端口。合并单元统一格式的数据输出应既能支持点对点传输方式，也能支持

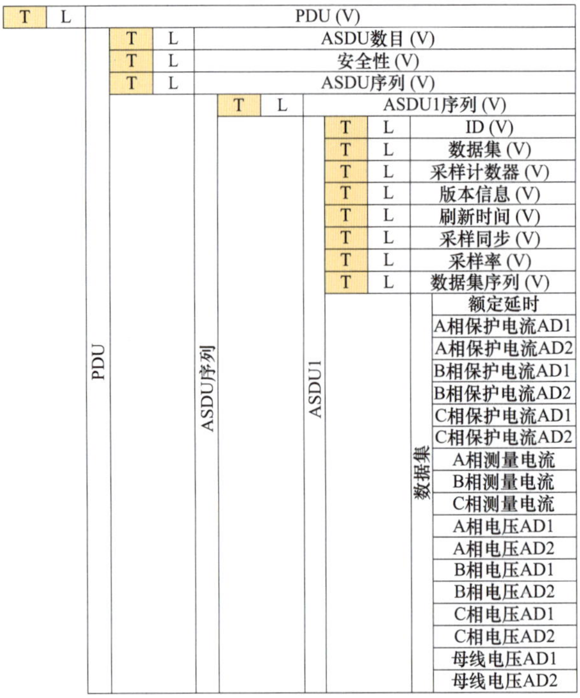

图 4－8 IEC 61850－9－2 数据格式

注：PDU、ASDU 序列、ASDU1 序列的值向下包含，数据集中每个数据都包含了大小（i）和品质（q）。

组网传输方式，以满足保护快速性、可靠性的要求，同时也满足监控、计量系统的数据共享的要求。

考虑到保护的可靠性，Q/GDW 441—2010 中要求 220kV 及以上的保护不依赖于外部时钟，保护装置通过插值计算实现采样值的同步，这就要求保护装置接收的采样值数据实时性要高，且要等间隔。考虑到采样值通过交换机传输具有一定的延时，且延时具有不确定性，合并单元点对点输出的采样值的间隔离散度应尽量小，保证采样值的等间隔性，Q/GDW 441—2010 中要求，这一离散值应小于 10μs。

由于实现原理不同，电子式互感器传变一次电流/电压的延时不同，且各厂家对于数据的处理方法也不相同，由此导致不同电子式互感器从一次电流/电压到合并单元二次输出的延时各不相同，这将给保护装置的插值同步带来很大的误差。为此，合并单元必须计算出采样值从电子式互感器一次输入到其处理输出至保护装置的整个过程的时间，并以“额定延时”通过采样值的一个数据通道传输给保护装置。保护装置通过额定延时将采样值还原到其一次的发生的真实时刻，以实现不同间隔间采样值的同步。

考虑到不同的应用，合并单元应能支持多种采样频率的采样数据输出，用于保护、测控的输出接口采样频率宜为 4000Hz，用于电能质量、行波测距等应用中采样率宜为 12 800Hz 或更高。

若电子式互感器由合并单元提供电源，合并单元应能监视激光器和取能回路的工作状态。

4.2.2 智能终端

智能变电站的显著特点就是一次设备智能化，也即要实现断路器的智能化。智能断路器的实现方式有两种，一种是直接将智能控制模块内嵌在断路器中，智能断路器是一个不可分割的整体，可直接提供网络通信的能力；另一种方式是将智能控制模块形成一个独立装置——智能终端，安装在传统断路器附近，实现现有断路器的智能化。目前，后者比较容易实现，国内智能化变电站建设基本采用常规断路器＋智能终端的方案。常规断路器等一次设备通过附加智能组件实现智能化，使断路器等一次设备不但可以根据运行的实际情况进行操作上的智能控制，同时还可根据状态检测和故障诊断的结果进行状态检修。

在传统断路器旁边安装智能终端，该装置负责采集与断路器、隔离开关、地刀相关的开入信号，并负责控制断路器、隔离开关、地刀的操作。通过智能终端实现一个间隔内相关一次设备的就地数字化。智能终端作为过程层的一部分，为非智能的一次设备提供了外挂的智能接口。过程层的智能终端通过光纤与间隔层的保护、控制装置通信，将开入信息上传，并接收间隔层设备的控制命令。通过智能终端，完全取消了间隔层与过程层之间的电缆。这也是目前国内一些厂家在现有一次设备条件下推荐的智能化变电站方案。

智能终端与间隔层设备之间主要传输一次设备的数字信号，与模拟信号相比，其抗干扰能力增强，信息共享方便，在工程上仅需几根光缆就可实现和主控室连接，与传统的电缆连接方式相比大为简化。

4.2.3 过程层交换机

（一）过程层交换机概述

网络交换机的大量使用是智能变电站的主要特征，常规的变电站只有自动化系统有一些网络交换机，在智能变电站中，除了站控层有用于交换四遥信息的网络交换机外，还配置有大量的过程层网络交换机。因此在智能变电站中，网络交换机的重要性不言而喻。

智能变电站过程层采用面向间隔的广播域划分方法，提高 GOOSE 报文传输实时性、可靠性，通过交换机 VLAN 配置，同一台过程层交换机面向不同的间隔划分为多个不同的虚拟局域网，以最大限度减少网络流量并缩小网络的广播域。同时，过程层交换机静态配置其端口的多播过滤以减少智能电子设备 CPU 资源的不必要占用，保证过程层信息传输的快速性；过程层交换机的传输优先级机制还可以保证过程层重要信息的实时性和可靠性。上述这些配置在变电站自动化系统扩建或交换机故障更换时必然要修改或重新设置，这必然会给通信网络带来安全风险。

为规避风险，智能化变电站的通信网络管理不仅要满足信息网络设备管理要求，而且要与继电保护同等重要地对待，将交换机的 VLAN 及其所属端口、多播地址端口列表、优先规则描述和优先级映射表等配置作为定值来管理。便于维持系统扩建、交换机更换后，网络系统的安全稳定。

（二）过程层交换机要求

过程层交换机应采用 100MB 及以上的工业光纤交换机，交换机均基于以太网，并满足 GB/T 17626《电磁兼容》的规定，且宜通过 KEMA 关于 IEC 61850 认证。

交换机应具备如下功能：

1）支持 IEEE 802.3x 全双工以太网协议。

2）支持服务质量 Quality of Service（QoS）IEEE 802.1p 优先级排队协议。

3）支持虚拟局域网 VLAN（802.1q）以及支持交叠（overlapping）技术。

4）支持 IEEE 802.1w RSTP（快速生成树协议）。

5）支持基于端口的网络访问控制（802.1x）。

6）支持组播过滤、报文时序控制、端口速率限制和广播风暴限制。

7）支持 SNTP 时钟同步。

8）支持光纤口链路故障管理。

9）网络交换设备应采用冗余的直流供电方式，额定工作电压波动20%范围内均可正常工作，并能实现无缝的切换。

10）无风扇设计。

11）光功率传输距离大于50km，网络交换机可靠性大于99.999%，MTBF无故障时间在50年以上。

4.2.4 智能保护测控装置

在常规变电站中，模拟量采集由二次保护、测控等设备自身完成，相同的模拟量会被不同的设备同时采集，造成了采集的重复性。随着电子式互感器的使用，模拟量采集功能独立出来，并下放到过程层，电子式互感器可以通过光纤网络为不同的设备提供统一的电气量。智能变电站的保护测控装置就可以略去模拟量采集的TA/TV部分，设备结构得到简化，且与一次系统有效隔离，安全性、可靠性得到提高。

同时，智能断路器的应用使变电站内分/合闸、闭锁、开关位置等重要信息的传递由常规的硬接点方式变为网络通信方式，因而智能保护测控装置不再需要状态量端子和中间继电器，硬件结构得到进一步简化，也可省略复杂的二次电缆接线。

IEC 61850标准设计了一套统一的变电站通信体系，建议采用以太网作为站内通信系统，设备之间要加强信息交互，实现资源共享。在智能变电站中，IED设备间采用对等模式通信，同一个IED既可以是服务器，向其他IED提供信息；也可作为客户机，请求其他IED的数据。智能保护测控装置既要与变电站层的监控主机通信，又要与过程层的智能设备交换数据，同时还要与间隔层内的设备实现信息交互，这就需要智能保护测控装置具有强大的通信能力。

智能保护测控设备的输入输出发生了较大的变化，其接收来自合并单元的SV采样值信号及智能终端的开关量信号，经过判别后，其执行结果又通过GOOSE信号送到智能终端完成保护测控的功能，但功能上与常规保护测控的功能类似。

4.3 智能变电站过程层网络

4.3.1 智能变电站网络拓扑结构

（一）继电保护对网络的要求

随着智能变电站技术的快速发展，国内各地纷纷展开智能变电站的示范工程建设。然而目前各设备制造商对IEC 61850标准的理解仍存在区别，智能化建设模式千差万别，提供的产品接口各异且种类繁多，这些都严重制约了智能变电站的标准化建设与推广应用，因此，国家电网公司引领制定了Q/GDW 383—2009《智能变电站技术导则》、Q/GDW 441—2010《智能变电站继电保护技术规范》、Q/GDW 396—2009《IEC 61850工程继电保护应用模型》，以规范统一智能变电站的建设与运行。

（二）网络拓扑结构的比较

（1）点对点拓扑。点对点通信是一种典型可靠的网络拓扑结构，该拓扑不需要交换机，直接通过光纤连接智能设备，没有交换机的通信延时；对网络设备的要求较低，不存在网络风暴隐患；任意网络故障只影响最少连接设备，具有较高的安全性和可靠性。该拓扑的缺点在于设备通信需要较多网口，也需要较多的光纤，无法实现数据最大化共享。但从继电保护的角度考虑，本间隔的保护跳闸命令实际上只和本间隔的智能终端有关系，与其他间隔关联度不大，也无信息交换。点对点通信即可实现过程层信息的数字化，也能满足继电保护快速性、可靠性的要求，其结构示意图如图 4－9 所示。

（2）环网拓扑。环网在物理上是一个环，但在某两个交换机之间的链路上存在一个虚断点，因此，环网链路上却是一条总线。图 4－10 为典型的环网结构，图中 SW 为交换机，虚线为环网的虚断点。环网的虚断点由交换机之间的生成树协议决定，且这一虚断点可随着网络链路的变化而发生变化，环网中同一时刻只存在唯一一个链路上的虚断点。环网的优点在于冗余度较高，环中任意一点故障不会引起通信中断。其缺点在于通信经过多级交换机延时增加，因故障引起的网络重构时间较长；每台交换机均通过全站所有数据，每台交换机均需要强大的交换处理功能；如果虚断点不能可靠地将链路断开，容易形成网络风暴而导致全网瘫痪；不同厂家的交换机可能采用不同的生成树协议，不便于组网。变电站站控层信息的实时性要求较低，考虑到组网的经济性，可以采用环网作为变电站站控层网络。环网可以减少站控层交换机的投资，但一定要注意网络风暴的抑制。

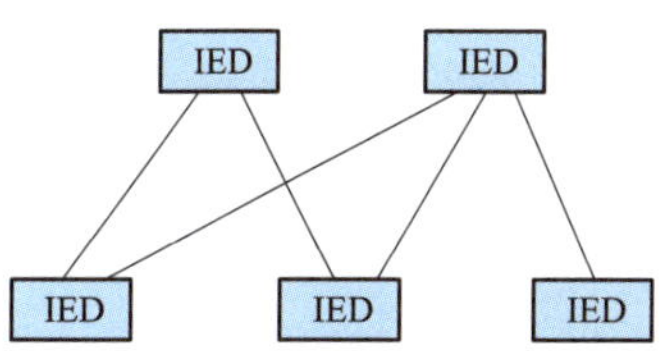

图 4－9　点对点拓扑结构示意图

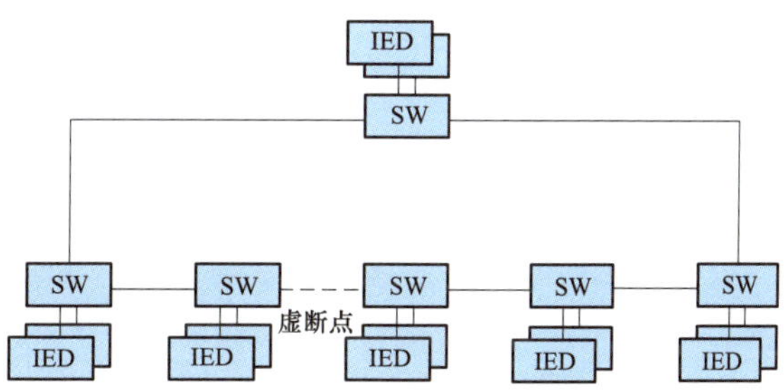

图 4－10　环网拓扑结构示意图

（3）星形网。如图 4－11 所示，星形网的优点在于网络架构清晰简单，任意两点之间通信最多经过三级交换机，延时较少，没有网络重构问题；缺点在于冗余度比环网稍差，任意一点故障都会造成该点通信中断，但不会影响其他点通信。星形网结构简单，且对交换机没有特殊要求，一般可以通过双网来增加冗余，其冗余度要高于单网。星形网络通过双网的冗余，完全可以满足变电站站控层的可靠性要求，也能满足过程层跨间隔信息的实时性，且星形网络不会产生网络风暴，不存在全网瘫痪的隐患，因此，星形双网较多应用于智能变电站过程层跨间隔网络和站控层网络。

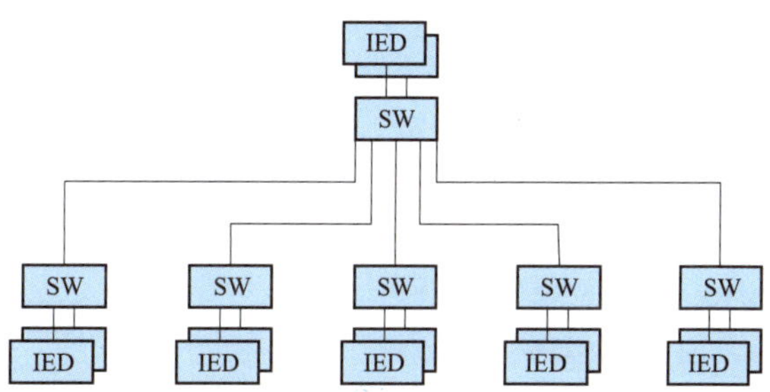

图 4－11　星形网结构示意图

4.3.2 智能变电站过程层网络特点

IEC 61850 作为变电站通信网络和系统标准，主要作用是规范需求，为不同厂家之间装置的互操作提供框架。过程层信息的传输要求是准确、可靠、快速。智能变电站中，VLAN、优先级、多播过滤等技术的应用保证了过程层网络的性能要求。

（一）过程层报文结构

IEC 61850 建议采用以太网作为变电站通信网络，以太网属于 LAN 协议体系（IEEE 802 系列）。同大多数通信协议一样，LAN 协议建立在 OSI 标准模型的基础上，但是作为底层协议，它只对应了 OSI 模型中的物理层和数据链路层，同时它又将数据链路层划分为逻辑链路控制（Logic Link Control，LLC）和介质访问控制（Media Access Control，MAC）2 个子层。LLC 层接近网络层，负责向上层协议提供标准的 OSI 数据链路层服务，通过服务访问点建立 1 个或多个与上层协议间的逻辑接口，使上层协议（如 TCP/IP）能够运行于以太网上；MAC 层则靠近物理层，负责以太网帧的封装（发送时将 LLC 层的数据封装成帧，接收时将帧拆封后给 LLC 层），包括帧前同步信号的产生，源/目的地址的编码及对物理介质传输差错进行检测等，并实现以太网介质访问控制方法和冲突退避机制。划分 LLC 和 MAC 子层的目的在于：如果要改变网络传输介质或访问控制方法，只需要改动与介质相关的 MAC 层协议，而无需改动与介质无关的 LLC 层协议，从而使 LAN 协议具有广泛的适用性。

IEC 61850 规范了过程层的 SV 和 GOOSE 采用以太网进行传输，通信协议栈以 ISO 标准模型为基础，链路层遵循 ISO/IEC 8802 - 3，如图 4 - 12 所示。

从图 4 - 12 中可以看出，过程层通信协议栈中应用层数据直接映射到数据链路层的 MAC 子层，然后传递给物理层发送，而会话层、传输层和网络层都为空。简化了协议栈，过程层数据传输时减少了协议栈的处理过程，增强了数据的实时性，符合过程层传输的实时性要求。

普通的以太网帧格式如图 4 - 13 所示，可以分为帧前同步信号、MAC 层的地址、用户数据及校验序列。其中，帧前同步信号属于物理层的信息，其余都是链路层中 MAC 子层的数据。帧中各部分内容具体如下：

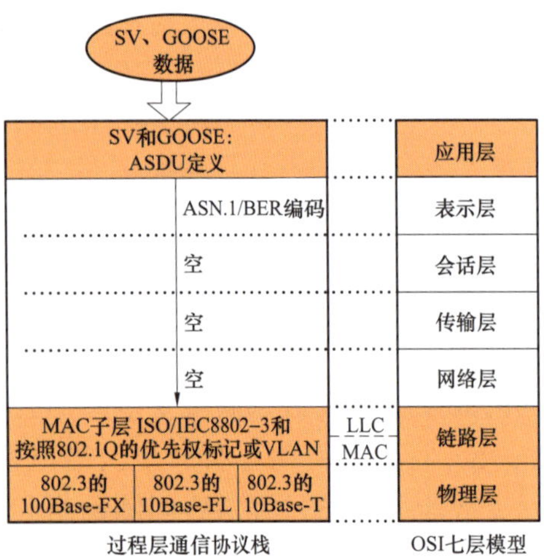

图 4 - 12 过程层通信协议栈

（1）前导码（PR）：用于收发双方的时钟同步，56 位 1 和 0 交替的二进制数 1010101010。

（2）帧首定界符（SD）：8 位固定二进制数 10101011，与前导码不同的是，最后两位是 11 而不是 10，表示跟随的是真正的数据。

（3）目的地址（DA）：数据接收方的 MAC 地址，用 6 个字节表示。若由全部“1”组成，则表示广播地址，以太网帧会发给网络中所有的设备；若第一个字节为“01”，则表示组播地址，可以使以太网帧发送给特定的设备组；若第一个字节为“00”，则表示单播地址，将使以太网帧发给某一个特定的设备。

（4）源地址（SA），数据发送方的 MAC 地址，也用 6 个字节表示。SA 可以自定义，当使用交换机时必须使用唯一的以太网源地址；不使用交换机时，数据包以广播或点对点形式传输，并不要求这一地址具有唯一性。

（5）帧数据（PDU）：以太网型协议数据单元是以太网帧的数据区，它又可分解为类型（Ethertype）、应用标识（APPID）、长度（Length）、应用协议数据单元（APDU）和保留区 5 部分。

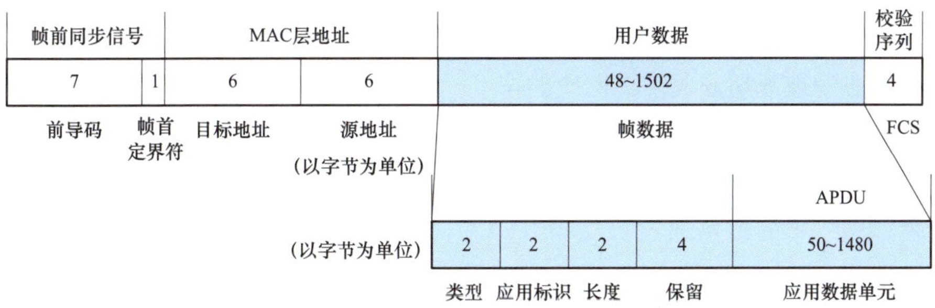

图 4－13　以太网帧格式

1）Ethertype：2 个字节的以太网帧类型标识，不同的以太网类型都有唯一的标识码。基于 ISO/IEC 8802－3 的 MAC 子层以太网类型由 IEEE 著作权注册机构进行注册，对于 SV，所注册的以太网类型为 0×88BA（16 进制）；对于 GOOSE，所注册的以太网类型为 0x88B8（16 进制）。

2）Application ID（APPID）：2 个字节的应用信息标识码，用于选择包含模拟量采样值的信息和用于区别应用关联，IEC 61850 标准为采样值保留的值范围是 0x4000～0x7FFF（16 进制）。

3）Length：协议数据单元的长度，包括从 APPID 开始的以太网型 PDU 的 8 位位组数目，用 2 个字节表示，其值为 $8+m$（$m<1480$，m 位 APDU 的字节数）。

4）APDU（Application Protocol Data Unit）：应用数据，由应用协议控制信息（APCI）和应用服务数据单元（ASDU）组成，长度根据应用服务数据的长度而改变，这部分内容将具体包含 SV 采样值信息或 GOOSE 信息。

5）保留区：Reserved1/Reserved2，IEC 61850 预留了这 4 个字节的空间，用于将来标准化应用。

（6）校验序列（FCS）：32 位的帧数据校验码，由除了帧前同步信号和自身以外的所有内容计算得出的循环冗余校验码（CRC）。这部分由发送方计算填充，接收方收到帧后用相同的方式重新计算 CRC，并与这部分内容比较，以校验帧在网络传输过程中是否出错。

（二）优先级技术和虚拟局域网技术

以太网基于载波多路访问和冲突检测（CSMA/CD）机制，任何网络中的通信设备都会在发送数据之前侦听网络是否空闲。如果网络上有数据传输，则欲发送的数据退回设备，等待一定延时后再侦听网络是否空闲，直至网络空闲再发送数据。这样，实时数据和非实时数据在同一个网络中传输时，容易发生竞争服务资源的情况。优先级技术通过 IEEE 802.1Q 优先级标签使网络中具有高优先级的数据帧获得更快的响应速度。智能变电站过程总网络中负载的种类较多，不同信息的实时性要求也不相同，为了区分 SV 报文、GOOSE 报文和总线上的低优先级负载，IEC 61850 标准采用了符合 IEEE 802.1Q 的优先级标签，使过程层能够快速可靠地传输实时数据。

随着网络中设备的增多，网络中的信息量也逐步增加，当信息量达到网络带宽的 25% 以上时，网络性能就会下降。虚拟局域网（VLAN）是利用现代交换技术，将局域网内的设备逻辑地、而非物理地划分成多个网段的技术。这样，智能变电站过程层的设备可以在物理上组成一个庞大的网络，但是从逻辑上将需要交互信息的设备划分在同一个 VLAN 中，一个物理网络可以划分成多个 VLAN，从而可靠控制了网络信息的传输途径，有效保证了重要网段的安全性。网络中的信息通过报文中 VLAN 标识符（VID）来决定处于哪个虚拟局域网内。交换机接收到带有 VID 的报文后，只会将该报文转发到属于该 VLAN 的端口上，而不是所有的端口上，因此可有效地限制报文广播范围。

IEEE 802.1Q 中将优先级标签和 VLAN 标识符定义都在一个 VLAN 标签字段中，其结构如图 4－14 所示。

	8	7	6	5	4	3	2	1
802.1Q标签类型	0x8100							
标签控制信息	优先级			CFI	VID			
	VID							

图 4－14　IEEE 802.1Q 定义的 VLAN 标签格式

前两个字节是 IEEE 802.1Q 的标签类型，该值应为 0x8 100。后两个字节为标签控制信息，其中前 3bit 是用户优先级字段，可标记 8 种不同优先级的报文（0～7 每个数字表示一个优先级）；最后的 12bit 是 VLAN 的标识符（VID），它唯一的标识了该以太网帧属于哪个 VLAN。

具有优先级和 VLAN 功能的以太网数据帧比普通的以太网帧多了 4 个字节的标记，如图 4－15 所示，标记在源地址之后，用以标识数据优先权以及虚拟局域网的网络号。

帧前同步信号		MAC层地址		802.1Q	用户数据	校验序列
7	1	6	6	4	48~1502	4
前导码	帧首定界符	目标地址	源地址	优先级标记	帧数据	FCS

图 4－15　具有优先级标记的以太网帧

（三）多播技术

发布者/订阅者模型是利用网络发送数据的一种模型，特别适用于多数据源向多接收者发送流量大、实时性要求高的数据。IEC 61850 标准中规定，SV 报文和 GOOSE 报文这两类重要的实时报文均采用发布者/订阅者模型进行通信，具体实现时可有以下两种方案：基于 VLAN 的多播模式和基于 MAC 多播地址过滤的多播模式。

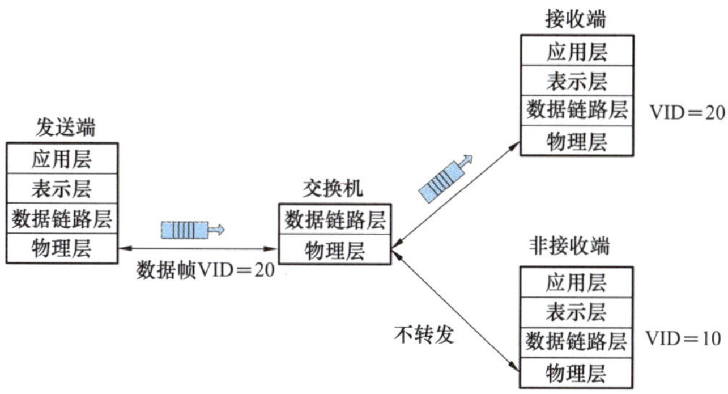

图 4－16　基于 VLAN 的发布者/订阅者通信模式

在图 4－16 中，发布者和订阅者具有相同的 VID＝20，交换机接收到多播报文后，根据帧中的 VID，将该帧转发到支持该 VID 的端口上。

另一种实现发布者/订阅者模式的通信方式是基于 MAC 多播地址过滤机制。如果以太网帧的目的地址第一字节的最低位为 1，则该地址为多播地址，该帧为多播帧。交换机接收到多播帧后，将多播帧转发到交换机的所有端口，接收端装置的网卡可通过编程实现对多播地址的过滤并决定是否接收该多播帧。SV 报文和 GOOSE 报文所用的多播地址（6 个字节）有以下结构：前三个字节被 IEEE 定为 01－0C－CD；第四个字节为 01 则为 GOOSE，第四个字节为 04 则为 SV；最后两个字节为独立地址，其范围可参考表 4－1。根据工程应用情况，最后两个字节也可对表 4－1 的地址进行扩充。

表 4－1　　GOOSE 报文和 SV 报文多播地址

报文类别	取值范围建议	
	开始地址	结束地址
GOOSE 报文	01－0C－CD－01－00－00	01－0C－CD－01－01－FF
SV 报文	01－0C－CD－04－00－00	01－0C－CD－04－01－FF

图 4－17 所示是基于 MAC 多播过滤机制的发布者/订阅者通信模式。发布者发送的数据帧的目的地址为 01－0C－CD－01－00－0C，交换机上的所有端口都会收到该帧，由于非订阅者的多播地址列表中没有该地址，因此该帧将被丢弃。如果交换机支持 IGMP Snooping 协议，多播报文也可以不在交换机上广播，而是仅转发到订阅该报文的端口上。

（四）网络冗余

网络冗余包括链路冗余和设备冗余，链路冗余包括交换机冗余，设备冗余主要是 IED 的网口冗余。

（1）链路冗余。链路冗余有单环网、双环网和双星形网等多种方式，但各有优缺点，单环网和双环网通过网络管理协议对备用链路进行阻塞，保证网络上任何两点之间只有一条唯一的路径，网络故障时再启用备用链路，网络故障的恢复需要一定的时间，且单环网和双环网大多是采用非标准化的故障恢复协议，对互操作性的也有一定的影响。环网还存在网络风暴的隐患，因此环网不能满足智能变电站过程层网络高实时性、高可靠性

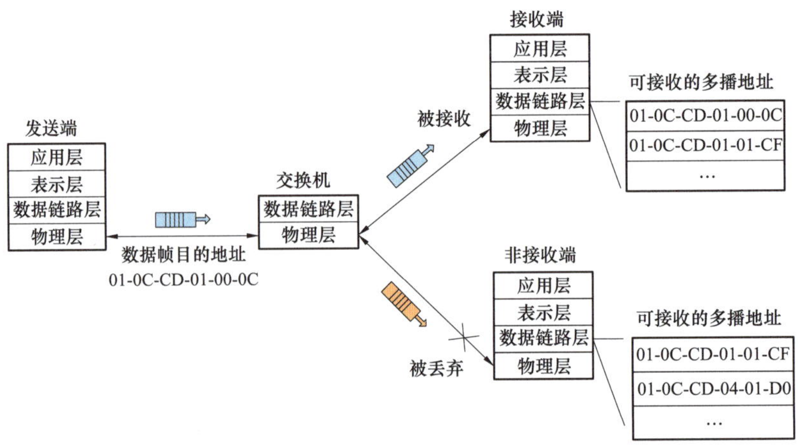

图 4－17　基于 MAC 多播地址过滤的发布者/订阅者通信模式

的要求。

双星形网的最大优点在于网络上任何两点之间有两条相互热备用的路径，网络故障时恢复时间为零，因而适用于保护双重化的通信网络结构。星型网中任两点之间的通信路径不会超过三级交换，实时性可以得到保证；且两点之间也不存在环，不会产生网络风暴，可靠性也得到了保障。因此双星形网可满足智能变电站过程层网络的性能要求。但由于目前尚未有国际标准对 IED 如何处理双网的冗余信息进行规范，因而对 IED 之间的互操作性造成了一定的影响。

（2）IED 网口冗余。IED 网口冗余方式又可分为备用方式和双网独立工作两种方式。

1）备用方式。正常运行时，冗余网口以备用状态存在。备用网口不发送数据，故交换机无法获知备用网口的 MAC 地址，也就无法将该地址与备用网口连接的交换机端口绑定，备用网口只能接收到广播报文。因此，当备用网口转入运行状态后，要立刻发送一帧报文以便在连接的交换机端口上建立起自己的 MAC 地址表，这样就能在连接主网口的交换机端口的 MAC 地址表老化之前，接收到原本发向主网口的报文。

备用网口切换需要过程，无法实现网络零延时切换，因此不能满足过程层网络的实时性要求。

2）双网独立工作。IED 的 2 个网口拥有不同的 MAC/IP 地址，但同步发送相同的报文（源地址除外）；任意一条链路发生故障都不会影响 IED 发送数据（若对端也采取相同方法，则不会影响 IED 接收数据），可以实现链路故障零切换时间。

由于报文被重复发送或接收，双网独立工作的冗余方式显著增加了 IED 的负担。当然在明确链路已经失效之后，可不再向失效链路发送报文，或者在传输最重要的数据时才临时采取这种方法。

双网独立工作要求对端 IED 能够对接收到的报文进行甄别（如根据报文中的事件计数值），以避免对同一报文重复响应；同时，只有对端 IED 也采取这种冗余方式，才能实现接收冗余。

4.3.3 过程层网络实时性分析

通信网络的实时性能是由网络带宽、访问仲裁/传输控制方法、优先级、组网方式等诸多因素共同决定的。

（一）以太网的延迟不确定性

虽然以太网技术在带宽上具有突出优势，但由于以太网技术最初针对的是商业应用领域而非工业过程控制领域，强调的是网络节点之间的平等和带宽的共享，所以在访问仲裁/传输控制方法和优先级上的实时性特征并不突出。

以太网采用的是载波侦听多路访问/冲突检测（Carrier Sense Multiple Access with Collision Detection，CSMA/CD）的介质控制方法。网络上的一个通信设备视为一个节点，各节点采用二进制指数退避算法（BEB）处理报文冲突：节点在访问网络之前，首先侦听网络是否空闲，如空闲则发送数据，如繁忙则等待；节点发送完一帧报文之后等待一个帧间隔时间，以留给其他节点访问网络的机会；当2个或多个节点同时访问网络时，就会产生数据冲突，所有冲突的节点会按照一定的退避算法随机延迟一定时间，然后重新侦听网络，试图获得网络的访问权，只有当侦听到网络是空闲时才访问网络。因其时间滞后是随机的，实质上以太网是一种通信延迟不确定的网络系统。

（二）延时估算

网络传输延时由以下几部分组成：

（1）交换机存储转发延时 T_{SF}。现代交换机都是基于存储转发原理的，因此单台交换机的存储转发延时等于帧长除以传输速率。以100Mbit/s光口为例，以太网最大帧长是1522B，加上同步帧头8B，交换机存储转发最长延时为122μs。

（2）交换机交换延时 T_{SW}。交换机交换延时为固定值，取决于交换机芯片处理MAC地址表、VLAN、优先级等功能的速度。一般工业以太网交换机的交换延时不超过10μs。

（3）光缆传输延时 T_{WL}。光缆传输延时为光缆长度除以光缆光速（约2/3倍光速），以1km为例，光缆传输延时约5μs。

（4）交换机帧排队延时 T_Q。交换机发生帧冲突时均采用排队方式顺序传送，这给交换机延时带来不确定性。考虑最不利的情况，即交换机（共 K 个端口）所有其他 $K-1$ 个端口同时向另一端口发送报文。忽略帧间隔时间，最长帧排队延时约为（$K-1$）T_{SF}，最短排队延时则为0，平均排队延时为$(K-1)T_{SF}/2$。

根据以上分析，可估算最不利情况下经过 N 台交换机的最长报文网络传输延时 T_{ALL} 为

$$T_{ALL}=N(T_{SF}+T_{SW}+T_Q)+T_{WLA}$$

式中：T_{WLA} 为报文经过 N 台交换机的光缆传输总延时。T_Q 用平均排队延时评估，最不利情况下，所有交换机其他端口均同时向目的端口或交换机级联端口发送最长报文。

按星形结构计算，以2台交换机级联，每台交换机18个100Mbit/s光口、光缆总长1km为例，最不利情况下网络传输延时为

$$T_{ALL}=2\times[122+10+(18-1)\times122/2]+5\approx2.343\ (\text{ms})$$

因此，普通以太网的访问仲裁/传输控制方法只能满足站控层的要求，网络传输延时的不确定性使其不能满足采样值和保护跳闸传输小于3ms的时间要求以及保护事件传输2~10ms的时间要求。

（三）实时性能的提升

从上一节的分析可以看出，信息的端到端时延不只消耗在传输时延上，更多的消耗是在排队时延上（包括节点侦听网络、冲突退避后等待再侦听等过程中消耗的时间）。因此，提高以太网的实时性能，应首先从避免数据冲突或保证实时数据的优先权入手，如修改以太网介质访问控制 MAC 层协议、实时调度协议、采用带优先级的交换式以太网等措施。其中采用带优先级的交换式以太网是可行的措施。

修改以太网介质访问控制 MAC（Media Access Control）层协议的方法，理论上是一种理想的方法。当检测到冲突时，实时信息不退避或者采用与非实时信息不同的退避算法，或者等待较小的帧间隔时间，从而保证实时信息的优先传送。但需要修改硬件芯片，且需要得到芯片制造商广泛支持并形成标准。

实时调度协议是将网络中的某个节点设定为主节点，由主节点发出命令，调度其他节点有序地访问网络。通过控制节点访问网络的过程，预留了带宽，避免了数据冲突，可以达到硬实时系统的要求。但目前各种实时调度协议都还处于研究试验阶段，没有形成标准，设备厂商之间难以统一。

采用带优先级的交换式以太网。通过交换机将网络划分为多个网段，减少了冲突域，从而降低了数据冲突的概率；提高了网络带宽；通过优先级的标识或仲裁，保证优先级高的数据通过交换机时可以优先传送；能够单独隔离最重要的节点，以确保其实时性。

假设以太网是 N 个交换机级联，一个 VLAN 有 K 个端口（设在同一台交换机上），最长报文网络传输延时

$$T_{\mathrm{ALL}}=N(T_{\mathrm{SF}}+T_{\mathrm{SW}}+T_{\mathrm{Q}})+T_{\mathrm{MLA}}$$

若 2 个交换机级联，一个 VLAN 有 8 个端口，最长报文网络传输延时

$$\begin{aligned}T_{\mathrm{ALL}}&=N(T_{\mathrm{SF}}+T_{\mathrm{SW}}+T_{\mathrm{Q}})+T_{\mathrm{WLA}}\\&=2\times[122+10+122/2]+5=0.391\ \text{(ms)}\end{aligned}$$

根据 IEC 61850，GOOSE 报文优先级可以用 3 个 bit 位来表示，换句话说，就是支持 8 种优先级。现假设报文的优先级为 $p(1\leqslant p\leqslant 7)$，根据概率估算，该报文需要的在排队上耗去的时间为

$$(8-p)/8\times T_{\mathrm{Q}}$$

设报文优先级为最高优先级，$T_{\mathrm{ALL}}=N\left(T_{\mathrm{SF}}+T_{\mathrm{SW}}+\dfrac{8-p}{8}T_{\mathrm{Q}}\right)+T_{\mathrm{WLA}}$

$$T_{\mathrm{ALL}}=2\times[122+10+(8-7)/8\times 122/2]+5=0.375\ \text{(ms)}$$

因此，采用带优先级和 VLAN 技术后，报文传输延迟有显著减少，可以满足智能变电站过程层实时性的要求。

4.3.4 过程层网络可靠性分析

可靠性的指标通常包括以下三个指标：抗毁性（Invulnerability）、生存性（Survivability）和可用性（Availability）。此处仅考虑智能变电站过程层网络的可用性。

（一）GOOSE 报文传输的可靠性

在 GOOSE 网络协议设计时，为了降低报文处理过程中的时延，对原有 TCP/IP 协议栈

进行了裁剪，去掉了网络层和传输层，使得链路层直接向上映射到会话层，如图4－18所示。

TCP传输层协议具有按序交付、差错检查、重发等可靠性机制。由于过程层GOOSE传输缺少了传输层，必须在应用层采取措施保证其可靠性。

对策如下：

（1）重发机制。虽然GOOSE报文传输是触发机制，但出于可靠性考虑，即使外部状态不再变化，也应重发，只是重发间隔逐渐拉长。

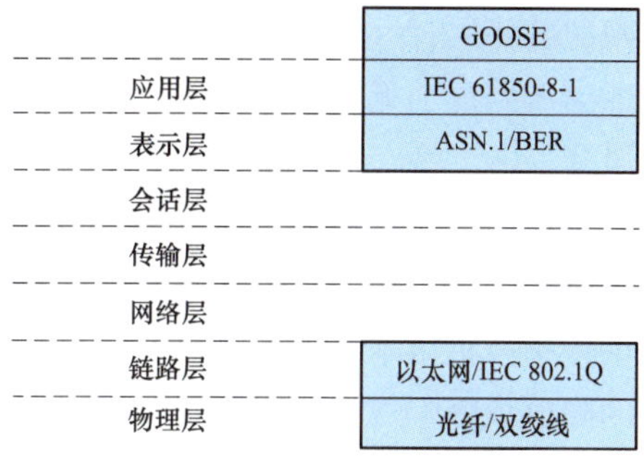

图4－18 GOOSE报文传输的协议堆栈

（2）报文中应携带“报文存活时间”（T_{AL}）和数据品质等参数。如果接收端在T_{AL}时间内未收到任何报文，则接收端认为GOOSE链路断链。

（二）网络风暴

在以太网介质中，当网络数据量迅速膨胀，远远大于正常时的使用量，直到交换机端口过于繁忙或链路无法承受数据包丢失而失去稳定，这种导致网络无法正常通信的情况称之为网络风暴。网络风暴的数据中多数为各种广播包，它们会同时扩展到整个以太网环境中，导致了整个网络瘫痪，网络风暴也称之为广播风暴。导致网络风暴的原因有多种：

（1）局域网内广播节点太多。在ISO/OSI模型下，以太网络链路层通信的寻址主要由地址解析协议（ARP）完成，寻址请求是通过发送链路层广播数据包完成的。这是大型交换环境中的主要广播数据来源，其他还有DHCP协议等。在交换环境中，寻址工作由交换机完成。交换机中保留链路层地址（MAC Address）与端口的映射关系，类似于三层环境中路由器和路由表的作用。正常通信时，交换机只在必要的端口间传输数据，但广播包例外，它会发送到所有的物理端口，以保证所有主机都能够收到，这是由广播包在交换式以太网的特殊作用决定的。因此，在节点大于300的交换环境中，如果不隔离广播域，导致在一个广播域中节点数太多，就容易出现广播流量大的情况，产生网络风暴。

对策：通过VLAN等技术，隔离广播域。VLAN基于交换技术，可以把原来一个广播域的局域网逻辑地划分为若干个子广播域。在子广播域的广播包只能在该子广播域传送，而不会传送到其他广播域中，有效起到分割广播域的作用，从而有助于抑制网络风暴，提高管理效率。不同VLAN之间根据安全等级和权限等级进行VLAN优先级区分，并通过访问控制列表控制VLAN之间的安全，实现虚拟工作组的同时增强了网络的安全性。

（2）网卡损坏。网卡物理损坏也会引起网络风暴。损坏的网卡，有可能会不停向交换机发送大量的数据包，产生了大量无用的数据包，导致网络风暴。因为损坏的网卡一般还能通信交互信息，故障比较难排除，所以要借用局域网管理软件，查看网络数据流量，确定故障点的位置。

对策：加强网络监控，通过网管软件捕获网络流量进行详细分析和系统诊断，及时发现故障隐患，在网络拥塞前找出问题主因并解决，最大程度地降低网卡损坏等带来的影响。

（3）链路环路（loop）。当物理链路中出现环路并稳定存在时，广播数据包会沿着环路不断传播而且会无限地循环下去。类似的情况，工作在三层的IP协议数据包会因其生存时间（TTL）不断减小而逐渐消亡。但智能变电站过程层网络交互环境中，数据直接工作在以太网的链路层，这些数据不但不会消失，而且环路沿途的交换机中其他的广播数据包也会不断地加入到这个无限循环中来。只要环路不拆除，循环的工作模式会一直持续下去，形成网络风暴。

对策：智能变电站过程层网络应采用星形网络拓扑，不适宜采用环形结构。同时星形结构一般不会出现环路，但在系统实施、维护期间，应正确接线，避免网络中出现环路，同时要保证交换机版本的定期升级，当发现交换机版本较低时，及时升级，减少其自身性能所造成的隐形故障。

（三）网卡溢出

网络带宽和 IED 的 CPU 处理能力是 SV 和 GOOSE 报文传输性能的最大约束。

SV 和 GOOSE 报文为多播报文，多播报文在交换机中如果不进行任何处理，就是广播转发。SV 报文在网络中流量非常大，若采样率为 4kHz，则单个 MU 每秒向网络发送 4000 个 SV 报文，网络负载将在 5～8Mbps 之间。因此，SV 网络中存在多个 MU 时，若不采取措施，接收 IED 的缓冲区很有可能溢出。单个 IED 的 GOOSE 流量不大，但当大量 GOOSE 报文同时发生时，可能引起接收装置网卡的缓冲区溢出而丢失报文，也可能引起网络负荷瞬时过重而丢失报文。GOOSE 采用顺序重发机制，即使没有事件发生，网络上也存在大量“心跳”多播报文。如果不进行合理的多播报文过滤，网络上所有 IED 发出的多播报文都会被接收，这将会对 IED 的应用程序造成严重影响。当电力系统发生故障时，很可能多 IED 同时发出大量间隔时间很短的 GOOSE 报文，可能引起 IED 网卡接收缓冲区溢出丢失报文并严重占用 CPU 资源。

对策：SV 和 GOOSE 报文过滤，具体如下：

（1）设置 IED 网卡多播 MAC 地址过滤。IEC 61850－9－2 部分附录 C 中提到：“为了增强多播报文接收的整体性能，最好采用 MAC 硬件过滤。不同的集成电路哈希算法也不一样，推荐由系统集成商在分配目的多播地址时评估这些算法的冲突。”标准中建议了 GOOSE、GSSE、SV 的多播地址结构和取值范围，网卡多播 MAC 地址过滤虽然未能减少网络 GOOSE 报文泛滥，但可以解决 IED CPU 资源的不必要占用。网卡多播 MAC 地址过滤的缺点是难以了解或统一各厂商 IED 网卡的多播 MAC 地址过滤算法，因此，难以评估各网卡的算法冲突，可能存在过滤“漏洞”。此外，变电站改扩建时系统集成可能会重新考虑多播地址分配，需要修改运行设备的配置。

（2）交换机多播过滤。交换机多播过滤可通过静态多播配置和动态多播分配两种方式实现。

静态多播配置即通过配置交换机静态多播地址表实现多播报文过滤，这种方式原理简单，主要依赖交换机功能实现，但是交换机配置较复杂，IED 连接的交换机端口必须固定不变。当变电站自动化系统扩建或交换机故障更换时必须要修改或设置交换机多播配置，存在一定的安全风险。

动态多播分配方式由交换机根据实际情况分配多播报文的路径，这种方式由交换机和 IED 设备共同完成，交换机和 IED 之间需要信息交互。动态多播分配方式实现灵活，无需过多配置，但目前动态多播管理协议还没有很好的运行经验。交换机多播过滤不仅可以解决 IED CPU 资源的不必要占用问题，而且可以减少网络 GOOSE 报文泛滥。

（四）间隔层设备处理能力

目前过程层网络上的通信瓶颈主要是信号接收端，尤其是对数据量要求较多的二次保护、测控装置，如变压器保护和母线保护等。以比较关注的母线保护为例，因为涉及到的模拟量非常多，如6个支路，每个支路发送4个电压和电流（虽然母线保护不需要支路的电压，但MU发送给母线保护的数据与发送给线路保护的数据是一致的），考虑SV采用IEC 61850－9－2部分，同时考虑双A/D的要求，报文长度TL＝7（PR）＋1（SD）＋6（DA）＋6（SA）＋2（TPID）＋2（TCI）＋10（PDU）＋5（TPCI）＋35（APDU）＋8×16（ASDU）＋4（FCS）＝206Byte＝1648bits，再考虑网络帧的间隔，报文长度TL＝1648＋96＝1744bits；若采样率为4kHz，则以太网帧频率Sr＝4000帧/秒；考虑双母线接线形式的母线电压，则nMU＝7；则母线保护接收SV的网络负载DR＝Sr×TL×nMU＝4000×1744×7＝48.832（Mbit/s），当信号集中传输到母线保护装置时，对现有的母线保护的硬件处理能力将是一个很大的考验。

对策：提高间隔层设备的内存缓冲区容量，采用并行计算的策略来提高处理能力。

4.3.5 交换机VLAN配置

以太网技术已被广泛应用到智能变电站实际工程中，关系到变电站安全稳定运行的过程层使用了大量的工业交换机，交换机已经成为智能化变电站中重要的二次设备，因此工程人员需要了解交换机的基本配置；生产技术部门需要对交换机进行统一管理。

（一）交换机配置VLAN的必要性

（1）减轻交换机和装置的负载。过程层GOOSE和SV报文都是组播报文，在没有任何处理的情况下，交换机将组播报文广播到每个端口。一般情况下，单个合并单元发送SV报文的流量约7Mbit/s。若SV采用组网方式传播，多个合并单元接入同一个交换机，大量SV报文在网络中广播，交换机实时性将受影响，接入交换机的装置端口也将被阻塞，极大影响了过程层网络的实时性、可靠性。特别是对于IEEE 1588主钟，若有大量的SV报文涌入主钟端口，将阻塞1588报文的正常发送，甚至使主钟瘫痪。结合SV网络实时性要求高、数据流量大、数据流向单一等特点，SV网络采用VLAN技术，有效隔离网络流量，将减轻交换机和装置的负载，提高网络的可靠性、实时性。

（2）安全隔离。GOOSE报文相对SV报文，其流量小、数据流向复杂，且保护装置的配置变动较多（考虑扩建）。GOOSE网络使用VLAN进行划分，有效限定GOOSE的传输范围，最大程度上做到每个保护端口只收所需的GOOSE信号，避免无关GOOSE信号的干扰，提高GOOSE网络的安全性、可靠性。

（二）VLAN配置原则

理论上，不同的数据包都可以配置不同的VLAN标识符（VID）。兼顾性能和复杂度，工程中一般采用下述VLAN划分原则。

（1）尽量采用装置的VID，少用交换机的端口VLAN标识符（PVID）方式。交换机VLAN有两种配置方式：一是装置发送的报文中带有802.1Q字段，交换机根据VLAN配置表中的规则决定数据流向；二是基于交换机端口的VLAN，即装置发送的报文中没有802.1Q字段，交换机接收到报文后将打上本端口的VLAN标号，再根据VLAN配置表中的规则决定数据流向。第一种方法可以一定程度上简化交换机的配置，交换机端口不需配置PVID。在设备集成测试时统一考虑 VLAN 的划分，由集成商为每个装置的报文分配 VID 并写入装置的配置文件中。

（2）GOOSE 网络按间隔配置 VLAN。GOOSE 网络主要考虑尽量划清数据流向，保证各间隔数据不混淆，因此宜按间隔划分 VLAN。

（3）SV 网络按装置配置 VLAN。合并单元的 SV 报文流量大，每台合并单元分配不同的 VID。

4.4 智能变电站过程层典型配置

4.4.1 过程层配置要求

继电保护目标是充当变电站的安全卫士，即使在其他任何系统瘫痪时，仍能快速、可靠地保护被保护设备的安全，因此为达到这个目的，必须要求继电保护正常工作时所依赖的设备最少。常规的继电保护装置独立性很强，从采样、判断到跳闸出口，并不太依赖于其他相关设备。而采用数字化网络后，继电保护的安全可靠性更多地与过程层的采样值网络和 GOOSE 网络有关。

智能变电站过程层的规划设计应从继电保护“选择性、可靠性、灵敏性、速动性”四性为出发点，并尽量考虑工程简化，提高变电站可靠性与稳定性。继电保护设备对实时性、可靠性要求高，应采用“直采直跳”的方式，对于开关位置、启动失灵、闭锁重合闸等 GOOSE 信号采用网络方式传输；对测控、计量等实时性要求相对不高的设备，采样值可采用组网方式传输，控制命令、位置信号、告警信号等 GOOSE 采用网络方式传输，但采样值网络和 GOOSE 网络分开，以保证网络的可靠性。

下面以 220kV 电压等级的变电站为例介绍智能变电站过程层的典型配置。

4.4.2 220kV 线路间隔

以一个 220kV 线路为例，配置 2 套包含有完整的主、后备保护功能的线路保护装置，各自独立组屏。合并单元、智能终端采用双套配置，保护采用安装在线路上的电子式电压互感器或组合式电子式电压电流互感器获得电流电压。若采用保护测控一体化装置，则不需要配置独立的测控装置，若保护、测控采用独立的装置，则每回线路单独配置 1 套测控装置。

线路间隔内保护装置与智能终端之间采用点对点直接跳闸方式，保护点对点直接采样。跨间隔信息（启动母线保护失灵功能和母线保护动作远跳功能等）采用 GOOSE 网络传输方式。测控装置的 GOOSE 也采用网络方式传输。测控、计量装置的采样值 SV 对于实时性要求不高，也可采用组网方式传输。

线路间隔的技术实施方案如图 4－19 所示。

间隔合并单元和母线 TV 合并单元也接入 GOOSE 网，接收 GOOSE 信息，以实现母线电压的切换和电压并列功能。

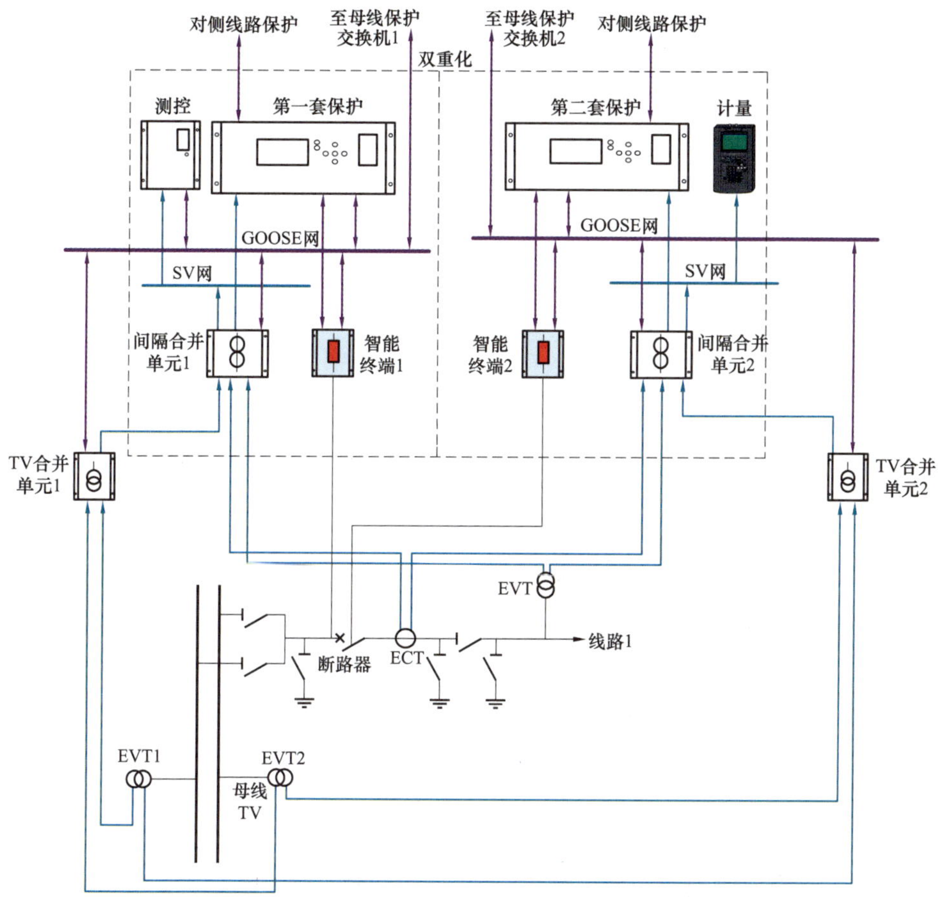

图 4－19　220kV 线路保护配置示意图

4.4.3　220kV 母线保护

母线保护按双重化进行配置，每套保护独立组屏。

母线保护对采样值 SV 的实时性要求非常高，采用点对点的传输方式。母线保护跳闸对应母线上的所有间隔，包括线路、主变压器、母联，采用 GOOSE 直跳方式。母线保护的开入量（失灵启动、隔离开关位置接点、母联断路器过流保护启动失灵、主变压器保护动作解除电压闭锁等）及闭锁线路重合闸等 GOOSE 信息采用网络方式传输。

母线保护单套技术实施方案如图 4－20 所示，另一套母线保护与图中第一套母线保护完全一致。

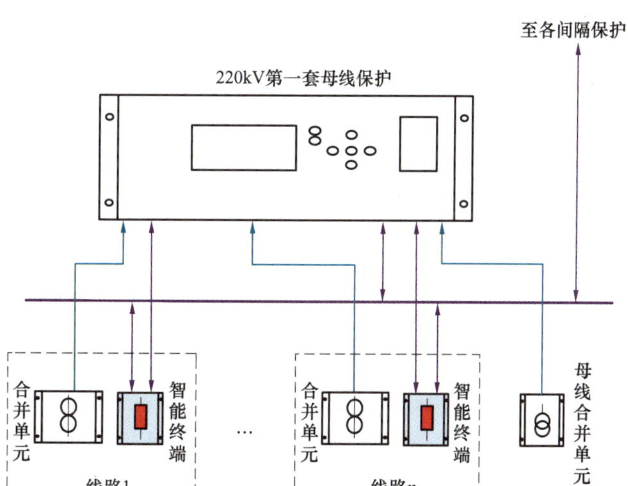

图 4－20　220kV 单套母线保护 GOOSE 网配置示意图

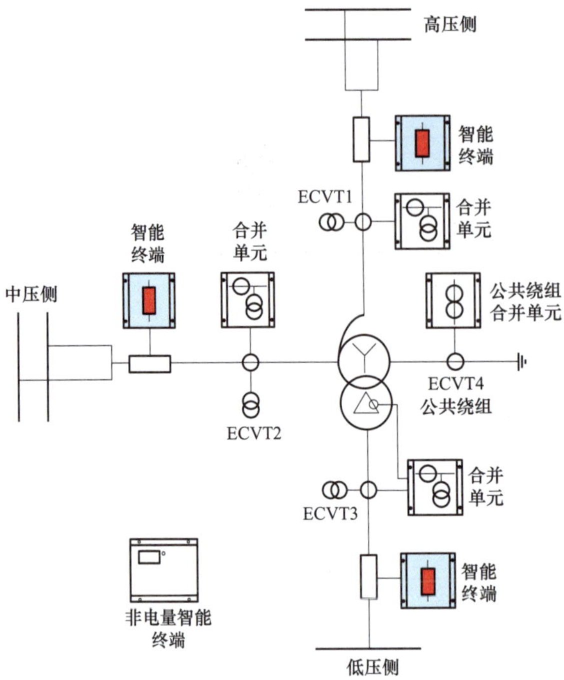

图 4 – 21 220kV 主变压器保护合并单元、智能终端配置示意图

4.4.4 220kV 主变压器保护

主变压器保护按双重化进行配置，包含各侧合并单元、智能终端均应采用双套配置。主变压器各侧采样值 SV 采用点对点直采的方式。主变压器跳各侧开关用直跳方式，其余 GOOSE 信号以及主变压器与母联智能终端之间的 GOOSE 采用网络方式传输，为了使主变压器各侧的网络相互独立，可组建高、中、低三个 GOOSE 网络。主变压器保护合并单元、智能终端配置如图 4 – 21 所示。

非电量保护就地安装，有关非电量保护时延均在就地实现，采用电缆直接跳闸，现场配置智能终端上传非电量动作报文和调挡及接地刀闸控制信息。

主变压器保护配置技术实施方案如图 4 – 22 所示。

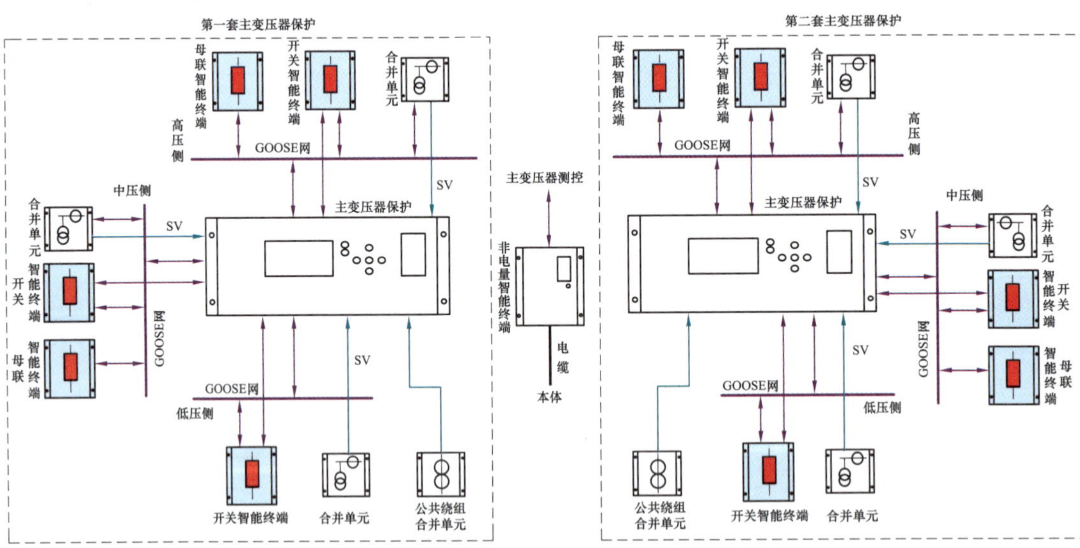

图 4 – 22 220kV 主变压器保护技术实施方案示意图

4.4.5 220kV 母联（分段）保护

220kV 母联（分段）保护配置与 220kV 线路保护配置类似，具体技术实施方案如图 4 – 23 所示：

4.4.6 典型配置特点

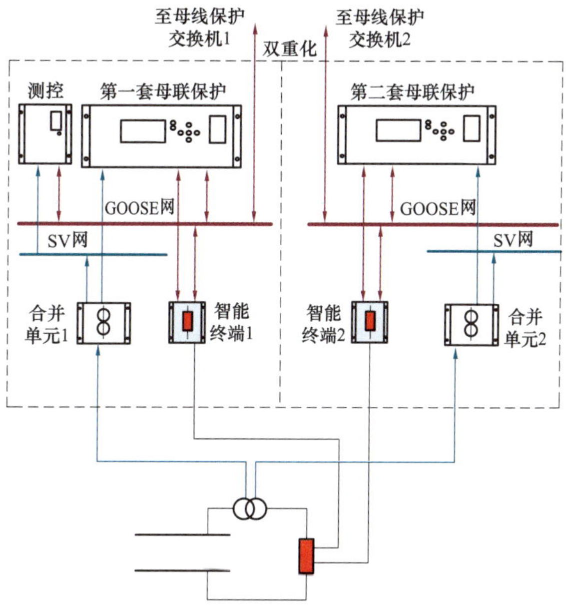

图 4-23 220kV 母联保护配置示意图

上述典型配置方案的优点主要有：

（1）网络安全可靠性高。点对点传输模式任意网络故障只影响最少的连接设备，具有较高的安全性和可靠性；最大限度地避免了对交换机的依赖，避免了网络风暴的问题；网络复杂程度大大降低。

（2）保护可靠性高、速动性好。保护“直采直跳”方案所依赖的网络交换机最少，且母线保护、主变压器保护网络之间相互独立，可避免网络所带来的问题；间隔内采用直跳的方式，提高了本间隔直跳的可靠性，避免了交换机级联带来的延时问题，网络延时对速动性的影响最小。

采样值点对点方案也保证了保护在失去统一对时时钟的情况下也能保证保护的可靠运行，防止保护误动和拒动情况的发生。

（3）运行检修方便。任何一个设备的检修或故障，不影响其他设备的正常运行；设备隔离安全措施方便，检修维护方便。

（4）运行和检修人员适应快。由于变电站设计理念与常规变电站有很多相通之处，网络复杂程度较常规变电站相似，系统配置工作量较低，技术难度大大降低，运行和检修人员比较容易适应数字化带来的工作方式变化，减少了人员出错的可能性。

4.5 智能变电站过程层测试技术

智能变电站过程层主要由 GOOSE 和 SV 网络及相关 IED 构成，过程层主要需要进行 IED 单体功能测试和 GOOSE、SV 的正确性、收发性能及互通性测试。IED 单体功能各厂家都比较容易实现，GOOSE、SV 测试涉及不同厂家 IED 的配合实现，因此，后者是过程层测试的关键部分。

4.5.1 虚端子测试

智能变电站过程层的 GOOSE 和 SV 输入输出关系由虚端子来体现，常规变电站装置之间连线的图纸由智能变电站的虚端子代替。因此，虚端子表是了解 IED 之间的联系的前提，也是进行装置间测试的前提。虚端子表是由全站 SCD 配置文件给出的，因此在进行过程层 GOOSE 和 SV 测试前必须解析虚端子表并检查其正确性。

由于智能变电站的二次回路已经全部融合到配置文件当中，配置已经代替了传统的接线工作，同样的，现场工作也需要对配置文件中的虚端子连线（等同传统的二次回路）进行检查试验，如发现错误还需重新更改配置。但是，配置文件是根据 IEC 61850 标准建立的一种 XML 格式的文本文件，一般工程人员难以掌握其阅读方法，即使会看配置文件，要在上万行的配置文本中找出一条清晰的回路也是很难的。如果可以将配置文件转化为一种工程人员容易理解的表现形式，数字化保护设备就会更容易被传统继电保护人员理解掌握，就能为智能变电站运行维护提供有力保障。

制造厂的配置工具更多的是关注配置模型建模方面的工作。为了解决这一难题，根据智能变电站试验研究的需要，开发一套“智能变电站二次设备虚端子自动生成系统”，该软件满足现场调试和运行的需要，解决了配置文件可读性的问题，工程人员完全可以抛开配置文件，只根据导出的虚端子表检查每一条回路就可以完成柜间传动试验，大大提高了现场调试的效率，也以一种规范化的手段，保证了配置的正确性。

GOOSE talk 是一款基于 . NET 的智能变电站二次设备虚端子自动生成软件系统，可自动扫描全站的 SCD 文件，生成全站二次设备的虚端子表，完成配置文件向传统二次回路连接的映射，软件可自动生成 Excel 虚端子表和 Visio 虚端子图，在保证智能变电站现场二次回路正确性的前提下提高了调试效率。采用该软件，调试人员可以方便地测试保护测控装置与间隔内其他装置的 GOOSE 信号开入开出，其中包括：

1）智能终端至保护功能的开关位置信号及闭锁信号；

2）智能终端至测控功能的开关、刀闸位置信号及告警信号；

3）间隔合并单元至测控功能的告警信号；

4）TV 合并单元至测控功能的告警信号；

5）保护功能至智能终端的跳/合闸信号；

6）测控功能至智能终端的控制功能信号。

表 4－2 是由 GOOSE talk 导出的西泾智能变电站利港 1 线第二套保护测控装置的 GOOSE 开入量虚端子列表，表 4－3 是由 GOOSE talk 导出的西泾智能变电站利港 1 线第一套保护测控装置的 GOOSE 开出量虚端子列表。表 4－3 中列出了线路保护测控装置开出量名称、开出量类别（保护功能发出还是测控功能发出）、开出数据集的名称及 MAC 地址、APPID 等参数，并给出了开出量接收装置及接收方的对应开入名称。例如，线路保护测控装置的保护功能发出的“A 相跳闸”信号所在数据集为“dsGOOSE0”，MAC 地址为“01－0C－CD－01－20－01”，APPID 为“2001”，该信号发出到“利港电厂 1 智能终端”和“220kV 故障录波”。通过 GOOSE 开入开出虚端子列表，装置间开入开出的对应关系如同传统保护信号回路一样清晰明了，提高了测试的工作效率。

表 4 - 2　　利港 1 线第二套保护测控装置 GOOSE 开入量

类别	开入量名称		来源装置	对应名称	开出数据集	MAC	APPID
测控	断路器位置 DI3	←	利港 1 线智能终端 B	断路器总位置	dsGOOSE1	01 - 0C - CD - 01 - 21 - 06	2106
保护	G_断路器 TWJA	←		断路器 A 相位置			
测控	A 相断路器位置	←					
保护	G_断路器 TWJB	←		断路器 B 相位置			
测控	B 相断路器位置	←					
保护	G_断路器 TWJC	←		断路器 C 相位置			
测控	C 相断路器位置	←					
测控	隔离刀闸 1 位置	←		隔离刀闸 1 位置			
……	……	……		……			
测控	接地开关 3 位置	←		接地开关 3 位置			
保护	G_压力低禁止重合闸	←		压力低闭锁重合闸			
测控	控制回路断线	←		控制回路断线	dsGOOSE2	01 - 0C - CD - 01 - 21 - 07	2107
测控	操作电源消失	←		操作电源消失			
测控	非全相	←		非全相			
测控	事故总	←		事故总			
……	……	……		……			
测控	刀闸电气解锁信号	←		解锁信号			
测控	刀闸电气联锁信号	←		联锁信号			
测控	VD 无电信号	←		VD 无电信号			
测控	无效定值区	←		无效定值区	dsGOOSE3	01 - 0C - CD - 01 - 21 - 08	2108
测控	开入异常	←		开入异常			
……	……	……		……			
测控	闭锁状态 8	←		闭锁状态 8			
测控	OCT 合并单元取 I 母电压成功	←	利港 1 线间隔合并单元 B	取 I 母电压成功	dsGOOSE0	01 - 0C - CD - 01 - 21 - 03	2103
……	……	……		……			
测控	OCT 合并单元电气单元 2 数据无效	←		电气单元 2 数据无效			
测控	EVT 合并单元装置报警	←	利港 1 线 TV 合并单元 B	板 1 硬件置维修	dsGOOSE0	01 - 0C - CD - 01 - 21 - 0A	210A
测控	EVT 合并单元检修状态投入	←		检修把手投入			
测控	EVT 合并单元同步异常报警	←		同步异常告警			
保护	远方跳闸 1	←	220kV 母线保护 B	支路 6 跳闸	dsGOOSE1	01 - 0C - CD - 01 - 21 - 74	2174
保护	闭锁重合闸 1	←					
保护	双点开入 1	←	220kV 母联保测 B	断路器位置	dsGOOSE3	01 - 0C - CD - 01 - 01 - 59	0159
测控	双点开入 2	←	220kV 母线测控	接地开关 1 位置	dsGOOSE3	01 - 0C - CD - 01 - 01 - 4A	014A
测控	双点开入 3	←		接地开关 1 位置			

表 4-3　　　　利港 1 线第一套保护测控装置 GOOSE 开出量

<table>
<tr><th>类别</th><th>开出量名称</th><th>开出数据集</th><th>MAC</th><th>APPID</th><th></th><th>去向装置</th><th>对应名称</th></tr>
<tr><td rowspan="2">保护</td><td rowspan="2">A 相跳闸</td><td rowspan="12">dsGOOSE0</td><td rowspan="12">01-0C-CD-01-20-01</td><td rowspan="12">2001</td><td>→</td><td>利港电厂 1 智能终端 A</td><td>A 相跳闸出口</td></tr>
<tr><td>→</td><td>220kV 故障录波</td><td>单点开入 31</td></tr>
<tr><td rowspan="2">保护</td><td rowspan="2">B 相跳闸</td><td>→</td><td>利港电厂 1 智能终端 A</td><td>B 相跳闸出口</td></tr>
<tr><td>→</td><td>220kV 故障录波</td><td>单点开入 32</td></tr>
<tr><td rowspan="2">保护</td><td rowspan="2">C 相跳闸</td><td>→</td><td>利港电厂 1 智能终端 A</td><td>C 相跳闸出口</td></tr>
<tr><td>→</td><td>220kV 故障录波</td><td>单点开入 33</td></tr>
<tr><td>保护</td><td>A 启动失灵</td><td>→</td><td rowspan="3">220kV 母线保护 A</td><td>支路 6A 相失灵</td></tr>
<tr><td>保护</td><td>B 启动失灵</td><td>→</td><td>支路 6B 相失灵</td></tr>
<tr><td>保护</td><td>C 启动失灵</td><td>→</td><td>支路 6C 相失灵</td></tr>
<tr><td>保护</td><td>闭锁重合闸</td><td>→</td><td rowspan="2">利港电厂 1 智能终端 A</td><td>闭锁重合闸</td></tr>
<tr><td rowspan="2">保护</td><td rowspan="2">G-重合闸出口</td><td>→</td><td>重合 1</td></tr>
<tr><td>→</td><td>220kV 故障录波</td><td>单点开入 34</td></tr>
<tr><td>测控</td><td>断路器分闸</td><td rowspan="5">dsGOOSE1</td><td rowspan="5">01-0C-CD-01-20-02</td><td rowspan="5">2002</td><td>→</td><td rowspan="7">利港 1 线
智能终端 A</td><td>测控三跳</td></tr>
<tr><td>测控</td><td>断路器合闸</td><td>→</td><td>测控合闸</td></tr>
<tr><td>……</td><td>……</td><td>……</td><td>……</td></tr>
<tr><td>测控</td><td>接地开关 3 合闸</td><td>→</td><td>地刀控合 3</td></tr>
<tr><td>测控</td><td>遥控 10 分闸</td><td>→</td><td>测控远方复归</td></tr>
<tr><td>测控</td><td>遥控 01 合闭锁状态</td><td rowspan="2">dsGOOSE2</td><td rowspan="2">01-0C-CD-01-20-03</td><td rowspan="2">2003</td><td>→</td><td>开关闭锁</td></tr>
<tr><td>测控</td><td>遥控 08 合闭锁状态</td><td>→</td><td>地刀闭锁 3</td></tr>
</table>

4.5.2 GOOSE 测试

（一）GOOSE 解析

本节通过介绍 GOOSE 报文的结构，结合配置文件分析 GOOSE 报文中与设备调试相关的信息，旨在为现场试验人员提供一种通用的过程层 GOOSE 调试方法。工程人员通过本节介绍的内容，再结合实际工程应用和具体装置，应能够完成保护装置开入/开出测试，能够通过网络报文的解析技术，对工程调试中遇到的疑难问题做出简单分析。

GOOSE 报文是具有 IEEE 802.3Q 优先级的以太网帧，报文结构如图 4-15 所示，主要由前导码、目标地址、源地址、优先级标记、数据 PDU、校验码构成。其中 PDU 部分在 IEC 61850 标准中规定由报文类型、报文应用标识、报文数据长度以及应用数据 APDU 等构成。应用数据 APDU 是 GOOSE 报文的具体数据，也是主要部分，其结构在 IEC 61850 中给出，如图 4-24 所示。

GOOSE 应用数据由 12 部分组成，图 4-24 中左侧为 GOOSE 的一些参数，右侧为 GOOSE 参数的类型。gocbRef、datSet、goID 都为字符串类型；timeAllowedtoLive、stNum、sqNum、confRev、numDatSetEntries 为整数类型；test、ndsCom 为 BOOL 类型；t 为 UTC 时间类型；allData 为 GOOSE 具体传输的数据，其本身也是由数据结构组成。GOOSE 的具体参数将在下文配合 GOOSE 具体报文进行解释。

```
IECGOOSEPdu ::= SEQUENCE {
        gocbRef                 [0]   IMPLICIT VISIBLE-STRING,
        timeAllowedtoLive       [1]   IMPLICIT INTEGER,
        datSet                  [2]   IMPLICIT VISIBLE-STRING,
        goID                    [3]   IMPLICIT VISIBLE-STRING OPTIONAL,
        t                       [4]   IMPLICIT UtcTime,
        stNum                   [5]   IMPLICIT INTEGER,
        sqNum                   [6]   IMPLICIT INTEGER,
        test                    [7]   IMPLICIT BOOLEAN DEFAULT FALSE,
        confRev                 [8]   IMPLICIT INTEGER,
        ndsCom                  [9]   IMPLICIT BOOLEAN DEFAULT FALSE,
        numDatSetEntries        [10]  IMPLICIT INTEGER,
        allData                 [11]  IMPLICIT SEQUENCE OF Data,
                                }
```

图 4－24 GOOSE 应用数据结构

GOOSE 报文的解析工具推荐使用开源的报文解析工具 Ethereal 软件，该软件可以捕获并解析网络上的 GOOSE 报文、MMS 报文以及其他一些主流网络报文。Ethereal 安装在普通带网卡的 PC 机上即可使用，只要将 PC 机接至网络上即可对报文进行捕获，并可对捕获的报文进行过滤、解析。图 4－25 为某智能变电站线路保护发送的 GOOSE 报文。

```
⊟Ethernet II, Src: 00:10:00:00:01:01 (00:10:00:00:01:01), Dst: 01:0c:cd:01:01:01
   ⊞ Destination: 01:0c:cd:01:01:01 (01:0c:cd:01:01:01)
   ⊞ Source: 00:10:00:00:01:01 (00:10:00:00:01:01)
     Type: 802.1Q Virtual LAN (0x8100)
⊟802.1Q Virtual LAN
    100. ....   ....   ....  = Priority: 4
    ... 0 ....  ....   ....  = CFI: 0
     .... 0001 0010 1101 = ID: 301
     Type: IEC 61850/GOOSE (0x88b8)
⊟ IEC 61850 GOOSE
     AppID*: 257
     PDU Length*: 157
     Reserved1*: 0x0000
     Reserved2*: 0x0000
     PDU
        IEC GOOSE
        {
          Control Block Reference*:   PL2231API1/LLN0$GO$gocb0
          Time Allowed to Live (msec): 10000
          DatasetReference*:   PL2231API1/LLN0$dsGOOSE0
          GOOSEID*:   PL2231API1/LLN0$GO$gocb0
          Event Timestamp: 2011-01-10 00:17.15.992987  Timequality: 0a
          StateNumber*:    1
          Sequence Number:   262
          Test*:   FALSE
          Config Revision*:    1
          Needs Commissioning*:    FALSE
          Number Dataset Entries:   11
          Data
          {
            BOOLEAN:  FALSE
            BOOLEAN:  FALSE
            BOOLEAN:  FALSE
            BOOLEAN:  FALSE
            BOOLEAN:  FALSE
            BOOLEAN:  FALSE
            BOOLEAN:  FALSE
            BOOLEAN:  FALSE
            BOOLEAN:  FALSE
            BOOLEAN:  FALSE
            BOOLEAN:  FALSE
          }
```

图 4－25 某智能变电站线路保护发送的 GOOSE 报文

GOOSE 报文主要分为网络参数、GOOSE 参数和 GOOSE 数据三部分内容。

（1）网络参数。

Destination（目的地址）：一种组播 MAC 地址，在交换机上以组播的形式传递，GOOSE 的目的地址一般以 01－0C－CD－01 开头，后两个字节可自由分配。目的地址是集成设计时统一分配的，是全站唯一的，是 GOOSE 报文订阅机制的重要参数之一，它的正确配置是过程层实现通信的最基本条件，工程人员可将其认定为 GOOSE 数据的唯一标识。

Source（源地址）：装置板卡的物理地址，过程层应用中没有实际意义，但也要保证其不能冲突，物理地址是可以由厂家修改的。

VLAN 标识符（802.1Q virtual LAN ID）：GOOSE 报文的 VID，十进制数，范围 1～4096。

AppID：GOOSE 报文的另一个重要标识，一般配置成与目的地址的后两个字节相同。

网络参数在 SCD 文件的 Communication→SubNetwork→ConnectedAp→GSE→Address 中配置，如图 4－26 所示。

（2）GOOSE 参数。

Time Allowed to Live：GOOSE 报文的生存周期 T_{AL}，若订阅此 GOOSE 报文的装置在 T_{AL} 时间内没有收到报文将判断出此 GOOSE 链路中断。

GOOSE ID：GOOSE 报文的又一个重要标识，与目的地址和 appID 类似，都是 GOOSE 报文的唯一标识。装置可根据对目的地址、appID 和 GOOSE ID 的判断识别所订阅的 GOOSE 报文。GOOSE ID 在 IED 设备的 GSEControl 模块中配置，如图 4－27 所示。

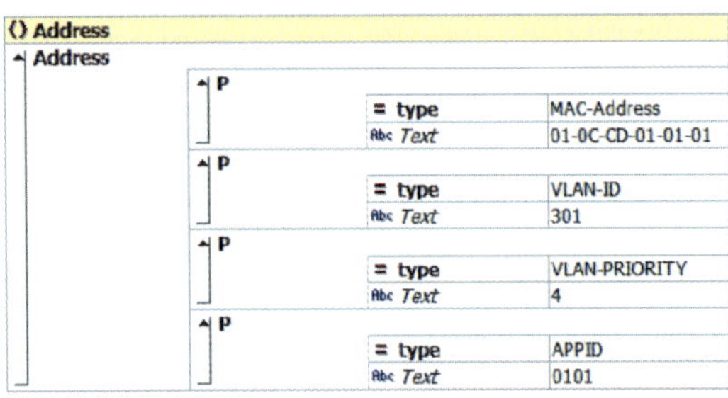

图 4－26　配置文件中的 GOOSE 网络参数

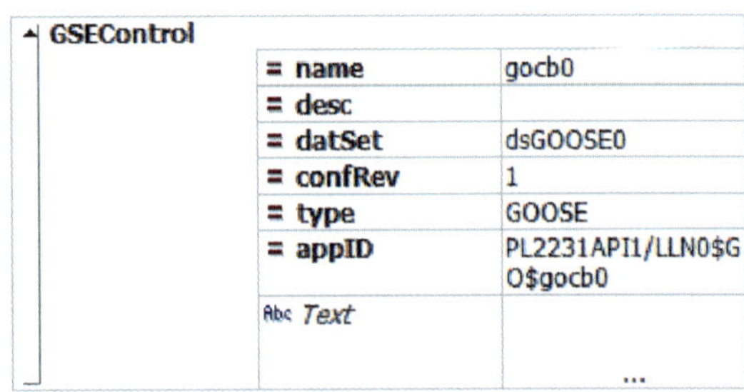

图 4－27　配置文件中的 GOOSE ID

Event Timestamp：GOOSE 数据最后一次变位的 UTC 时间。

State Number：记录 GOOSE 数据总共的变位次数。当 GOOSE 数据发生变化时 stNum 加 1。装置上电时 stNum 应初始化为 1。

Sequence Number：记录 GOOSE 数据最后一次变位至今发送的报文数。随 GOOSE 心跳报文自动累加 1。当 GOOSE 数据变位时，sqNum 置 0。装置上电时，sqNum 应初始化为 1。

Test：GOOSE 检修位，接收方据此判断 GOOSE 报文是否为检修状态，并根据检修机制确定是否使用此 GOOSE 报文的内容。一般来说，两侧设备都处于检修态或都处于运行态，GOOSE 报文的内容将被采用；当两侧装置检修装置不一致时，接收的 GOOSE 报文不参与运算处理。

常见的 GOOSE 参数分为布尔型、位串型、时间型、浮点型四种类型数据。

1）布尔型有 0 和 1 两种状态，用于表示普通的开关量信号。

2）位串型有 01、10、00、11 四种状态，一般用于表示开关、隔离开关等双位置信号，01 表示“分”位置，10 表示“合”位置，00 表示“中间”位置，11 表示“无效”位置。

3）时间型数据用于表示数据变位的 UTC 时间，通常在数据集中建立属性名称为 t 的条目。

4）浮点型用于传递温度、湿度等模拟量采集信号。

（3）GOOSE 数据。GOOSE 数据项的数目、次序、数据类型都是由配置文件的 GOOSE

数据集定义的，见图 4－28。数据集的相关内容参照“配置文件”章节。

FCDA (11)

	ldInst	prefix	lnClass	lnInst	doName	daName	fc
1	PI1	Break1	PTRC	1	Tr	phsA	ST
2	PI1	Break1	PTRC	1	Tr	phsB	ST
3	PI1	Break1	PTRC	1	Tr	phsC	ST
4	PI1	Break1	PTRC	1	StrBF	phsA	ST
5	PI1	Break1	PTRC	1	StrBF	phsB	ST
6	PI1	Break1	PTRC	1	StrBF	phsC	ST
7	PI1	Break1	PTRC	1	BlkRecST	stVal	ST
8	PI1		RREC	1	Op	general	ST
9	PI1	RemTr1	PSCH	1	ProRx	stVal	ST
10	PI1	RemTr2	PSCH	1	ProRx	stVal	ST
11	PI1		GGIO	5	Alm1	stVal	ST

图 4－28　GOOSE 数据集

（二）GOOSE 收发测试

GOOSE 报文中包含了过程层最重要的信息，实时性、可靠性要求非常高，其收发机制见 2.6 节所述。GOOSE 报文解析可以使用 Ethereal 通用软件，也可使用专业的网络报文分析仪进行分析。报文分析仪具有分析、报错等功能，可以作为公证的第三方，因此在集成测试时可采用报文分析进行过程层测试，以提高测试效率。

图 4－29 为报文分析仪捕获的智能终端某时刻的 GOOSE 发送情况。正常情况下，GOOSE 的心跳报文时间间隔为 5s，图中第 18～22 条 GOOSE 报文。图中报文分析仪在收到第 23 条 GOOSE 报文的时候报错“stNum 错序”，从具体的报文解析可知，第 22 条 GOOSE 的 stNum 为 25，而第 23 条报文 stNum 变化为 1，stNum 没有连续变化，且第 23 条报文与第 22 条报文的时间间隔为 18s，显然此处装置的 GOOSE 发送是有问题的。

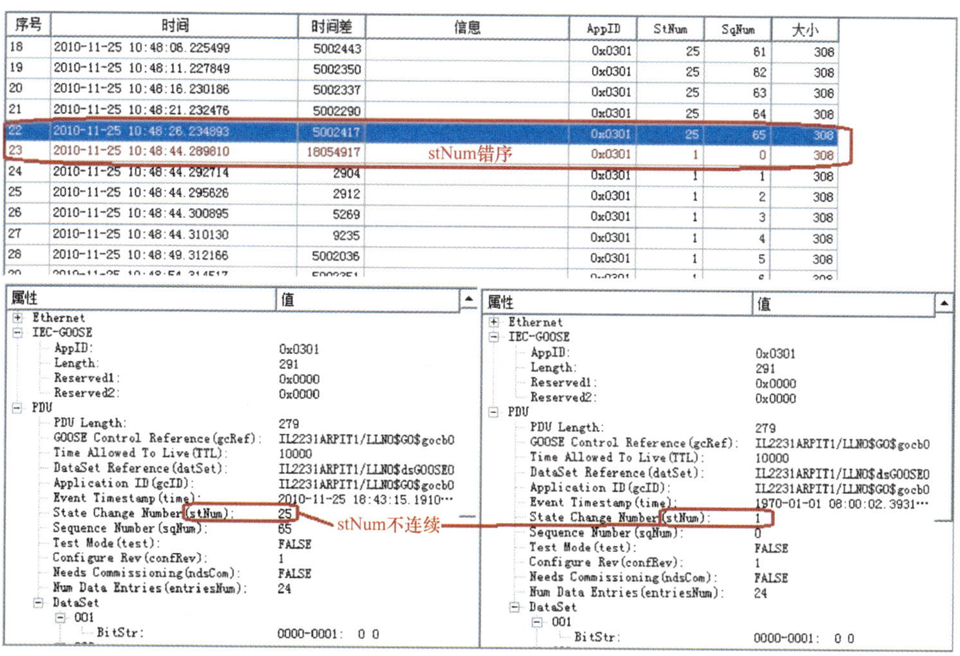

图 4－29　GOOSE 报文发送测试

图4－30为报文分析仪捕获的GOOSE状态变位过程，正常情况下，GOOSE心跳报文间隔为5s；状态变位立刻发送GOOSE报文，此时stNum由1增加至2，sqNum复归从0开始计数；随后又紧接着发送4条GOOSE报文，时间间隔分别为2.5、2.5、5、9ms；最后GOOSE发送间隔恢复到5s心跳报文间隔。图中状态变位过程的GOOSE发送与IEC 61850标准中定义的GOOSE发送机制一致。

序号	时间	时间差	信息	AppID	StNum	SqNum	大小
70	2010-11-25 10:52:54.428778	5002455		0x0302	1	54	1032
71	2010-11-25 10:52:59.431039	5002261		0x0302	1	55	1032
72	2010-11-25 10:53:04.433471	5002432		0x0302	1	56	1032
73	2010-11-25 10:53:09.435738	5002267		0x0302	1	57	1032
74	2010-11-25 10:53:14.438166	5002428		0x0302	1	58	1032
75	2010-11-25 10:53:19.440517	5002351		0x0302	1	59	1032
76	2010-11-25 10:53:21.366205	1925688	状态改变	0x0302	2	0	1032
77	2010-11-25 10:53:21.368766	2561		0x0302	2	1	1032
78	2010-11-25 10:53:21.371297	2531		0x0302	2	2	1032
79	2010-11-25 10:53:21.376217	4920		0x0302	2	3	1032
80	2010-11-25 10:53:21.385353	9136		0x0302	2	4	1032
81	2010-11-25 10:53:26.387738	5002385		0x0302	2	5	1032
82	2010-11-25 10:53:31.390157	5002419		0x0302	2	6	1032

图4－30　GOOSE报文状态变位

GOOSE接收测试可以采用测试仪或PC机模拟软件进行相应的GOOSE变位模拟发送给被测装置，通过被测装置的响应判断GOOSE接收的正确性，也可通过装置实际GOOSE的发生来测试被测装置GOOSE接收的性能。

（三）GOOSE检修机制测试

Q/GDW 396—2009《IEC 61850工程继电保护应用模型》中对GOOSE报文检修处理机制要求如下：

1）当装置检修压板投入时，装置发送的GOOSE报文中的test应置位。

2）GOOSE接收端装置应将接收的GOOSE报文中的test位与装置自身的检修压板状态进行比较，只有两者一致时才将信号作为有效进行处理或动作。

3）对于测控装置，当本装置检修压板或者接收到的GOOSE报文中的test位任意一个为1时，上传MMS报文中相关信号的品质q的Test位应置1。

GOOSE报文的检修标志如图4－31和图4－32所示。

（1）检修机制测试内容。线路间隔的保护测控装置、智能终端、合并单元都有检修硬压板，当装置检修压板投入时，装置发出的GOOSE报文会带上检修位；合并单元检修压板投入时，发出的SV报文中相应数据品质位q也会置上检修位。Q/GDW 396—2009中规范了智能变电站装置的检修处理机制，装置处理GOOSE信号以及SV数据时，必须检查数据的检修位，并根据自身的检修状态做出相应的处理。

检修机制测试内容主要包括：

1）GOOSE检修机制测试：包括保护测控装置与智能终端之间GOOSE检修机制、智能终端与合并单元之间GOOSE检修机制、合并单元与保护测控装置之间GOOSE检修机制；

2）SV检修机制测试：包括合并单元与保护测控装置之间SV检修机制。

（2）检修机制测试方法及结果。GOOSE检修机制需要验证通信双方检修位一致（双方都置检修或都处于正常运行）、检修位不一致（一方置检修另一方正常运行）时接收方对 GOOSE 的处理，可以通过查看接收方的显示或动作行为来验证。

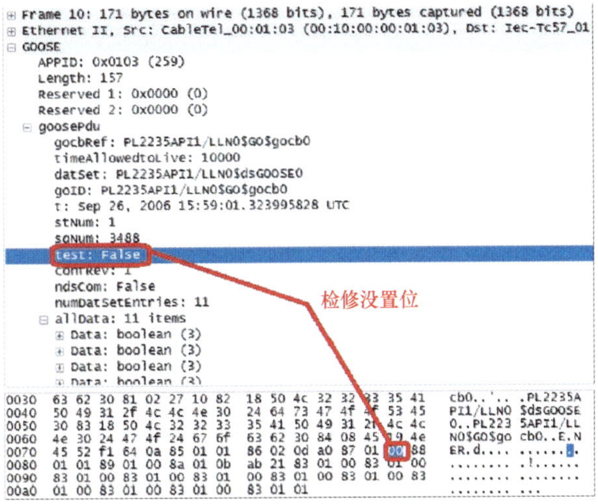

图 4－31　不带检修标志的 GOOSE 报文

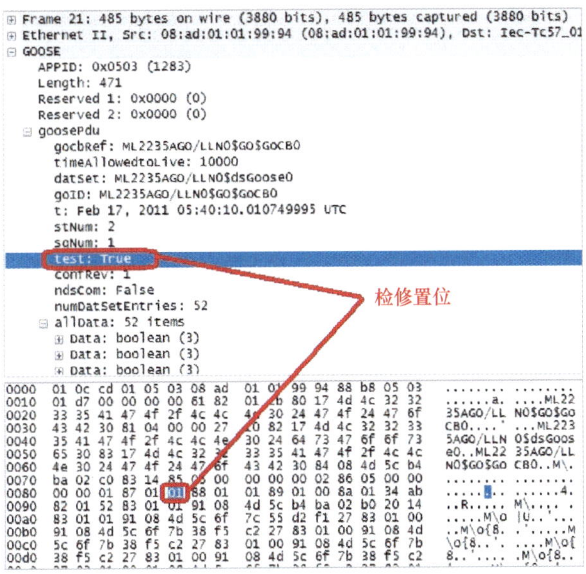

图 4－32　带检修标志的 GOOSE 报文

GOOSE 检修机制主要验证发送置检修，接收方正常运行；发送方正常运行，接收方置检修；发送方、接收方都置检修三种情况下，GOOSE 开入开出的行为。由于同一装置的同一功能（保护或测控）对同一类型 GOOSE 信号（开关位置或闭锁信号或告警信号）的检修机制处理是相同的，在通信双方处于正常情况下所有 GOOSE 信号都已验证后，验证检修机制时，装置不同功能只需选取每个 GOOSE 数据集每类信号中代表性的信号进行验证。以西泾智能变电站 220kV 利港 1 线间隔 A 套设备为例，其 GOOSE 检修机制测试结果见表4－4。

表 4－4　西泾智能变电站 220kV 利港 1 线间隔 A 套设备 GOOSE 检修机制

开出装置	GOOSE 信号量		开入装置	结果（装置结果/后台显示） 发送方检修 接收方正常	结果（装置结果/后台显示） 发送方正常 接收方检修	结果（装置结果/后台显示） 发送方检修 接收方检修
线路智能终端	断路器位置	→	线路保护测控	强制分/无变化	强制分/无变化	正常/正常
	闭锁重合闸	→		强制分/无变化	强制分/无变化	正常/正常
	隔离开关 1 位置	→		强制分/无变化	强制分/无变化	正常/正常
	闭锁重合闸	→		强制分/无变化	强制分/无变化	正常/正常
	控回断线	→		强制分/无变化	强制分/无变化	正常/正常
	控制电源消失	→		强制分/无变化	强制分/无变化	正常/正常
	断路器低电压报警	→		强制分/无变化	强制分/无变化	正常/正常
	断路器就地控制	→		强制分/无变化	强制分/无变化	正常/正常
	事故	→		强制分/无变化	强制分/无变化	正常/正常
线路间隔合并单元	取Ⅰ母电压成功	→		强制分/无变化	强制分/无变化	正常/正常
	Ⅱ母 TV 刀闸位置异常	→		强制分/无变化	强制分/无变化	正常/正常
	GOOSE 网 1 网中断	→		强制分/无变化	强制分/无变化	正常/正常
	装置告警	→		强制分/无变化	强制分/无变化	正常/正常
	A 相保护电流 1 无效	→		强制分/无变化	强制分/无变化	正常/正常
	电气单元 1 链路异常	→		强制分/无变化	强制分/无变化	正常/正常
线路保护测控	G_保护跳闸出口	→	线路智能终端	无动作	无动作	正常
	G_重合闸出口	→		无动作	无动作	正常
	断路器分	→		无动作	无动作	正常
	隔离开关 1 合	→		无动作	无动作	正常
	测控远方复归智能终端	→		无动作	无动作	正常
	隔离开关 1 允许操作	→		无动作	无动作	正常
智能终端	隔离开关 1 位置	→	间隔合并单元	保持原状态	保持原状态	正常
	隔离开关 2 位置	→		保持原状态	保持原状态	正常

4.5.3　SV 测试

目前采样值 SV 主要有两种格式，即 IEEE 60044－8 的 FT3 格式和 IEC 61850－9－2 的网络报文格式。前者是点对点的串口方式，其格式如图 4－7 所示；后者是网络方式，既可以点对点传输，也可以组网传输。IEC 61850－9－2 格式的 SV 报文也是具有 IEEE 802.3Q 优先级的以太网帧，报文结构如图 4－15 所示，其报文结构与 GOOSE 类似，所不同的是应用数据 APDU。应用数据 APDU 是 SV 报文的具体数据，也是主要部分，其结构如图 4－8 所示。

（一）SV 收发测试

SV 报文的解析可以使用 Wireshark 通用软件，但由于 SV 流量非常大，因此长时间分析 SV 还是采用专业的报文分析仪比较适合。报文分析仪可以实时监测网络中 SV 的发生情况，具有分析、报错等功能，在测试过程中可方便地发现问题，有助于提高测试效率。

图 4－33 即为报文分析仪捕获的 SV 报文，由图可以看出，SV 报文中含有 20 个通道的数据，其中前 16 个数据的品质 q 为 00000000，说明数据是有效的，且无检修标志，而后 4 个数据的品质 q 为 00000001，说明数据无效；SV 的同步标志 smpSynch 为 1，说明采样值是同步的；SV 报文之间的时间间隔为 250μs 左右，偏差很小，符合 Q/GDW 441—2010《智能变电站继电保护技术规范》中离散度小于 10μs 的要求；SV 的采样计数器 smpCnt 也是连续的。

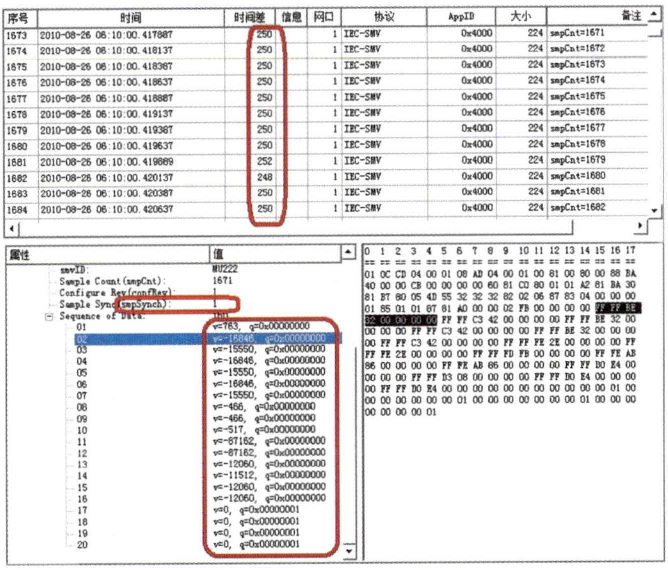

图 4－33 SV 报文发生测试

图 4－34 为 SV 丢失同步时报文分析仪捕获的 SV 报文，报文分析仪会报“丢失同步信号”，此时，报文中的同步标志 smpSynch 变为 0，说明 SV 已经失步。丢失同步后，SV 报文的发送间隔还是保持在 250μs 左右，对于不依赖外同步的装置而言，此时的 SV 还是可用的。

（二）SV 检修机制测试

Q/GDW 396—2009 中对 SV 报文检修处理机制要求：

1）当合并单元装置检修压板投入时，发送采样值报文中采样值数据的品质 q 的 Test 位应置 True。

2）SV 接收端装置应将接收的 SV 报文中的 test 位与装置自身的检修压板状态进行比较，只有两者一致时才将该信号用于保护逻辑，否则应不参加保护逻辑的计算。对于状态不一致的信号，接收端装置仍应计算和显示其幅值。

3）若保护配置为双重化，保护配置的接收采样值控制块的所有合并单元也应双重化。

两套保护和合并单元在物理和保护上都完全独立，一套合并单元检修不影响另一套保护和合并单元的运行。

SV 报文的检修标志如图 4－35、图 4－36 所示。

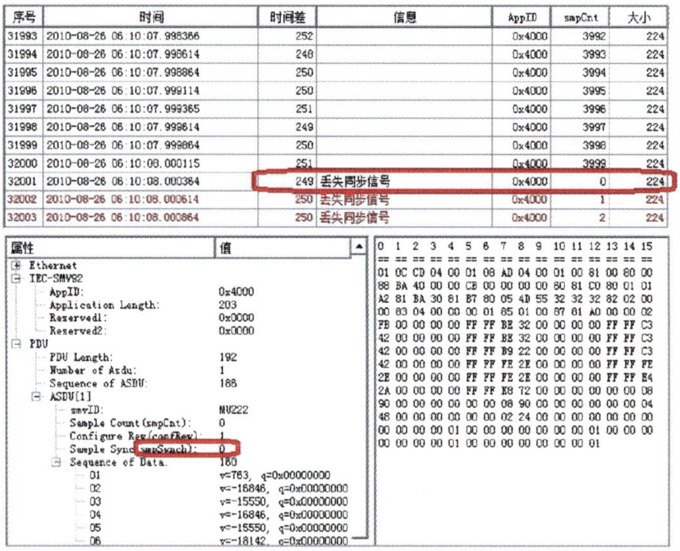

图 4－34　SV 丢失同步

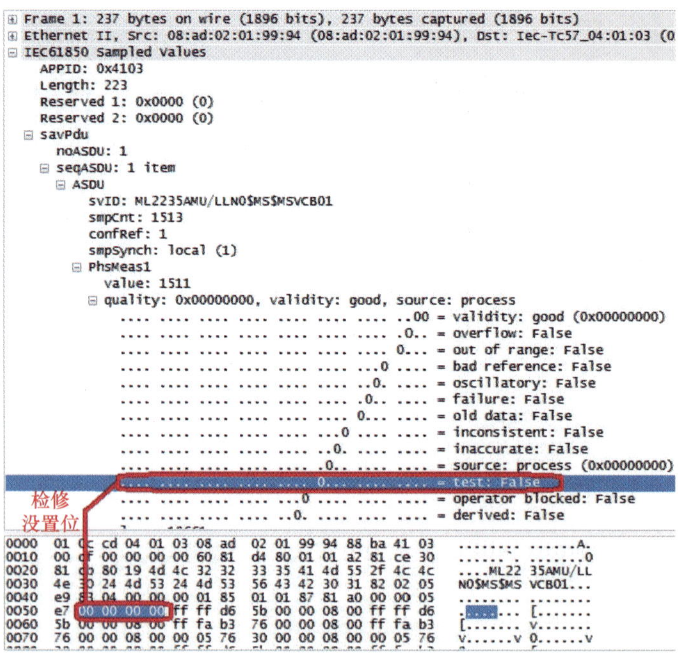

图 4－35　不带检修标志的 SV 报文

对于 SV 检修机制，首先要通过 SV 报文查看相应电流电压数据的品质 q 中 Test 位是否置位；然后验证合并单元与保护测控装置检修位不一致以及检修位一致时，保护测控装置的显示以及动作行为。以西泾变电站 220kV 利港 1 线间隔 A 套设备为例，其 SV 检修机制测试结果见表 4－5。

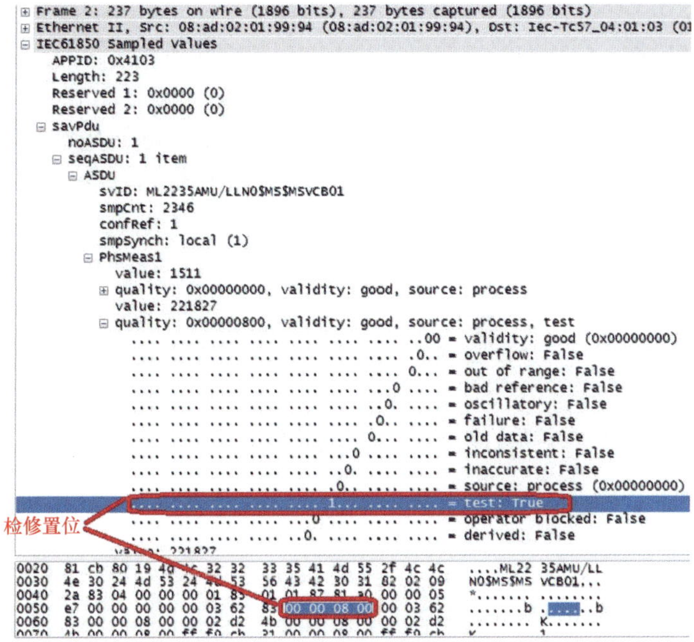

图 4-36　带检修标志的 SV 报文

表 4-5　　西泾智能变电站 220kV 利港 1 线间隔 A 套设备 SV 检修机制

合并单元	SV 中 Test 位		保护测控正常		保护测控检修	
	电压	电流	面板显示	保护行为	面板显示	保护行为
间隔 MU 正常/PTMU 正常	0	0	正常	正常	正常	闭锁
间隔 MU 检修/PTMU 正常	0	1	正常	闭锁	正常	闭锁
间隔 MU 正常 PTMU 检修	1	0	正常	闭锁	正常	闭锁
间隔 MU 检修/PTMU 检修	1	1	正常	闭锁	正常	正常

4.5.4 VLAN 测试

VLAN 测试是设备间互通的关键环节，需在全配置、全接线的环境下测试。所谓全配置就是按照划分的 VLAN，全站所有设备，包括交换机，都配置正式的 VID。

VLAN 的测试方法分为三步：

1）保护单体测试：保证装置严格按照配置文件输出正确的报文，带有正确的 VID。

2）交换机 VLAN 整理：根据设计院的虚端子表，整理出交换机每个端口输入输出报文的 VID，这也能再次检查 VLAN 配置是否正确。

3）全局 VLAN 测试：全接线情况下，逐台交换机逐个端口做单一镜像，通过抓包分析、检查每个端口的报文的 VID 是否与配置的一致。

4.5.5 保护功能测试

保护功能的测试采用如图 4-37 所示的测试平台，即利用 IEC 61850 数字式继电保护测试仪输出 IEC 61850-9-2 采样值报文和 GOOSE 信号到智能保护装置进行各种保护功能的测试，保护装置输出 GOOSE 跳闸信号到对应的智能操作箱，智能终端开出相应的开关跳闸出口信号至模拟断路器，模拟断路器能模拟开关的跳闸过程和开关位置，智能终端发送开关位置信号的 GOOSE 报文到保护装置。

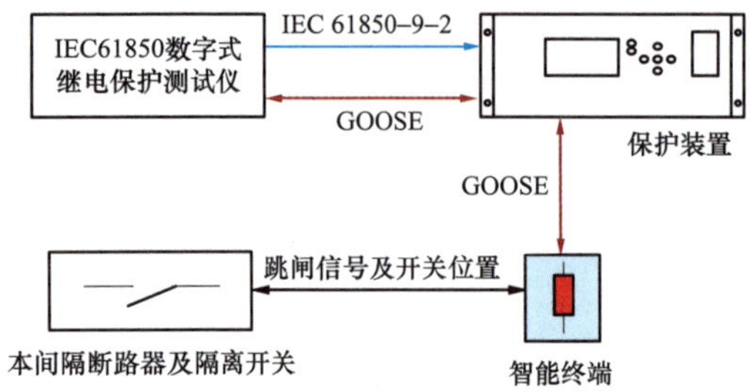

图 4-37　保护功能试验平台

在智能变电站中，采样值通过合并单元处理后传输给保护装置，保护装置动作后通过智能终端跳闸，因此保护整组动作时间比传统的动作时间多了合并单元处理延时和智能终端处理延时，因此整组动作时间较传统要长。保护的整组动作时间为从合并单元加数据直至智能终端节点动作的时间。

5 站控层原理及测试技术

智能变电站的站控层采用统一的通信规约进行设备间的互通、互联，实现了变电站实时全景监测、自动运行控制、高级应用互动等高级功能。本章介绍智能变电站的站控层组成及特点、站控层服务实现原理，并详细说明站控层相关报文的构成，阐述站控层的测试内容及测试方法。

5.1 智能变电站站控层特点

Q/GDW 383—2009《智能变电站技术导则》中对智能变电站站控层的定义为：智能变电站站控层包括自动化站级监视控制系统、站域控制、通信系统、对时系统等，实现面向全站设备的监视、控制、告警及信息交互功能，完成数据采集和监视控制（SCADA）、操作闭锁以及同步相量采集、电能质量采集、保护信息管理等相关功能。

站控层由监控主机、信息一体化平台主机兼操作员工作站、远动通信装置和其他各种功能站构成，提供站内运行的人机联系界面，实现管理控制间隔层、过程层设备等功能，形成全站监控、管理中心，并实现与调度通信中心通信。站控层的设备采用集中布置，站控层设备与间隔层设备之间采用以太网相连，且网络为双网冗余方式，如图 5 -1 所示。

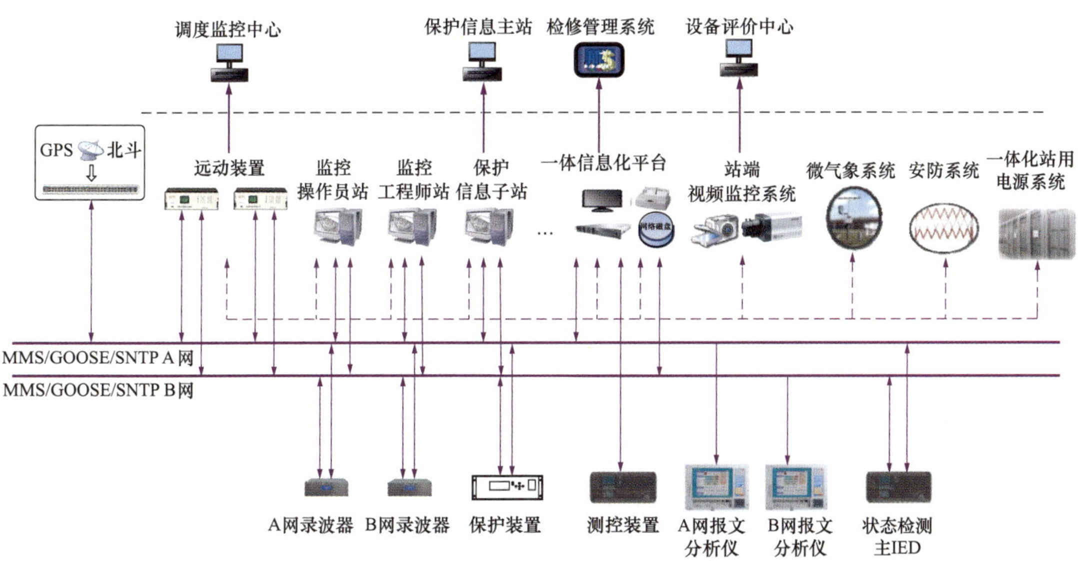

图 5 -1　智能变电站站控层典型设备及网络结构

在常规变电站的站控层功能基础之上，智能变电站站控层采用 IEC 61850 规约实现统一建模、统一配置实现智能设备互操作，采用一体化信息平台技术，支持电网实时自动控制，智能调节、在线分析决策、协同互动等高级功能。常规变电站站控层如图 5-2 所示。

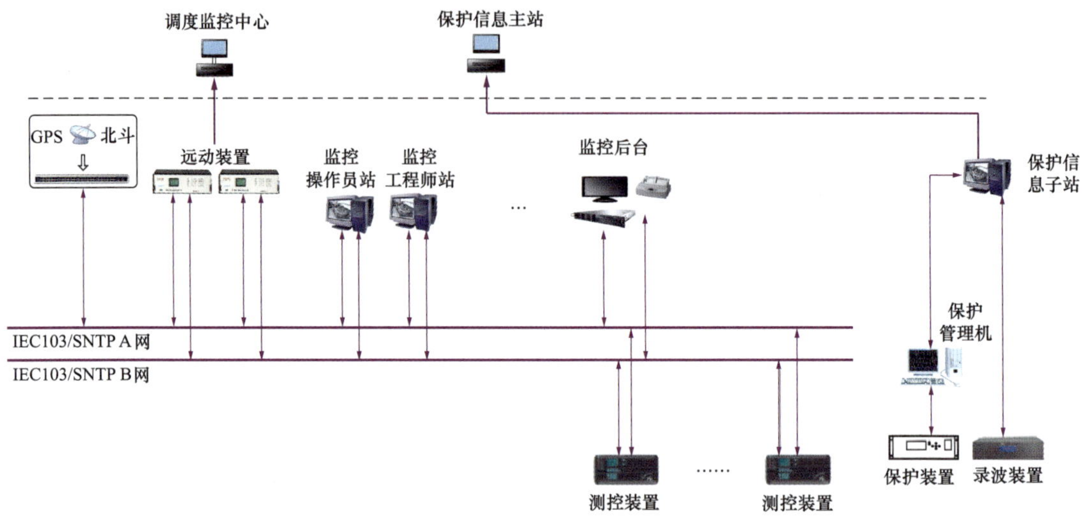

图 5-2　常规变电站站控层典型设备及网络结构

对比图 5-1 和图 5-2 可以直观地看出常规站与智能站站控层典型设备及网络结构存在的差异，它们的主要区别是：

（1）常规站保护装置站控层规约多为私有规约，保护装置难以与监控后台通信实现互操作，保护装置通常只与自家的保护管理机通过私有规约通信。

（2）常规站站控层多采用 IEC103 规约，而保护装置站控层通信采用私有规约，难以实现远方切换定值区、远方修改定值、远方投退功能软压板、程序化控制等功能。

（3）常规变电站没有应用一体化信息平台技术，难以实现高级应用功能。

（4）智能变电站站控层基于 IEC 61850 统一建模，能够实现监控后台、保护信息子站与间隔层设备之间的互操作，可以实现远方切换定值区、远方修改定值、远方投退功能软压板，程序化控制等。

（5）智能变电站采用一体化信息平台技术对各种新系统的集成和数据整合，满足调控一体化的高级应用需求。

5.2 智能变电站站控层原理

智能变电站站控层在通信规约层面上主要遵循 IEC 61850-8-1（特定通信服务映射对 MMS 的映射）。IEC 61850-8-1 为使用 GB/T 16720—2005（制造报文规范）、SNTP 及其他应用协议提供详细的指示和规范，作为实现在 IEC 61850-7-2、IEC 61850-7-3 和 IEC 61850-7-4 中规定的服务、对象和算法的机制和规则，完成了从 ACSI 到 MMS 的映射，实现不同生产厂商功能间的互操作。

MMS 是由国际标准化组织（ISO）工业自动化技术委员会制订的一套用于开发和维护工

业自动化系统的独立国际标准报文规范。MMS 通过对真实设备及其功能进行建模，实现网络环境下计算机应用程序或智能电子设备之间数据和监控信息的实时交换。国际标准化组织出台 MMS 是为了规范工业领域具有通信能力的智能传感器、智能电子设备、智能控制设备的通信行为，使出自不同厂商的设备之间具有互操作性，使系统集成变得简单、方便。MMS 主要特点为：

（1）定义了交换报文的格式；结构化层次化的数据表示方法；可以表示任意复杂的数据结构；ASN.1 编码可以适用于任意计算机环境。

（2）定义了针对数据对象的服务和行为。

（3）为用户提供了一个独立于所完成功能的通用通信环境。

5.2.1 MMS 对象和服务模型

（一）MMS 对象和服务简介

对象和服务是 MMS 协议中两类最主要的概念。其中对象是静态的概念，以一定的数据结构关系间接体现了实际设备各个部分的状态、工况以及功能等方面的属性。属性代表了对象所对应的实际设备本身固有的某种可见或不可见的特性，它既可以是简单的数值，也可以是复杂的结构，甚至可以是其他对象。实际设备的物理参数映射到对象的相应属性上，对实际设备的监控就是通过对对象属性的读取和修改来完成的。对象类的实例称为对象，它是实际物理实体在计算机中的抽象表示，是 MMS 中可以操作的、具有完整含义的最小单元，所有的 MMS 服务都是基于对象完成的。

MMS 位于 OSI 参考模型的应用层，它的服务定义针对制造环境下的实际设备，描述了它们之间的信息交换。MMS 成功地运用抽象建模的方法提取出了实际设备的各种资源和行为，定义了虚拟制造设备 VMD 及其内部的各种抽象对象，详细规定了每一种对象应具有的各种属性和相关的服务执行过程。MMS 标准共定义了 80 多种服务，按照操作对象将它们分成十大类：环境和通用管理、VMD 支持、域管理、程序调用、变量管理、信号量管理、事件管理、日志管理、操作员通信、文件管理。表 5－1 给出了 IEC 61850 中使用的 MMS 对象和服务。

表 5－1　IEC 61850 中使用的 MMS 对象和服务

MMS 对象和服务	IEC 61850 对象	MMS 服务
虚拟制造设备（VMD）	服务器（Sever）	GetNameList、GetCapabilities
环境和通用管理服务	应用关联（Application Association）	Initiate、Conclude、Abort、Reject、Cancle
域（Domain）	逻辑设备（LD）	GetNameList
命名变量（Named Variable）	逻辑节点（LN） 数据（Data） 数据属性（DA）	Read、Write、InformationReport、GetNameList、GetVariableAccessAttribute
命名变量列表	数据集（Datasets）	GetNameVariableListAttributes、GetNameList、DefinedNameVariableList、DeleteNameVariableList

续表

MMS 对象和服务	IEC 61850 对象	MMS 服务
日志（Joural）	日志（Log）	ReadJoural、InitializeJoural、GetNameList
文件（File）	文件（File）	FileOpen、FileRead、ObtainFile、FileClose、FileDirectory、FileDelete

下面就读、写服务类型进行介绍。

（二）读数据值服务

ACSI 读数据值服务应映射到 MMS 读服务。ACSI 读服务参数映射到 MMS 服务或参数见表 5－2，读数据值服务出错的原因见表 5－3。

表 5－2　读数据值服务参数的映射

读数据值参数	MMS 服务或参数	约　束
请求（Request）	读请求服务（Read Request Service）	
索引（Reference）	变量访问规范（Variable Access Specification）	映射到一个 IEC 61850－8－1 的变量规范
响应＋（Response＋）	读响应服务（Read Response Service）	
数据属性值［1…n］	访问结果列（List of AccessResult）	
响应－（Response-）	读响应服务	
服务错误（Service Error）	访问结果列（List of AccessResult）	

表 5－3　ASCI 服务错误原因

ACSI 服务错误	访问结果代码（数据访问错误）
实例不可访问（instance-not-available）	对象不存在（object-non-existent）
访问违反（access-violation）	对象访问拒绝（object-access-denied）
参数值不一致（parameter-value-inconsistent）	不正确的地址（invalid-address）
实例被另一个客户锁定（instance-locked-by-other-client）	暂时不可访问（temporarily-unavailable）
类型冲突（type-conflict）	类型不一致（type-inconsistent）
由于服务器限制导致失败（failed-due-to-sever-constraint）	硬件错误（hardware-failure）

（三）写数据值服务

ACSI 写数据值服务应该映射到 MMS 写服务。ACSI 写服务参数的映射到 MMS 服务或参数见表 5－4。

表 5－4　写数据值服务参数的映射

写数据值服务参数	MMS 服务或参数	约　束
请求服务（Request）	写请求服务（Write Request Service）	
索引（Reference）	变量访问规范（VariableAccessSpecification）	映射到一个 IEC 61850－8－1 的变量规范
数据属性值［1…n］	数据列表（List of Data）	

续表

写数据值服务参数	MMS 服务或参数	约　束
响应＋（Response＋）	写响应服务成功（Write Response Service Success）	
响应－（Response-）	写响应服务	
服务错误（ServiceError）	失败（failure）	

5.2.2 报告和日志

（一）IEC 61850 中的报告和日志模型

IEC 61850 对变电站自动化系统中的数据对象统一建模。逻辑设备是数据、数据集以及各种控制块的合成物，包括报告控制块（Report Control Block，RCB）和日志控制块（Log Control Block，LCB）。通过 RCB 特定报告的发送，某些服务可以用于远程管理 IED。信息模型（逻辑节点和数据类）和服务模型（例如报告和日志）提供了对信息模型的综合信息检索和操作的服务。内部事件（过程值、引起事件的相应触发值、时标和品质信息）是报告和日志的触发基础。信息由数据集分组构成，数据集（Datasets）包含数据和数据属性引用，是报告和日志的内容基础。图 5－3 对报告与日志模型进行简单说明。

报告和日志可以满足许多时间紧迫的由事件驱动的信息交换要求。当确定了哪些数据要被监测和报告后，就需要确定报告和记录日志的时间和方式，这就需要使用控制块。RCB 提供了在已定义条件下从逻辑节点到客户传输数据值的机能，LCB 提供了数据储在服务器记录中以备查询。

（二）IEC 61850 报告控制块

IEC 61850 提供的报告机制发送的是数据集，可以立即报告，也可以在若干缓存时间后将组合的数据集报告。RCB 控制一个或多个逻辑设备向客户端报告数据值的过程，而客户端可以通过 RCB 对报告行为进行配置。IEC 61850－7－2 规定了两类 RCB：缓存报告控制块（Buffered Report Control Block，BRCB）和非缓存报告控制块（Unbuffered Report Control Block，URCB）。

（1）BRCB 与 URCB 的区别。在内部事件发生后，BRCB 缓存后发送报告，也可立即发送。特征是在通信中断时继续缓存事件数据，当通信可用时报告过程继续。BRCB 在某些实际限制下（例如缓存大小和最大中断时间），保证事件顺序 SOE（sequence-of-events）传送。URCB 在内部事件发生后立即发送报告，可能丢失事件，在通信中断时不支持 SOE。因此，缓存报告比较可靠，常用于不允许丢失数据的情况，如控制中心的数据采集、监视控制系统和变电站控制系统之间的通信。另外，采用 BRCB，若在缓存时间内连续发生几个事件，缓存时间结束时报

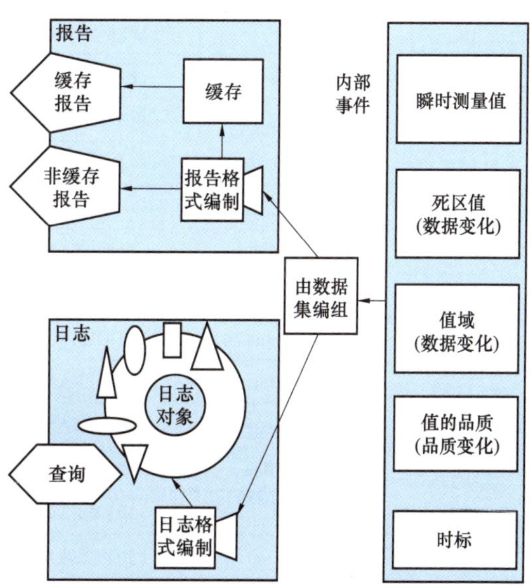

图 5－3　报告与日志模型

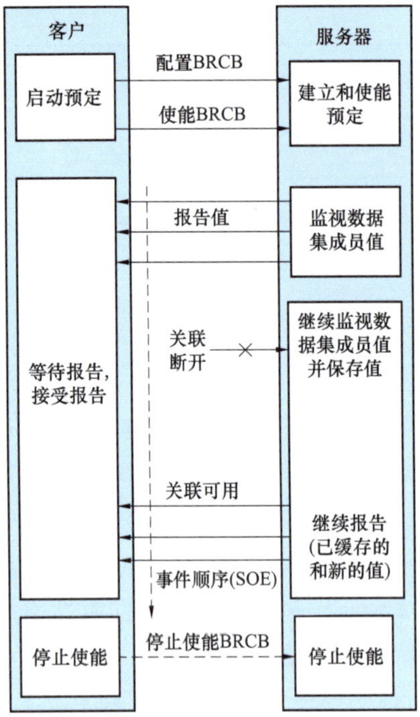

图 5－4 缓存报告控制块

告在此时间内发生变化的所有事件，服务器可减少报告次数。

（2）RCB 的使用过程。在发送报告操作之前，先要配置 RCB，IEC 61850－7－2 中提供四种操作来获取和设置 RCB 的配置：对于 BRCB 为 GetBRCBValues（获取配置）和 SetBRCBValues（设置配置），对于 URCB 为 GetURCBValues 和 SetURCBValues。图 5－4 以 BRCB 为例，对基本缓存报告机制进行说明。

每个 RCB 都需要客户端与服务器之间的连接，但服务器资源有限，因此提供的连接数有限，进而影响 RCB 个数。为了允许多个客户接受同一个数据，服务器应允许多个 RCB 实例可用。当某个 RCB 被一个客户使能后，其他客户不能对其访问，当不需要时释放，从而允许其他客户端订阅事件。客户端从配置或命名约定中得知 BRCB 和 URCB 实例的路径名。

智能变电站中，开关量事件（开入、事件、报警等遥信信号）上送功能通过 BRCB 映射到 MMS 的读写和报告服务来实现。借助缓存报告控制块，可以实现遥信和开入的变化上送、周期上送、总召、事件缓存。由于采用了多可视的实现方案，事件可以同时送到多个后台。缓存报告控制块定义见表 5－5。

表 5－5 缓存报告控制块定义

		属性名	属性类型	功能约束	触发选项	值/值域/解释
BRCB 类		BRCBName	ObjectName	—	—	BRCB 实例的实例名
		BRCBRef	ObjectReference	—	—	BRCB 实例的路径名
	报告处理器特定	RptID	VISIBLE STRING65	BR	—	
		RptEna	BOOLEAN	BR	dchg	
		DatSet	ObjectReference	BR	dchg	
		ConfRev	INT32U	BR	dchg	
		OptFlds	PACKED LIST	BR	dchg	
		sequence-number	BOOLEAN			
		report-time-stamp	BOOLEAN			
		reason-for-inclusion	BOOLEAN			
		data-set-name	BOOLEAN			
		data-reference	BOOLEAN			
		buffer-overflow	BOOLEAN			
		entryID	BOOLEAN			
		Conf-revision	BOOLEAN			
		BufTm	INT32U	BR	dchg	

续表

		属性名	属性类型	功能约束	触发选项	值/值域/解释
BRCB 类	报告处理器特定	SqNum	INT16U	BR	—	
		TrgOp	TriggerConditions	BR	dchg	
		IntgPd	INT32U	BR	dchg	0 ~ MAX；0 隐含无完整性报告
		GI	BOOLEAN	BR	—	
		PurgeBuf	BOOLEAN	BR	—	
		EntryID	EntryID	BR		
		TimeOfEntry	EntryTime	BR	—	

表中：

1）RptID：报告控制块的 ID 号，由客户端提供的关键词识别缓存报告控制块。

2）RptEna：报告控制块使能，当客户端访问服务器时，首先要将报告控制块使能置 1 才能进行将数据集内容上送。

3）DateSet：报告控制块所对应的数据集。

4）CofRev：配置版本号，包含配置版本号以指明删除数据集成员或成员的重新排序的版本号。

5）OptFlds：包含在报告中的选项域，就是所发报告中所含的选项参数，具体参数见表 5 -6。

表 5 -6　　缓存报告选项域（Option Fields）

MMS 的 bit 位	BRC 状态的 ACSI 值	MMS 的 bit 位	BRC 状态的 ACSI 值
0	保留（reserved）	5	数据引用（data-reference）
1	序列号（sequence-number）	6	缓冲区溢出（buffer-overflow）
2	报告时间戳（report-time-stamp）	7	入口标识（entryID）
3	包含原因（reason-for-inclusion）	8	配置版本（conf-rev）
4	数据集名称（data-set-name）	9	分段（segmentation）

6）BufTm：缓存时间，数据集内发生第一个事件后等待的时间。

7）Sqnum：报告的当前顺序号。

8）TrgOpt：触发选项，包含引起控制块将值写入报告中的原因。表 5 -7 给出了缓存报告触发选项的 5 个变化条件：值变化、质量更新、值更新上送、周期性上送、总召。

表 5 -7　　缓存报告触发选项（Trigger Option）

Bit 位置	触　发　项	Bit 位置	触　发　项
0	保留（与 UCA2.0 向后兼容）	3	数据刷新（data-update）
1	数据变化（data-change）	4	完整性周期（integrity period）
2	品质变化（quality-change）	5	总召（general-interrogation）

9）IntgPd：周期上送时间，在给定周期由服务器启动报告所有值。

10）GI：总召，由客户启动报告所有值。

11）PurgeBuf：清除缓冲区，当为1时，舍弃缓存报告。

12）EntryID：条目标识符。

13）TimeofEntry：条目时间属性。

缓存报告中数据引用（data-reference）的内容除了数据值外还应包含数据的品质位（q）以及时间品质位的具体定义在DL/T 860.73—2004《变电站通信网络和系统 第7-3部分：变电站和馈线设备的基本通信结构 公用数据类》中给出，见表5-8。

表5-8 品 质 位（quality）

bit位	属性名称	属性值	位串 值	位串 缺省
0-1	合法性（Validity）	好（Good）	0 0	0 0
		非法（Invalid）	0 1	
		保留（Reserved）	1 0	
		可疑（Questionable）	1 1	
2	溢出（Overflow）		TRUE	FALSE
3	超量程（OutofRange）		TRUE	FALSE
4	坏引用（BadReference）		TRUE	FALSE
5	振荡（Oscillatory）		TRUE	FALSE
6	故障（Failure）		TRUE	FALSE
7	旧数据（Old Data）		TRUE	FALSE
8	不相容（Inconsistent）		TRUE	FALSE
9	不准确（Inaccurate）		TRUE	FALSE
10	源（Source）	过程（Process）	0	0
		取代（Substituted）	1	
11	测试（Test）		TRUE	FALSE
12	操作员闭锁（OperatorBlocked）		TRUE	FALSE

模拟量事件（遥测、保护测量类信号）的上送功能通过URCB（非缓存报告控制块）映射到MMS的读写和报告服务来实现。通过非缓存报告控制块，可以实现遥测的变化上送（比较死区和零漂）、周期上送、总召。由于采用了多可视的实现方案，使得事件可以同时送到多个后台。另外，MMS报文还支持遥控遥调等控制功能以及故障报告功能。

（三）IEC 61850日志控制块

日志服务是IEC 61850提供的一个重要服务，是为以后回顾和统计而对历史数据进行内部存储。相对于报告服务模型而言，它具有一些特点：数据的记录和存储相对独立，不依赖于外部客户端的连接和检索；客户端可以通过检索服务获取日志库的一个子集，可以在装置外部利用大容量存储器建立历史数据库等。这就使得日志服务模型在产品研制中具有不可替代的作用。

日志模型包括日志（LOG）和日志控制块LCB（Log Control Block）。一个LOG可以被多个LCB控制，LCB之间相互独立，LCB控制哪些数据值何时存入LOG。与LCB对应的操作为 GetLCBValues、SetLCBValues、QueryLogByTime、QueryLogByEntry 以及 GetLogStatusValues。图 5－5 是一个 LOG 和三个 LCB 的例子。条目按时间顺序存储，以便未来以事件顺序检索。

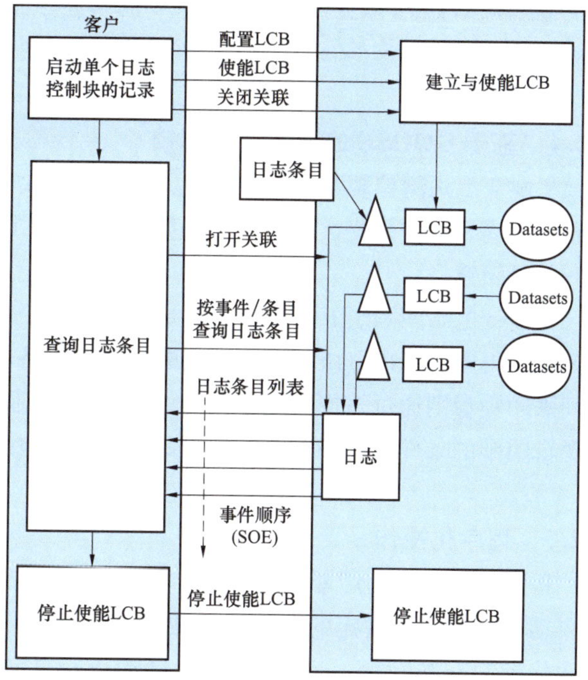

图 5－5　日志控制块

5.2.3　定值模型应用

定值远控操作需按 IEC 61850 定义的服务来操作。按照 IEC 61850 定义，定值组控制模块（SG Control Block）提供了激活定值区（SelectActiveSG）、选择编辑定值区（SelectEditSG）、设置定值（SetSGValues）、确认修改定值（ConfirmEditSGValues）、读定值（GetSGValues）、读定值控制块内容（GetSGCBValues），其服务如图 5－6 所示。

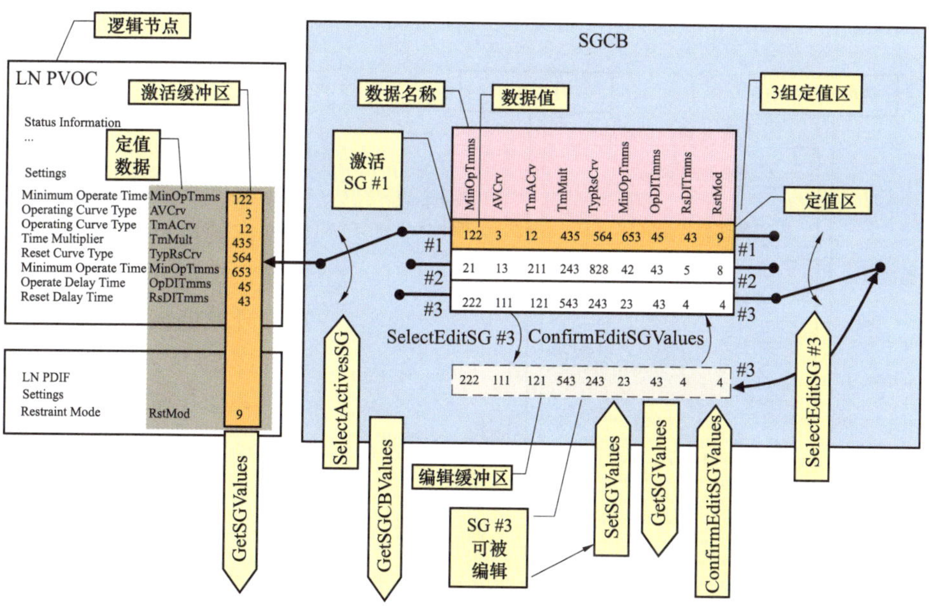

图 5－6　定值组控制模块 SGCB 及服务示意图

图中 SG 的值由 PDIF 和 PVOC 两个不同的逻辑节点提供。在这个模型中有 3 组定值，图左的 SelectActiveSG 服务决定选择 SG#1，#2，#3 的哪组值复制到激活缓冲区（active buffer）。图中选择将 SG#1 设置成激活状态。SelectEditSG 服务切换右侧多路开关至 SG#3，用 GetSGValues 和 SetSGValues 服务读写编辑缓冲区（edit buffer）的 SG 值。SG#3 的值写入编辑缓冲区后，客户端以 ConfirmEdit-SGValues 确认存储在编辑缓冲区的新值。

GetSGCBValues 服务可以检索 SGCB 的属性。而 SG 中的 DATA 可以由 GetSGValues 服务直接访问。

5.2.4 基于 GOOSE 的五防逻辑闭锁

常规变电站测控装置本间隔开关、刀闸、二次电压互感器空气断路器等设备辅助接点通过硬接线输入测控装置，跨间隔闭锁量则通过 IEC103 规约通过站控层网络实现跨间隔设备之间各联闭锁。

智能变电站间隔层五防闭锁逻辑通信机制基于 GOOSE 订阅/发布机制，测控装置本间隔内开关、刀闸、二次电压互感器空气断路器等设备辅助接点信息由过程层 GOOSE 网络获取，跨间隔闭锁量则通过站控层网 GOOSE 报文实现。智能变电站由于二次设备网络化，所以参与逻辑闭锁的条件加入了电压模拟量品质判断，电压模拟量数据断链判断等。

5.2.5 程序化操作

程序化控制作为智能变电站基本功能，是指在变电站标准化操作前提下，由自动化系统自动按照操作票规定的顺序执行相关操作任务，一次性自动完成多个控制步骤的操作。程序化控制在执行每一步操作前均自动进行防误闭锁逻辑校验，并具有中断、急停的功能。

程序化操作主要按间隔进行操作管理，如线路的运行、停运、检修、运行的管理切换，操作包括开关分合、电动刀闸分合、软压板投退。控制要求能满足多个程序化操作的组合操作功能，或多个间隔同时操作。程序化操作的数据配置模型要求采用标准化模型。与调度互动采用标准、开放的接口。程序化操作流程如图 5－7 所示。

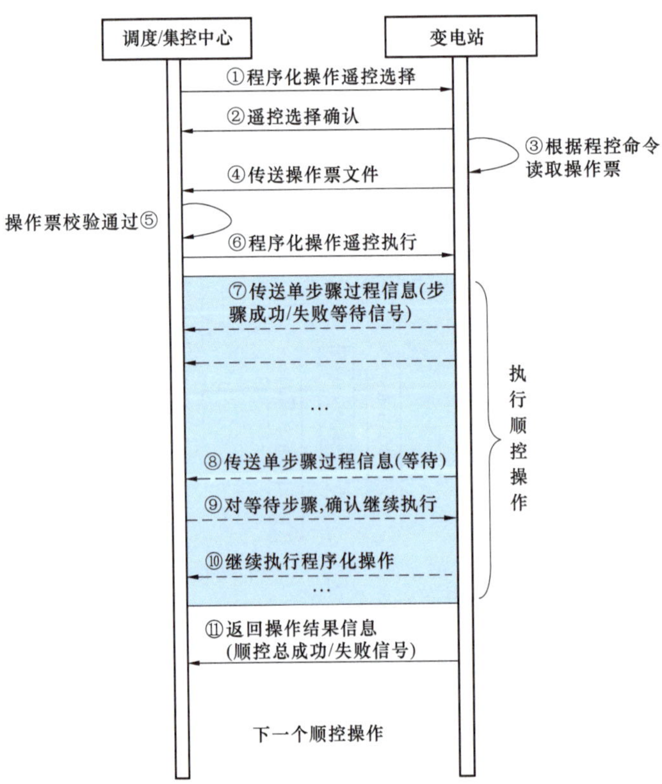

图 5－7 程序化操作流程图

程序化操作功能要求：

1）应满足无人值班及区域监控中心站管理模式的要求；

2）程序化操作应采用站控层集中式模式；

3）宜具备自动生成不同主接线和不同运行方式下典型操作流程的功能；

4）应具备投、退保护软压板功能；

5）应具备急停功能；

6）可配备直观图形图像界

面，在站内和远端实现可视化操作。

无人值班模式时，程序化操作服务模块统一配置在站控层远动通信设备中，远动通信设备可接收和执行监控中心、调度中心和本地自动化系统发出的控制指令，经安全校核正确后，自动完成符合相关运行方式变化要求的设备控制。

有人值班模式时，程序化操作服务模块同时也配置在监控后台主机中，就地的程序化操作通过监控后台机下发控制指令，宜具备与视频监控系统的互动功能，采集设备操作的视频分析结果作为程序化操作步骤判别的依据。

操作人员可通过置位停止指令变量来中途停止程序化操作。每完成一步操作，系统应依据典型操作票的检查项目进行逻辑与判断，只有所有条件都满足了才能进入下一步操作，特殊步序，如负荷分配情况等应可经操作员手动确认。检查的项目可冗余，以提高判断的准确性。程序执行过程中如果遇到反馈条件不满足状态判断条件的情况时，程序经延时置位执行超时告警信号，提示操作人员核对状态，然后再进行继续操作或跳出程序化操作的选择。

根据操作的输入、输出信息所涉及的测控或保护装置，可将程序化操作分为间隔内的程序化操作和跨间隔的程序化操作。

为了保证程序化操作的安全性，采取下列措施：

1）一次设备性能经过严格测试，满足程序化要求；

2）变电站监控系统在人机接口界面“选择—监护—执行”的过程中，预先设定用户的权限和密码管理，通过配置逻辑联闭锁等功能防止电气误操作；

3）遥控操作时采用“选择—返校—执行”安全模式强化操作安全性；

4）变电站内一旦发出“事故总”、“保护动作”等信号，程序化操作系统应可靠闭锁并自动终止程序化操作；

5）人工干预包括主动干预和被动干预，人工干预越少，越能体现程序化操作的优越性，提高操作效率，降低失误几率。

在现有工程实例中，西泾智能变电站程序化操作采用基于主机的实现方案，操作命令的动作序列表被预制在主机中。该方案以监控后台主机、远动机为主体，根据变电站的典型操作票编制对应的操作序列表库，当运行人员选定操作任务后，计算机按照预定的操作程序向相关电气间隔的测控保护设备发出操作指令，执行操作。操作命令的动作序列表被预制在主机中，依靠变电站各间隔单元的状态信息和编程能力强大的主机，实现单一间隔或跨电气间隔的程序化操作。

该方案中无论单一间隔的操作还是跨间隔的程序化操作都易于实现；程序化操作票可统一管理，更大程度保证逻辑的一致性；工程实施和维护也比较方便。但是电气间隔的状态信息从间隔单元的测控保护设备采集后需传送到主机，对站内通信及远动装置的可靠性要求较高。

5.3 站控层测试技术

站控层测试后台监控系统调试、保护子站后台调试。

后台监控系统调试工作主要包括：包定值召唤、软压板投切、开关控制等操作，可以实现后台对保护装置的远方控制。定值召唤可将保护定值召至后台监控系统，实现定值的在线召唤；软压板投切实现远方投退软压板的功能；开关控制实现开关的远方分合。

保护子站后台调试工作主要包括：调阅事故简报、调阅录波文件、日志功能。

建立了完整的现场试验规范和试验系统，设置完整先进的试验环境，对变电站一、二次设备进行严格的功能试验。智能变电站监控系统现场试验测试项目见表5-9。

表5-9 智能变电站监控系统现场试验测试项目

序号	全站站控层集中联调测试	序号	全站站控层集中联调测试
1	规范配置文件，提出建模要求，对典型的保护模型进行了统一	4	保护装置定值的远方召唤、后台软压板投退、远方切换定值区、远方修改定值
2	装置与后台及子站间的通信测试，进行保护装置信号传动、信号对点	5	测控装置通过GOOSE进行联闭锁五防逻辑的验证
3	后台及子站对装置进行远方遥控		

5.3.1 信号事件量测试

变电站保护、监控通信传动试验流程如图5-8所示。

保护装置、监控后台、保护子站三者事件信息（包括事件描述和时标）应保持一致。

5.3.2 监控后台测试

监控后台系统的测试包括主窗口功能测试、数据库功能测试、告警功能测试、配置工具测试、控制权切换功能测试、电压无功控制功能测试、控制联闭锁功能测试、事故追忆、在线计算和记录功能测试、打印功能测试、保护信息功能测试、系统自诊断和自恢复功能测试、性能指标测试及其他功能测试。

（1）主窗口功能测试：主要画面检查、曲线功能显示、棒图显示功能、通信状态显示功能、报表浏览功能、画面及图元编辑功能、人员权限维护功能。

（2）数据库功能测试：实时数据库验收、历史数据库验收、数据库的条件删除和修改。

（3）告警功能测试：报警管理、告警一览表、模拟量越线告警功能。

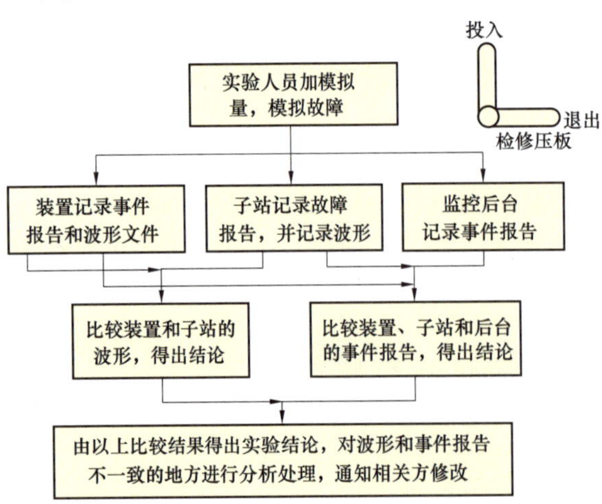

图5-8 变电站保护、监控通信传动试验流程

（4）配置工具测试：能够正确导入标准ICD文件、SCD文件的生成、CID文件的生成及GOOSE配置。

（5）控制权切换功能测试：进行遥控权限的切换，包括分别对间隔层测控单元上的选择开关、站控层监控后台系统和模拟调度层的就地、远方命令进行操作，判断遥控操作权限的切换是否正确。

（6）电压无功控制功能测试：电压无功控制功能测试内容包括操作方式选择开关检查、控制权切换、模拟开关变位、分解脱调节时间间隔设置、无功设备等概率选择控制、自动调节方式检查、主变压器闭锁条件检查、电容器闭锁条件检查、操作报告记录检查、日动作信息显示、闭锁信号上送、电压变化异常闭锁功能、压差闭锁功能、滑挡闭锁功能、主变压器联调功能、具备闭锁逻辑画面、VQC 定值修改、用户图形界面设定功能等。

（7）事故追忆功能：包括事故追忆生成、事故追忆时间配置、事故追忆文件正确性等内容。

（8）在线计算和记录功能测试：电压合格率计算正确性、变压器负荷率计算正确性、全站负荷率正确性、电量平衡率计算正确性、主变压器分接头调节次数统计正确性、分时电量统计计算正确性、电压无功有功日最大（最小）值记录正确性。

（9）打印测试功能：事故和 SOE 信号打印、告警信号打印、操作信息自动打印、定时打印功能、画面菜单打印功能及分类召唤打印等其他功能。

（10）保护信息功能测试：正确召唤相应数据功能、修改保护装置定值功能、复归操作正确性、录波数据操功能。

（11）系统自诊断和自恢复功能测试：主备机切换、工作站退出运行告警、网络切换功能、通信中断上报、系统正确告警、进程能自动恢复、系统快速自恢复等。

（12）其他功能：网络拓扑着色、操作票编辑、操作预演的功能、挂牌功能、检修设备信息屏蔽、GPS 对时精度、应能接入 GPS 故障信号、失步信号、报文监视工具、积分电量。

（13）性能指标测试。监控后台性能指标主要包括：

1）切换画面响应时间不大于 3s；

2）画面实时数据刷新周期不大于 3s，可设置；

3）遥信变位到操作员工作站显示的时间不大于 2s；

4）遥测变化到操作员工作站显示时间不大于 3s；

5）操作执行指令到现场变位信号返回总时间不大于 3s；

6）主服务器切换时间不大于 30s，可设置；

7）网络切换时间不大于 60s；

8）后台 SOE 分辨不大于 2ms；

9）30min 内后台计算机的平均 CPU 负荷不大于 35%；

10）发生故障条件下 3s 内后台计算机的平均 CPU 负荷不大于 50%。

5.3.3 远动装置调试

远动装置收集测控装置、保护装置及其他智能装置的信息，将相关数据进行处理转发给调度主站、以实现远方调度对变电站运行的监视和控制。

智能变电站中，远动装置应支持以下功能：

（1）支持 IEC 61850 标准，与各种保护装置、测控装置、自动装置及其他辅助装置通信，接收它们上送的保护动作、SOE、遥信、遥测以及其他信息。

（2）支持各种远动通信规约，能够与调度中心数据共享和通信。可同时支持多个主站、不同通信规约、不同通道参数、不同数据映射。

（3）接收主站的命令，下发给相关装置执行。包括遥控、遥调、信号复归等。

（4）记录来自所有控制源的命令，包括遥控选择、遥控执行、遥调、信号复归等信息供查看。

（5）提供对装置连接的保护、测控以及各种自动化装置通信状态、及时上报各类装置是否通信中断，保证电站自动化系统可靠运行。

（6）根据用户需要，可以将多个采集信息按照一定规则编辑、合成为一个信息，并按照用户将这些信息转发到调度、集控站、后台计算机系统。这样既能降低总信息量，又能解决自动判断合理性问题，提供安全的选择机制。

（7）通过网络联机维护和监测功能，调试人员能够方便地维护、修改和监测装置运行情况，可以监视运行打印信息、监视网络和串口报文、数据库查看、人工置数、文件传输、远程启动等，提高维护和调试效率。

（8）支持多套双机切换方案。根据不同的要求，可以支持单机运行、对上双主模式对下双主模式、对上双主模式对下主备模式、对上主备模式对下主备模式四套方案。双机运行时能保证双机数据实时同步和无缝切换，最大限度保证信息的完整性。

（9）自诊断功能。在运行期间会自动对软硬件进行监视，一旦软硬件出现错误将会自动报警，同时闭锁自身，以免造成误操作。如果是双机配置，当主机发生错误时，除了闭锁自身，备机还自动上升为主机继续承担运行任务，同时发出报警信号，保证运行的稳定性和可靠性。

远动装置测试工作主要包括：远动工作站切换无异常信号、远动工作站复位无异常信号、正确收到遥信变位信号、遥控功能与遥控记录、通信状态正确上报、负荷率指标合理性、备机自动切换与实时记录功能、检修设备信息屏蔽、GPS 对时同步达到 1ms、遥测数据传送越死区、遥测数据过载能力、远动数据品质位、双通道硬件配置、远动机能自恢复、支持远方通信。测试中将远动工作站原值班主机 CPU 关掉，原备用 CPU 将自动切换为值班状态，在此过程中注意观察模拟主站是否收到异常的遥信和遥测上送。将远动工作站两个 CPU 都断电，再上电重启。在此过程中注意观察模拟主站端有无异常的遥信和遥测上送。

5.3.4 保护信息子站测试

保护信息子站装置是针对保护故障信息管理系统而开发的一种通信及数据存储装置，用于多种继电保护装置及其他装置与保护主站、当地监控系统之间的通信转接及规约转换。它通过多种类型的标准通信接口来沟通保护、数据采集和故障录波等装置与调度端或当地监控系统之间的通信联系，并对保护信息、故障波形加以保存，以供历史查询和故障分析。

保护信息子站应具备以下功能：

（1）采集各种微机保护、自动装置的各种信息。

（2）定值管理功能，能够上装定值、下载定值和定值比对，并在数据库中保存所有定值信息。

接收主站或当地监控发送的命令，下发给相应装置执行。这些命令包括上装/下装定值、遥控、遥控、遥调、巡检、信号复位等。对主站发出的查看定值、开关量的状态的命令，能够区分是从装置调用还是从继电保护工作站调用故障波形的转换、转发、存储和检索。

（3）历史事件记录和查新，记录所有微机保护及故障录波器的自检信息、事件信息、故障信息、定值变化等信息。所有这些信息可以通过多种查询条件进行检索和查看。

（4）记录所有来自控制源的命令，包括遥控选择、遥控执行、遥调、修改定值选择、修改定值执行、信号复归等。所有这些信息可以通过多种查询条件进行检索查看。

（5）实现与管理变电站主计算机系统通信，将各种采集的信息送往站内后台系统，通过后台系统值班人员可以方便直观地监控整个变电站运行情况。

（6）支持多套双机切换方案。根据不同的要求，可以支持单机运行、对上双主模式对下双主模式、对上双主模式对下主备模式、对上主备模式对下主备模式四套方案。双机运行时能保证双机数据实时同步和无缝切换，最大限度保证信息的完整性。

（7）自诊断功能。在运行期间会自动对软硬件进行监视，一旦软硬件出现错误将会自动报警，同时闭锁自身，以免造成误操作。如果是双机配置，当主机发生错误时，除了闭锁自身，备机还自动上升为主机继续承担运行任务，同时发出报警信号，保证运行的稳定性和可靠性。

保护信息子站主要测试内容及性能指标见表 5－10。

表 5－10　　保护信息子站测试内容及指标

序号	技术参数名称	参　数
1	模拟量 U、I 测量误差	≤0.2%
	模拟量 P、Q 测量误差	≤0.5%
2	电网频率测量误差	≤0.01Hz
3	事件顺序记录分辨率（SOE）	同一装置 1ms，不同装置、不同间隔之间 2ms
4	遥测超越定值传送时间（至站控层）	≤2s
5	遥信变位传送时间（至站控层）	≤1s
6	遥测信息响应时间（从 I/O 输入端至远动工作站出口）	≤2s
7	遥信变化响应时间（从 I/O 输入端至远动工作站出口）	<1s
8	遥控命令执行传输时间	≤3s
9	动态画面响应时间	≤2s
10	双机系统可用率	≥99.99%
11	控制操作正确率	100%
12	系统平均无故障间隔时间（MTBF）	≥30 000h
13	（其中 I/O 单元模件 MTBF）	≥50 000h
14	间隔级测控单元平均无故障间隔时间	≥40 000h

续表

序号	技术参数名称	参　数
15	各工作站的 CPU 平均负荷率：	
	正常时（任意 30min 内）	≤20%
	电力系统故障时（10s 内）	≤40%
16	网络负荷率	
	正常时（任意 30min 内）	≤20%
	电力系统故障（10s 内）	≤30%
17	模数转换分辨率	≥16 位
18	整个系统对时精度	≤1ms
19	远动工作站双机切换时间	≤10s
20	双网切换时间	≤10s
21	后台双机切换时间	≤10s

5.4 站控层典型报文解析

站控层典型的 MMS 服务报文主要包括初始化、读 LD 名称列表、信息报告、读服务、写服务、终止。本节将对每一种服务的报文结构以及请求、应答内容进行简要介绍。

5.4.1 初始化——Initiate

ACSI 中的通信初始化过程映射到 MMS 中，主要包含了建立 TCP 连接、释放 TCP 连接、初始化请求、读模型、读控制块、写控制块等。在 TCP 连接建立之后，客户端将向服务器端发起初始化请求，服务器端在收到请求后，将予以初始化响应，报文如图 5－9 所示。

图 5－9　Initiate 服务报文

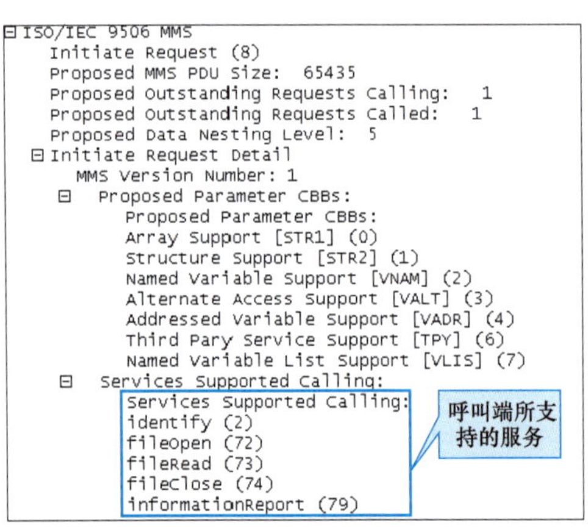

图 5－10　Initiate 服务请求

初始化请求主要用于通知服务器端，客户端所支持的服务类型，服务类型后括号中的数字为服务的编码，例如支持标识服务 identify（2）、文件服务 fileOpen（72），fileRead（73），fileClose（74）、报告服务 informationReport（79），如图 5－10 所示。

初始化响应主要用于服务器端，为服务器端收到初始化请求后，通知服务器端所支持的类型，例如读服务 read（4）、写服务 write（5）、读模型服务 getVariableAccessAttributes（6）、终止服务 conclude（83）、取消服务

cancel（84）等，服务器端响应报文如图5－11所示。

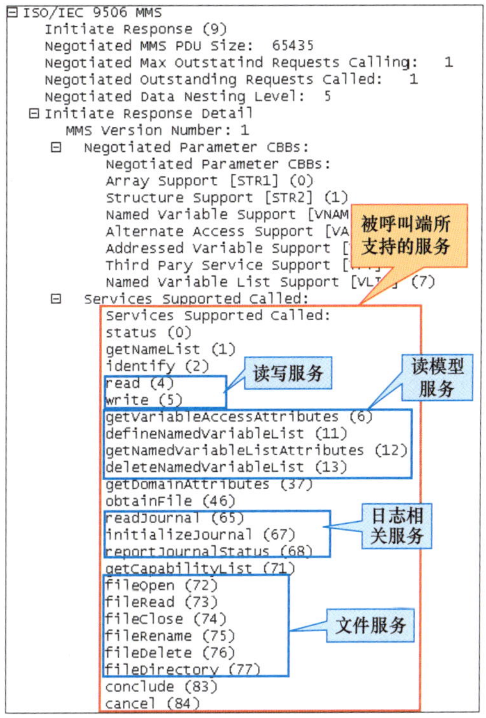

图5－11 Initiate服务响应

5.4.2 读LD名称列表——GetNameList

当后台客户端和服务器端刚建立连接时，客户端与服务器不断收发GetNameList请求和响应报文，以读取LD名称列表；网络通信正常的情况下，后台和保护装置之间也会不断收发GetNameList请求和响应报文，类似于GOOSE的心跳报文，以判断网络通信状况是否良好。IP地址为172.20.0.1的客户端与IP地址为172.20.50.159的服务器之间的交互报文，如图5－12所示。

GetNameList服务请求报文如图5－13所示。

GetNameList服务响应报文如图5－14所示，读取的LD名称包括PL5072BLD0，PL5072BMEAS，PL5072BPROT，PL5072BRCD。

No.	Time	Source	Destination	Protocol	Info
1	0.000000	172.20.0.1	172.20.50.159	MMS	GetNameList
2	0.019724	172.20.50.159	172.20.0.1	MMS	GetNameList

图5－12 GetNameList服务报文

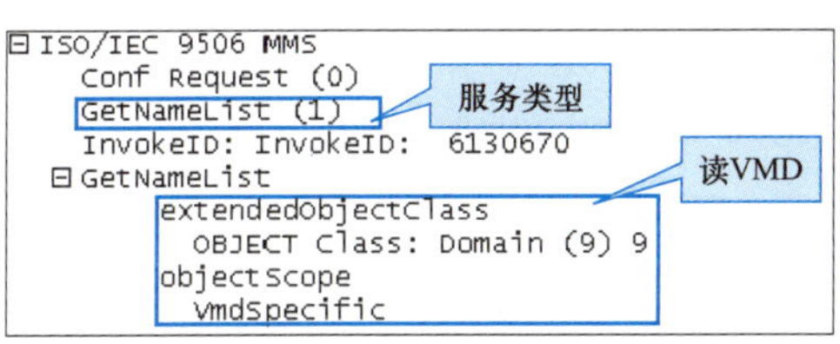

图5－13 GetNameList服务请求

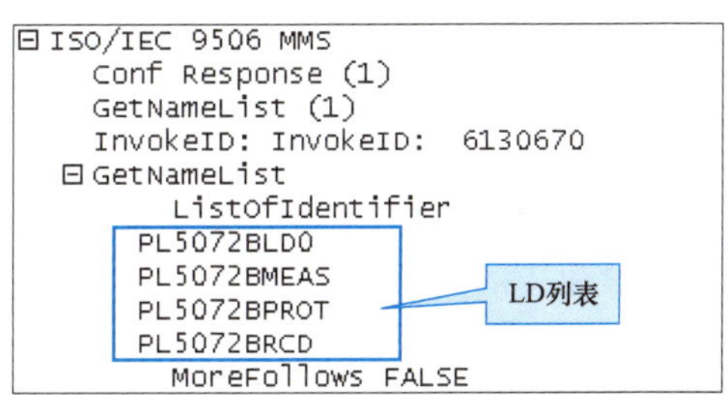

图5－14 GetNameList服务响应

5.4.3 信息报告——InformationReport

信息报告主要上送压板位置、告警信号等信息，例如进行压板操作之后，服务器即上送变位信息报文。具体报文结构如图5－15所示。

ACSI中的Report映射为MMS中的informationReport，数据属性值映射为访问结果列表，见表5－11。

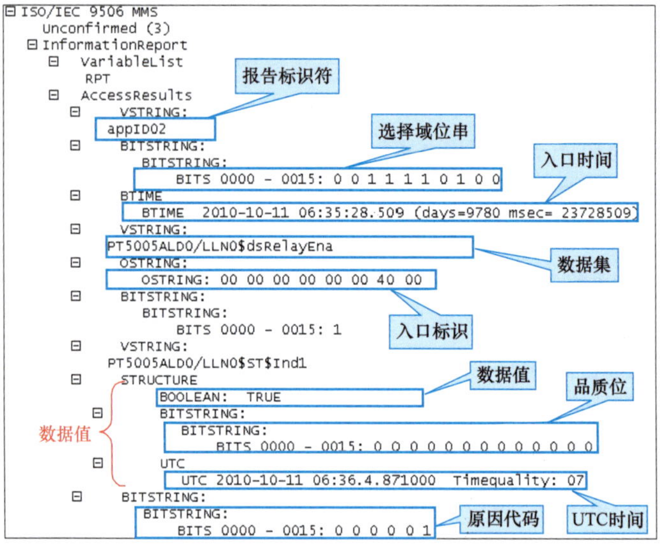

图 5－15 InformationReport 服务报文

表 5－11　　报告上送的访问结果

报告参数名	条　件	报告参数名	条　件
报告 ID (RptID)	始终存在	子序号 (SubSeqNum)	当 OptFlds. segmentation 为 TRUE 时存在
选择域 (OptFlds)	始终存在	有后续数据段 (MoreSegmentFollow)	当 OptFlds. segmentation 为 TRUE 时存在
顺序编号 (SeqNum)	当 OptFlds. sequence-number 为 TRUE 时存在	包含位串 (Inclusion-bitstring)	应存在
入口时间 (TimeOfEntry)	当 OptFlds. report-time-stamp 为 TRUE 时存在	数据索引 (data-reference (s))	当 OptFlds. data-reference 为 TRUE 时存在
数据集 (DatSet)	当 OptFlds. data-set-name 为 TRUE 时存在	值 (value (s))	见值
发生缓冲溢出 (BufOvfl)	当 OptFlds. buffer-overflow 为 TRUE 时存在	原因代码 (ReasonCode (s))	当 OptFlds. reason-for-inclusion 为 TRUE 时存在，这位必须置上 1
入口标识 (EntryID)	当 OptFlds. entryID 为 TRUE 时存在		

5.4.4 读服务——Read

Read 服务是 MMS 报文中比较常见的服务，主要用来读值。如图 5－16 所示，IP 地址为 172.20.0.1 的客户端读取 IP 地址为 172.20.50.158 的服务器的定值。

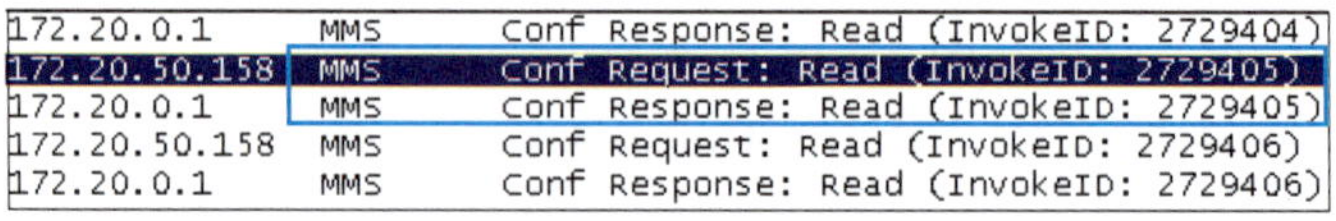

图 5－16 Read 服务报文

（1）Read 服务请求：通过 Read 服务，后台客户端发出读定值请求。变量列表包括域名和条目名，从变量列表中可知，客户端要读取的是 JL5072APROT 逻辑节点中 PTOC2 的整定值，如图 5－17 所示。

（2）Read 服务响应：服务器端响应 Read 请求，返回 JL5072APROT 逻辑节点中 PTOC2 的整定值，如图 5－18 所示。

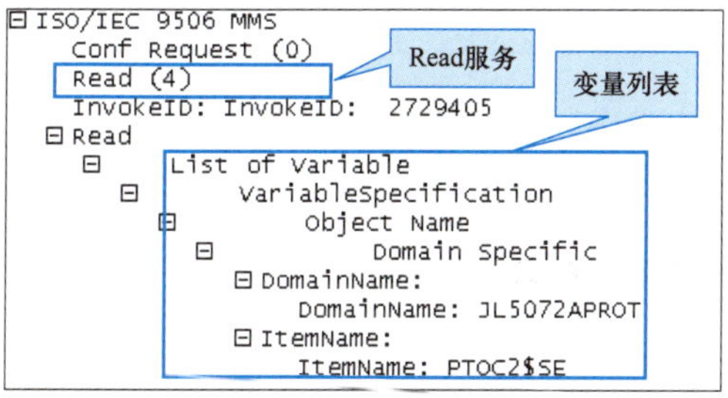

图 5－17 Read 服务请求

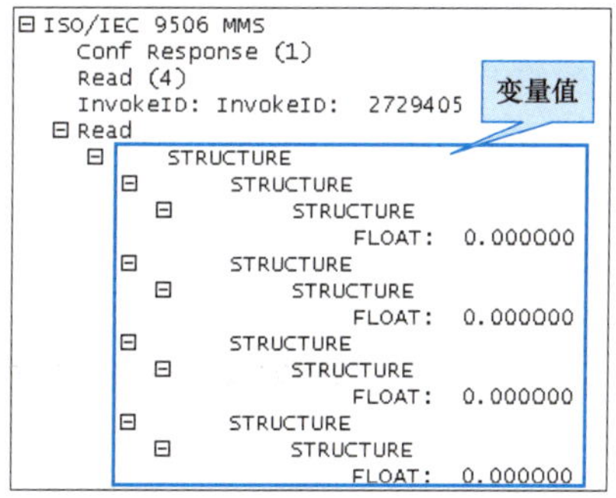

图 5－18 Read 服务响应

5.4.5 写服务——Write

写控制块服务包括保护定值修改、定值区切换、软压板投退、控制块使能以及写 RptID、EntryID 等，下面以定值区切换为例解析 write 服务的客户端与服务器的应答情况以及报文结构，双方应答情况如图 5－19 所示。

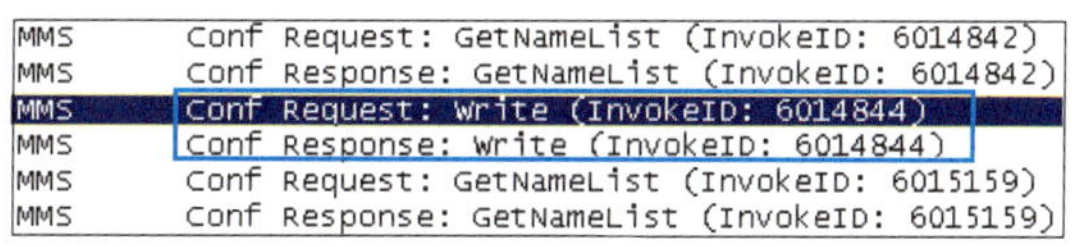

图 5－19 Write 服务报文

（1）Write 请求：客户端发出切换定值区的请求，如图 5－20 可知，write 请求写 PL5072BPROT 中 SGCB 控制块，“Data”中写入数据为“2”，即客户端要把定值区切换到 2 区。

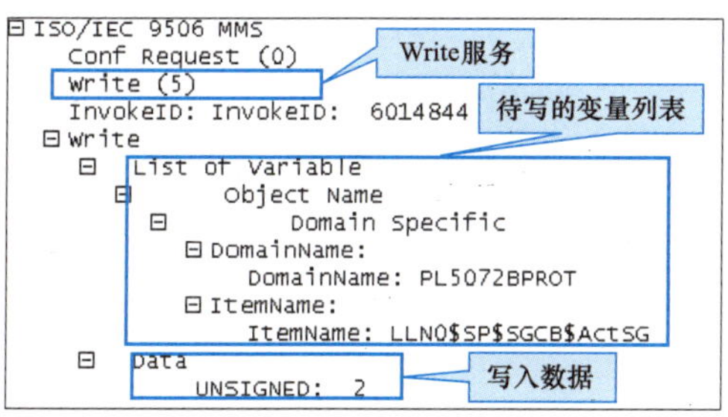

图 5－20 Write 服务请求

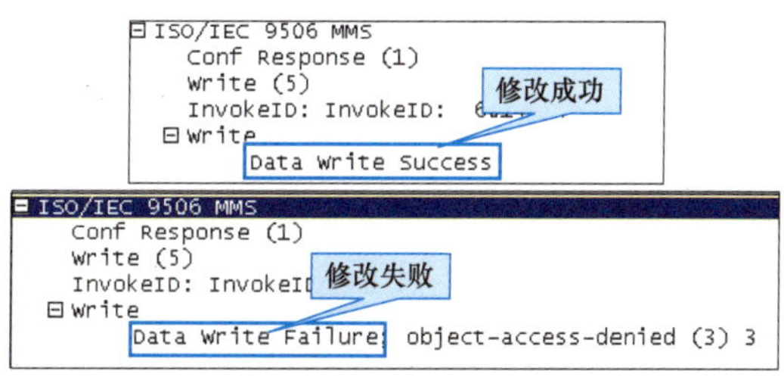

图 5－21 Write 服务响应

（2）Write 响应：服务器接收到 write 请求后响应客户端是否写成功，返回“写成功”或“写失败”，图 5－21 为“写成功”的报文。

5.4.6 终止——Conclude

当客户端需要释放与服务器间的连接时，会向服务器发起 MMS 通信结束请求，同时服务器端予以响应，报文交互以及报文结构如图 5－22 所示。

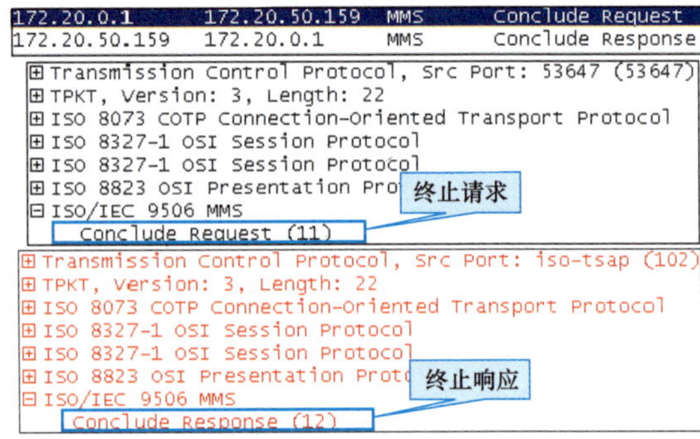

图 5－22 Conclude 服务报文

5.4.7 操作报文实例

（一）投退软压板（以主变压器保护为例）

后台客户端投退软压板操作的交互报文包括下面 6 条报文，如图 5－23 所示，分别为：操作前选择；预置成功；投退；投退成功；压板变位报文；主动上送报文。

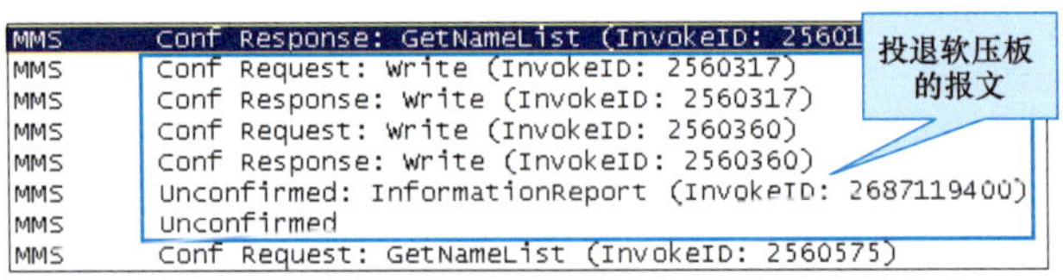

图 5－23 后台投退软压板报文

下面分别对应上述 6 条报文进行详细报文分析（以变压器主保护软压板控分为例）。

（1）操作前选择。图 5－24 所示可以看出待投退装置为 PT5005APROT，“SBOW”为“操作前选择”，即对待操作装置进行预置；“控制值”为“FALSE”表示要进行的动作为将 Enal 软压板控分；“检修位”为“FALSE”表示未投检修压板。

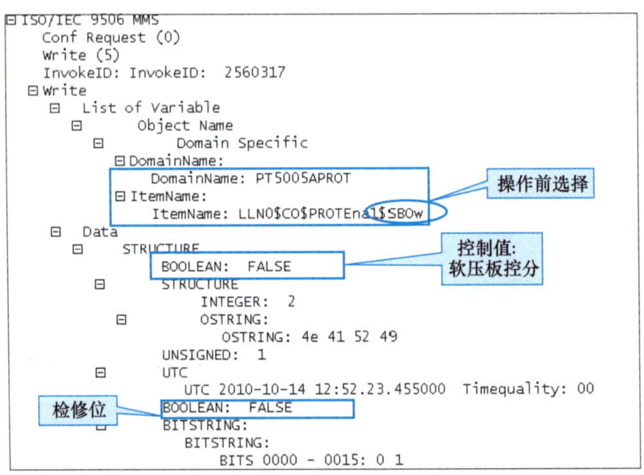

图 5－24 后台投退软压板请求报文

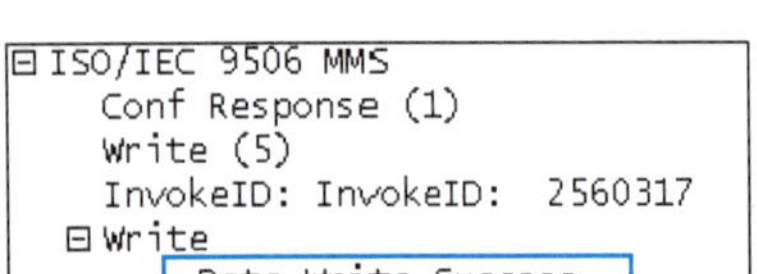

图 5－25 软压板投退操作预置成功

（2）预置成功。返回预置结果，图 5－25 为预置成功。

（3）投退。预置后进行压板投退操作，图 5－26 中“投退操作”处的“Oper”表示将 PROT 的 Enal 压板进行投退；“压板退出（分为）”处的“FALSE”表示将压板控分；检修位仍为退出。

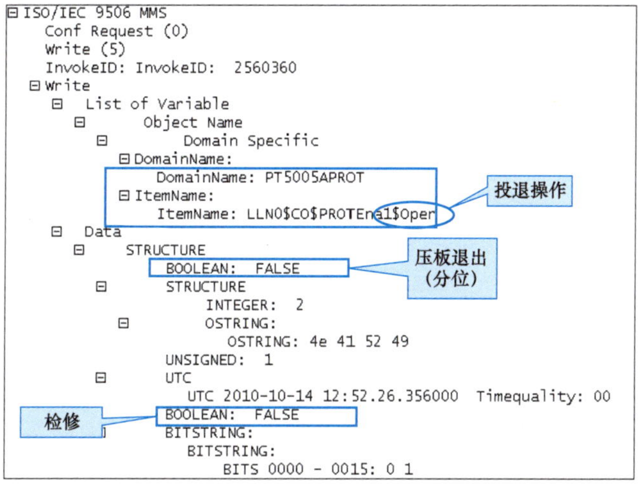

图 5－26 后台投退软压板响应

（4）返回投退结果。返回投退操作成功与否，图 5－27 为软压板投退成功。

（5）上送压板变位报文。与压板投退操作返回成功报文同时，服务器上送压板变位报文，如图 5－28 所示。报文包括变量列表和访问结果，表明所操作的对象和压板现在的分合状态。

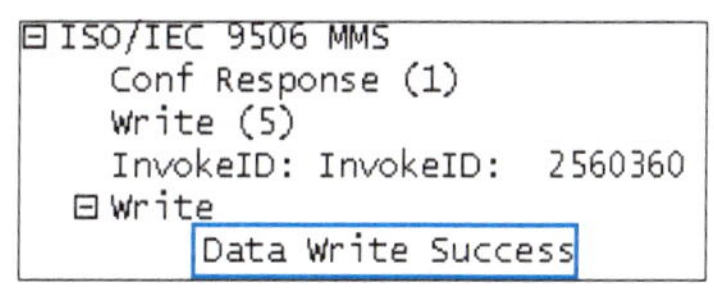

图 5－27 软压板投退成功

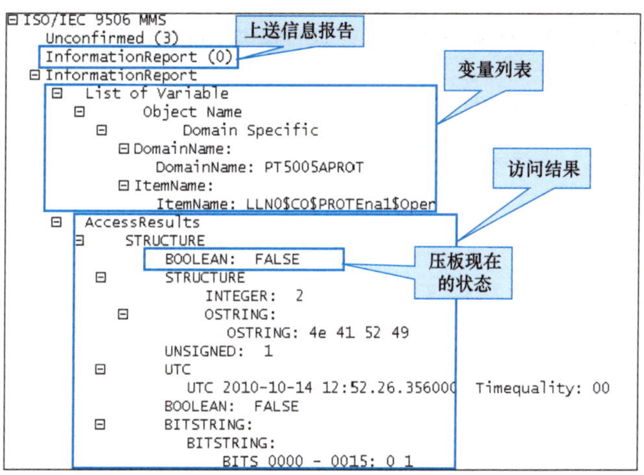

图 5－28 压板变位

（6）报文上送。具体如图 5－29 所示。

包含位串（Inclusion-bitstring）——每一位与一个功能数据属性（FCDA）相对应，例如此处共 19 位，说明 DataSet 中有 19 个 FCDA，其中 bit0 为 1，其余位为 0，则报告中只包含 bit0 所指的数据属性（主保护压板）的值（分位）。

功能约束数据属性（FCDA）——包括状态、品质、UTC 时间、原因代码。

报文上送的具体内容在本章5.2.1（三）中有详细介绍，此处不再赘述。

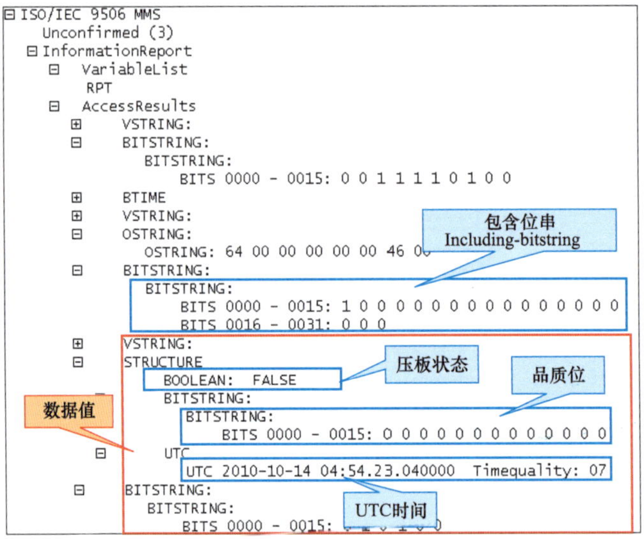

图5-29 报文上送

（二）切换定值区（以主变压器保护为例）

本小节以后台切换保护装置定值区为例，简述操作过程的报文交互，以及每条报文的具体内容。后台切换定值区的完整操作报文包括以下5条：确认编辑定值组；返回确认结果；激活新定值区（切换到新区）；上送报文；返回操作结果。

后台与装置的交互报文如图5-30所示。

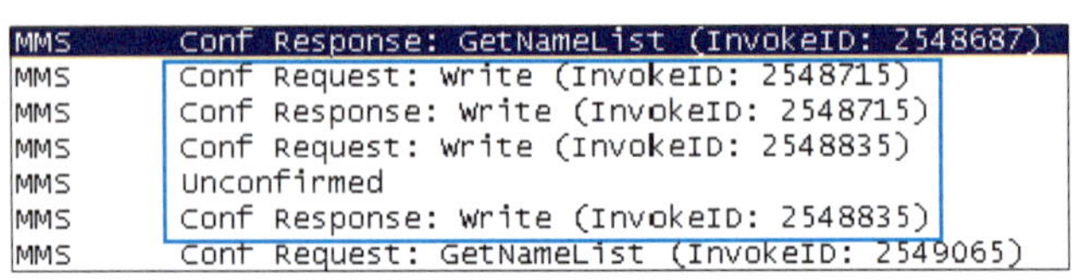

图5-30 后台切换定值区操作

（1）确认编辑定值区。请求报文中的变量列表包括域名和条目名称，上文已作描述，不再赘述，如图5-31所示。

（2）返回确认结果如图5-32所示。

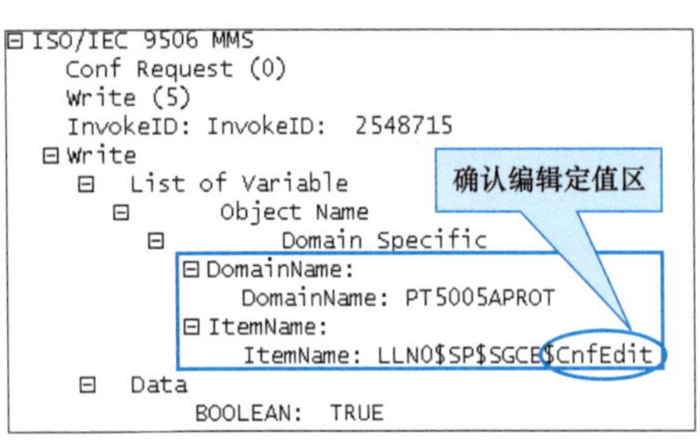

图5-31 确认编辑定值区

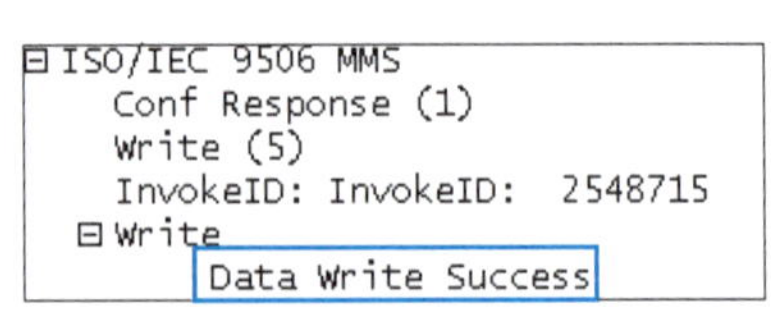

图5-32 确认成功

（3）激活新定值区（切换到新区）。确认编辑定值区后，后台发出切换到新定值区的报文，激活新区，图 5－33 报文中“Data”为新定值区的区号。

（4）上送报文。切换到新定值区后，服务器上送信息报告，图 5－34 中标出的框表明所进行的操作为“切换定值区”，“TRUE”表示切区成功。对于 InformationReport 的其他内容，请参考 5.2.1（三）小节。

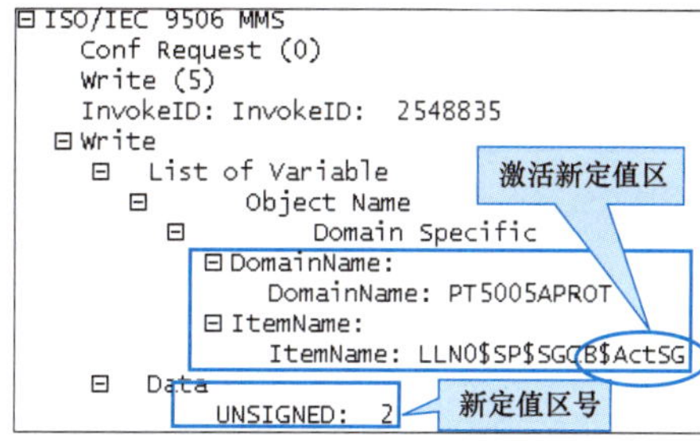

图 5－33　激活新定值区

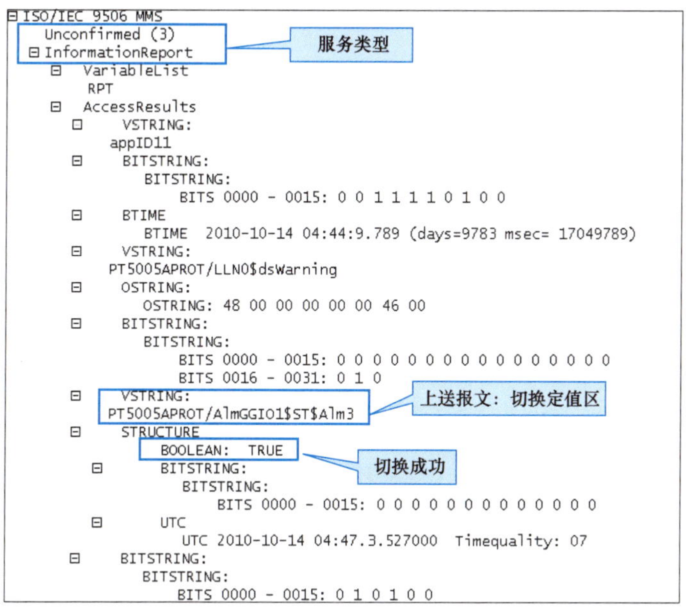

图 5－34　上送报文

（5）返回操作结果如图 5－35 所示。

（三）修改定值（线路保护为例）

以 IP 地址为 172.20.0.1 的客户端和 IP 地址为 172.20.50.159 的线路保护装置为例，后台修改定值交互报文如图 5－36 所示。

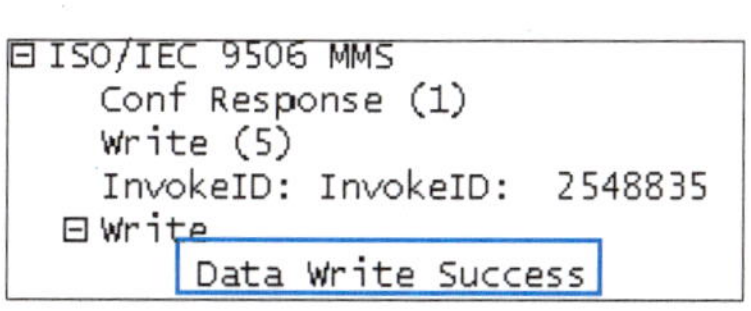

图 5－35　返回操作结果

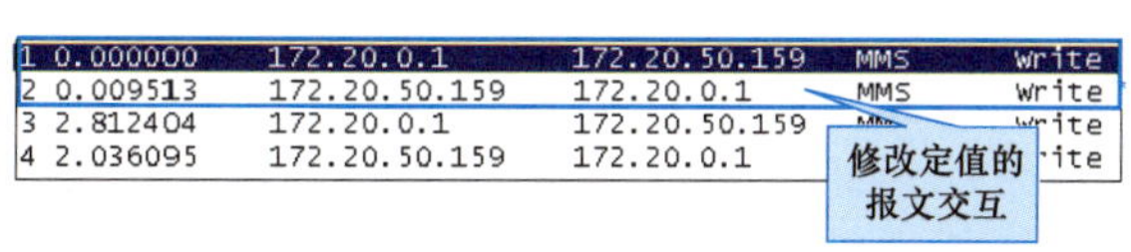

图 5－36　修改定值的报文交互

（1）服务请求。从服务类型中可以看到，修改定值操作为 Write 服务，变量列表中的域名为 PL5072BPROT，修改值为浮点型数据 100.000 000，如图 5－37 所示。

（2）服务响应。回复写入成功与否，图5－38分别为写入成功的报文。

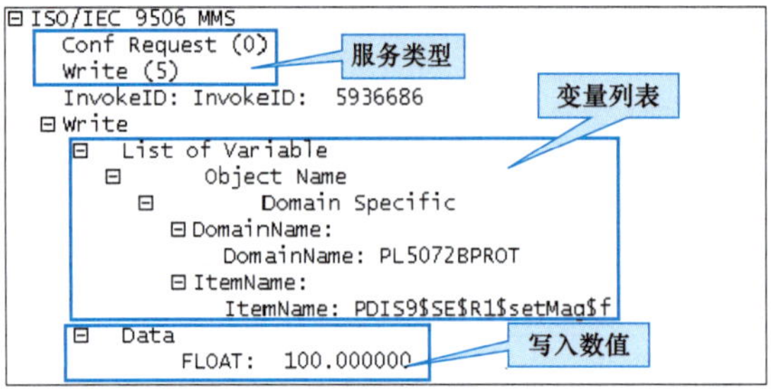

图5－37 后台修改定值请求

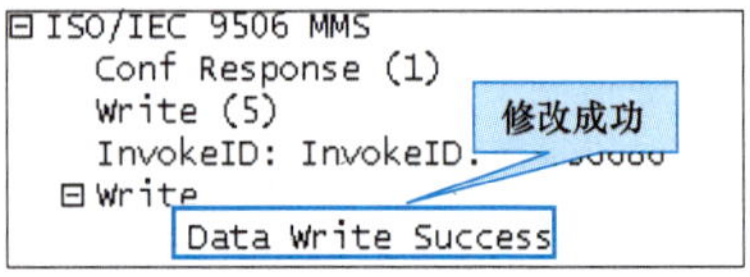

图5－38 后台修改定值响应

6 智能变电站对时、同步原理及其测试技术

在现代电网中，统一的时间系统对于电力系统的故障分析、监视控制及运行管理具有重要意义。变电站中的测控装置、故障录波器、微机保护装置、功角测量装置 PMU、安全自动装置等都需要站内的一个统一时钟对其授时。全网维持一个统一的时间基准，通过收集分散在各个变电站的故障录波数据和事件顺序记录，有利于在全网内更好地复现事故发生发展的过程，监视系统的运行状态。

由于电子式互感器正在替代常规互感器大量应用于智能变电站的建设，保持各个互感器之间的采样同步性成为电子式互感器应用的关键技术问题。常规互感器的一、二次电气量的传变延时很小可以忽略，只要根据继电保护等自动化装置自身的采样脉冲在某一时刻对相关 TA、TV 的二次电气量进行采样，就能保证数据的同时性。采用电子式互感器后，继电保护等自动化设备的数据采集模块前移至合并单元，互感器一次电气量需要经前端模块采集再由合并单元处理。由于各间隔互感器的采集处理环节相互独立，没有统一协调，且一、二次电气量的传变附加了延时环节，导致各间隔电子式互感器的输出数据不具有同时性，无法直接用于对数据同步性要求高的保护计算。

本章将重点介绍变电站智能设备的对时过程，研究电子式互感器采样数据同步方法在保护计算中的应用。

6.1 对时方法介绍

变电站对时是指站内保护、测量、监控设备为了统一时间的需要，采用相应的对时方法，实现与标准时钟源时间保持同步的过程。本节首先解释几个常用时间概念和时钟源，并介绍常规变电站对时方法。

6.1.1 时间的概念

在时间概念方面经常提到以下术语：世界时、国际原子时、协调世界时、闰秒等，下面对这些术语分别进行解释和定义。

（1）世界时（UT0/UT1/UT2）。以平子夜作为 0 时开始的格林威治（英国伦敦南郊原格林尼治天文台的所在地，它又是世界上地理经度的起始点）平太阳时，就称为世界时。由于地极移动和地球自转的不均匀性，最初得到的世界时，也是不均匀的，将其记为 UT0；人们对 UT0 加上极移改正，得到的结果记为 UT1；再加上地球自转速率季节性变化的经验改

正就得到 UT2。

（2）国际原子时（TAI）。原子时间计量标准在 1967 年正式取代了天文学的秒长的定义新秒长规定为：位于海平面上的铯 Cs133 原子基态的两个超精细能级间在零磁场中跃迁振荡 9192631770 个周期所持续的时间为一个原子时秒，称之为国际原子时（TAI）。

（3）协调世界时（UTC）。相对于以地球自转为基础的世界时来说，原子时是均匀的计量系统，这对于测量时间间隔非常重要。但世界时时刻反映了地球在空间的位置，并对应于春夏秋冬、白天黑夜的周期，是人们熟悉且在日常生活中必不可少的时间。为兼顾这两种需要，引入了协调世界时（UTC）系统。UTC 在本质上还是一种原子时，因为它的秒长规定要和原子时秒长相等，只是在时刻上，通过人工干预，尽量靠近世界时。

（4）闰秒。UTC 在秒长上使用原子时秒，它在速率上精确符合 TAI，但在时刻上会与 TAI 相差若干整数秒。UTC 时间尺度通过插入或删除若干整数秒（正闰秒或负闰秒）以保证与 UT1 时间尺度近似一致。每当 UTC 与世界时 UT1 时刻之差超过接近或超过 0.9s 时，在当年的 6 月底或 12 月底的 UTC 时刻上增加一秒或减少一秒。截至 2010 年 12 月 31 日，UTC 时间落后 TAI 时间 34s，计及 offset = 34s。

从以上几个概念应该这样理解，世界时是人们容易接受的时间，是一种天文时间；TAI 时间由于原子钟物理性质的稳定性决定其时间是最精确的；而 UTC 时间因速率精确符合 TAI，而且通过闰秒机制使其接近天文时间，所以目前已经代替格林威治时间成为广泛使用的一种时间系统。

6.1.2 常用时钟源

时钟源用于提供标准时钟信号，授时系统主要包括无线授时和有线授时两类。无线授时系统包括欧洲伽利略（Galileo）导航系统、中国北斗导航系统、俄罗斯全球导航卫星系统（GLONASS）等，以及长波授时系统（BPL）、短波授时系统（BPM）等；有线授时系统以网络或专线作为载体，例如通信网络授时系统。

（1）卫星授时

卫星全球定位系统是一种以人造地球卫星为载体的全球覆盖、全天候工作的无线电导航定位系统，可以实现精确导航、定位和授时。主要有美国的 GPS、俄罗斯的 GLONASS、欧洲空间局的伽利略计划、中国的北斗导航卫星系统。目前电力系统应用最广的是 GPS 系统。

GPS 由专门的接收器接收卫星发射的信号，可以获得位置、时间和其他相关信息。GPS 系统每秒发送一次信号，其时间精度在 1μs 以内。其时间信息包含年、月、日、时、分、秒以及 1PPS（标准秒）信号，因而具有很高的频率精度和时间精度。在综自变电站中采用 GPS 卫星同步时钟可以实现全站各系统在统一时间基准下的运行监控和事故后的故障分析。同时 GPS 可以通过扩展单元能输出各种类型的对时编码信号，包括 IRIG-B（DC）时间码、脉冲码以及串口时间报文等类型时间同步信号，以满足不同的接口设备的对时要求。

（2）网络授时

网络时间协议 NTP（Network Time Protocol）是使用最普遍的国际互联网时间传输协议，

属于 TCP/IP 协议族，采用了复杂的时间同步算法，可提供对时精度在 1～50ms 之间。

网络时钟传输的是以 1900 年 1 月 1 日 0 时 0 分 0 秒算起时间戳的用户数据协议（UDP）报文，用 64 位表示，前 32 位为秒，后 32 位为秒等分数。网络中报文往返时间是可以估算的，因而采用补偿算法可以达到精确对时的目的。SNTP 是 NTP 的一个简化版，没有 NTP 复杂的算法，应用于简单的网络中。在 IEC 61850 中规定的时间同步协议就是 SNTP。

6.1.3 常用对时方式

（1）脉冲对时（硬对时）。主要有秒脉冲信号（Pulse per Second，PPS）和分脉冲信号（Pulse per Minute，PPM）。秒脉冲是利用 GPS 所输出的每秒一个脉冲方式进行时间同步校准，获得与 UTC 同步的时间准确度较高，上升沿的时间误差不大于 1μs，这是国内外 IED 常用的对时方式；分脉冲是利用 GPS 所输出的每分钟一个脉冲方式进行时间同步校准。

（2）串口通信（软对时）。通信对时是通过通信通道将时钟信息以数据帧的形式向各个 IED 发送。IED 接收到报文后通过解帧获取当前主时钟信息，来校正自己的时间，以保持与主时钟的同步。

（3）编码对时。编码对时信号有多种，国内常用的是 IRIG-B，又分为调制 IRIG-B 对时码和非调制 IRIG-B 对时码。调制 IRIG-B 对时码，其输出的帧格式是每秒输出一帧，每帧有 100 个代码，包含了秒段、分段、小时段和日期段等信号。非调制 IRIG-B 对时码，是一种标准的 TTL 电平，主要用在传输距离不大的场合。

通过 IRIG-B 码发生器，可将 GPS 接收器输送的 RS 232 数据及 1PPS 转换成 IRIG-B 码，通过 IRIG-B 输出口及 RS 232/RS 422/RS 485 串行接口输出，在同站内的各种保护的管理机及测控单元内都装有 IRIG-B 码解码器，输出标准北京时间及 1PPS，该时间有年、月、日、时、分、秒，各种保护通过 RS 232 接口检测同步脉冲，以此完成继电保护的精确对时。IRIG-B 码对时框图如图 6－1 所示。

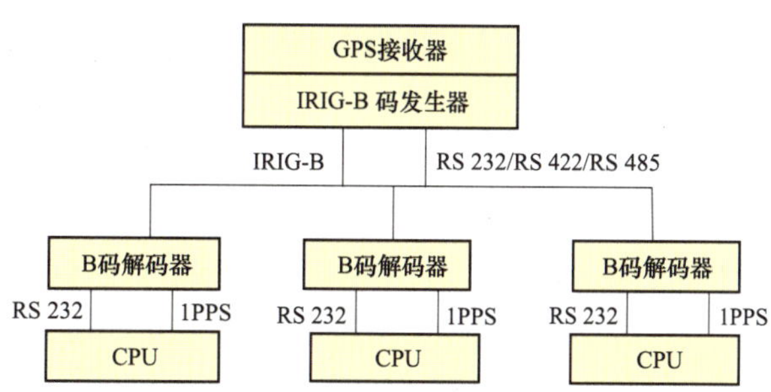

图 6－1 IRIG-B 码对时框图

网络授时由网络时钟服务器接收 GPS 等时钟源信息，根据网络时间协议 NTP（Network Time Protocol）协议和简单网络时间协议 SNTP（Simple Network Time Protocol），输出同步信号的方式。

常规变电站 500kV 继电保护小室配有一个独立的主时钟柜，主时钟含时间信号接收单元和输出单元，分别用于 GPS 对时信号的接收和输出。各小室内的保护、测控和故障录播装置通过电 B 码与主钟对时，小室之间采样光纤 B 码互为备用，同时通过时间同步信号扩展装置以 SNTP 实现对保护子站，监控主机的对时。具体示意如图 6－2 所示。

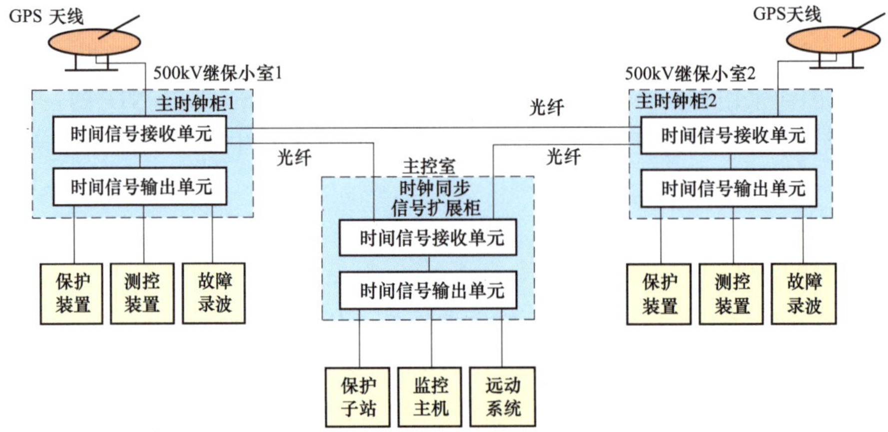

图 6－2　某 500kV 常规变电站对时系统

6.2　IEEE 1588 精密时钟技术

6.2.1　IEEE 1588 概述

随着工业现场控制的规模越来越大，自动化程度越来越高，对测量和控制的同步性和实时性提出了更高的要求。由于基于以太网方式下的 NTP 对时方式的精度只有 1ms 左右，不能满足现场高精度测控装置对时间的要求。为此，美国一些研究机构专门开展了测量和控制设备间的时钟同步技术的研究，其方案随后获电气与电子工程师协会的认可，形成适用于高精度对时要求的 IEEE 1588 标准。

IEEE 1588 为基于多播技术的标准以太网实时定义了一个在测量和控制网络中与网络交流、本地计算和分布式对象有关的精确时钟同步协议（Precision Time Protocol，PTP），该协议具有高精度、网络化的特点，适用于在局域网中支持组播报文发送的网络通信技术。IEEE 1588 为消除分布式网络测控系统各个测控设备的时钟误差和测控数据在网络中的传输延迟提供了有效途径。按照这个规范策划和设计的网络测控系统，其同步精度可以达到微秒级的范围，从而有效地解决分布式网络系统的实时性问题。

智能变电站采用 IEC 61850－5《变电站通信网络和系统》通信协议分层构建，分为过程层、间隔层、站控层，采用分布式网络技术实现数据交换，适用于 IEEE 1588 对时技术的实现。

6.2.2　PTP 精密时钟协议

（一）PTP 结构组成

PTP 体系结构的特别之处在于硬件部分和协议的分离以及软件部分与协议的分离，因此，运行时对处理器的要求很低。PTP 的体系结构是一种完全脱离操作系统的软件结构。硬件单元由一个高精度的实时时钟和一个用来产生时间戳的时间戳单元（TSU）组成，软件部分通过与实时时钟和硬件时间戳单元的联系来实现时钟的同步。PTP 体系结构图如图 6－3 所示。

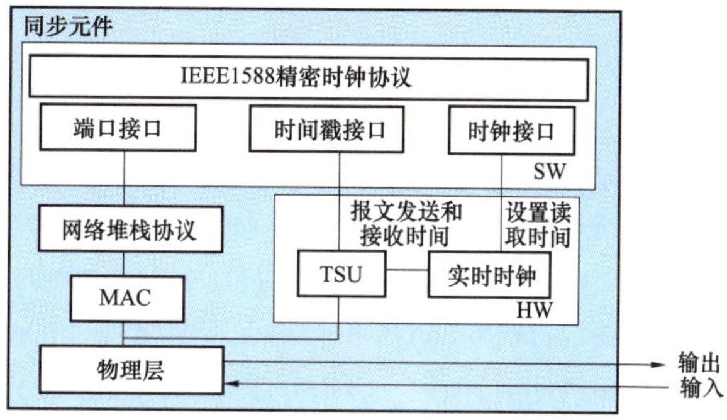

图 6－3 PTP 体系结构图

PTP 这种体系结构的目的是为了支持一种完全脱离操作系统的软件组成模型，如图 6－4 所示。根据抽象程度的不同，PTP 可分为三层结构：协议层、OS 抽象层和 OS 层。协议层包含完成网络时钟同步的精密时钟协议，能运用在不同的通信原件中（如 PC，路由器等）。协议层与 OS 抽象层之间的通信是通过一个序列和三个精确定义的接口实现的。OS 抽象层包含了基于操作系统的功能函数，这一层包含 PTP 的三个通信接口：时间戳接口，时钟接口，端口接口。时间戳接口通过对 sync 和 Delay Req 信号加盖时间戳来提供精密时钟协议，同时根据精度需要决定到底是原件还是软件产生时间戳。产生“软件时间戳”的最好办法是依赖操作系统的网卡驱动，并且在传输介质中取得越近越好。

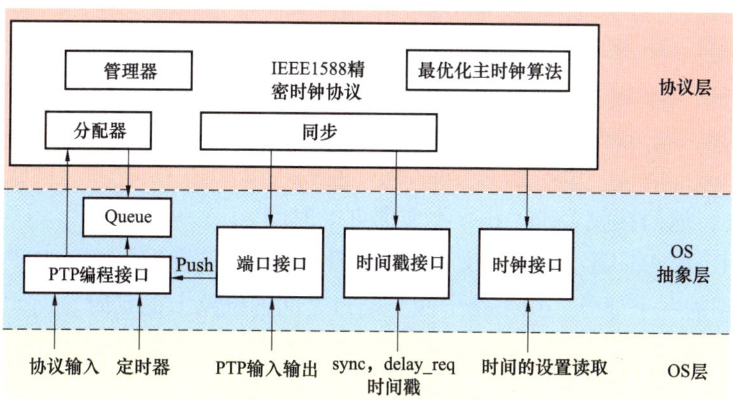

图 6－4 软件组成模型

（二）PTP 时钟定义

PTP 包括多个节点，每一个节点都代表一个时钟，它们之间经网络连接。时钟可以分为主时钟、普通时钟、边界时钟、透明时钟等。其中主钟与普通时钟都只有一个 PTP 端口，边界时钟和透明时钟包含多个 PTP 端口。主钟一般选取原子钟、GPS 等作为整个系统内的时间基准；大部分站内需要对时的 IED 为普通时钟，接收主钟的对时报文与主钟之间对时；边界时钟有一个从钟端口和多个主钟端口，从钟端口保证其与上一级主钟同步，而主钟端口为下级从钟提供同步信号；透明时钟精确测量交换机/路由器中的报文驻留时间，以消除延迟和抖动对于对时的影响，普通时钟和边界时钟需要与其他时钟节点保持时间同步，而透明时钟不需要与其他节点同步。

（1）主钟（Master Clock）。主钟是 PTP 时钟域的参考时钟，只有一个 PTP 端口，其时钟基准可能来自原子钟、GPS 或者 NTP 等。

（2）普通时钟（Ordinary/Slave Clock）。普通时钟指任一个通过 IEEE 1588 协议实现其自身时钟同步的节点，只有一个 PTP 端口，大部分站内需要对时的 IED 为普通时钟。

（3）边界时钟（Boundary Clock）。边界时钟有一个从钟端口和多个主钟端口，从钟端口保证其与上一级主钟同步，而主钟端口为下级从钟提供同步信号。

（4）透明时钟（Transparent Clock）。IEEE 1588 标准 V2 提出透明时钟，对那些多端口设备，如网桥、交换机、路由器等作为执行边界时钟的替代。透明时钟包括两种类型：端到端透明时钟（end to end）和点对点透明时钟（peer to peer）。

端对端透明时钟转交 PTP 事件消息，但修改了消息从入口端传播到出口端的滞留时间。必须对 Sync 和 Delay_Req 消息的传播做出修正。

点对点透明时钟采用同级延时机制，可以测量本地环路的延时而不用延迟请求机制测量全部链路的延时，其必须确定滞留时间并修正 Sync 消息。此外，使用同级延时机制测量本段路经延时必须包含校正。由于在点到点 TCs 上不支持 Delay_Req 机制，Delay_Req 消息不需要特殊处理。

（三）PTP 报文分类

IEEE 1588 协议定义了事件 PTP 报文和通用 PTP 报文。事件报文即时间报文，在传输和接收中都产生的正确时间戳；通用报文不需要正确的时间戳。

（1）事件报文。事件报文包含以下类型：

1）Sync：Sync 报文由主时钟发送到从时钟。同时还包含其发送时间或在跟随的 Follow_Up 报文中包含这个时间。它可以由接收报文节点测量数据包从主时钟发送到从时钟的延时。

2）Delay_Req：Delay_Req 报文是一个对接收报文节点的请求，接收报文节点使用 Delay_Resp 报文，返回接收 Delay_Req 报文那刻的时间。

3）Pdelay_Req：Pdelay_Req 报文由一个 PTP 端口发送到另一个 PTP 端口，是同等（peer）延时机制的一个部分，用来确定两个端口之间的链路上的延时。

4）Pdelay_Resp：Pdelay_Resp 报文是由一个 PTP 端口响应接收到了 Pdelay_Req 报文而发送的。Pdelay_Resp 报文中有几种可选方式传送时间戳信息：

a）在 Pdelay_Resp 报文中传送 Pdelay_Resp 报文发送时间与对应的 Pdelay_Req 报文接收时间之间的差值；

b）在跟随 Pdelay_Resp 报文后面的 Pdelay_Resp_Follow_Up 报文中传送 Pdelay_Resp 报文发送时间与对应的 Pdelay_Req 报文接收时间之间的差值；

c）在 Pdelay_Resp 报文中传送对应的 Pdelay_Req 报文接收时间，在跟随 Pdelay_Resp 报文后面的 Pdelay_Resp_Follow_Up 报文中传送 Pdelay_Resp 报文发送时间。

（2）通用报文。通用报文包含以下类型：

1）Announce：提供发送报文节点的状态和特征信息以及它的最高级主时钟。当接收报文节点计算最佳主时钟算法时使用这些信息。

2）Follow_Up：对于两步时钟和边界时钟，Follow_Up 报文为了特殊的 Sync 报文需要而进行的通信。

3）Delay_Resp：Delay_Resp 报文向发送 Delay_Req 报文的从端口通信值。

4）Presp_Follow_Up：对于支持同等（peer）延时机制的二步时钟，Presp_Follow_Up 报

文带有发送时间戳，这是 PTP 端口在发送 Pdelay_Resp 报文时产生的。

（四）PTP 报文结构

（1）报文通用字段。采用 Wireshark 抓取的 IEEE 1588 报文首先由 Winpcap 动态链接库打上包序号、时标等基本信息，报文具体内容包括以太网地址信息和 PTP 协议解析部分，PTP 报文内容如图 6－5 所示。

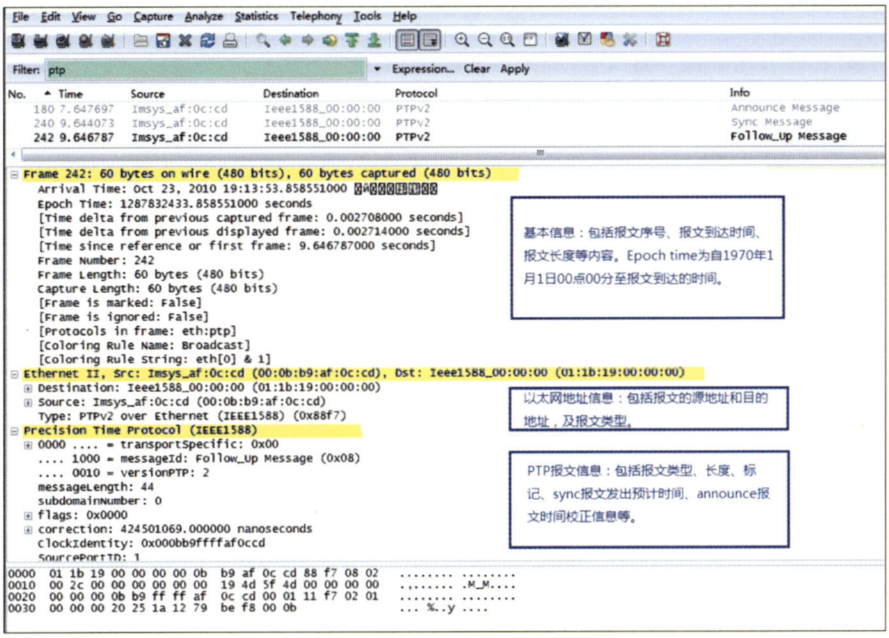

图 6－5　PTP 报文内容

其中报文头 Epoch time 指的是自 PTP 时元 1970 年 1 月 1 日 00:00:00（UTC）始流逝的时间。以太网地址信息中 PTP 报文源地址采用单播地址，如 Imsys_7f:8d:a9（00:0b:b9:7f:8d:a9）；目的地址一般采用组播地址，如 IEEE 1588_00:00:00（01:1b:19:00:00:00）。Length 为报文长度（byte）。

对于 PTP 报文内容解析如下：

1）PTP Version 字段：PTP 版本号，包括 V1 和 V2 两个版本。

2）Message Id 字段：当前报文的类型，值的分为从 00－0F，长度为一个字节。同时在 PTP 报文的报头还包含一个附加字段称为“Control Field”，用来提供与以前版本的兼容性，即兼容本标准版本 1 适用的硬件，见表 6－1。

表 6－1　　Message Id 字段的值

报文类型	消息类型	值	报文类型	消息类型	值
Sync	Event	00	Delay_Resp	General	09
Delay_Req	Event	01	Pdelay_Resp_Follow_Up	General	0A
Pdelay_Req	Event	02	Announce	General	0B
Pdelay_Resp	Event	03	Signaling	General	0C
Reserved	—	04－07	Management	General	0D
Follow_Up	General	08	Reserved	—	0E－0F

3）Subdomain Number 字段：PTP 子域号，默认为 0。PTP 域由一个或多个 PTP 子域组成，PTP 子域由一个或者相互通信的多个时钟组成，其目的是使这些时钟同步。除了特定的 PTP 管理报文，子域中的节点不会为了与 PTP 相关联的目的同另一个子域中的节点进行通信。

4）报文标记见表 6－2。

表 6－2　　报　文　标　记

位	默认值	名　称	描　述
0	0	PTP_LI_61	在 PTP 系统中，谁的时元为 PTP 时元，timePropertiesDS. leap61 值为 TRUE 将预示着当前 UTC 日期的最后一分钟为 61s。如果时元为非 PTP，该值为 FALSE
1	0	PTP_LI_59	在 PTP 系统中，谁的时元为 PTP 时元，timePropertiesDS. leap61 值为 TRUE 将预示着当前 UTC 日期的最后一分钟为 59s。如果时元为非 PTP，该值为 FALSE
2	0	PTP_UTC_REASONABLE	采用 UTC 时间时为 TRUE，由 timcscale 决定
3	0	PTP_TIMESCALE	采用 PTP 时间标尺时为 TRUE，采用 ARB 时间标尺时 FALSE
4	0	T IME_TRACEABLE	通过时间标尺和 offset 可以追踪到原主基准时钟，则值为 TRUE
5	0	FREQUENCY_TRACEABLE	若频率决定时间标尺可追踪到原主基准时钟，则值为 TRUE
0	1	PTP_ALTERNATE_MASTER	值为 TRUE 表示该报文是从非主态端口发送
1	1	PTP_TWO_STEP	值为 TRUE 表示该报文是从二步时钟发送
2	1	PTP_UNICAST	值为 TRUE 表示该报文以单播报文发送
5	1	PTP_PROFILE_SPECFIC1	由配置文件定义
6	1	PTP_PROFILE_SPECFIC2	由配置文件定义
7	1	PTP_SECURITY	PTP 安全协议

```
⊟ flags: 0x0200
    0... .... .... .... = PTP_SECURITY: False
    .0.. .... .... .... = PTP profile Specific 2: False
    ..0. .... .... .... = PTP profile Specific 1: False
    .... .0.. .... .... = PTP_UNICAST: False
    .... ..1. .... .... = PTP_TWO_STEP: True
    .... ...0 .... .... = PTP_ALTERNATE_MASTER: False
    .... .... ..0. .... = FREQUENCY_TRACEABLE: False
    .... .... ...0 .... = TIME_TRACEABLE: False
    .... .... .... 0... = PTP_TIMESCALE: False
    .... .... .... .0.. = PTP_UTC_REASONABLE: False
    .... .... .... ..0. = PTP_LI_59: False
    .... .... .... ...0 = PTP_LI_61: False
```

图 6－6　Sync 报文的 flags

从图 6－6 中可以看出方案中 Sync 报文采用两步法，即 Sync 报文的确切发送时间记录在 Follow_ up 报文中。

1）Correction Field 字段：校正数值。以纳秒为单位，乘以 2 的 16 次方。例如 2. 5ns 表示为 0x0000000000028000。这样看来，Correction Field 最小可以表示为 0x0000000000000001，即大约 0. 000015ns。该字段主要用于透明时钟驻留时间，peer-to-peer 时钟路径延时和非对称校正。

2）Clock identity 字段：时钟地址。

3）Source port id 字段：标识时钟端口号。

4）Source Port Identity 字段：唯一识别网络内报文的出口端口，由于每一台时钟（包括边界时钟和透明时钟）都有唯一的 Clock identity 确定，同时每个钟的端口由 Port Id 确定，则 Source Port Identity = Clock identity + Port Id。

5）报文帧序号 Sequence Id：用来指示时间戳值是处理哪个帧时采样得到的。主钟上电时 Sequence Id 从 1 开始重新计数。由于各报文定义的发送时间间隔不同或者通道延时的差异，不同类型的报文间 Sequence Id 可能会存在差异。但通常配对的 Sync 和 Follow_Up、Delay_Req 和 Delay_Resp 消息拥有同样的序号。

6）Logmessageperiod：指每个报文间的平均发送间隔，表示为在发送报文设备的本地时钟上所测的这个间隔时间以 2 为底的对数，间隔时间以秒为单位。

图 6－7 中 Follow_up 报文发送间隔 1s，相应 Logmessageperiod = log2(1) = 0，通过调整该参数可以改变报文发送时间间隔。

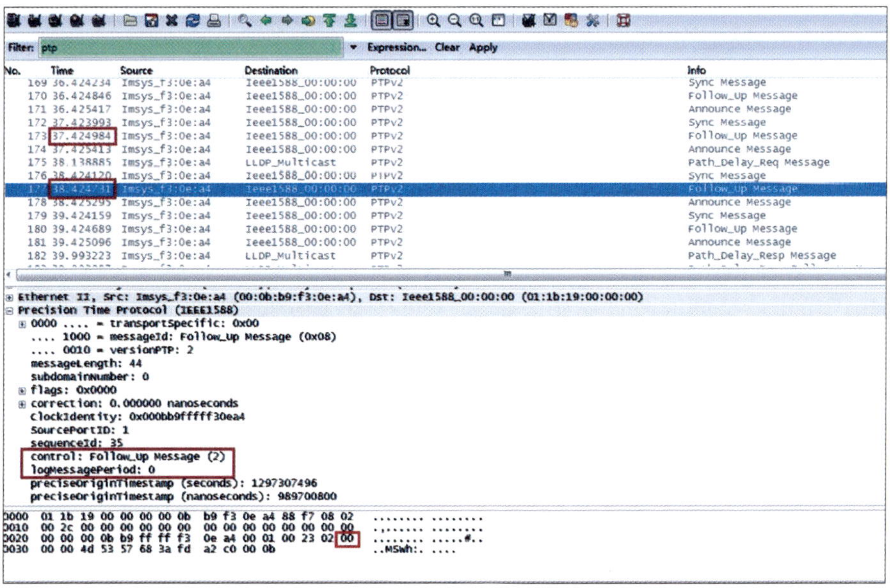

图 6－7　Logmessageperiod 字段含义

7）Origin/ Precise/Receive Timestamp。针对不同类型的报文会有不同的时间戳，对 Sync 和 Delay_Req 事件消息，其 Origin Timestamp 是估算值，但需要时间戳精确。对 Follow_Up 和 Delay_Resp 通用消息，其 Precise Origin Timestamp 是 Sync 消息的实际发送时间，Receive Timestamp 是 Delay_Req 消息的实际接收时间。

8）Request Receipt/ Response Origin Timestamp。在网络上的某个时钟接到传输延时测量请求组播报文 Path_Delay_Req 后，它将首先向网络上发送响应报文 Path_Delay_Resp 报文，其中记录了 Path_Delay_Req 报文到达的时间 Request Receipt Timestamp，在随后的 Path_Delay_Resp_Followup 报文中记录了 Path_Delay_Resp 报文发出的时间，以此测量该钟与主钟之间的传输延时。

（2）报文特殊字段。上文介绍了报文通用字段，针对主钟的 Announce 报文，其提供发送报文节点的状态和特征信息以及它的最高级主时钟，当接收报文节点计算最佳主时钟算法时使用这些信息。因此有针对 Announce 报文的特定字段，如最优主时钟 grandmasterclockclass，闰秒 UTCoffset，优先级 priority，时钟源 timesource，精度 accuracy 等。

1）Origin current UTC offset：Announce 报文中记录了 current UTC offset 属性，用于换算现在的 UTC 时间。Current UTC offset（Integer16） = TAI - UTC。

2）Time source：表示最高级主时钟选取的时钟源。国家电网要求全站应采用基于卫星时钟（优先使用北斗）与地面时钟互备方式获取精确时间。

3）Grand master priority：Grand master priority1 代表分布式网络里是否选取了最优主时钟，0 - 127 为 TRUE，128 - 255 为 FALSE；Grand master priority2 则说明最优主时钟是不是边界时钟，0 - 127 为 TRUE，128 - 255 为 FALSE。

4）Grand master clock class：普通时钟和边界时钟 Clock Class 属性意味着主时钟分发的时间和频率具有可追溯性。

5）Grand master clock accuracy：显示主时钟与 GPS 的对时精度，如果主钟与 GPS 对上时，则显示 100ns，反之为 10s。

6）Grand master clock variance：主钟精度方差。

7）Grand master ID：主时钟标识，为主钟的地址。

6.2.3 IEEE 1588 对时机制

IEEE 1588 系统包括多个节点，每个节点代表一个 IEEE 1588 时钟，时钟之间通过网络相连，并由网络中最精确的时钟以基于报文（Message-based）传输的方式同步所有其他时钟，这是 IEEE 1588 的核心思想。

PTP 协议基于同步数据包被传播和接收时的最精确的匹配时间，每个从时钟通过与主时钟交换同步报文而与主时钟达到同步。这个同步过程分为两个阶段：偏移测量阶段和延迟测量阶段。

（一）不考虑传输延时的对时方法

目前智能变电站中采用的大都是透明时钟两步法（IEEE 1588 标准 11.5.2.2）的对时方案，即所有的终端设备都与主钟对时，交换机需要计算 PTP 报文的驻留时间。需要精确对时的设备不仅需要计算 Offset 偏移量，还需要计算 PTP 报文的传输延时 Delay（～ns），传输延时的计算需要终端设备发送 Request 报文与主钟交互。忽略传输延时的对时过程如图 6 - 8 所示。

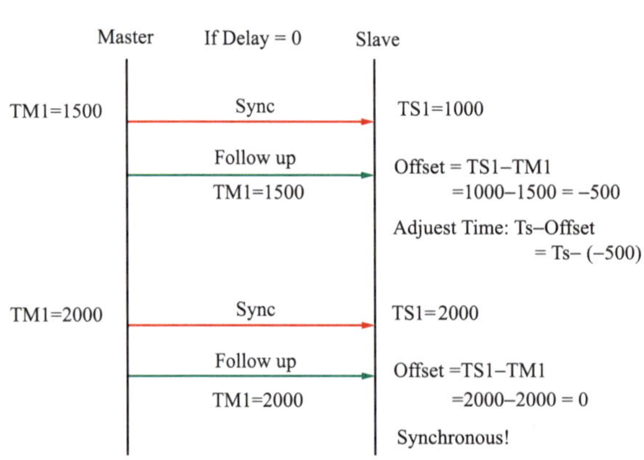

图 6 - 8 忽略传输延时的 1588 对时过程

假设终端设备的时间比主钟的标准时间超前 500，主钟于 TM1 时刻发一帧 Sync 报文，终端于 TS1 时刻收到 Sync 报文，若忽略传输延时，终端设备可以根据 TM1 和 TS1 计算出与主钟的时间偏差 Offset = TS1 - TM1 = -500。由于主钟在产生 Sync 报文时无法精确预测到其发送时间 TM1，而且交换机会产生可观的驻留延时，因此在发送 Sync 之后紧接着发送一帧 Follow up 报文，TM1 时刻被记录在 Follow up 报文中，作为透明时钟的交换机会将 Sync 报文的驻留时间记录在 Follow up 报文的 correction 字段中（IEEE 1588 标准 9.5.10）。总之，终端设备只需要计算收到 Sync 包的本地时间 TS1 与 Follow up 报文中记录的精确时间 TM1 的偏差量 Offset（如果经交换机传输还应将 TM1 加上驻留时间 correction），并将本地时间调整即可。

这种简化的两步法仅仅忽略了传输环节的延时，不需要受端发送数据帧，只需要对 Sync 和 Follow up 等 IEEE 1588 数据帧进行解析即可完成对时。

（二）考虑传输延时的对时方法

对于需要高精度对时的智能设备，除需完成时钟偏差 Offset 的调整外，还需要考虑通道传输延时 Delay 的影响。目前对通道延时的算法是乒乓法，该方法基于链路传输延时对称。下面介绍考虑延时情况下从钟经过交换机与主钟间的精确对时原理，其同步过程如图 6－9 所示。

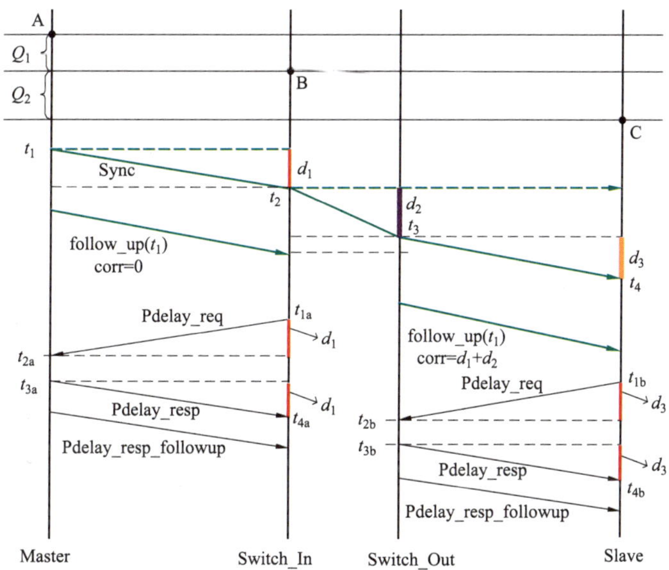

图 6－9 考虑传输延时的 PTP 同步过程

首先假设：

（1）假设主钟、交换机、从钟的时间原点分别为 A、B、C，主钟与交换机之间的时间偏差为 Q_1，交换机与合并单元从钟的时间偏差为 Q_2，主钟与从钟的时间偏差为 Q_1+Q_2。

（2）主钟到交换机的链路延时为 d_1，交换机的报文存储转发时间为 d_2，交换机到合并单元从钟的链路延时为 d_3。

时间偏差 Q 的计算方法如下：

根据图 6－10 中时间尺度得 $t_2-d_1=t_1-Q_1$，即主钟和交换机间的时间偏差为

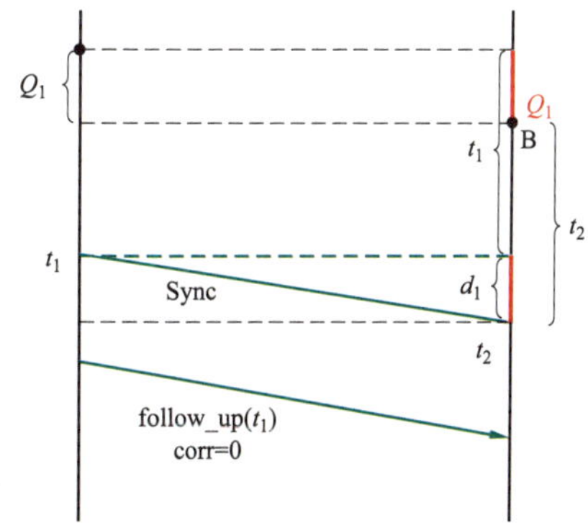

图 6－10 主钟与交换机间的时间偏差

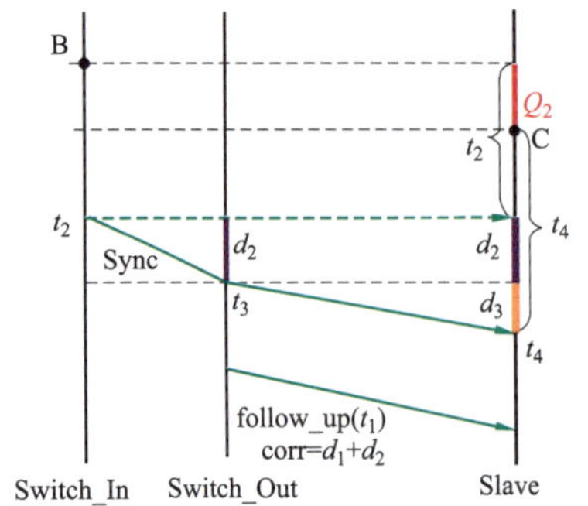

图 6－11　交换机与从钟间的时间偏差

$$Q_1 = t_1 - t_2 + d_1 \qquad (6-1)$$

根据图 6－11 中的时间标尺得 $t_2 - Q_2 = t_4 - d_2 - d_3$，即交换机与从钟的时间偏差为

$$Q_2 = t_2 - t_4 + d_2 + d_3 \qquad (6-2)$$

将式（6－1）、式（6－2）两式相加，得从钟与主钟之间的时间偏差为

$$Q_1 + Q_2 = t_1 - t_4 + d_1 + d_2 + d_3 \qquad (6-3)$$

传输延计算如下：

（1）时延 d_1：交换机在 t_{1a}时刻发出 Pdelay_req 报文，这个报文在 t_{2a}时刻被主钟收到；主钟在 t_{3a}发送 Pdelay_resp 报文，该报文在时延 t_{4a}时刻被交换机收到，则不难算出

$$d_1 = \frac{(t_{4a} - t_{1a}) - (t_{3a} - t_{2a})}{2} \qquad (6-4)$$

（2）驻留时延 d_2：它是 Sync 报文穿越报文穿过交换机的驻留时延

$$d_2 = t_3 - t_2 \qquad (6-5)$$

（3）时延 d_3：交换机在 t_{1b}时刻发出 Pdelay_req 报文，这个报文在 t_{2b}时刻被从钟收到，从钟在时刻 t_{3b}发送 Pdelay_resp 报文，该报文在试验 t_{4b}被交换机收到，同理计算出

$$d_3 = \frac{(t_{4b} - t_{1b}) - (t_{3b} - t_{2b})}{2} \qquad (6-6)$$

至此，将式（6－4）～式（6－6）代入式（6－3）即可得出从中与主钟之间的时间偏差。从钟接收时间时间调整为 $t_4 + Q_1 + Q_2$，即实现与主钟同步。

6.3 智能终端 IEEE 1588 对时应用

6.3.1 应用背景

变电站监控系统对设备的开关量，特别是开关、刀闸位置及一次设备本体告警等遥信量的 SOE 时间精度要求较高，DL/T 5149—2001《220～500kV 变电站计算机监控系统设计规程标准》要求满足整个系统对时精度误差不大于 1ms。

传统变电站通过电缆直接接入测控装置，电平信号的传输延时可忽略，只要测控装置对时精度满足 1ms 要求，采用测控装置的时间作为 SOE 时间，其时间精度也就满足技术指标，延时环节如图 6－12 所示。

智能变电站的保护测控及相关自动化装置和一次设备间的开入开出信号均下放至智能终端。智能变电站的就地开关量信号需经智能终端设备生成 GOOSE 报文上送至测控装置，智能终端 I/O 板接收开关量变位生成 GOOSE 报文需要一定的处理延时，经交换机传输送至测控装置也需要一定的传输延时，要保证测控装置显示 SOE 时间为

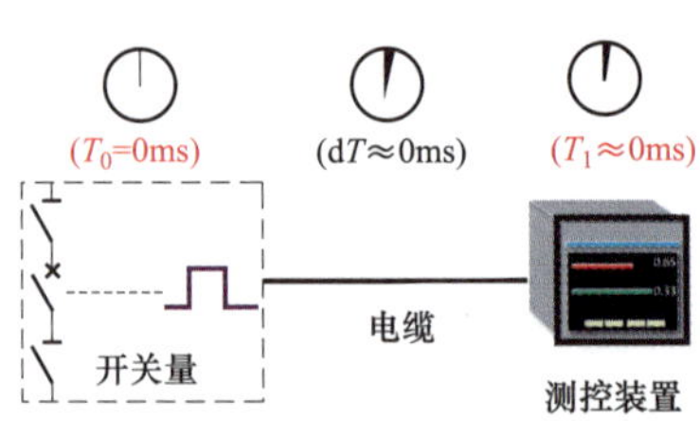

图 6－12　传统变电站监控系统 SOE 时间

就地开关变位的精确时间，必须采用就地打时标的方法。其中整个环节的延时组成如图6－13所示。

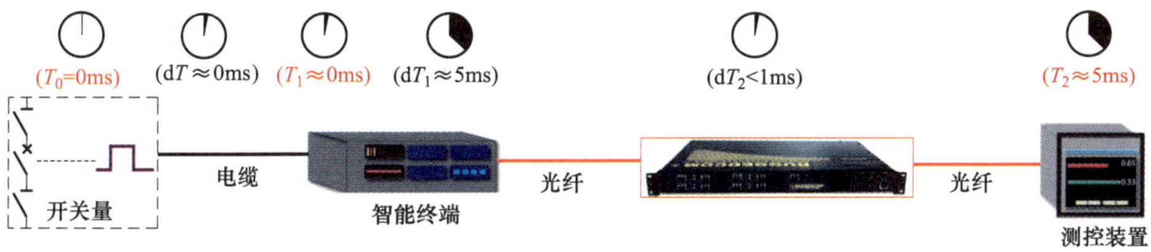

图6－13　智能变电站测控接收开关量时间延迟

T_0—为开关量事件发生时刻；dT—开关量信号通过电缆传输延时；T_1—智能终端收到开关量信号时刻；dT_1—智能终端处理开关变位信号并生成GOOSE报文的延时；dT_2—交换机转发报文延时；T_2—测控装置接收到GOOSE变位报文时刻

图6－13中dT_1为智能终端处理延时，这一客观存在的延时导致测控装置感知开关量变位的时间已经远迟于事件发生时间。为了保证各智能终端间时间系统的一致性，必须对其进行对时。

由于智能终端可能采用就地布置的方式，并且对时精度要求很高，常规的NTP网络对时方式精度不满足要求，而B码对时方式至接地易受电磁干扰影响。基于以太网的IEEE 1588标准定义了一种用于分布式测量和控制系统中的高精度时钟同步协议，同时对时精度达到微秒级。GOOSE报文传输采用了基于以太网的网络技术，本身具备了网络环境，不需要大的改动就可以采用IEEE 1588方式对时。

6.3.2　智能终端IEEE 1588对时方案

智能变电站IEEE 1588对时方案通过交换机实现对分布式网络内设备的对时，由于交换机实行的是存储转发策略，在高负载情况下，交换机会给每个以太帧增加10μs的延迟和0.4μs的抖动，同时，处于交换机内部等待传输的队列中的帧将会增加数百微秒的延迟。智能设备的对时中如果不考虑这段延时，仅拿从钟接收报文时间减去将对对时精度将带来影响。

这个问题的解决方案是使用带IEEE 1588透明时钟的交换机进行网络互连。这样，交换机可以像一个主时钟单元对连接在其上的从时钟端进行同步。其实现过程为：首先该交换机先与主时钟端进行时钟同步，然后自己扮演主时钟端的角色去同步所有连接在其上的从时钟端，这样就不会将交换机的延迟带给从设备端，因此影响同步的精度。

图6－14为某实际智能变电站过程层IEEE 1588对时方案，1588主钟接于过程层根交换机上，PTP报文通过开放1588功能的级联端口转发至子交换机，连接于子交换机上的智能设备作为普通时钟实现与主钟的对时。方案中交换机采用透明时钟，主钟PTP报文采用TAI时间，GOOSE事件报文采用UTC时间，MMS报文采用UTC时间，监控系统和测控装置将接收到的UTC时间转换为UTC＋8北京时间。

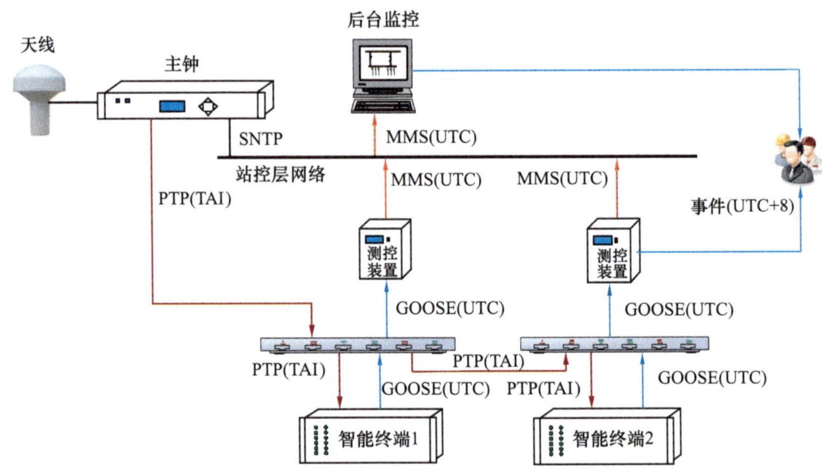

图 6－14　智能变电站过程层对时方案

6.3.3　智能终端对时测试

智能终端的模型对开关量事件定义了状态位 stval 和变位时间 t。时间 t 属性表示了该数据对象最后一次变位的 UTC 时间。TimeStamp 类型的编码规范应参照 IEC 61850－7－2 标准 5.5.3.7 和 IEC 61850－8－1 标准 8.1.3.6。考虑到高精度时间的测试方法，在这里有必要举例说明编码规范：

$$\underbrace{4c\quad fc\quad bf\quad 4d}_{\text{SecondSinceEpoch}}\ \underbrace{4d\quad 5f\quad ff}_{\text{FractionOfSecond}}\quad \underbrace{0a}_{\text{TimeQuality}}$$

SecondSinceEpoch：以秒为单位从 1970－01－01 00:00:00UTC 开始计时的时间，是一个 32 位的整型值。

FractionOfSecond：当前秒的小数部分，按 $\sum_{i=0}^{i=23} b_i * 2^{-(i+1)}$（i＝0～23）计算。注意此属性应根据时间精度 TimeAccuracy 计算。

TimeQuality：时间品质，其中最高 3 位为三个标志位，分别表示闰秒已知、时钟故障、时钟未同步；剩余 5 位时间精度 TimeAccuracy 表示 FractionOfSecond 使用最高位的数目。

UTC 时间解码结果见表 6－3。

表 6－3　　UTC 时间解码结果

编码	4c fc bf 4d	4d 5f ff	0a
UTC	2010－12－06 10:47:41	374ms	1ms（T1）

智能终端接收一次侧开关变位上送的电平信号，记录开关变位的时间，同时智能终端 I/O 板形成报文送给测控、故障录波等装置，用于监控后台事件信息实时显示或者故障分析计算。试验中可以通过比较给定时刻与被测装置记录的该开关量闭合时刻来判断智能终端的时间同步准确度。在这过程中，同时需要考察智能终端记录的开关变位时间和测控装置收到 GOOSE 报文的时间差，即 SOE 精度。

（1）采用智能终端就地打时标。工程使用 FPC-5 GPS 时间校验仪测试，校验仪外接 GPS 天线作为基准源，输出一副空接点接入 PCS-222 智能终端。其测试结构图如图 6－15 所示。

空接点闭合起始时间分别设置整分钟后延时 0、1、10、100、999ms，分析 GOOSE 报文开关量变位时间，见表 6－4。

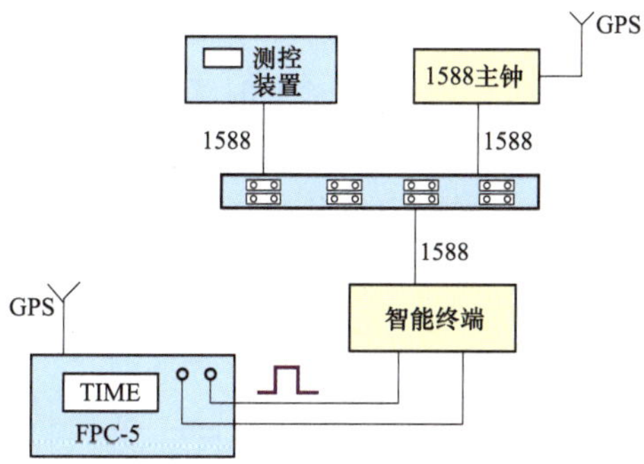

图 6－15　SOE 时间测试示意图

表 6－4　智能终端 SOE 时间精度测试结果

延时（ms）	事件时间	GOOSE 时标	误差（ms）
0	12:48:00.000	12:48:00.000000	0
1	12:52:00.001	12:52:00.000977	0
10	12:57:00.010	12:57:00.009766	0
100	13:00:00.100	13:00:00.099609	0
999	13:03:00.999	13:03:00.998047	－1

上表测试数据说明了经对时后的智能终端在 GOOSE 报文中的时标能正确反映事件时间。

（2）采用测控装置打时标。常规变电站的开关事件采用测控装置打时标的方式，保护装置动作输出空节点给测控装置，测控装置记录空节点闭合电平信号到达的时间，以 UTC 时间格式记录于 MMS 报文中上传给监控后台，MMS 报文中记录事件 UTC 事件如图 6－16 所示。

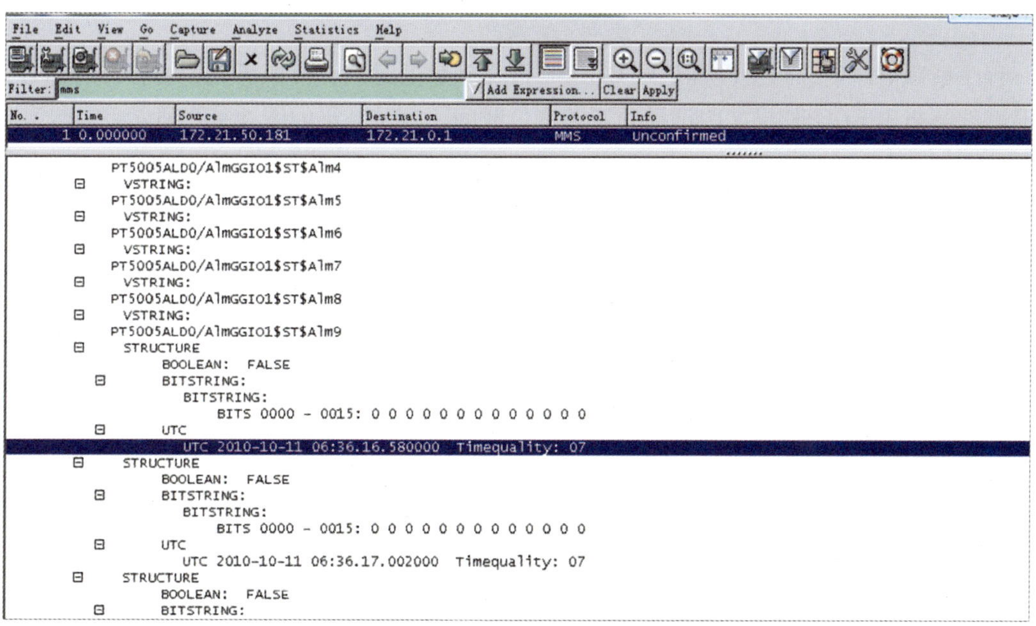

图 6－16　MMS 报文中记录事件 UTC 时间

（3）两种时标生成方式的对比测试。由于 FPC-5 装置无法接收 GOOSE 报文，为直观地对比一次设备开关量事件采用智能终端就地打时标和测控装置打时标的差别，开发了一种基于 Winpcap 的 GOOSE 报文分析程序，该程序使用软件 IEEE 1588 对时方式与网络中的主钟对时，程序流程图如图 6－17 所示。采用一台 PC 机模拟对上时的测控装置，其具备 ms 级的精度。该程序在记录开关事件报文达到时刻的同时解析 GOOSE 报文中记录的开关变位时间，以对比两种时标生成方式的差异。对比测试图如图 6－18 所示。

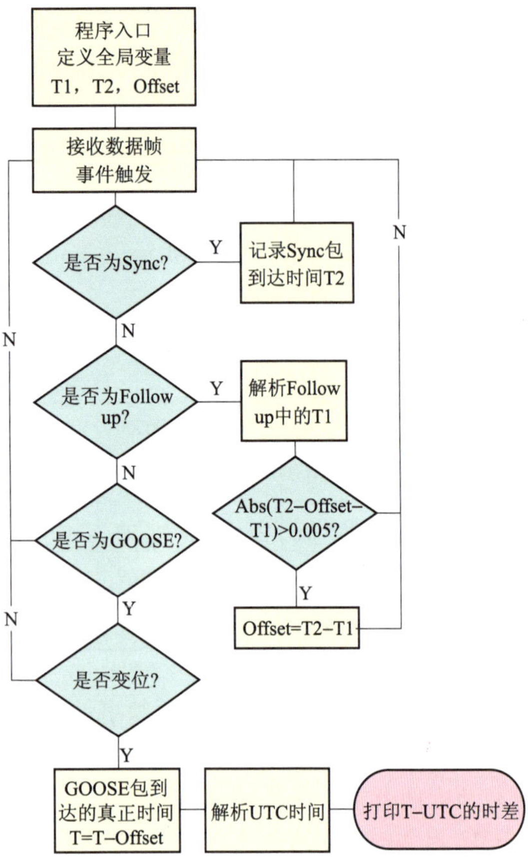

图 6－17　IEEE 1588 软件对时程序流程图

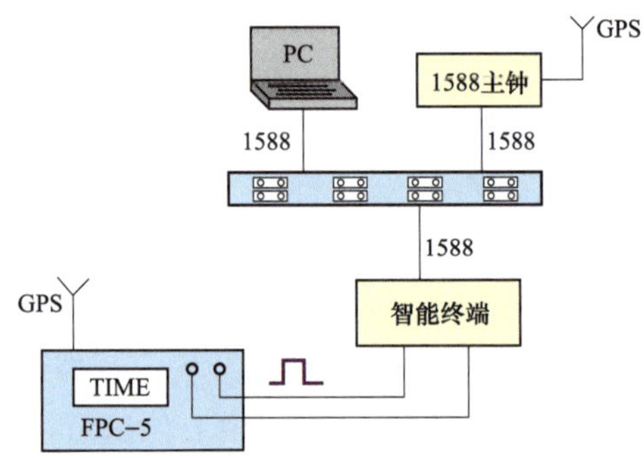

图 6－18　测控装置和智能终端打时标对比测试图

程序精确对时后，将会准确记录 GOOSE 报文到达的时刻，模拟了测控装置打时标方式，同时软件解析出 GOOSE 报文中记录的开关变位时间。测试结果如图 6－19 所示。

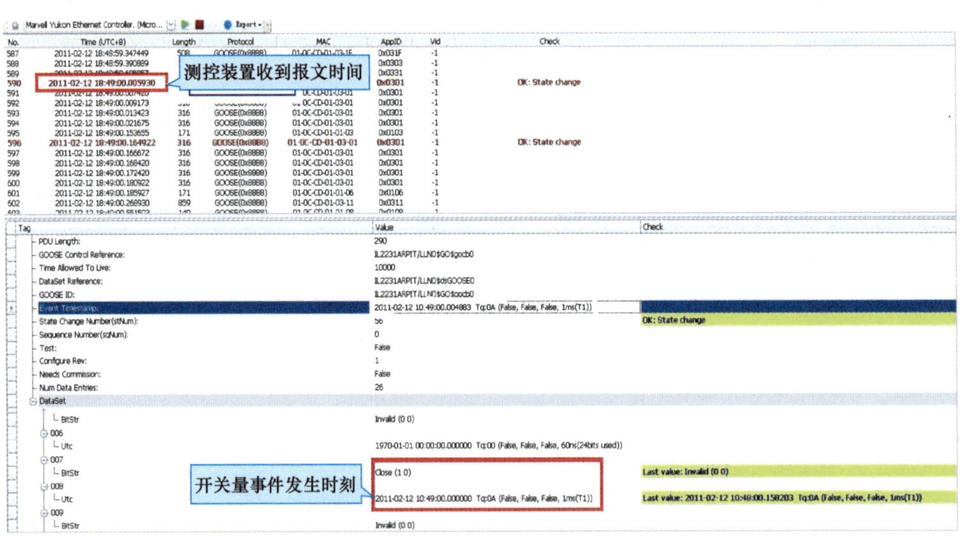

图 6－19　采用测控装置对时和就地对时方式对比

图 6－19 为采用测控装置打时标和智能终端就地打时标方式的对比界面 。从图中可以看出，测控装置收到报文的时间比实际开关事件发生的时间滞后 5～6ms，经分析该时间为智能终端形成报文和网络传输延时。研究时间校验系统空接点闭合起始时间整分钟后延时 0、1、10、100、999ms，GOOSE 报文开关量变位时间见表 6－5。

表 6－5　测控装置 SOE 时间精度测试结果

延时 ms	事件时间	接收报文时间	误差 ms
0	14:38:00.000	14:38:00.005596	+6
1	14:42:00.001	14:42:00.007149	+7
10	14:47:00.010	14:47:00.015849	+6
100	14:50:00.100	14:50:00.106240	+6
999	14:53:00.999	14:53:01.005136	+6

经仿真测试，通过测控装置打时标方式的 SOE 时间精度大于 1ms，无法满足标准要求。因此建议在智能变电站中对开关量变位事件记录采用在智能终端就地打时标的方式，测控装置采用 GOOSE 报文内的时标作为 SOE 时间。

6.4 采样值同步技术

6.4.1 同步问题的由来

电力互感器是电力系统中为电能计量、继电保护及测控等装置提供电流、电压信号的重要设备。电子互感器的数据采集有两种方式，包括集中采样和分散就地采样。常规变电站数据采集为集中采样方式，如图 6－20 所示。在不考虑一、二次电气量传变延时的情况下，继电保护等自动化装置只要根据自身的采样脉冲在某一时刻对相关 TA、TV 的二次电气量进行采样就能保证数据的同时性。

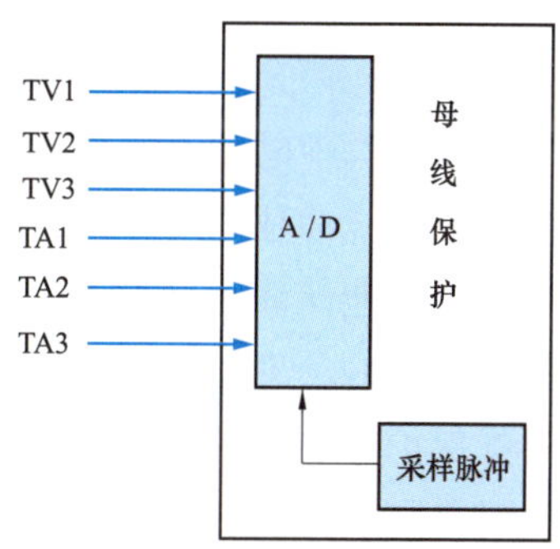

图 6－20　常规变电站数据采集

采用电子式互感器后，继电保护等自动化设备的数据采集模块前移至合并单元，互感器一次电气量需要经前端模块采集再由合并单元处理，由于各间隔互感器的采集处理环节相互独立，没有统一协调，且一、二次电气量的传变附加了延时环节，导致各间隔互感器的二次数据不具有同时性，无法直接用于自动化装置计算。

智能变电站中合并单元数据同步主要涉及以下几个方面：常规互感器与电子式互感器并存时，如电压电流之间，变压器不同的电压等级之间的同步；同一间隔三相电流、电压采样之间同步；变压器差动保护、母线保护的跨间隔数据同步；线路纵差保护线路两端数据采样同步。

下面某智能变电站电子互感器数据采集为例，说明电子式互感器分散采样过程和数据传输延时如图 6－21 所示。

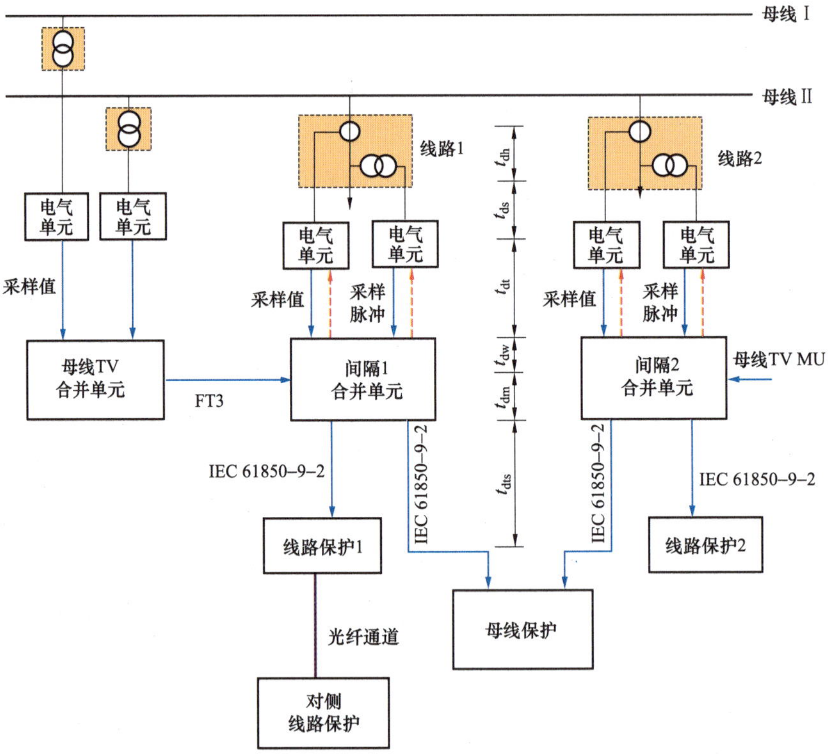

图 6-21　智能变电站数据采集过程

t_{dh}—电子互感器特性延时；t_{ds}—电子互感器的采样环节延时；t_{dt}—电气单元至合并单元的传输延时；t_{dw}—合并单元级联等待时间；t_{dm}—合并单元的处理时间；t_{dts}—为合并单元到保护装置的传输延时

图 6-21 中电子式互感器远端模块的采样脉冲由 MU 提供，各间隔 MU 依据自身的晶振发出的采样脉冲独立采样，但由于不同的 MU 时钟晶振有偏差，并且 MU 的时钟系统也不完全相同，不能保证所有 MU 间的采样脉冲同步。这对于仅接收单台 MU 数据的保护装置来说数据是同步的，不影响保护的逻辑判断；但对于需要接收跨间隔 MU 采样数据的保护装置，如母线保护等，不同步的采样数据用于保护计算将没有意义，并且会出现一定的计算差流，严重时将影响保护的可靠运行。

所以智能变电站分散数据采样的数据同步是一个共性问题，所有跨间隔数据都存在这个问题，必须找到一个有效的方法解决采样数据同步问题。

6.4.2　同步问题解决方案

针对电子式互感器推广应用过程中遇到的数据同步问题，目前解决数据同步问题的方法主要有两种：插值重采样同步、基于外时钟同步方式同步。第一种解决方法的思路是放弃合并单元的协调采样，不依赖外部时钟，而严格要求其等间隔脉冲采样以及精确的传变延时，继电保护设备根据传变延时补偿和插值计算在同一时刻进行重采样，保证了各电子式互感器采样值的同步性。插值重采样算法目前比较成熟，其误差主要来自算法的影响。第二种解决方法的思路是放弃对处理环节延时精确性的限制，采用统一时钟协调各互感器的采样脉冲，全部互感器在同一时刻采集数据并对数据标定，带有同一标号的各互感器二次数据，同样实现了数据同时性。该方式需要铺设独立的对时链路，容易受外部干扰和衰耗的影响。IEEE 1588 是一种基于网络传输协议的外部时钟同步方法，可以在应用数据链路层传输对时脉冲，不需要 B 码方式下的专门光纤通道。目前采用插值重采样和外部时钟同步的数据同步方法在相关工程中均有应用。

（一）插值同步原理

对于跨间隔的母线保护、主变压器保护、光纤差动保护的应用，Q/GDW 441—2010《智能变电站继电保护技术规范》中规定了“模拟量应直采”，保证其保护功能不依赖于外部时钟。

Q/GDW 441—2010 对采样值的要求如下：

1）“4.6，保护装置采样值采用点对点接入方式，采样同步应由保护装置实现，支持 GB/T 20840.8（IEC 60044－8）或 DL/T 860.92（IEC 61850－9－2）协议。”

2）“6.4.4，MU 采样值发送间隔离散值应小于 10μs，保护装置应自动补偿电子式互感器的采样响应延迟。”

前一点要求合并单元与保护装置采用点对点连接方式，不经过交换机。后一点规定了合并单元的发送均匀度指标。

插值同步方案并不实现保护装置与合并单元系统时钟的同步，而是通过跟踪两者系统时钟，将非同步点（合并单元的系统时钟）的数据插值到同步点（保护装置的系统时钟）的一种用于智能变电站跨间隔数据同步的方法。它通过软件插值算法利用已有的不同时刻的采样值计算出新的同一时刻的采样值。这种同步方式数据源侧的采样数据是不同步的，而在数据接收端进行同步，不依赖于外部设备或外部信号，完全由数据接收端设备的软件完成，设备之间也不需要同步时钟同步，只要设备运行正常，就能进行同步，因此从安全性方面考虑，这种不依赖于外部时钟的同步方式最可靠的。但是采样值插值同步以后已不是原来的采样值，而是新计算出来的值，因此这一值与原采样值之间存在一定的误差，这一误差与插值算法有关，工程中通过选取合适的算法可以将这一误差完全控制在允许范围内。下面将重点介绍站内跨间隔保护装置的数据插值同步进行介绍。

当采样数据不经过交换机，采用点对点方式直接传输时，假设线路 1 间隔和线路 2 间隔合并单元分别按各自晶振控制下以相同的采样率独立采样，将采样值打包形成报文后传给母线保护，报文中记录了数据源地址信息、帧序号、数据链路传输固定延时 Delay 等，延时 Delay 由电子互感器厂家经测试后提供，并且固定不变。母线保护解析出各个间隔合并单元的报文内容，根据其中的时间 Delay 推算到母线保护装置时间系统下的各间隔采样值，用于保护计算。由于保护装置使用的采样频率一般为 1.2k，而合并单元采样频率为 4k，并且各间隔的采样数据也不刚好对应至保护装置时间系统内的同一时刻，因此需要对收集到的各路数据进行重新插值采样。插值重采样的原理如图 6－22 所示。

母线保护在自身的时间基准下，分别于 T_{11}、T_{12}、T_{13} 和 T_{21}、T_{22}、T_{23} 时刻收到来自间隔 1 和间隔 2 合并单元发送的采样数据，由于不同间隔采样数据到达时刻的差异，母线保护装置再根据自身的采样频率重新插值采样，得到一组各间隔同一时刻的采样值 X_1 和 X_2 参与

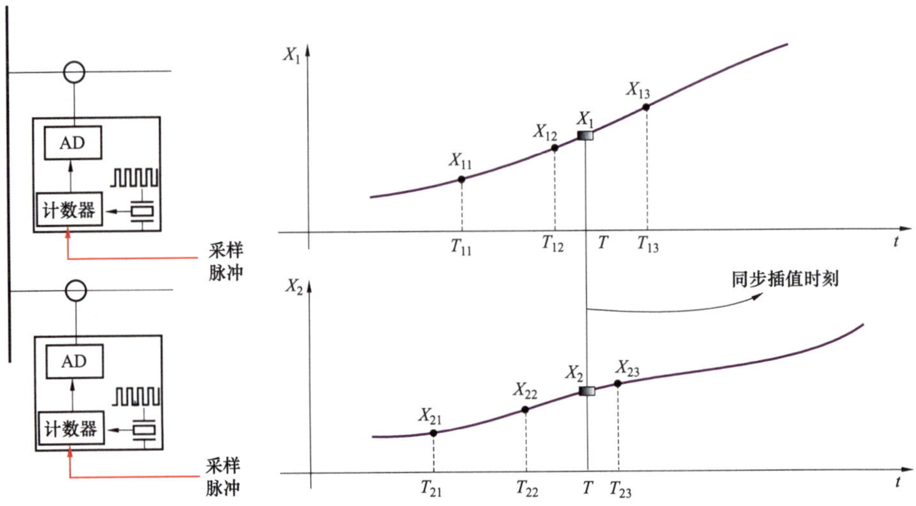

图 6－22 插值重采样原理图

保护计算。为了保证插值算法的精确性，要求合并单元发送的数据有很高的等间隔性。

（二）外部时钟同步

当采样数据经过交换机传输后，由于交换机的数据存储转发环节增加了传输延时，并且该延时受到报文大小和网络工况的影响，造成传输延时存在不确定性。由于电气单元的采样脉冲由合并单元控制，此时可以采用外时钟同步法，将所有间隔合并单元的采样脉冲拉至同步，保证所有间隔的电气单元在同一时刻进行采样，保护装置根据接收的相同包序号的报文用于计算。

外部时钟同步方式是一种依靠外部时钟源发出同步信号进行同步的方式，首先将站内的所有合并单元对上时，这种信号可以是脉冲信号、IRIG-B 码信号、IEEE 1588 信号等。合并单元在接收到同步信号后稍作处理即发出采样脉冲，由于合并单元与外部时钟之间完成了同步，因此这时从电子互感器采集的数据是对应同一时刻的。这种方式保证了采样值数据在源头是同步的，虽然数据传输过程中可能延时不一样，但同一采样序号的数据始终是同步的。

IEEE 1588 同步是一种新型的网络协议对时方案，具体实施结构如图 6－23 所示。这种

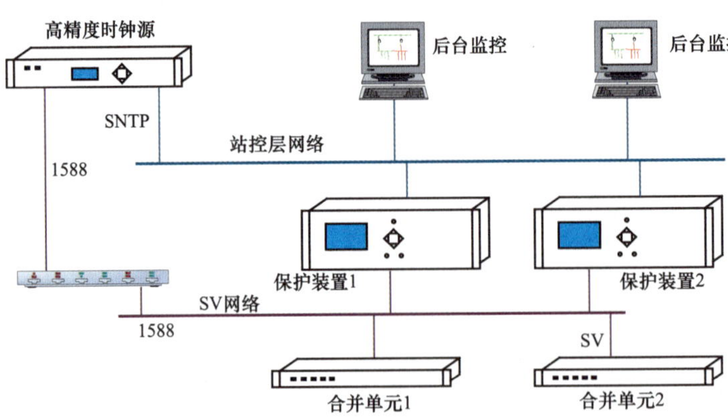

图 6－23 IEEE 1588 同步原理图

方式同样有一个高精度的时钟源。和其他外同步信号相比，IEEE 1588 定义了最优主钟算法：当时钟源丢失以后，它会利用已有的信息通过一系列算法推算出网络中时钟最准的设备，然后以该设备作为主时钟，其他设备作为从时钟与主时钟对时，不存在时钟源丢失带来的问题。采用 IEEE 1588 对合并单元进行同步后，使各合并单元与主钟间的时间误差小于 1μs，从而保证电子式互感器同时采集数据，满足采样精度的要求。这种同步方式既依靠外部的精确时钟源，同时也利用软件计算来实现同步。

在采用外时钟数据同步过程时，需要依赖外部外部统一的时钟源，万一失去时钟源，或时钟源发生问题，采样数据将可能完全失去同步而导致二次保护设备不正常，影响二次保护设备的可靠运行。对于采用 IEEE 1588 的外同步方式，由于目前支持 IEEE 1588 的交换机芯片还不完全成熟，该方法用于继电保护采样数据同步的可靠性方面还有待深入研究。

6.5 同步测试技术

针对智能变电站中采用的插值法和基于外时钟法数据同步方案，分别研究互感器之间采样数据同步、跨间隔保护采样数据同步以及线路差动保护与对侧常规站间数据同步测试方法。

6.5.1 基于插值法的数据同步

（一）线路电压与电流数据同步

对于接收 TV 合并单元电压量的间隔合并单元，需要测试电流和电压间的数据同步性，验证合并单元数据传输延时处理的正确性。试验中 TV 合并单元与间隔合并单元级联，采用继电保护测试仪给电子式电压、电流互感器的模拟器加相位相同的电压和电流量，测试保护测控装置接收的电流和电压之间的数据同步。

对智能变电站电压和电流的数据同步测试中发现，当在模拟器上加同相位的电压和电流时，如图 6-24 所示，间隔合并合并单元输出的电压和电流量之间相角差达到了 8°。

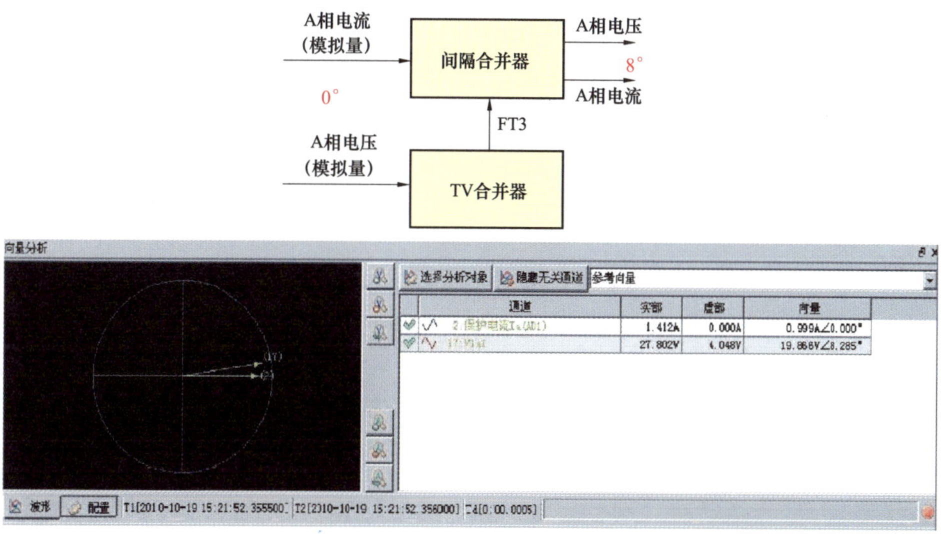

图 6-24 电压、电流同步测试图

经研究发现是TV合并单元给定的延时不对，在插值时少补偿两个点，经程序升级问题解决。

（二）站内间隔数据同步测试

对于本站内需要接收多间隔采样数据的保护，例如母线保护和主变压器保护，如果采用插值法进行数据同步，则需要对保护接收到间隔合并单元数据的处理情况进行验证。下面以母线保护为例，说明数据同步性测试过程，如图6-25所示。

根据工程实际情况搭建了如下的测试环境：将升流器一次侧导线不同极性穿过两个光纤互感器的三相敏感环，前置模块的光纤接至间隔合并单元上，合并单元输出IEC 61850-9-2数据至母线保护，以一个间隔合并单元的电流相量为参考，将另一路电流换到不同的间隔合并单元上，测试母线保护对各间隔数据的处理结果。改变一次电流值大小，记录测试结果。

对主变压器保护以相同的方法测试高—高、高—中、中—低压侧间的数据同步性，测试结果见表6-6。

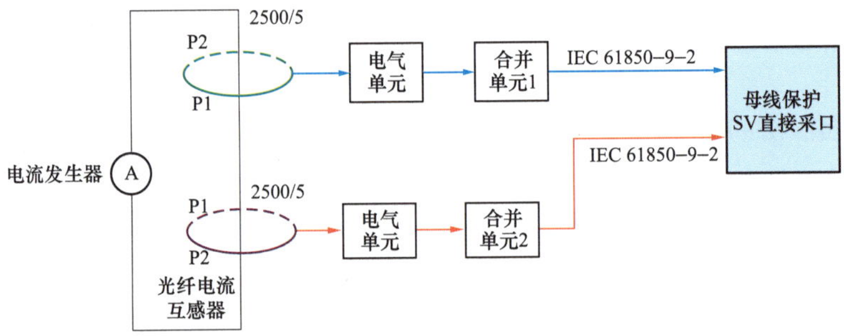

图6-25 母线保护各间隔电流数据同步测试

表6-6 跨间隔采样保护数据同步测试结果

标准电流（A）	I_{1-2}	I_{1-3}	I_{1-4}	I_{1-5}
50	0.09/180.56°	0.09/180.55°	0.09/180.59°	0.09/180.58°
100	0.21/180.59°	0.21/180.59°	0.21/180.60°	0.21/180.62°
150	0.29/180.64°	0.29/180.67°	0.29/180.65°	0.29/180.64°
200	0.41/180.66°	0.41/180.67°	0.41/180.66°	0.41/180.69°
300	0.59/180.71°	0.59/180.72°	0.59/180.72°	0.59/180.71°
400	0.79/180.78°	0.79/180.77°	0.79/180.79°	0.79/180.80°
500	1.0/180.83°	1.0/180.84°	1.0/180.84°	1.0/180.84°
600	1.27/180.87°	1.27/180.87°	1.27/180.88°	1.27/180.87°
700	1.39/180.91°	1.39/180.91°	1.39/180.92°	1.39/180.92°

注 以支路1电流为基准，测试其他支路与该支路的相角差。

从表6-6数据中可以分析出：采用插值算法同步的母线保护各间隔电流之间的角度偏差小于1°，满足母线保护同步的要求。

（三）常规保护与数字化保护间同步测试

对于线路差动保护来说，当一侧使用了光纤电流互感器，而对侧采用常规的电磁型电流互感器时，需要验证差动保护在一侧采用数字输入一侧采用模拟输入时的数据同步问题，如图6-26所示。

根据工程实际情况搭建了如下的测试环境：用升流器将工程用光纤电流互感器的一次电流逐渐升至800A，光纤电流互感器将一次电流转换为数字量传送至间隔合并单元，然后提供给光纤差动保护；另一方面升流器的一次电流通过标准电流互感器转换为二次电流，然后直接提供给常规侧的差动保护；光纤差动保护与常规差动保护之间通过光纤通道连接，通过保护CPU板采样显示直接比较光纤差动保护与常规保护的差流以及两侧保护电流的幅值和角度即可得知两侧电流的同步性。分别改变一次电流值，多次测试，记录测试结果，见表6-7。

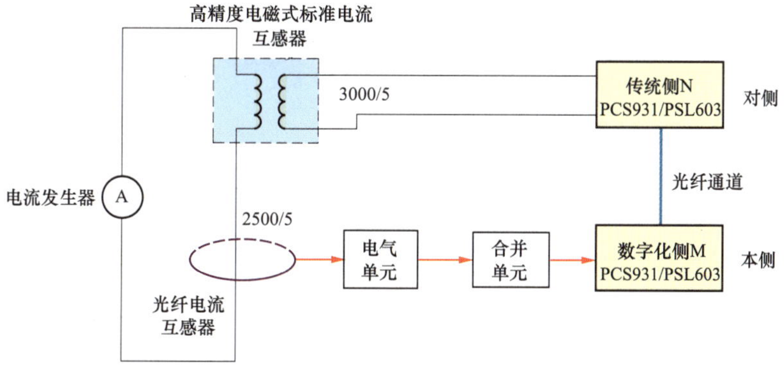

图6-26　光差保护两侧电流同步性测试

表6-7　与对侧常规保护数据同步测试结果

数字化侧M：变比2500/5　　常规侧N：变比3000/5

数字化侧M					常规侧N			
标准电流（A）	I_M	I_N	角差	差流	I_N	I_M	角度差	差流
50/50	0.09	0.09	176	0.02	0.08	0.08	177	0.02
100	0.2	0.19	178	0.02	0.17	0.18	177	0.01
150	0.29	0.30	179	0.02	0.25	0.26	179	0.02
200	0.4	0.39	179	0.02	0.34	0.35	181	0.01
300	0.59	0.60	181	0.02	0.5	0.51	180	0.01
400	0.79	0.80	181	0.02	0.5	0.51	179	0.02
500	1.0	0.99	181	0.02	0.67	0.68	181	0.02
600/640	1.27	1.26	180	0.02	0.67	0.68	181	0.02
700	1.39	1.39	182	0.04	1.14	1.15	179	0.02

从表数据中可以分析出：被测的数字化光纤电流差动保护的差动电流随着区外负荷电流的增加基本上不变化，满足光纤电流差动保护同步的要求。

以一次穿越电流为横坐标，画出二次差流随一次电流的变化趋势如图 6－27 所示。

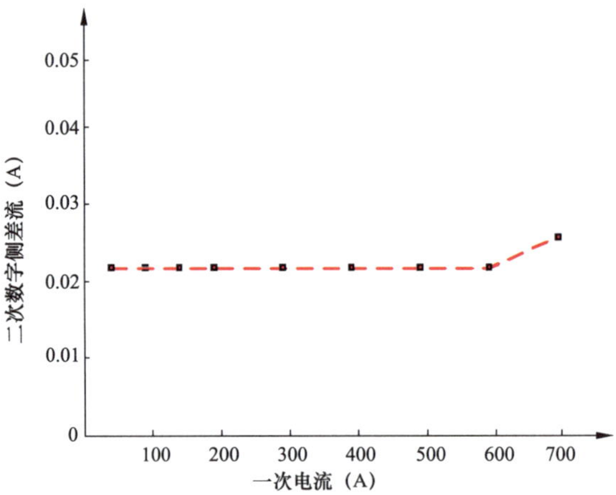

图 6－27　差动电流随外部穿越性电流的增加变化趋势

6.5.2　基于 IEEE 1588 的数据同步测试

（一）合并单元同步过程测试

对于采用 SV 组网方式下数据传输，同步脉冲通过级联交换机至合并单元，通过比较主钟和合并单元的同步脉冲上升沿，即可对合并单元的时钟偏差进行测试，测试结构图如图 6－28 所示。

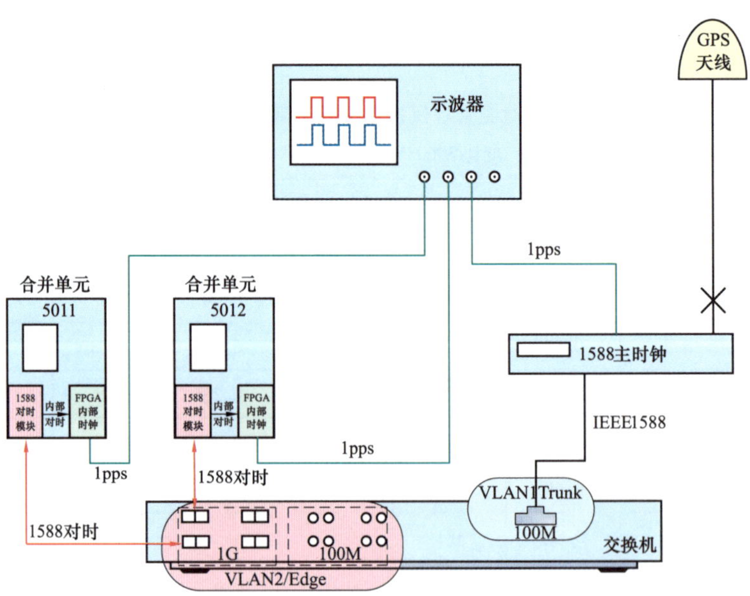

图 6－28　合并单元同步性能测试结构图

图 6 - 29 所示曲线的测量时间为 2h，曲线表明合并单元输出的秒脉冲与主钟脉冲时间偏差波动范围在 800 ~ 1000ns。

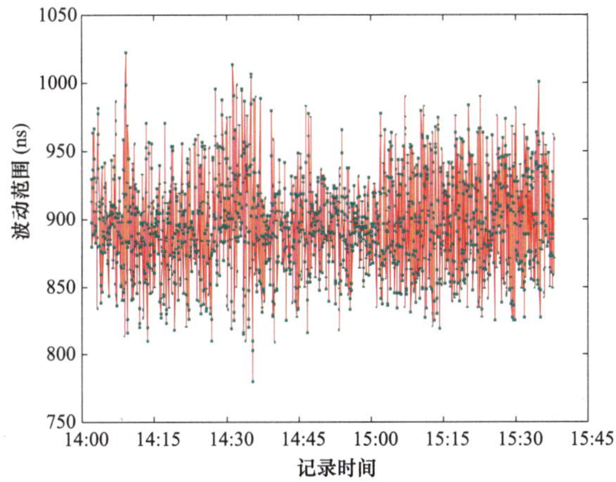

图 6 - 29　合并单元输出秒脉冲与主钟脉冲时间偏差波动曲线

（二）网络交换机流量对合并单元同步的影响

采用 SmartBit 对 SV 组网交换机上加背景流量，测试不同网络负载对采样值同步的影响。试验中将背景流量加在参考电流支路所处的子交换机相应端口，记录不同负载流量下合并单元间的 1pps 偏差，测试系统如图 6 - 30 所示。

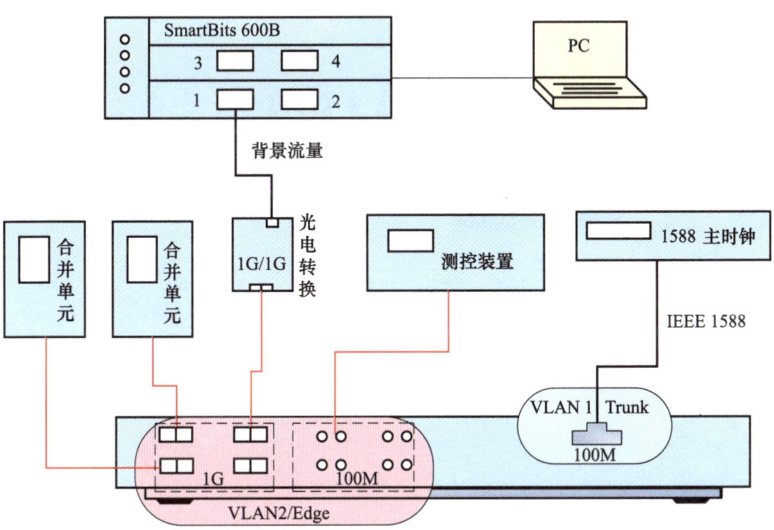

图 6 - 30　交换机背景流量对数据同步的影响测试

（1）正常流量。图 6 - 31 为正常流量情况下合并单元 1pps 脉冲主钟间偏差，从测试结果可以看出，正常工作情况下合并单元与主钟间秒脉冲时间差变化范围为［780，1022］ns，滞后主钟平均值为 896.4ns，方差为 36.0ns，均值满足要求。

（2）叠加 30% 背景流量。从图 6 - 32 可以看出，在交换机端口叠加 30% 的背景

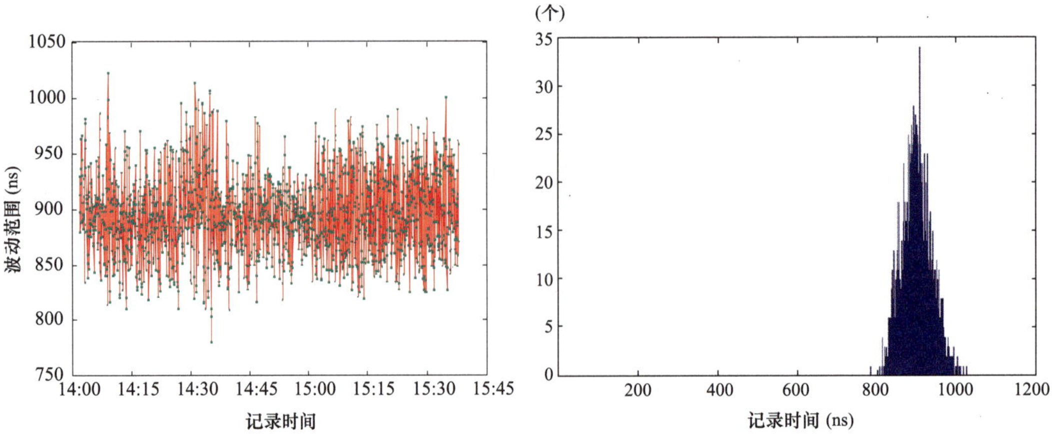

(a) (b)

图 6－31　正常情况下合并单元与主钟 1pps 偏差分布

（a）波动曲线；（b）分布图

announce 流量的情况下，合并单元与主钟间的脉冲延时出现锯齿波状的较大波动，变化范围为［787，2542］ns，滞后主钟平均值为 1092.7ns，方差为 245.7ns，均值不再满足要求。

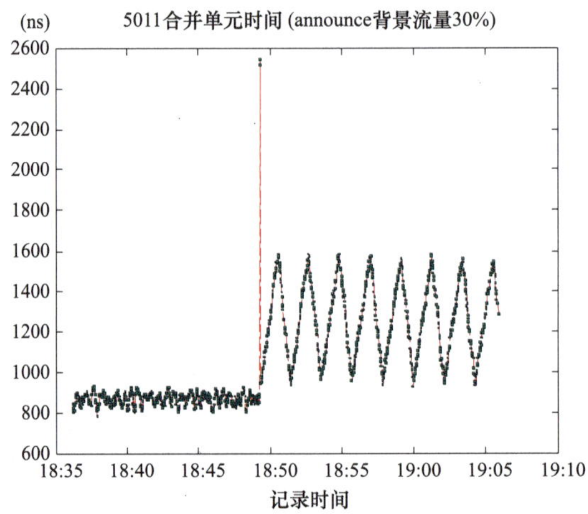

图 6－32　交换机上叠加 30% 背景流量时脉冲偏差

7 变电站智能状态监测系统

作为智能电网的核心组成部分，智能变电站的建设获得了越来越多的关注。根据现行的标准，智能变电站是指采用先进、可靠、集成、低碳、环保的智能设备，以全站信息数字化、通信平台网络化、信息共享标准化为基本要求，自动完成信息采集、测量、控制、保护、计量和监测等基本功能，并可根据需要支持电网实时自动控制、智能调节、在线分析决策、协同互动等高级功能，实现与相邻变电站、调度等互动。电力设备状态监测系统是保证电力设备正常工作并预估设备的损耗以建立合理的检修计划，电力设备状态监测系统是实现智能变电站的基础。因此，以设备的状态监测为基础的状态检修成为实现智能变电站并最终建立智能电网的核心技术之一，该技术近年来获得越来越多的重视。

由于技术上的局限性，电力系统长期沿用定期检修模式。该模式存在试验周期长、强度大、有效性差和经济性差等缺点，难以满足电力系统对可靠性的要求。因此，状态检修逐步代替定期检修已成为电力系统设备检修的必然趋势。近年来，随着智能化的一次设备、网络化的二次设备、自动化的运行管理系统的快速发展，状态检修便逐步成为可能。

为了实现真正意义上的状态检修，首先必须准确了解设备的真实状态。因此，状态监测是状态检修的核心技术。电力设备的状态监测是指通过传感器、计算机、通信网络等技术，及时获取设备的各种特征参量并结合一定算法的专家系统软件进行分析处理，对设备的可靠性做出判断，对设备的剩余寿命做出预测，从而及早发现潜在的故障，提高供电可靠性。电力设备状态监测大大降低了维修周期内的设备故障率，为设备状态检修提供技术依据，并及时发现设备缺陷和异常征兆，确保设备安全运行，从而提高供电可靠性。

本章将针对目前变电站设备的监测技术，结合智能电网的发展方向，对状态监测技术的现状以及未来发展进行综述。

7.1 电力设备状态监测概述

7.1.1 电力设备状态监测的意义及必要性

一、电力设备状态监测的意义

（1）对设备出现的各种异常和故障状态及时做出判断，预防和消除这些异常和故障状态。对设备的运行进行必要的指导，提高设备的安全性、可靠性和有效性，把故障损失降到最低。

（2）保障设备发挥应有的设计能力，制定合理的检修维护制度，以便在合理的条件下充分挖掘设备潜力，延长服役和试验寿命，降低设备寿命周期费用。

（3）通过监测监视、故障分析、性能评估等，为设备结构改造、优化设计、合理制造、正确安装及生产过程提供数据和信息。

二、电力设备状态监测的必要性

目前，国家电网公司对电力设备的检修模式已经由原来的定期检修转变为状态检修，实施状态检修的必要性主要体现在以下几个方面。

（一）市场经济运营的要求

电力企业正在向市场经济转移，经济效益和社会效益都是其重要的追求目标，而提高供电可靠性和降低生产成本是实现目标的基本途径及关键所在。设备检修费用在整个生产成本中占相当大的比例，定期检修已不能满足形势发展的要求。而状态检修是提高供电可靠性和降低设备检修费用的重要措施。

（二）设备技术进步的要求

电力设备的定期检修缺乏科学性和合理性，用它指导检修实践，往往会产生检修不足或检修过剩的情况，从而造成大量人、财、物的浪费，甚至产生负效应。不必要的频繁检修还可能会增加误操作、人员伤亡和事故发生的概率。另一方面，设备在运行中发生异常急需检修时，往往又因未到期而可能延搁了及时检修的时间，导致设备事故的发生。此外，目前电力设备的生产制造技术、工艺质量水平、工作环境标准已越来越高，而目前检修技术和条件尚不能满足相应的要求，检修现场发生先进设备本身不坏而修坏掉的事故屡有发生。

（三）检修管理科学性的要求

定期检修制度的主要技术手段是电力设备的定期预防性试验，但定期预防性试验的试验电压远低于设备的运行电压，停电试验时，一般都是用最高 10kV 试验电压得出的结论去考核鉴定 220kV 甚至 500kV 运行电压下的设备状态和可靠性，这是不科学的。因此，有人戏称这种试验为“安慰性试验”。状态监测是通过运行电压对设备状态的监测，能比较准确地反映设备的客观状态，不仅技术上合理，而且方法上科学。因此，它是状态检修重要的技术手段和有效的技术措施。

（四）提高供电可靠性的要求

定期检修造成的计划停电往往影响了供电可靠性和售电量。目前，全社会对供电可靠性的要求越来越高，大量定期检修所需要安排的停电时间也越来越难。随着《中华人民共和国电力法》的普及和深入，停电所造成电力用户的损失要实施赔偿制度，给定期检修制度带来了不可避免的冲击。

（五）电力体制改革和减员增效的要求

我国的电力工业发展很快，但电力企业从业人员的增长远跟不上电力系统的发展和设备的增长，有些专业的检修人员还出现了负增长。而定期检修需要投入大量的人力和物力，因此，满足不了电力体制改革和减员增效的要求。

（六）检修技术合理性的要求

从技术合理性的角度来看，电力设备的状态分为正常状态和故障状态，电力设备的故障模式对状态检修有重大影响。用科学的态度开展状态检修，就必须要对故障的形成规律、发生原因、机理及运行周期有所认识和理解。

（1）电力设备故障和缺陷的“浴盆曲线”。一般情况下，电力设备的故障或缺陷在新安装投运期间由于安装质量方面的问题、设备本身存在的薄弱环节、设计和工艺等方面的缺陷等，在开始投运的一段时间内暴露的比较多，随着消缺后运行时间的增长而近于平缓，运行一定时间后，随着设备的陈旧老化，逐步暴露缺陷的概率又开始增加，它和电力设备的绝缘性能一样，是时间的增函数，趋近于一条“浴盆曲线”，随运行时间变化的故障缺陷率曲线如图 7－1 所示。而经常性的定期检修，可能使常规的设备运行“浴盆曲线”规律发生变化，反而会增加设备发生故障的概率，定期检修可能形成的故障缺陷率曲线如图 7－2 所示。

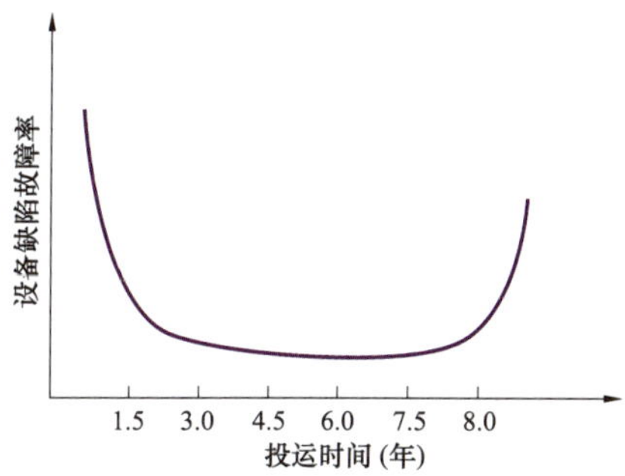

图 7－1　随运行时间变化的故障缺陷率曲线

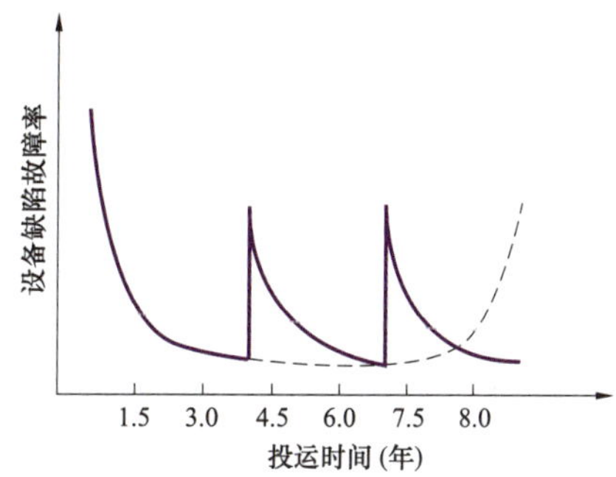

图 7－2　定期检修可能形成的故障缺陷率曲线

目前，普遍存在一种片面的认识，认为检修不可能会引发故障，在两次定期检修之间不应有故障发生，即使发生了故障也不是检修的问题。这种看法完全忽略了检修本身可能引发设备故障或缺陷的各种原因。如工作人员的责任心、技术水平、工艺质量控制、零配件的替换特性等。经验及统计表明，即使严把检修质量关，设备的故障率仍会上升。因此，需要尽量减少没有必要的计划检修安排。

（2）电力设备功能退化的规律（P－F 曲线）。电力设备大多故障一般不会在瞬间发生，并且在功能退化到潜在故障 P 点以后才逐步发展成能够探测到的故障，若潜在故障没有被检测到和没有采取相应的措施，通常将会加速退化的进程，直到达到功能故障的 F 点而发生事故。这种从潜在故障发展到功能故障之间的时间间隔，被称为 P－F 间隔，电力设备功能退化的 P－F 曲线如图 7－3 所示。

如果在功能故障前检测到运行设备潜在的问题，对故障的处理就会在 P－F 之间的时间间隔内完成。由于各种设备、各种故障形式、各种故障特点对应于 P－F 间隔的时间是不定值，可能是几个小时，也可能是几个月或几年不等，因此定期检测下不可能满足 P－F 间隔的时间要求，从而导致设备功能故障的发生。而有效的状态监测就可能捕捉到 P－F 间隔的整个发展过程，并在到达功能故障 F 点之前的合理时机采取措施进行检修或故障处理。

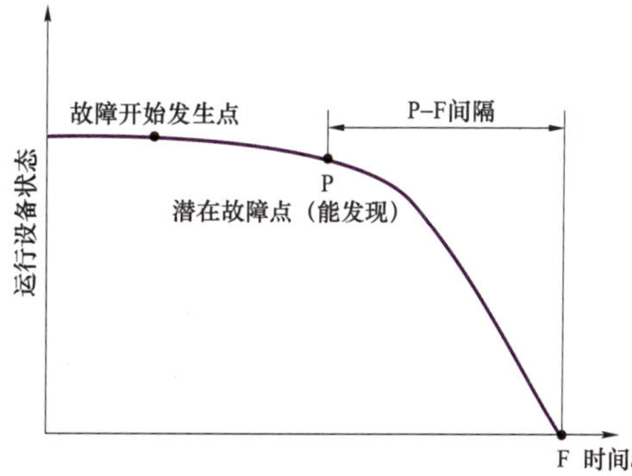

图 7－3　电力设备功能退化的 P－F 曲线

（3）检修的传统观点和现代设备的故障特征。长期以来，传统的观点认为，定期检修已形成一套固定的模式和经验。这种观点的前提条件是：设备运行和发生故障的可能性有直接关系。这意味着大多设备可以可靠地工作一个周期，然后逐步发生故障或缺陷。这种传统的想法认为可以从设备故障的历史数据中确定设备可以可靠工作的周期，并在设备即将出现故障之前采取检修预防措施。设备运行时间和故障之间可预料的关系对有些故障模式来说是客观存在的，但它大多发生在比较简单的附件或零部件上，如：风扇、阀门座、潜油泵、冷却器等，这类与设备运行时间相关的故障常与设备长时间连续工作的疲劳和腐蚀有关。然而，现代先进的电力设备比过去的老设备要复杂得多，技术上、结构上、工艺上都有了质的变化，因此，其故障模式也发生了很大的变化。往往认为设备的可靠性与运行时间总是存在某种固定的联系，定期检修越频繁设备发生故障或缺陷越少的观点是错误的。实践证明，除与运行时间有关的故障模式占主导地位以外，大多情况下，定期检修只能增加发生故障或缺陷的概率，降低运行设备的可靠性。

7.1.2 电力设备状态监测的发展概况

一、我国电力设备智能状态监测发展历程

目前，我国设备监测主要有三种方式：停电预防性试验、带电监测、状态监测，后两种监测方式不需要停电。近几十年来，国内外对输变电设备绝缘状况的带电监测和状态监测技术进行了大量研究并取得了多项成果，其发展大体经历了三个阶段。

（1）带电测试阶段，这一阶段起始于20世纪70年代左右。当时人们仅仅是为了不停电而对电气设备的某些绝缘参数（主要是泄漏电流）进行直接测量。其结构简单，测试项目极少，而且要求被测试设备对地绝缘，测试的灵敏度较差，所以应用范围较小，未能得到普及应用。

（2）从20世纪80年代开始，出现各种专用的带电测试仪器，使状态监测技术开始从传统的模拟量测走向了数字化测量，摆脱了将测试仪器直接接入测试回路中的传统测量模式，而代之以利用传感器转换成数字仪器可直接测量的电气信号。同时还出现了一些其他通过非电量测量来反映绝缘状况的测试仪器，如红外装置、超声装置等。这一时期具有代表性的带电测试仪器是同本的LCD－4型避雷器泄漏电流测试仪。

（3）从20世纪90年代开始，出现以数字波形采集和处理技术为核心的微机多功能绝缘状态监测系统。利用先进的传感器技术，计算机技术和数字波形采集与处理等技术，实现更多的绝缘状态参数状态监测（如介质损失角正切值 $\tan\delta$、电容量、泄漏电流、局部放电、色谱等）。这种监测系统可以实时连续地巡回监测各被测量，监测内容丰富，信息量大，处理速度快，实现了绝缘监测的自动化。

总而言之，虽然带电监测在目前阶段的应用有其优越性，但对未来智能电网的建设而言，状态监测显然更有吸引力，在长期发展中更有优势。随着传感器技术、信号采集技术、数字分析技术与计算机技术的发展和应用，今后，以状态监测技术为基础的状态监测将成为智能变电站不可或缺的重要组成部分。

二、国内外电力设备状态监测的研究现状

电力设备状态监测技术发展很快，绝大多数电气设备都在不同程度上发展了各类状态监测项目。与预防性试验相比，状态监测系统采用更高灵敏度的传感器以采集运行中设备绝缘劣化的信息，信息量的处理和识别也依赖于有丰富软件支持的计算机网络，不仅可以把某些预试项目在线化，而且还可以引进一些新的更真实反映设备运行状态的特征量，从而实现对设备运行状态的综合诊断，促进电力设备由定期试验向状态检修过渡的进程。

国际上，状态监测已成为非破坏性检测下属的一个活跃的新分支。早在 1951 年，美国 Westing house Eleetrie Corporation（西屋公司）的约翰逊（John S. Johnson）针对运行中的发电机因槽放电导致电机损坏现象，研究并监视了电机运行条件下的槽放电现象。20 世纪 60 年代美国率先开发状态监测技术，成立了庞大的研究机构，每年召开 1 ~2 次学术交流会议。从 1989 年起，已举行了多届有关状态监测的国际会议，每年都有大量的研究报告、学术论文发表。加拿大 SYPROTEC INC 公司开发了 HYDRANl03B（便携式）HYDRAN201 R 状态监测仪，主要是测量 H_2 和 CO，目前，全世界共有 5000 台这种监测装置：日本东京电力公司研制了油浸变压器实时分析仪，经高分子膜后可以分析各种气体的浓度，由专家系统予以诊断故障种类、故障程度等；日本开发的基于振动法的 GIS 逐次分类型 ANN 系统：加拿大、美国、日本等已开发了变压器油中气体分析诊断专家系统。

不少国家已整套应用状态监测系统。通常，一种电气设备的状态监测仪器或系统，由传感器系统、信号采集系统、分析诊断系统组成。传感器系统用于感知所需要的电气参量或非电气参量，目前常用的传感器有电磁传感器、力学量传感器、声参数传感器、热参数传感器、化学量传感器等。信号采集系统是将传感器得到的模拟量转换成数字量进行传输，应用数字滤波技术对采集到的信号进行滤波处理，抑制和消除外界干扰，提取真实信号，并进行信号的还原（光电转换和光纤传输的引入有效地解决了高压隔离问题）。分析诊断系统利用小波分析技术、神经网络技术、模糊诊断技术、专家分析技术等方法对所采集信号进行分析、处理和诊断，得到所测电气设备绝缘的当前状况，并根据需要进行绝缘诊断和寿命评估。

随着电子技术的进步和传感器技术、光纤技术、计算机技术、信息处理技术等的发展和向各领域的渗透，状态监测技术正逐步走向实用化阶段。状态监测、故障诊断技术虽然有其不可替代的优势，但在目前情况下，也存在很多不足和问题。

由于变电设备有复杂的结构系统，运行参数并非全部有严格的逻辑和定量关系，其故障现象、故障原理之间具有很大的不确定性，一个故障可表现出多种征兆，监测到的几个故障起因同时反映一个故障征兆，故障与征兆之间关系模糊复杂，因此完全通过建立精确的数学模型来诊断是十分困难的。这种复杂的系统就是模糊的系统，而模糊系统的边界、结构等概念的外延是模糊的，内涵是灰色的。也就是说，此系统中的一些信息是确定的，另一些是非确定的，因此，可以采用将精确性向模糊性逼近的模糊集的数学方法来处理这些模糊现象，并注入人工神经网络系统，才能对这一复杂的系统，找出合适的描述方法。同时还要模拟技术专家进行故障诊断时的经验，并将经验、规则模型化，以计算机替代专家，并以远程通信方式进行传输。除此之外，复杂的现场环境也给状态监测和故障诊断技术的应用带来困难。目前，状态监测和故障诊断技术尚存在以下问题和不足。

1）受技术条件限制，目前发展较成熟的仅有局部放电定位仪和部分组分含量的在线色谱仪，而其他反映设备状态的项目尚无成熟监测。因此，在故障诊断中，很多需采集的信息还必须依赖于离线检测。

2）早期故障的监测信号极弱，设备运行现场均有较强的磁场和电场干扰，信噪比很低，给状态监测带来困难。

3）现有的一些监测系统，只能反映设备故障的发展趋势，很难提供设备故障的类型及故障的危急程度。软件不能适应个案的分析和判定，软、硬件在不同程度上存在缺陷和不稳定性，易引起误报、错报故障。

4）现行规程中没有状态监测的技术要求和指标，使故障诊断时缺乏科学的判据。

5）现有的监测、诊断系统尚不能完全实现连续不断的实时监测，所以对突发性故障不能准确、及时预报。

综上所述，变电设备的状态监测和故障诊断技术，可以迅速、连续地反映设备的运行状态，预示运行设备存在的潜伏性故障，提出处理措施，延长设备的服役期，减免不必要的维修干扰，大大降低运行成本，易实行自动化和科学化设备管理，是保障电力设备安全经济运行的有力措施，应大力推广。

三、电力设备状态监测与诊断技术发展趋势

（1）电力系统状态监测应与前沿性技术成果紧密结合，将计算机技术、通信技术、人工智能技术、设备诊断技术结合，使诊断技术不断提高。

（2）由以单台设备为目标的状态监测向整体监测延伸，设备的状态由多种参数综合决定，故障维修不再局限某一设备，而是同时考虑整个电网设备的运行以及电力供求关系的调整：从设备附近采集和处理数据的分布式多参数状态监测系统，与集中式监测系统相比，可以节省信号电缆，降低监测量，提高了监测的可靠性，同时还可以做到资源共享。

（3）设备状态的远程监测和网络化的跟踪：分布式系统的发展以及通信技术在电力系统的广泛应用，使设备诊断技术与计算机网络技术结合，采集设备的状态参数后可远程传送数据，远程协作诊断。

（4）状态监测系统与其他系统联网和集成：如在分布式的监控系统中将状态监测系统与继电保护有机结合。

7.1.3 变电站设备状态监测系统

变电站设备状态监测系统是指利用现代传感技术、信息技术、计算机技术以及各相关领域的成果，综合构成的辅助运行系统。变电站设备状态监测系统利用系统分析方法，结合系统运行的历史和现状，对设备的运行状态进行评估，以便了解和掌握设备的运行状况，并且对设备状态进行显示和记录，对异常情况进行处理，并为设备的故障分析、性能评估提供基础数据。

状态监测基于这样的事实：大量故障不会同时发生，设备的劣化大都经过了一个渐变的发展过程。通过对能够反映设备运行状态的参量进行检测，一旦发现设备出现异常的迹象，且这种迹象仍然有发展的趋势，我们就认为该种设备有发生故障的可能。电气设备的状态通常可以分为三种情况：正常状态、异常状态、故障状态。正常状态指设备的整体或局部没有缺陷，或虽有缺陷但不影响设备的正常运行。异常状态是指缺陷已有一定程度的扩展，使电气设备状态信号发生一定的变化，电气设备的性能已经劣化，但仍能维持工作，此时应该注意设备性能的发展趋势，开始制订相关检修计划。故障状态则指设备的性能指标已有明显的下降，设备已经不能维持正常的工作，包括故障萌生并有进一步发展趋势的早期故障；程度尚不严重，电气设备仍可勉强“带病”运行的一般功能性故障；电气设备不能继续运行的严重故障以及已经导致灾害事故的破坏性故障等。

状态监测的原理就是通过传感器将能够反映设备状态的参量送入计算机，经过信号处理获得表征设备特征参数，在与根据历史数据和经验确定的阀值参数进行比较以判断设备的状态情况。

一、状态监测装置的结构

对电力设备进行状态监测，进而达到对设备进行状态维修的目的，是基于这样一个事实：某种设备在出现故障，需要进行维护之前，总是存在一个无故障工作期间，该时间期间符合统计规律，是一个和时间相关的函数。随着时间的推移，总会有一些表征整个设备或者某些重要部件寿命的参数发生变化，如果采集这些参数信号，并加以分析，根据其数值的大小及变化趋势，就可以对设备的可靠性做出判断，对其剩余寿命做出预测。这也是对设备进行状态监测的根据所在，下面结合江苏省无锡市 220kV 西泾智能变电站（以下简称西泾智能变电站）的系统构架、通信模型、数据流以及总线技术进行讲述。

到目前为止，状态监测系统的大小、功能范围等尚无统一的界定标准。虽然有学术界提出有必要建立统一的标准，来规范电力设备状态监测系统。但是由于面对的监测对象种类繁多、用户要求各不相同以及技术支持平台也千差万别，所以短期内难以实施。但从功能上看，构成一个在线状态监测至少需要有数据获取和数据处理诊断两个子功能系统。

尽管设备种类繁多、结构各异，对设备进行状态监测的类型也千差万别，但是，不论什么类型的监测系统，都需要经过三个步骤：① 采集设备数据信号；② 对数据进行传输；③ 分析处理数据及诊断。如果仔细划分，它均应包括以下基本功能单元。

（1）信号变送。表示设备状态的特征信号多种多样，除了电信号以外，还有温度、压力、振动、介质成分等非电量信号。目前融合了计算机技术的监测及诊断系统，其最终处理的是电信号。所以必须对非电量信号或者不适合处理的电信号进行变换。信号的转换由相应的传感器来完成，传感器从电气设备上监测出反映电气设备状态的物理量，并将其转换为合适的电信号，传送到后续单元。它对监测信号起着观测和读数的作用。

（2）数据采集。数字化的测量或者微机处理系统，所处理的是数字信号，一般通过数据采集系统来完成 A/D 转换。

（3）信号传输。对于集成式的状态监测系统，数据处理单元通常远离现场，故需配置专门的信号传输单元。而对于便携型的监测系统则相对简单，只需对信号进行适当的变换和隔离。

（4）数据处理。在数据处理单元受到传输单元传来的表征状态量的数据后，根据不同的设备，选择不同的方式进行处理。例如，进行平均处理、数字滤波、做时域、频域的分析等读取特征值。

（5）状态诊断。对处理后的实时数据和历史数据、判据及其他信息进行比较分析后，对设备的状态或故障部位做出诊断。必要时要采取进一步措施，如安排维修计划、是否需要退出运行等。

由上述几个单元构成的集中型状态监测系统的框图如图 7－4 所示。通常将上述各部分分成三个子系统：现场信号监测、信号调理传输、处理决策。

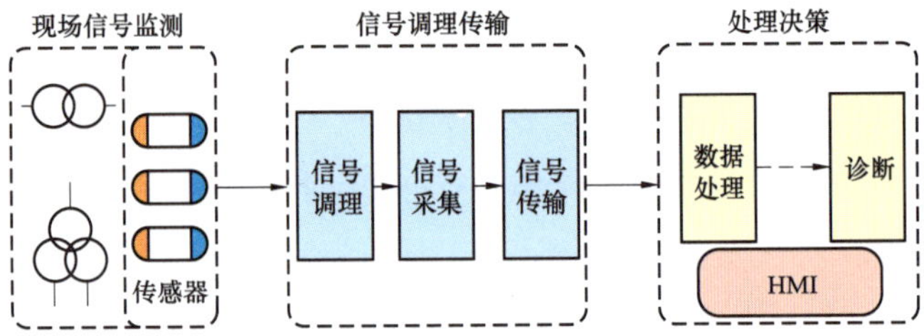

图 7－4　集中型状态监测系统框图

现场信号监测系统是通过传感器，从设备上监测出反映设备状态的物理量和化学量，并转化为电信号；信号调理传输单元把电信号经过滤波、放大等电路，变换成标准信号以便传输，采用数字信号传输或光信号传输，使监测信号传输到主控室的数据处理单元；数据处理和诊断系统把监测信号进行处理和分析，对设备的状态做出诊断和判定。

二、状态监测系统的构架

监测系统的结构形式大致可以分为以下三类。

（一）带电检测的结构形式

带电检测的状态监测系统，将采样用的各类传感器安装于所监测的设备上，而将 A/D 转换，微计算机及其外围电路等集中于相应的便携式仪器中，用于对所采集的参量进行分析，以判断电力设备的运行状态。

采用这种方式，投资少，配置方便、灵活。但不能连续监测，不能集成所有的设备和项目，无法实现远程监测和集中管理。

（二）集中式的结构形式

集中式状态监测系统，指采用不同档次的计算机，扩展其外围接口电路，集中采集不同的传感器模拟量，即通过大量的屏蔽电缆将较微弱的被测信号直接引入系统主机，然后由主机进行集中检测及数据处理。为减少电缆的用量，后期推出的监测系统采用分区集中方式，按照变电设备的分布情况将被测信号分为若干个区域，分别进行汇集及信号选通，然后通过一根特殊设计的多芯屏蔽电缆把选通的模拟信号传送到主机，由主机进行循环检测及处理。这样的方式虽然可以减少电缆的用量，但同样不能解决模拟信号在长距离传输后所导致的失真问题以及在现场工作量大、维修困难等缺点。

（三）分层（级）分布式的结构形式

为了解决模拟信号在长距离传输后所导致的失真问题，现在倾向于将微弱的模拟信号就地模拟转换，采用现场总线技术，由主机进行循环检测及处理。依据 IEC 61850 关于变电站功能、变电站通信网络以及整体系统建模的分层设定，智能变电站分为三层结构：过程层、间隔层、站控层。变电站系统架构示意图如图 7－5 所示。

更近的分层（级）分布式的结构采用模块化设计和现场总线控制技术。它由安装在变电站内的数据采集及处理系统和安装在主控室内的数据分析和诊断系统，再通过公共网络，把若干个变电站的监测数据汇集到相关管理部门的数据管理诊断系统，实现对多个变电站的

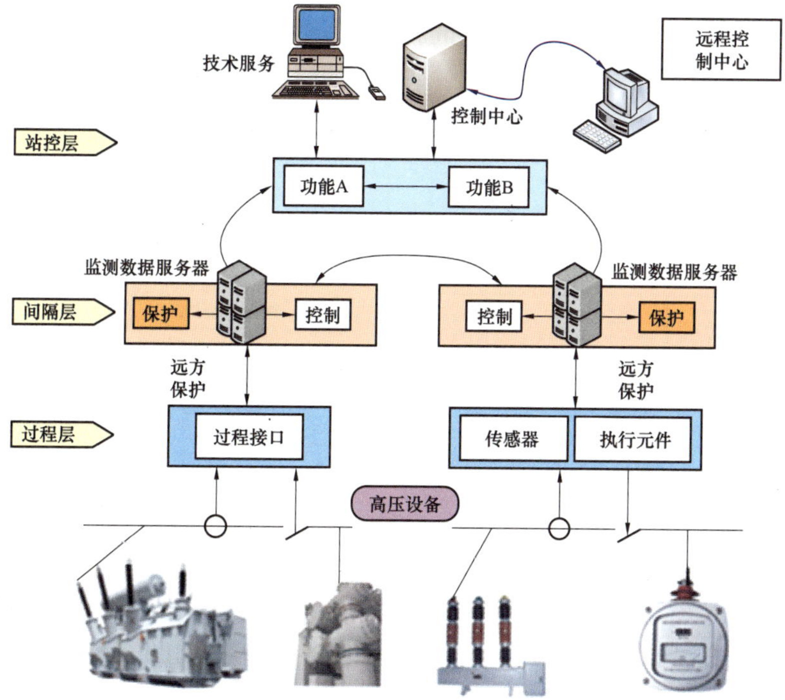

图 7－5 变电站系统架构示意图

电气设备状态的实时状态监测。

分层（级）分布的结构，每一层完成不同的功能，每一层由不同的设备或不同的子系统组成。一般来说，整个系统可分为三层，即过程层、间隔层、站控层，在分层分布式系统中，各个模块完成各自的功能。由于采用总线式结构，增加或减少监测设备和监测项目均不需要改变系统结构，可根据需要在通信总线上挂接以不同类型及数量的智能组件，就可实现不同高压电气设备、不同项目的连续状态监测，因而系统的开放性较好。所有的数据处理在就地完成，主控计算机仅完成通信控制和故障诊断，减轻了主机的负担。所有的智能组件均具备严格的自检功能，测量数据全部采用光纤通信方式传输，克服长距离传输模拟信号所导致的波形失真问题，并且可及时反映出就地模块自身的工作状况，提高监测结果的可信度；而且，即使某个节点出现故障，也不影响整个系统的正常运行。即使通信光缆故障或主机故障，还可使用便携式设备就地进行检测。

为了共享变电站状态监测数据，要解决各状态监测系统的计算机远程联网、联机问题，有两种基本方式。

（1）全开放式联机。该联机方式允许被授权单位或部门用电力系统内公共网络，直接进入变电站状态监测系统获取监测数据。只要变电站内状态监测系统认可联机用户密码，监测系统就对远方用户开放。开放方式分为两个级别，一个级别为只读方式，用户无权变更监测系统参数或写入任何内容；另一个级别为系统维护方式，用户不仅可得到监测数据，还可以了解监测系统运行状况，更改运行参数甚至运行程序。

（2）区域状态监测数据中心联机。区域状态监测数据中心可以设在省电力公司或地区电力公司，对下级变电站提供联机服务和监测数据库管理工作，还可对外联机，直接提供已处理的多年连续监测数据。状态监测系统的联网以及交换监测数据的另一个重要目的是获得远方绝缘专家的咨询与技术支持，当本区域监测到的数据变化不足以判断故障时，可以依靠该网络向远方的绝缘专家送出数据以获得他们的咨询意见。西泾智能变电站系统架构图如图7－6所示。

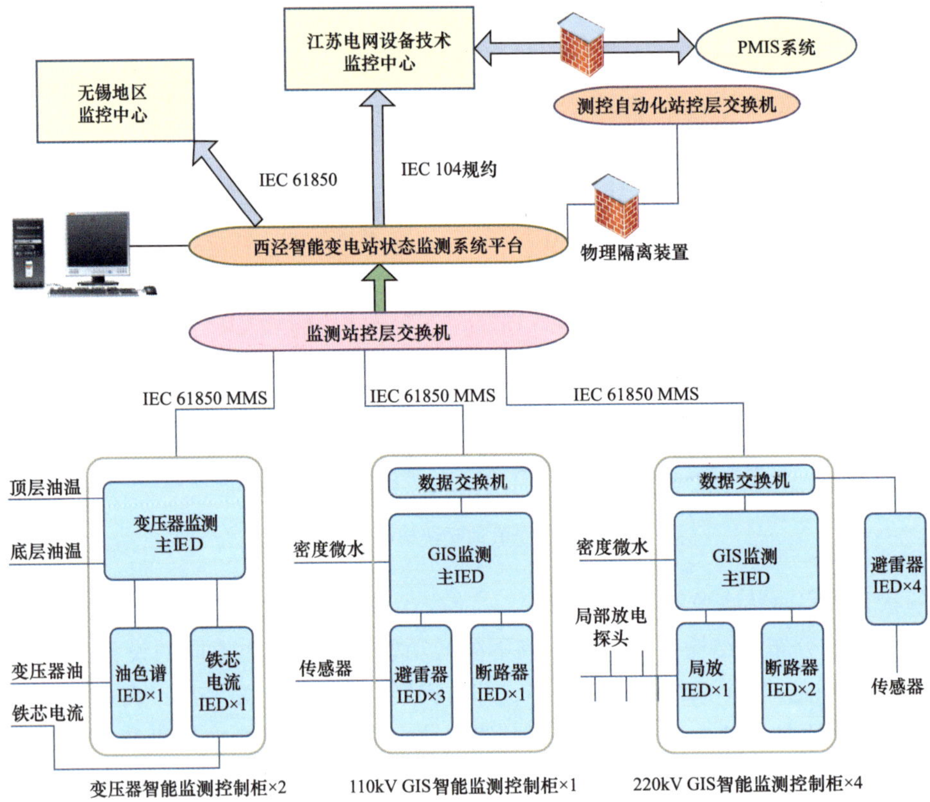

图7－6　西泾智能变电站系统架构图

该系统分为三层架构：传感器、智能装置及平台软件。传感器层包括简单的电压电流传感器，也包括复杂的采集装置，如油色谱、密度微水传感器。

传感器采集到监测数据后，通过模拟信号、RS 485通信、网络通信等途径，将信息上送到智能装置IED，这部分数据由智能装置做初步的分析，然后将监测数据及分析结果通过MMS服务上传至监测平台软件。

监测平台软件包含两部分，底层采集软件及上层展示界面。底层采集软件的功能包括对智能装置上传数据的解析，对实时数据库的维护，对历史数据库的管理等底层任务，基于成熟测控平台开发。上层展示界面基于实时数据库，提供数据展示及系统管理功能。

7.2 智能状态监测系统

由于智能状态监测系统是一个跨部门、跨系统的大型综合管理信息系统，江苏省无锡市220kV西泾智能变电站状态监测系统涉及的部门有：信息中心、调度中心、生产技术部、安全监察部、运行等各主要生产管理部门，涉及的系统有：局 MIS、调度 MIS、调度 SCADA 系统、运行 MIS；涉及的装置有变压器综合管理平台、GIS 局放监测装置、断路器监测装置、避雷器检测装置等，所以在设计状态监测系统的功能模块时除考虑自身的相对独立性和开放性以外，还得重点考虑与其他已有系统模块的集成。西泾智能变电站状态监测系统界面图如图 7－7 所示。

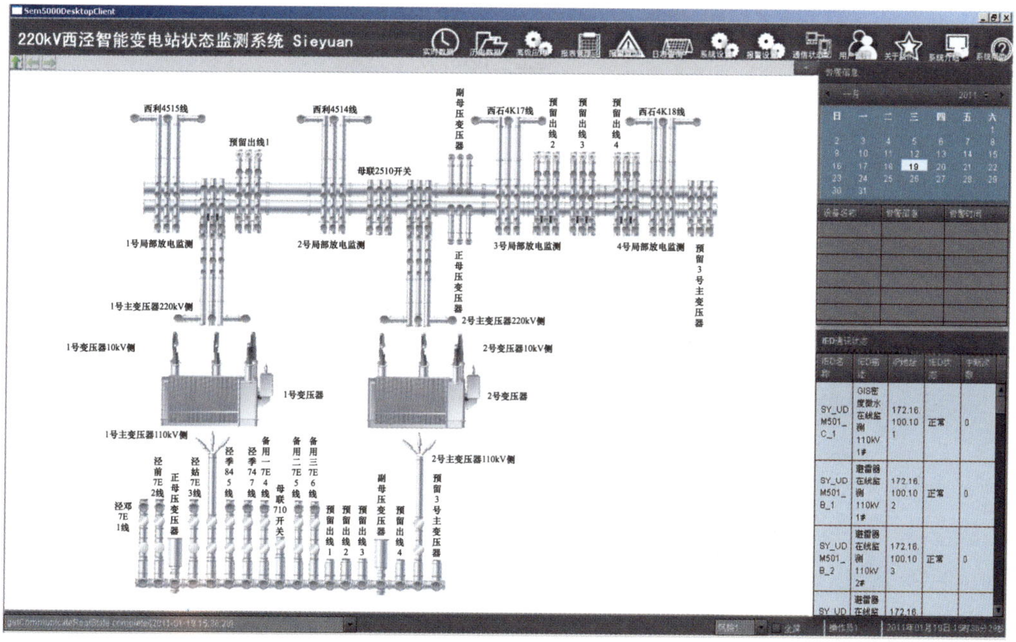

图 7－7　西泾智能变电站状态监测系统界面图

图 7－8 是西泾智能变电站状态监测系统框架图，该框图基本表达了系统的涵盖面。

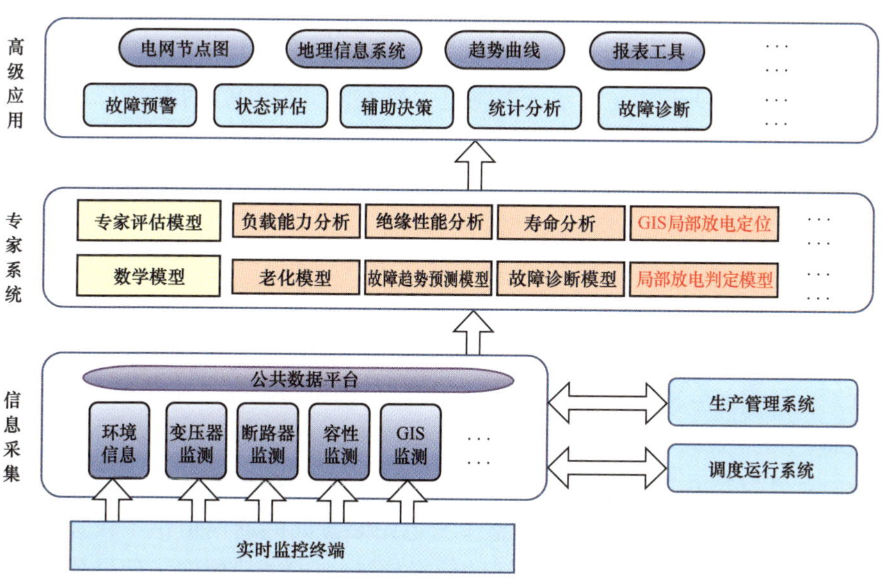

图 7－8　西泾智能变电站状态监测系统框架图

7.2.1 状态监测通信系统

一、电力设备状态监测通信系统框架模型

作为变电站自动化通信网络和系统的标准：IEC 61850 主要强调面向对象的建模和基于客户机或服务器结构的应用数据交换的定义。图 7－9 是根据 IEC 61850 协议设计的西泾智能变电站网络通信框架模型。

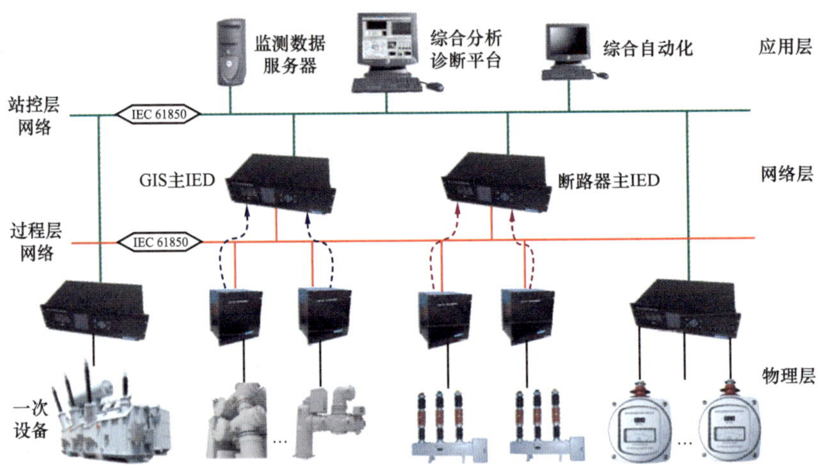

图 7－9　西泾智能变电站状态监测系统网络通信框架模型

（一）物理层/数据链路层

在此层，IEC 61850 采用以太网作为数据链路层。以太网是建立在 CSMA/DA 机制上的广播型网络。冲突的产生是限制以太网性能的重要因素。早期的以太网设备如集成器是物理层，设备不能隔绝冲突扩散，限期了网络性能的提高。而交换机作为一种能隔绝冲突的两层网络设备，极大地提高了以太网的性能。随着高速以太网技术的逐步成熟，对变电站自动化应用而言，由冲撞引起的传输延时随机性问题已经淡化。尽管从理论上来说，以太网的载波侦听多路访问（CSMA/CD）对实时信息传输造成延迟的随机性无法预测，因而有可能造成对实时信息传播无效。基于这一问题，美国电力研究院（EPRJ）对此进行了研究，在特定的最恶劣情形下对比了以太网 12Mb 令牌传递 Profibus 网的性能。研究结果表明，10Mb 交换式以太网完全能够满足变电站自动化系统网络通信实时性要求，并且快于 12Mb 令牌传递 Profibus 网。

（二）网络层

选择事实标准的 TCP/IP 协议作为站内智能电子设备 IED 的高层接口，使得站内 IED 的数据收发都能以 TCP/IP 方式进行，以标准的数据访问方式保证站内 IED 具有良好的互操作性。这样监控主站或远方调度中心采用 TCP/IP 协议就可以通过广域网甚至 Internet 获得变电站内的数局。

通用面向对象的变电站事件（GOOSE）是 IEC 61850 标准定义的一种快速报文传输机制。GOOSE 以高速网络通信为基础，为整个变电站装置间的通信提供了快速且高效可靠的方法，广泛应用到间隔闭锁和保护功能间的信号传递。GOOSE 用网络信号代替了智能电子装置之间硬接线通信方式，简化了变电站二次系统接线。GOOSE 报文的发送按图 2－11 所示的规律执行。GOOSE 通过通信过程不断自检实现了装置间回路的智能化监测，克服了传统电缆回路故障无法自动发现的缺点，提高了变电站二次回路的可靠性。

中心交换机汇集了来自各个间隔的采样值和 GOOSE 数据。当间隔数量较多时。在极端情况下连接至母线保护的网口将会出现带宽超百兆的情况。此时可采用两种方法解决：一是为了照顾现阶段母线保护的百兆硬件处理能力，中心交换机可采用多个百兆以太网口共同分担带宽；二是在母线保护具备千兆硬件处理能力的情况下，采用一个千兆以太网口承担全部带宽。

（三）应用层

IEC 61850 在电力系统中的应用需要具有实时的强壮的底层通信协议的支持，并且能够传输复杂的、自描述的、可扩展的数据信息。目前，制造报文规范（MMS）是唯一的有能力支持 IEC 61850 的国际标准。在变电站层和间隔层的网络采用抽象通信服务接口映射到制造报文规范（MMS）上。所有 IED 中基于 IEC 61850 建立的对象和服务模型都被映射成 MMS 中通用的对象和服务，MMS 对面向对象数据定义的支持使得该数据自我描述成为可能，简化了数据管理和维护工作。

二、电力设备状态监测系统总线技术

西泾智能变电站总线节点图如图 7－10 所示。

IEC 61850 中，LN 实现了功能的自由分配，监控中类似概念：应用（服务器），指完成一定功能的程序集合。西泾智能变电站服务器总线图如图 7－11 所示。

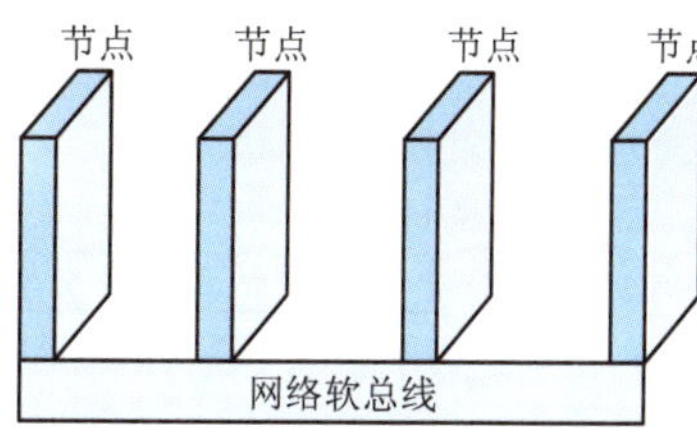

图 7－10　西泾智能变电站总线节点图

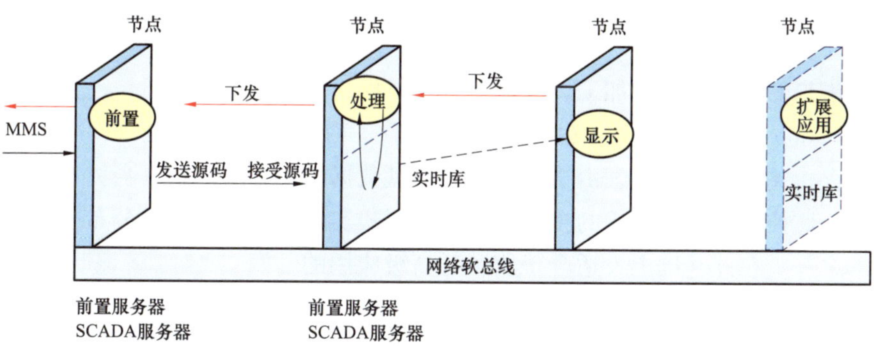

图 7－11　西泾智能变电站服务器总线图

西泾智能变电站采用双数据库一致性技术，历史数据缓存机制和自恢复技术，以避免历史数据丢失。西泾智能变电站数据库图示如图 7－12 所示。

三、电力设备状态监测系统数据流

数据采集子系统：（前置、前置机、FES），主要负责通信。采用 IEC 61850 MMS 通信，图 7－13 是西泾智能变电站数据节点图。采集的主要数据类型有：

模拟量（遥测）：油温、气体含量、密度微水、泄漏电流、开合闸线圈电流、局放量等。

状态量（遥信）：状态告警、分析结果告警的状态信息等。

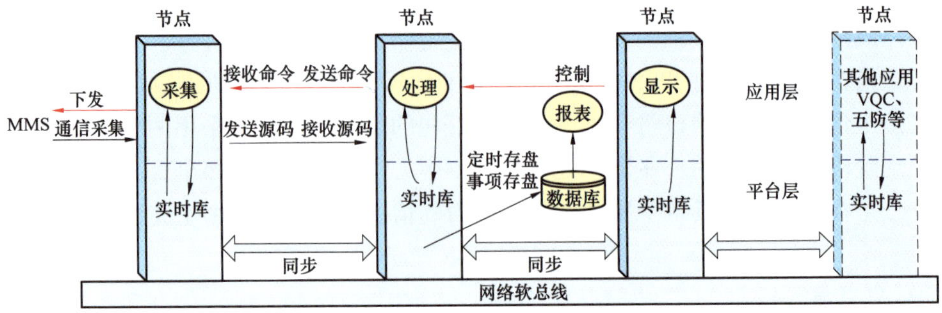

图 7-12 西泾智能变电站数据库图示

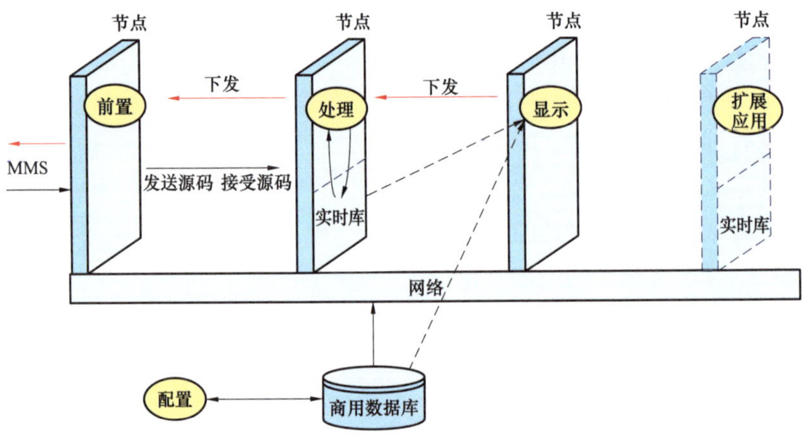

图 7-13 西泾智能变电站数据节点图

前置采集来的值没有经过加工，仅仅是去掉通信封装层。

实时库（rtdb：realtime db），也称内存数据库，其特点是访问数度快；按照数据库方式来管理的内存；关机无法保存，由于其数据在硬盘数据库均有映射，不会丢失数据；由数据字典定义，是监控系统必须采用的技术；支持分布式实时库，及不同的分布式策略，是系统的关键技术之一。在此基础上，适合于非实时高级应用的开发。

四、西泾智能变电站状态监测系统通信测试

根据智能变电站状态监测系统相关要求，提出了西泾智能变电站监测系统的通信测试方案。主要测试内容包括：主 IED、智能组件、状态监测系统及与变电站监控系统之间 IEC 61850 通信理解的一致性与 IEC 61850 模型规范性；测试信息传递的正确性、完整性、及时性。

（一）IEC 61850 通信服务测试

针对主 IED、智能组件、状态监测系统及与变电站监控系统采用 IEC 61850 标准测试工具验证通信服务的正确性，按照 IEC 61850-10 一致性测试进行对设备与系统的测试。通过测试检验系统是否符合 IEC 61850，能实现设备互操作。

方案实施步骤如下。

（1）系统搭建：将被测主 IED、智能组件、状态监测系统及与变电站监控系统按现场运行环境组网搭建，保证系统整体通信基本正常。

（2）检查装置 IEC 61850 通信模型：检查 IED 与智能组件配置文件，完成下述项测试：

序号	测试项目	要求及指标	测试结果	备注
1	数据类型规范性	符合《IEC 61850 工程应用模型》		
2	逻辑节点类型规范性	符合《IEC 61850 工程应用模型》		
3	数据集、控制块规范性	符合《IEC 61850 工程应用模型》		

（3）各智能装置基本情况检测：

序号	测试项目	要求及指标	测试结果	备注
1	装置自检，键盘操作	自检正确，操作无异常		
2	程序版本及校验码	版本信息及校验码正确		
3	装置时钟检查	装置时钟与时钟源对时时间应一致		

（4）IEC 61850 服务测试：

序号	测试项目	要求及指标	测试结果	备注
1	连接服务	正常连接、读目录等服务		
2	报告服务	报告自动上送、周期上送		
3	数据集服务	可配置数据集、上传信息完整		
4	文件传输服务	传输正常		
5	控制服务			
6	定值服务			

（二）信息传递的正确性、完整性、及时性测试

主要测试信息上送的正确性、完整性、及时性，按实验环境可模拟的 GIS 局部放电、充以不同微水含量的 SF_6 气体等相关实验，验证监测系统是否正确接收到各类开关量、测量量、告警信息及分析信息。

（1）状态监测系统后台测试：

序号	测试项目	要求及指标	测试结果	备注
1	事件报告	后台正确显示信号名和时间（验证响应速度）		
2	遥测报告	后台正确显示信号名和信号值		
3	装置参数	后台正确召唤装置参数		
4	控制服务	后台下发控制命令		
5	定值服务	后台正确召唤、修改、下装定值参数切换		可选

（2）状态监测系统后台与监控系统之间通信测试：

序号	测试项目	要求及指标	测试结果	备注
1	事件报告	监控系统向后台获取事件报告		读取或主动上送
2	遥测报告	监控系统向后台获取遥测报告		
3	控制服务	监控系统向后台发送控制命令		

（3）网络流量测试：

序号	测试项目	要求及指标	测试结果	备注
1	模拟大流量	验证通信情况（采用 SMTBIT 模拟报文发生及监视网口流量）		
2	实时大数据量上送	文件传输对系统通信的影响		

7.2.2 变电站状态监测系统的监测参量

变电站是一个多种类设备统一协调工作的整体，西泾智能变电站状态监测的电力设备有：变压器、断路器、电流互感器、电压互感器及避雷器等。因此，需要监测的参数也较多，具体有：

（1）变压器：油的温度；铁芯接地电流；油中溶解气体及微水含量。

（2）避雷器：全电流、阻性电流。

（3）GIS：局部放电；气体压力；SF_6气体密度、微水。

（4）高压断路器：分、合闸线圈电流；开断次数。

以上是变电站典型电力设备的状态监测参量，从信号性质可以分为非电量监测和电量监测两大类，变电站电力设备状态监测参量图如图 7－14 所示。

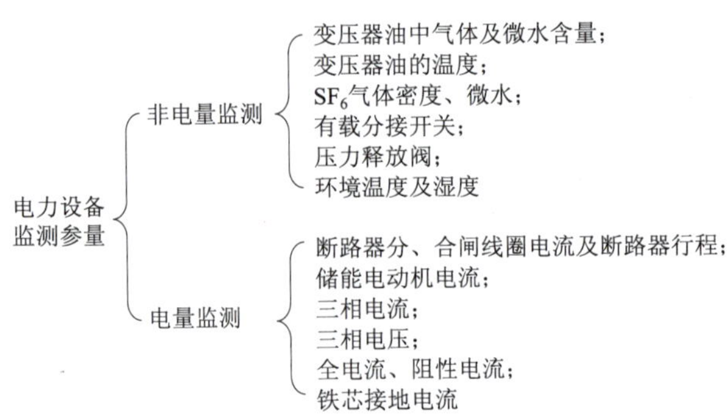

图 7－14　变电站电力设备状态监测参量图

分布式状态监测系统监测设备较多，监测的状态量种类复杂，要根据各个被监测状态参数具有不同的特性，有针对性的选择传感器类型和信号采集设备。西泾智能变电站状态监测系统涉及的传感器有：

（1）变压器状态监测传感器：

1）零磁通电流传感器；

2）电压传感器，信号取自电压互感器；

3）温度传感器；
4）气敏传感器，测量油中气体含量；
5）聚酯薄膜电容传感器，测量油中微水含量。
（2）避雷器传感器：零磁通电流传感器。
（3）GIS 状态监测传感器：
1）SF_6 微水传感器；
2）SF_6 密度传感器；
3）滑线变阻传感器或光编码传感器；
4）零磁通电流传感器；
5）超高频传感器。

7.2.3 变压器状态监测系统

一、概述

变压器是电力系统中重要的也是昂贵的关键设备，它承担着电压变换、电能分配和转移的重任，变压器的正常运行是电力系统安全、可靠地经济运行和供用电的重要保证，因此，必须最大限度地防止和减少变压器故障或事故的发生。但由于变压器在长期运行中，故障和事故是不可能完全避免的。引发故障和事故的原因繁多，如外部的破坏和影响，不可抗拒的自然灾害，安装、检修、维护中存在的问题和制造过程中留下的设备缺陷等事故隐患，特别是变压器长期运行后造成的绝缘老化、材质劣化等，已成为故障发生的主要因素。同时，客观上存在的部分工作人员素质不高、技术水平不够或违章作业等，也会造成变压器损坏而引发事故或导致事故的扩大，从而危及电力系统的安全运行。

正因为变压器故障的不可完全避免，对故障的正确诊断和及早预测，就具有更迫切的实用性和重要性。但是，变压器的故障诊断是个非常复杂的问题，许多因素如变压器容量、电压等级、绝缘性能、工作环境、运行历史甚至不同厂家的产品等均会对诊断结果产生影响。

变压器故障原因形形色色，如内部接触不良、短路、线圈损伤、绕组变形、绝缘老化等。故障类型（或故障性质）按不同的应用要求有所不同，大致可分为电晕（局部放电）和火花放电、过热（局部过热和大面积过热）、电弧等几种情况。按故障所涉及的绝缘材料可分为仅涉及绝缘油（湿式变压器 90% 以上是充油变压器）和已涉及固体绝缘材料。

一般情况下，对于变压器内部故障的检测可以通过预防性试验、绝缘油色谱分析来确定，对外部故障需要靠运行和维护人员的检查来发现和确认，突发性故障大多是由于外界的原因造成，一般不能预测，只有故障发生后通过差动保护、瓦斯保护、过流保护、接地保护等自动装置切除故障设备。

变压器状态监测通过安装在变压器上的各种高性能传感器，连续的获取变压器的动念信息。状态监测装置通过智能软件系统和软件规则程序实现自动监测。状态监测的判定系统并非根据所测量的参数绝对值，而是根据测量参数随时间的变化趋势来进行判定。它的工作程序是通过与计算机联网，在很高的自动化条件下，收集、存储并现场处理所测到的数据，做出趋势预测。

西泾智能变电站变压器状态监测的基本程序是：数据采集、存储——状态分析——故障分类——根据智能专家系统的经验判定故障位置——提高出维护方案。

故障分类主要是区分故障性质。例如，电气过热故障、磁路过热故障、与纤维有关的放电、与纤维无关的放电、机械故障和其他故障。

智能专家系统的判定以数据库存储的数据为依据，根据其诊断模型进行诊断，决策系统提出维护方案。西泾智能变电站变压器在线监系统界面如图 7－15 所示。变压器状态监测数据库可以存储电气设备的全面信息，主要包括被监测的各种参数、运行状况和历史数据等。还可存储诊断判定结果。所有信息和资料均可通过互联网进行查询。由于给电网维护工作带来极大方便。

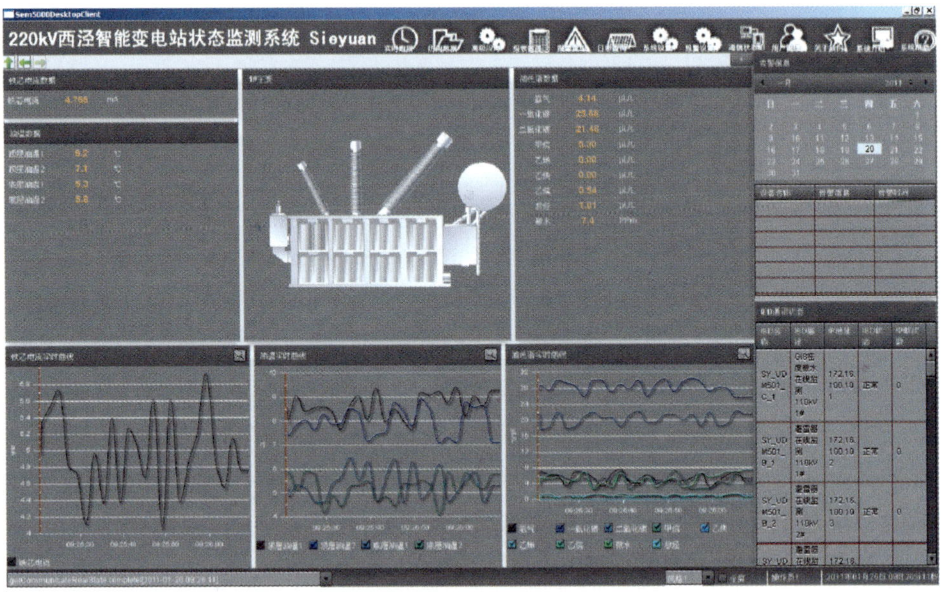

图 7－15　西泾智能变电站变压器在线监系统界面

目前，变压器状态监测的范围很广，主要包括：

（1）状态监测绕组顶部和底部油温；

（2）监测油中溶解气体总量，可分析 H_2、CH_4、C_2H_4、C_2H_6、C_2H_2、CO、CO_2 等七种特征气体以及油中微水的含量；

（3）状态监测铁芯接地故障和绕组缺陷；

（4）状态监测套管的功率因数和电容；

（5）状态监测冷却装置的功能（例如，风扇、油泵的转换状态等）；

（6）状态监测负载电流；

（7）利用光纤传感器进行绕组热点监测；

（8）状态监测局部放电，包括电气局部放电、超高频局部放电、静态局部放电；

（9）状态监测储油柜的油位，通过安装传感器提供油渗漏信息。

二、变压器油中溶解气体检测技术

变压器油中溶解气体状态监测技术是实施主变压器状态监测的重要手段，其技术关键是根据气相色谱技术分析油中特征气体成分的变化，根据监测结果来分析判断变压器内部的异常和故障发展趋势，以保证变压器的安全可靠运行。其分析判断的方法常包括：

（1）根据气体含量的变化判断；

（2）根据气体含量比值的变化判断；

（3）根据总烃与产气速率的变化判断；

（4）根据 T（过热）D（放电）故障发展趋势的判断；

（5）根据气体变化对故障热点温度的判断；

（6）根据气体变化的总烃安伏法对故障回路的判断等。

其中，根据变压器油中特征气体的变化来判断变压器的内部故障是气相色谱分析的一项基本方法和重要内容，西泾智能变电站主变压器油中溶解气体状态监测可采用下面的三种方法进行诊断。

油中特征气体产生的原因见表 7－1，故障形式产生的特征气体见表 7－2。

表 7－1　油中特征气体产生的原因

气体	产生的原因	烃类气体	产生的原因
H_2	水分、电晕、绝缘热分解	CH_4	油和固体绝缘热分解、放电
CO	固体绝缘受热及热分解	C_2H_6	固体绝缘热分解、放电
CO_2	固体绝缘受热及热分解	C_2H_4	高温热点下绝缘热分解、放电
		C_2H_2	电弧放电、油和固体绝缘热分解

表 7－2　故障形式产生的特征气体

故障特征	主要产生的气体
油过热	C_2H_4、CH_4 及 C_2H_6、H_2
纤维素过热	CO、CO_2、CO/CO_2 的比值越高热点温度越高
纤维素过热	CO、CO_2 温度高于 250℃时产生的 CO 高于 CO_2
油中电晕	H_2 及 C_2H_4、CH_4
油中电弧	H_2（60%～80%）、C_2H_2（10%～25%）、CH_4（1.5%～3.5%）、C_2H_6（1%～2.9%）

（一）三比值法

变压器中不同性质的故障所产生的油中溶解气体的组分是不同的，据此可以判断故障的类型因热性故障产生的特征气体主要是 CH_4、C_2H_4，电性故障主要是 C_2H_2、H_2，为此可以用 CH_4/H_2 比值来区分是放电故障还是热故障，根据故障点温度愈高 C_2H_4 所占总比例将增加的特点，C_2H_4/C_2H_6 的比值可区分温度高低，因此过热主要分解 CO 和次要的 CH_4 的特点，也可用 CO/CH_4 区分温度高低，温度越高，CO/CH_4 值越小；根据火花放电故障时有 C_2H_2，其次是 C_2H_4 而局部放电一般无 C_2H_2 的特征，可用 C_2H_2/C_2H_4 的比值来区分放电故障的类型，三比值法显示界面如图 7－16 所示。

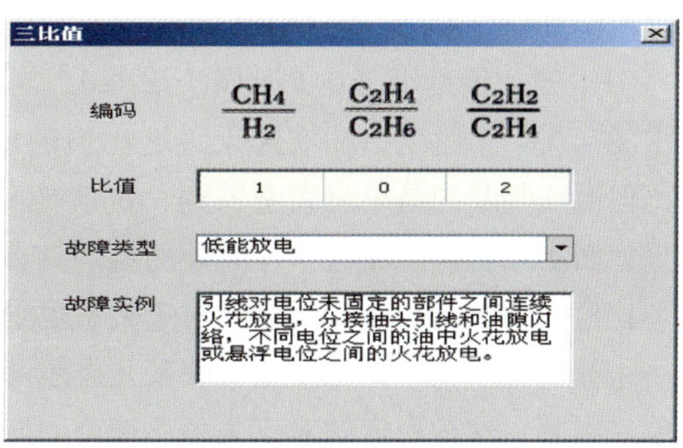

图 7－16　三比值法显示界面

用油中溶解气体色谱法测得油中气体浓

度后，国际电工委员会 IEC 和我国国标推荐用 C_2H_2/C_2H_4 CH_4/H_2 C_2H_2/C_2H_6 这三个比值大小来判断变压器存在的故障情况，这种方法为三比值法，三比值法中，对于相同的比值以不同的编码表示出来。表 7－3 给出三比值法的编码规则，表 7－4 给出判断故障性质的三比值法。

表 7－3　　三比值法的编码规则

气体比值范围	比值编码		
	C_2H_2/C_2H_4	CH_4/H_2	C_2H_4/C_2H_6
<0.1	0	1	0
≥0.1～<1	1	0	0
≥1～<3	1	2	1
≥3	2	2	2

表 7－4　　三比值法故障类型判断方法

编码组合			故障类型判断	故障实例
C_2H_2/C_2H_4	CH_4/H_2	C_2H_4/C_2H_6		
0	0	1	低温过热（低于 150℃）	
	2	0	低温过热（150～300℃）	
	2	1	中温过热（300～700℃）	
	0，1，2	2	高温过热（高于 700℃）	
	1	0	局部放电	
1	0，1	0，1，2	低能放电	
	2	0，1，2	低能放电兼过热	
2	0，1	0，1，2	电弧放电	
	2	0，1，2	电弧放电兼过热	

变压器的故障原因、故障现象和故障机理间同时存在随机性和模糊性的不确定现象，决定了故障分类本身的不确定性。

比值法对于编码范围的边界区分非常分明，编码的确定也是绝对的。例如，对 H_2/C_2H_4 当比值稍小于 0.1 时属于编码 0，当比值等于 0.1 时，就属于编码 1，编码从 0 到 1 这中间存在一个跳变，而实际上，这比值的增长是极小的，甚至也许在一个工程误差范围内，但由此判断的结果将完全不同，这就是由于比值法建立在精确数学上“非此即彼”的结果，而实际上比值在这一分界处的编码具有不确定性。

比值法的编码和故障类型的对应关系也是绝对的，一种编码严格对应于一种故障，实际上一组编码可以在不同程度上反映某几类故障，某一类故障也可以由几种不同的编码等综合反映。因此，这种稳定的对应关系不能全面联系编码和故障之间的内在联系。

由上可知，变压器故障本身因果关系的客观不确定性和测试数据主观判断边界的此亦彼性，决定了比值法难于满足工程应用的要求，可以运用其他方法来补偿比值法的不足。

（二）立体图示法

立方图是以 IEC 三比值为依据，建立的一个立体空间，C_2H_2/C_2H_4、CH_4/H_2 和 C_2H_4/C_2H_6 的比值作为 X、Y、Z 三条正交坐标轴。根据故障判定条件，可以确定每种故障对应的每对比值的上、下限，三对上下限在立体空间中确定六个面，这六个面围成的长方体就表示与这种故障对应的三对比值的取值范围。溶解气体分析解释表如表 7－5 所示。

表 7－5　　溶解气体分析解释表

情　况	特　征　故　障	C_2H_2/C_2H_4	CH_4/H_2	C_2H_4/C_2H_6
PD	局部放电	NS	<0.1	<0.2
D1	低能量局部放电	>1	0.1～0.5	>1
D2	高能量局部放电	0.6～2.5	0.1～1	>2
T1	热故障 $t<300℃$	NS	>1	<1
T2	热故障 $300℃<t<700℃$	<0.1	>1	1～4
T3	热故障 $t<700℃$	<0.2	>1	>4

注　（1）上述比值在不同的地区可稍有不同。

（2）以上比值在至少上述气体之一超过正常值并超过正常增长速率时计算才有效。

（3）在互感器中，$CH_4/H_2<0.2$ 时，为局部放电；在套管中 <0.7 时，为局部放电。

（4）气体比值落在极限范围之外，而不对应于本表中的某个故障特征，可认为是混合故障或一种新的故障。这个新的故障包含了高含量的背景气体水平。在这种情况下，本表不能提供诊断。

1）NS 表示无论什么数值均无意义。

2）C_2H_2 的总量增加，表明热点温度增加，高于 1000℃。

为了显示清楚，图 7－17 中以 10 为极限（但实际上是无限的），这个适合计算机的可视化显示。图形可以沿 *X*、*Y*、*Z* 轴任意旋转，用户可以清楚的看到待诊断点的三维空间的位置，准确判断故障诊断类型。

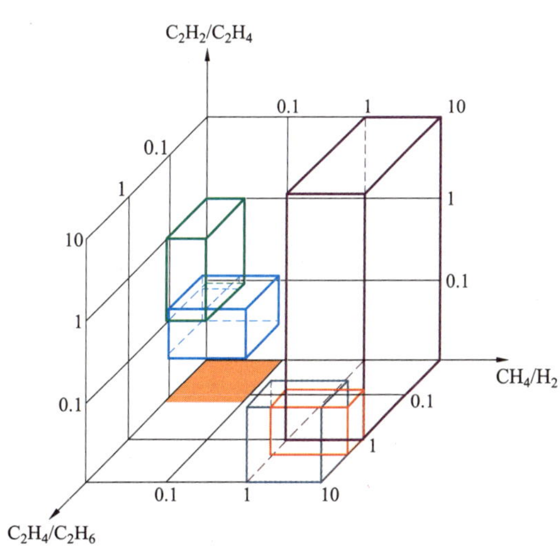

图 7－17　立体图示法三维可视化图示

（三）Duval 三角形方法

以 Duval 三角形法为依据，在二维情况下，以 CH_4、C_2H_4，C_2H_2 的体积分数为等边三角形三条边的度量，划分故障分布空间，共得到表 7－6 中的七种情况。

大量的实践及实例验证发现，基于 IEC 三比值范围划分区间的关系，三维立体图示法有时会引起故障的误判，甚至还会出现不能给出诊断的情况。这是可运用 Duval 三角形法分析进行辅助进行判断，因为它们在气体比值的极限之外。

$$定义：\% \ C_2H_2=\frac{100X}{X+Y+Z},\ X=[C_2H_2];$$

$$\% \ C_2H_4=\frac{100Y}{X+Y+Z},\ Y=[C_2H_4];$$

$$\% \ CH_4=\frac{100Z}{X+Y+Z},\ Z=[CH_4]。$$

采用 Duval 三角形法可视化技术之后，不仅使得诊断结果清晰直观，而且简化了传统做法的计算过程，极大地提高了诊断效率。图 7－18 为 Duval 三角形可视化图示。

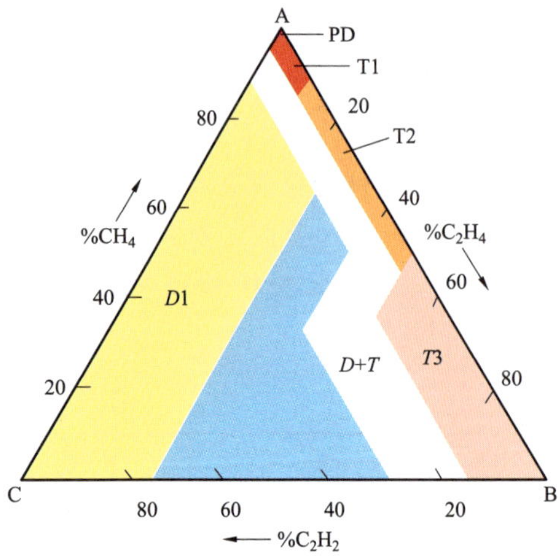

图 7－18 Duval 三角形可视化图示

表 7－6 Duval 三角形法区域边界表

PD 局部放电	98% CH_4			
D1 低能放电	23% C_2H_4	13% C_2H_2		
D2 高能放电	23% C_2H_4	13% C_2H_2	38% C_2H_4	29% C_2H_2
T1 热故障＜300℃	4% C_2H_2	10% C_2H_4		
T2 300℃＜热故障＜700℃	4% C_2H_2	10% C_2H_4	50% C_2H_4	
T3 热故障＞700℃	15% C_2H_2	50% C_2H_4		

三、变压器铁芯接地电流

引发变压器故障有多方面的原因，并且变压器的故障类型也有多种类型。有关资料统计表明，因铁芯问题造成的故障比例占变压器各类故障的第三位。因此，必须最大限度地预防变压器铁芯故障的发生，做到及时发现、及时处理、以确保整个电力系统的安全可靠运行。

变压器正常运行时，铁芯必须有一点可靠接地。若没有接地，则铁芯对地的悬浮电位会造成对地断续性击穿放电，铁芯一点接地后就消除了形成铁芯悬浮电位的可能。但当铁芯出现两点及以上接地时，铁芯间的不均匀电位就会在接地点之间形成环流，于是反映在接地线上便出现了电流突然增大的现象。根据故障接地点与铁芯固定接地点之间阻抗大小的不同，接地线上的电流大小也不同。

目前，判断变压器铁芯是否存在多点接地主要有三种方法：测量铁芯对地绝缘电阻、气相色谱分析、定期利用钳形电流表测量地线电流。这些方法在现场应用相当广泛。并能较有效地发现铁芯多点接地故障，但上述方法也存在一些共性的不足。首先是不能及时发现铁芯多点接地故障。再者即使发现故障。也不能及时采取相应措施阻止故障继续发展，可能酿成更大事故。

铁芯接地电流在线监测通过实时监测变压器铁芯接地电流，即使发现变压器因过负荷产生的绝缘问题以及多点接地问题。变压器铁芯接地电流监测示意图如图 7－19 所示。

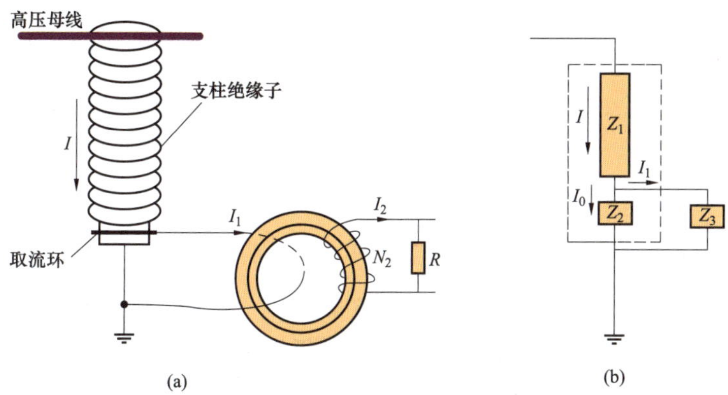

图 7－19　变压器铁芯接地电流监测示意图

（a）取流结构示意图；（b）取流电路原理图

西泾智能变电站利用零磁通 TA 测量变压器铁芯接地线上的电流状况（如图 7－20 所示），当发现电流超标，结合油中溶解气体进行故障诊断，向值班人员发出设备运行状态，提出其维修方案。

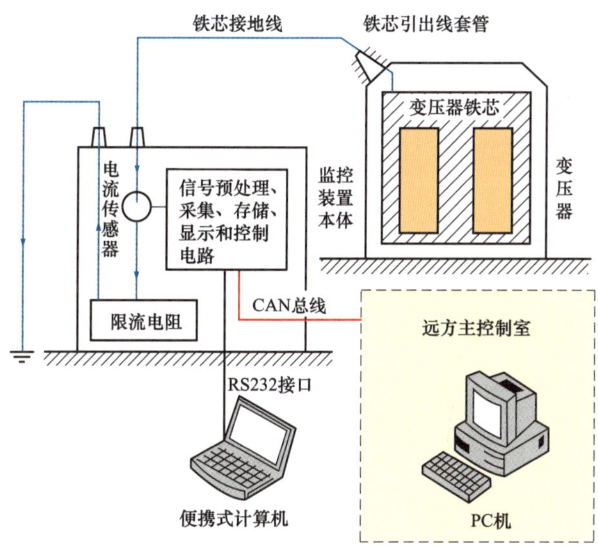

图 7－20　铁芯电流监测原理图

四、西泾智能变电站主变压器状态监测装置测试

（一）实验仪器

模拟变压器：可模拟变压器的高低温过热、放电故障，由故障模拟装置输出不同模拟故障下的样品油；实验室油色谱仪，分别独立使用实验室色谱仪及色谱在线监测装置对同一油样进行检测，如图 7－21 所示。

信号发生器（或继保仪）：可以输出交流电压、直流电流。Trance 串口调试软件：安装在 PC 机上，用于传输 RS 485 串口数据。SV 模拟装置：用于输出标准 IEC 61850－9－2（简称 9－2）采样值。

图 7－21 油色谱测试专用模拟变压器图

（二）实验原理

利用模拟变压器产生常见的故障绝缘油，利用 Trance 软件向监测装置 UDM 501－A 连续模拟发送油中溶解气体和铁芯电流在各种工作状况下的数据，通过本地 HMI 以及监控后台查看数据的采集以及传输是否正确。

变压器油温监测测试通过接入信号发生器发出的 4～20mA 直流信号，换算成对应的油温值，通过本地 HMI 以及监控后台查看数据的采集和传输是否正确。

（三）实验内容

主变压器监测 IED 主要功能如下表 7－7 所示。

表 7－7　主变压器监测 IED 主要功能

序号	测试项目	数据来源	发送值	接收值	测试结果
1	变压器油温	信号发生器			
2	铁芯电流				
3	H_2 浓度	模拟变压器			
4	C_2H_2 浓度				
5	C_2H_6 浓度				
6	C_2H_4 浓度				
7	CH_4 浓度				
8	CO 浓度				
9	H_2O 浓度				

在线监测装置与模拟变压器连接，按 3h 的周期实时采样分析，同时在实验室色谱仪上进行离线测试比对。由于参与测试的在线监测装置采用检测元件不同，反应灵敏度也不一致，故在测试中首先采用高浓度油品作为测试标准油，待在线监测装置检测数据达到稳定状态后，更换为低浓度标准油检测其灵敏度。此后，还模拟高温过热、放电等故障状态。

7.2.4 避雷器状态监测

20 世纪 60 年代，日本率先开发出氧化锌（ZnO）非线性电阻片。由于其具有残压低、无续流、动作时延小、通流容量大等优点，使得由 ZnO 非线性电阻片组装成的金属氧化物避雷器（Metallic Oxide Arrester，简称 MOA）在电力系统中逐渐取代碳化硅（SiC）避雷器而得到广泛应用及快速发展，目前，MOA 已成为电力系统中性能最好且发展最快的过电压保护装置。

在氧化锌电阻片性能提高的同时，高电压、大容量避雷器的研究迅速开展，其运行状态、稳态、暂态过程、内部局部放电等研究成果都取得了很大成就。配电网是电力网中电力线路结构、使用环境最复杂的一个环节。对于数目众多的配电变压器和电缆线路等都要装设避雷器作为防雷保护，因此，配电网中避雷器故障的概率较大。若配电网中避雷器发生故障，主要有下列危害：

（1）若避雷器未完全击穿，避雷器泄漏电流增大，会造成线损增加，不利于电力网的经济运行。

（2）若避雷器被击穿，造成一点接地故障，由于避雷器故障是隐形故障，需要消耗大量人力、物力寻找故障点；若出现两个避雷器不同相分别接地故障，会造成开关保护动作而使用户停电，影响生产和生活。

（3）避雷器爆炸会波及周围其他设备，造成事故扩大。

由于配电网避雷器数量众多，每次检测需要消耗大量的人力、物力，还要停电，同时也不能排除两次预防性试验间避雷器损坏的可能。然而配电网避雷器一般采用复合绝缘材料外套，避雷器短路后很难从外观上发现，故障点查找困难，不能及时维修，对配电网的运行可靠性不利。运行状态下进行状态监测是较理想的监控手段，然而针对配电网状态监测的研究并不多见，其困难主要有两点：

（1）监测方法以及监测成本的限制，配电网可供监测对象只有泄漏电流，监测系统电压成本太高，难以在配电网普及。

（2）泄漏电流提取困难，配电网避雷器正常运行时的泄漏电流是微安级的，普通电流传感器无法检测到。

近年来，电流传感器技术的发展使得探测微安级的电流变得可行，西泾智能变电站避雷器状态监测采用零磁通电流互感器获取全电流信号，在另一条线路上获取电压信号。数据采集装置对相对比的两路信号进行同步采样，并将采样数据发送到计算机上，由阻性电流提取算法软件计算得到 MOA 的阻性电流，从而进一步分析 MOA 的运行状况，并判断能否在系统中继续运行以保护电力设备。西泾智能变电站避雷器状态监测界面如图 7－22 所示。

一、避雷器故障分类

（一）内部受潮

从历年高压避雷器出现的事故分析，由于内部受潮而引起事故的避雷器占避雷器总事故率的 60%，从因长期受潮而损坏的避雷器残骸分析看，受潮避雷器的明显特征有：

（1）阀片外侧和瓷套内壁有明显闪络痕迹。

（2）内部金属件有锈蚀现象。

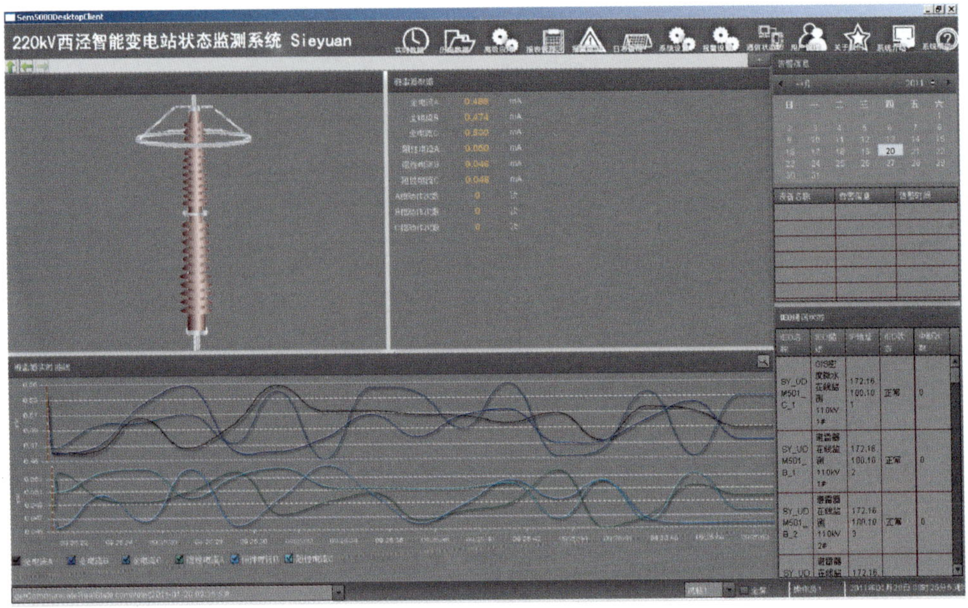

图 7－22　西泾智能变电站避雷器状态监测界面

（3）阀片喷铝面没有放电踪迹。

（4）事故前泄漏电流成倍增长。

（5）绝缘电阻显著下降。

（二）避雷器本身老化

在市场竞争中，有些厂家一味追求避雷器保护性能好，指标先进，而忽视避雷器的可靠性，过低的选取残压和额定电压，使避雷器荷电率增高，负荷加重。对于高压避雷器来讲，由于本身高度高、体积大，受环境条件影响大，且自身电位分布不均匀，局部荷电率已达到金属氧化物电阻片耐受极限，使局部电阻片老化加速，引起了整个避雷 V－A 特性曲线的变化，避雷器的热稳定工作点发生偏移，电阻片温度上升。由于电阻片在工作电压下的负温度系数，温度越高，$U1$ mA 降得越低，此时避雷器的 $U1$ mA 接近持续运行电压峰值，当电网电压超过避雷器本身耐受工频电压时就会导致避雷器损坏。如深圳供电局进口的 18 台 110kV、220kV 避雷器，投运 5 年，于 1990 年 8 月连续发生四起避雷器事故。损坏 5 相，而未损坏的 13 台在运行电压下泄漏电流值平均增大 92%，阀片已严重老化。瑞典 500kV 避雷器在锦州董家湾投运两年后，发现上节单元电位分布过高且已老化退出运行。避雷器本身设计荷电率太高和局部电位分布不均匀是避雷器加速老化的主要原因之一。

（三）环境、污秽影响

根据电力部门多年的现场监测和人工污秽试验研究证明，污秽、环境影响也是造成避雷器加速老化的主要原因。在高温和污秽的双重作用下，避雷器的电位分布极不均匀，在靠近避雷器上法兰处，温度很高且电流也大，荷电率高、老化加速。从多年的运行调查可知，避雷器事故大多发生在夏季南方湿热和污秽地区。例如，龙羊峡水电厂 9 台 330kV 金属氧化物避雷器投运两年多，运行正常，在底孔放水期间，四面相继损坏，根据现场事故分析，是由于放水引起周围环境大水雾，使避雷器外表面形成一层水阻较小的随机变化的水膜，引起避雷器电位分布不均匀，导致损坏。当然此种异常情况下避雷器密封是否可靠也是考虑损坏的原因之一。

（四）异常运行条件及其他原因

避雷器在运行时会遇到多种多样的情况，有些异常情况是避雷器不能耐受的，如强地震、直击雷、谐振等，这种情况是在所难免的。但在运行中出现过由于操作不当引起中性点接地系统变为中性点绝缘系统，致使避雷器在较高电压下长期工作而损坏，如北京房山变电站两相日本明电舍避雷器损坏就是操作不当引起的。系统中也出现过由于避雷器内部紧固不牢，运输中出现阀片内部裂痕，运行一段时间后，电阻片断裂而损坏避雷器的现象。如河北邯郸电业局齐村220kV变电站110kV避雷器损坏就是一例。

在运行电压的作用下，组成MOA的氧化锌阀片芯柱、绝缘杆、瓷套等部件要长期通过持续电流，这就是MOA的泄漏全电流。在瓷套表面干燥、清洁情况良好的正常状态下，流过瓷套和绝缘杆的泄漏电流远远小于流过MOA阀片柱的泄漏电流。因此，在正常运行条件下，监测到的全电流主要是流过MOA片芯柱的泄漏电流。MOA外表面污秽的不均匀导致MOA电位分布不均匀，在运行中各单位瓷套表面的泄漏电流因污秽程度的不同而差异很大。对多节MOA来讲泄漏电流小的那个单元避雷器芯体将承受较大的电流，阀片荷电率随之提高，加速了阀片的劣化，增加了阀片的热应力，使阀片易发生热崩溃从而导致整台MOA的损坏。当MOA由于密封不良，进水受潮时，会导致阀片泄漏电流增大，绝缘电阻降低，由受潮引发的事故大都是沿受潮的内壁滑闪或沿避雷器阀片轴向闪络而导致对地短路。

引起MOA事故的原因是多方面的，有时是由以上几种原因共同作用的结果。从检测的角度看，MOA的运行特性会发生以下的变化：

（1）当MOA的瓷套表面积污，并且在潮湿或淋雨的条件下，全电流会发生突变，阻性泄漏电流也会有较大的增加。

（2）当MOA内部阀片受潮时，其故障特征是在系统正常运行电压下，MOA的阻性电流基波分量显著增大。而阻性电流高次谐波分量增加相对较小。

（3）当MOA的阀片老化时，其表现特征是在系统正常运行电压下，MOA的阻性电流基波分量相对增加较小，而阻性电流的高次谐波分量显著增大，这是由于阀片的非线性特性变差引起的。

（4）一般来讲，当局部放电量大于250pC时，避雷器内部必定存在着明显的故障。而一般的局部放电脉冲数量级是微秒，因而对高频分量的检测是必要的。从许多MOA事故中发现，单纯通过测量其全电流和阻性电流是不可靠的，因为许多事故之前，这些参数的测量中未发现异常现象，而后短期内便发生了事故。因而，进一步探索检测参数，研究更为可靠的信好处理方法是很有必要的。

二、避雷器状态监测方法

目前，国内外MOA状态监测方法主要有：泄漏全电流法、阻性电流谐波分析法、阻性电流三次谐波法、补偿法等，国外最近还开发出双AT法和基于温度的测量方法。

（一）泄漏全电流法

MOA老化或受潮时，阻性电流分量增加，从而全电流随之增加，可以根据这一特征来判断 MOA 的运行状况。监测全电流可用图 7－23 表示，在电网电压不变的条件下，由于 MOA 的晶界电容 C 近似为常数，所以 MOA 全电流的容性分量变化不大，全电流的增加主要是由于阻性分量增加造成的。监测全电流的变化在一定程度上可以判断阻性电流的变化。这种方法简单，且实现方便。但在正常情况下，MOA 未老化和受潮时全电流的阻性分量只有容性分量的 10% 左右，且两者基波相位差 90°，这使得监测到的全电流的有效值或平均值主要取决于容性电流分量，即便是阻性电流增加几倍，全电流的变化也不是太明显。

（二）阻性电流谐波分析法

图 7－24 是 MOA 阀片在单相小电流下的电路等效模型，它是由一个非线性电阻与线性电容并联而成，从等效电路可知，流过 MOA 的总泄漏电流可分为阻性电流 I_R 和容性电流 I_C 两部分，容性电流分量产生的无功损耗并不会使阀片发热，导致阀片发热的是阻性分量产生了有功损耗。设 U_X 为设备运行电压，I_X 为避雷器总泄漏电流，其中 I_R 为阻性电流，I_C 为容性电流。满足狄里赫利条件的电力系统电压 U_X、电流 I_X，可按傅立叶级数分解。

（三）阻性电流三次谐波法

由于 MOA 良好的非线性特性，导致全电流中的阻性分量不仅包含有基波，而且还有三次、五次和更高的谐波，其所占分量逐渐减少。MOA 泄漏电流中的三次谐波 I_{3R} 是一个特征量，它敏感地反映避雷器的老化及故障。阻性电流三次谐波法是将全电流经带通滤波器检出三次谐波分量，根据 MOA 的总阻性电流与三次谐波阻性分量之间具有的特定的比例关系来得到阻性电流峰值。这种方法是从三相的总全电流中监测三次谐波阻性电流，因此这种方法也称作零序电流法，MOA 阻性电流三次谐波法监测原理如图 7－25 所示。

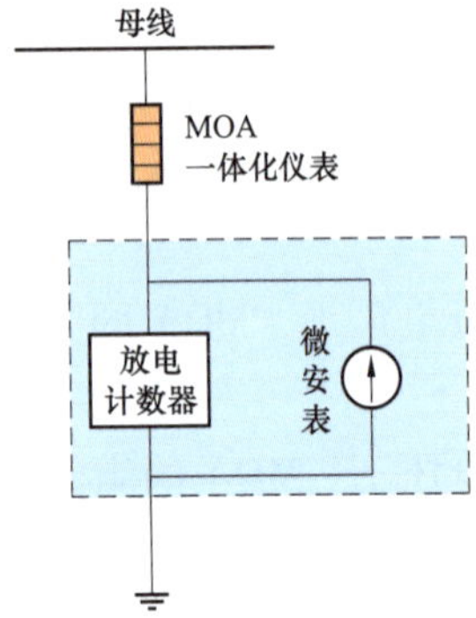

图 7－23 监测全电流原理图

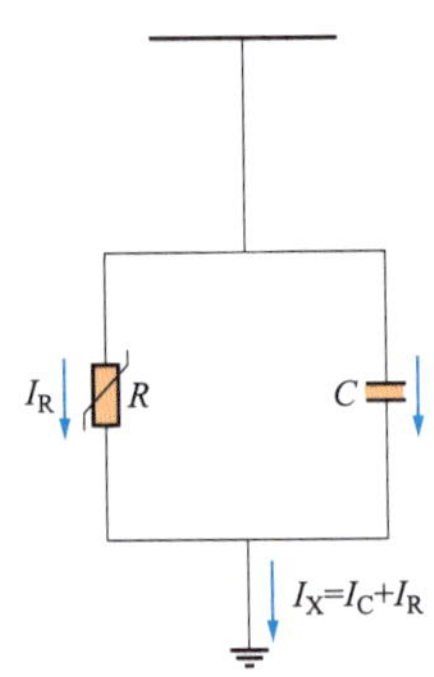

图 7－24 MOA 阀片等效电路

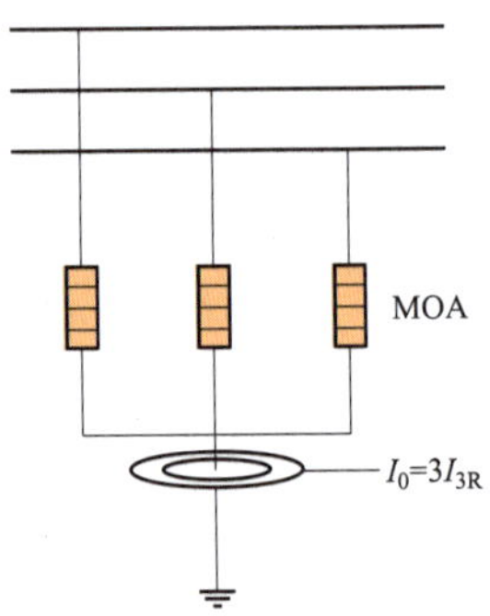

图 7－25 MOA 阻性电流三次谐波法监测原理

三、西泾智能变电站主避雷器状态监测装置测试

（一）避雷器监测原理

运用零序电流互感器在 MOA 的接地线上获取全电流信号，在另一条线路上获取电压信号。数据采集装置对相对比的两路信号进行同步采样，并将采样数据发送到计算机上，由阻性电流提取算法软件计算得到 MOA 的阻性电流，从而进一步分析 MOA 的运行状况，并判断能否在系统中继续运行以保护电力设备。在电压采集的过程中，由于电压互感器及线路之间存在着相位差，我们基于基准设备比较法的原理，可以预先估计相位偏差值，并在算法中设置此相位差，当进行数据处理时再调整相应的偏差值。

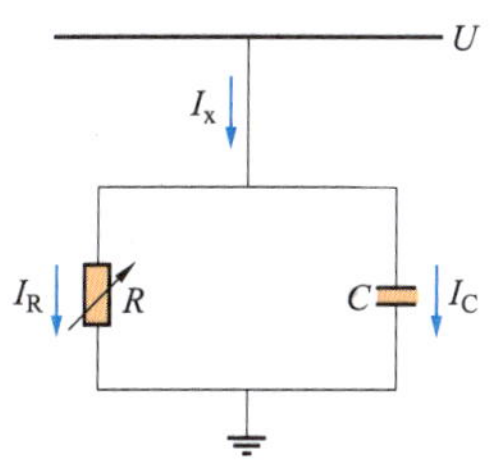

图 7－26　ZnO 避雷器等效电路

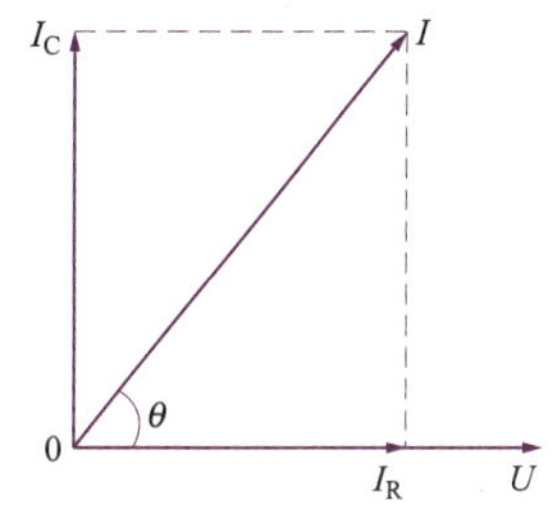

图 7－27　MOA 电压电流矢量图

（二）实验系统接线

图 7－28 为西泾智能变电站避雷器状态监测系统测试原理图。

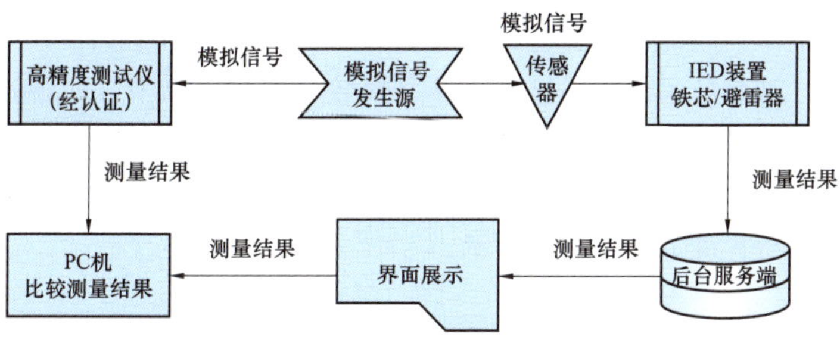

图 7－28　西泾智能变电站避雷器监测系统测试原理图

（三）实验方法

铁芯电流及避雷器状态监测闭环测试方法模拟信号发生器采用可编程式，可以预先设置好多组电流值，使得模拟信号发生器可以根据编程的次序输出不同的电流值，模拟信号发生器开启后，如需测试铁芯电流 IED 则打开铁芯电流数据对比软件，获取高精度测试仪的数据，同时获取后台数据库中的数据，最后将 IEC 61850 数据和高精度测试仪的数据及编程好的数据进行比较，统计数据的误差及通信的稳定性，得出统计结果，如需测试避雷器电流 IED 则打开避雷器电流数据对比软件，获取高精度测试仪的数据，同时获取后台数据库中的数据，最后将 IEC 61850 数据和高精度测试仪数据进行比较，统计数据的误差及通信的稳定性，得出统计结果。

（四）测试内容

避雷器监测 IED 主要监测功能如表 7－8 所示：

表 7－8　　避雷器监测项目

序号	测试项目	数据来源	发送值	接收值	测试结果
1	全电流	信号发生器			
2	阻性电流	计算			

7.2.5　GIS 局部放电状态监测

GIS 在正常的运行电压下不允许有局部放电存在。一旦由于某种缺陷造成局部放电，如尖端导致电场不均匀、导电微粒在高电场下跳动产生放电；部件松动、接触不良放电，都会极大地降低 GIS 绝缘强度。电弧放电引起 SF_6 气体的分解，绝缘性能下降，严重影响电场分布，导致电场畸变，绝缘材料腐蚀，反过来加剧局部放电的发展，最终引发绝缘击穿，导致 GIS 等设备故障。

多年的运行经验证明，由于设备内部的金属微粒、粉尘和水分等导电性杂质，特别是金属微粒的存在引起 GIS 内部放电已经不容忽视。而且，GIS 设备局部放电往往是绝缘故障的先兆和表现形式。

一、GIS 局部放电检测方法

当 GIS 设备存在导电性杂质时，会因局部放电而发出不正常声音、振动、产生放电电荷、发光、产生分解气体等异常现象。因此，局部放电是 GIS 设备状态监测的重要对象之一。GIS 可能出现不同类型的局部放电，如浮电位部件放电、金属颗粒放电、尖端放电、固体绝缘内部缺陷放电等。局部放电类型识别主要依据放电信号的波形特征，这些波形来自于实验室模拟试验和已被验证了的现场检测。在局部放电在线检测中，如果检测到放电信号，并确定为 GIS 内部的局部放电，则可以把所测波形和给定的局部放电波形进行比较，确定其局部放电的类型。因局部放电经常是断续发生的，或进行一定时期的状态监测。西泾智能变电站局部放电监测系统界面如图 7－29 所示。

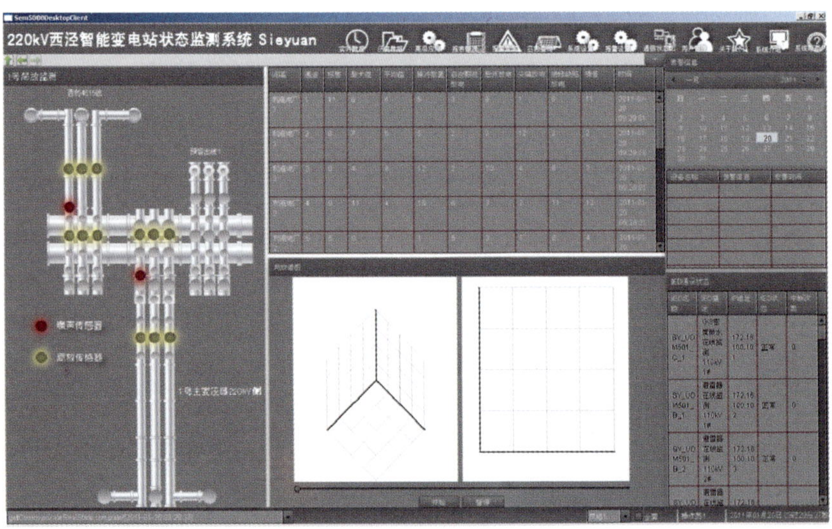

图 7－29　西泾智能变电站局部放电监测系统界面

（1）振动法。局部放电会产生声波，其类型包括纵波、横波和表面波。GIS 设备局部振动法采用压电式传感器和超声波传感器接收局部放电产生的振荡信号，可以达到检测 GIS 设备内部局部放电的目的。但是，由于振动法使用的频率在 5～20kHz 之间，正处于音频范围，因此其抗机械噪声能力差，对局部放电脉冲的分辨率低，给信号波形及结果的处理带来困难，使最终结果可靠性和稳定性差。日本关西电力公司对 10 个变电所机械噪声的研究表明，噪声强度随频率的增加而衰减，机械噪声的均值从频率分布看，5～20kHz 比 20kHz 以上强 100～200Hz。因此振动法在现场的应用受到极大限制。

（2）VHF、UHF 法。VHF、UHF 法均需外接天线，一般天线都暴露在 GIS 壳体的非铁磁性材料的盆式绝缘子的外沿。研究表明，处于高气压 SF_6 气体环境中的局部放电，其放电信号的上升沿及持续时间极短，一般为 ns 级。典型 GIS 设备局部放电信号频谱可从低频到数百 MHz 甚至 1GHz 以上。当 GIS 设备局部放电产生的电磁波在传播时，部分信号可通过绝缘子的极微小的气隙向外辐射，通过无线检测的方式即可接收到这些从 GIS 设备内部传出的放电信号。VHF、UHF 法的缺点是无法实现 GIS 设备局部放电的放电量标定。由于测量的信号频率很高，所检测到的信号与诸多因素有关，测得的结果既无法确定是内部的放电还是外部架空线传输进入的干扰，或是天线外部接收到的外部干扰，因此可信度低。尽管如此，由于 VHF、UHF 法具有较高的抗干扰能力，西泾智能变电站的 GIS 局部放电状态监测就采用此种方法，UHF 监测方法如图 7－30 所示。

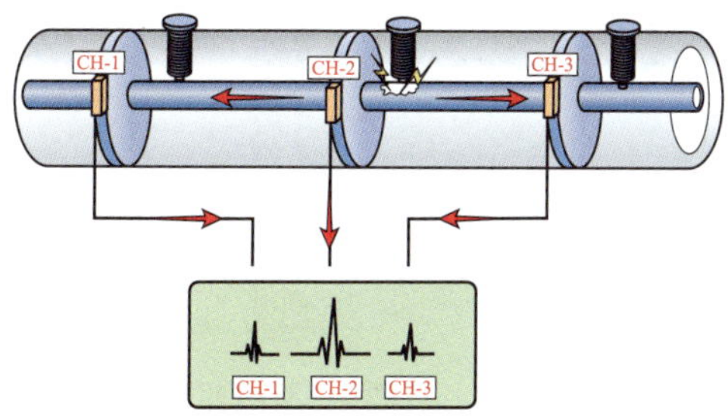

图 7－30　UHF 监测方法

（3）超声波法。对于某种缺陷的诊断，如悬浮微粒（这种微粒在新安装的或大修后的 GIS 中可导致闪络或击穿），超声波检测远远由于通常的电气试验。超声波监测 GIS 局部放电的基本原理是：当发生局部放电时，分子间剧烈碰撞并在瞬间形成一种压力波产生超声脉冲，类型包括纵波、横波和表面波。不同的电气设备，环境条件和绝缘状况产生的声波频谱都不相同。GIS 中沿 SF_6 气体传播的只有纵波。这种超声纵波以某种速度以球面波的形式向内部空间传播。由于超声波的波长较短，它的方向性较强，能量较为集中，可以通过设备外壁的压电传感器收集超声波局部放电信号进行定性、定量、定位的分析。

二、GIS 局部放电类型

GIS 中的局部放电类型有多种，不同局部放电类型所表现出来的局部放电特征不一样，对 GIS 的损害程度也不一样，西泾智能变电站根据局部放电对 GIS 的损害程度把局部放电分为以下四大类。

（1）固定粒子放电。固定粒子放电包括母线电晕和壳体电晕，母线电晕指的是由母线上的尖锐的突出物所产生的局放，这种突出物可能是由于小的金属屑附着在母线上而产生的，突出物的尖端高度受力并在母线电压达到峰值时产生电晕（PD）。壳体电晕与母线电晕比较相近，其特征是脉冲在正负半周极不对称，负半周明显强于正半周，信号幅值不高，随作用电压的升高信号幅值有所增加。

（2）自由粒子放电。自由粒子指的是 GIS 中的微小的金属物体，如金属碎屑，粒子在高电场的作用下移动，并且在壳体管壁上弹跳。每次粒子接触到壳体，都会产生一个放电。其特征是脉冲表现出一定的随机性，信号幅值高于同定粒子。

（3）浮动电极放电。GIS 的一部分没有接地或者接到母线上被称为浮动元件或浮动电极。浮动电极的表现形式很像一个放电电容器，因此有很高的幅值。放电脉冲一般出现在 AC 周期的第一象限和第三象限。

（4）绝缘缺陷放电。绝缘缺陷的类型可能是 GIS 的绝缘子内有空穴或是绝缘子表面被污垢。绝缘缺陷在图谱中显示的特性为较小的及中等幅值的信号并分布于整个周期。最高幅值的信号出现在 AC 波形的正负周期的峰值处。西泾智能变电站 GIS 局部放电传感器分布示意图如图 7-31 所示。

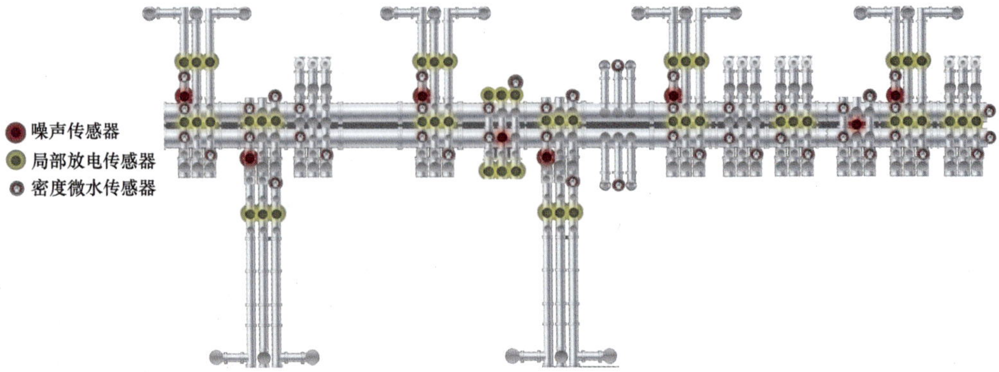

图 7-31　西泾智能变电站 GIS 局部放电传感器分布示意图

三、西泾智能变电站的 GIS 局部放电状态监测装置测试

（1）按图 7-32 装配内置耦合器，装配完成后，抽真空，充 0.60MPa SF_6 气体，采用局部包扎检漏法进行密封试验。

（2）试验参照标准 GB 11023 气密试验方法进行气密性测试。

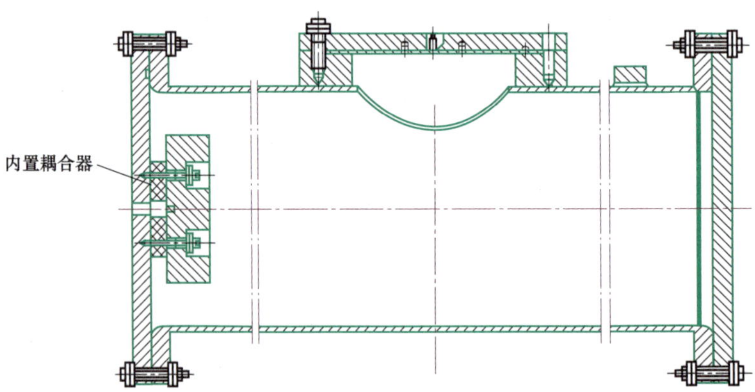

图 7-32　密封试验示意图

（3）绝缘实验步骤。

1）为了产生标准的电压冲击波形，试验时需将测试间隔（建议使用硅橡胶套管）挪至靠近冲击发生器的位置。

2）把内置特高频局部放电传感器分别安装在间隔预先设置的手孔处，如图 7-33 所示。安装完成后的结构如图 7-34 所示。

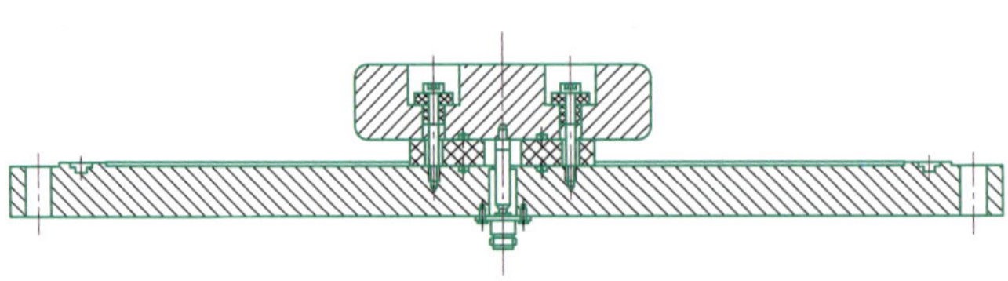

图 7-33　内置特高频传感器结构

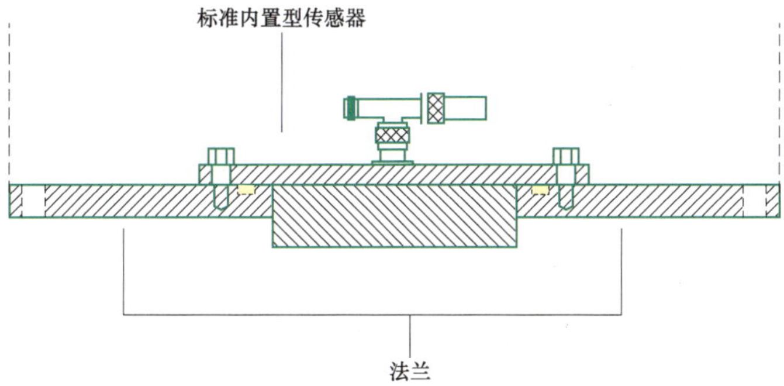

图 7-34　内置特高频传感器结构

3）放置好后先抽真空，然后充 0.60MPa SF_6 气体。

4）在合闸状态下，断路器一端加高压，进行冲击试验。试验参数：电压 ±2100kV，波形 1.2/50μs，各三次。

5）冲击试验完成后，回收气体，将测试间隔移至工频耐压处，抽真空后充 0.60MPa SF_6 气体，充气后进行工频耐压和局部放电试验。试验参数：工频：960kV/1min。局部放电：1.1E≤5pC。

（4）局部放电试验程序。

1）试验 GIS 内设置典型放电故障点，如尖端放电、悬浮放电等。基于多种检测方法的 GIS 局部放电监测系统性能检测平台如图 7-35 所示。用于检测的内置式传感器如图 7-36 所示。

图 7-35　基于多种检测方法的 GIS 局部放电监测系统性能检测平台

图 7-36　用于检测的内置式传感器

2）回收气体并开盖通风，确保采取安全措施后，在测试间隔内设置一种局放源（暂定局部放电类型为高压导体上尖端放电、悬浮物放电，每次设置其中一种），抽真空并充 SF_6 气体至 0.10MPa。

3）用方波校准仪对检测回路进行标定。

4）试验开始，逐步升高电压，至某局部放电仪有局部放电信号产生时，记录此时局部放电的起始电压。此时稳定电压，测试厂设定测点读取并记录此时放电波形的统计幅值，以及超高频传感器测量出来的放电量平均值（pC），同时故障诊断系统需生成测试报告，判别放电类型及严重程度。该过程的试验电压的大小根据局放产生的具体情况而定，需要重复几次，依具体情况而定。

5）测试完成后，断开高压电源，高压侧接地。

6）重新设置局放类型，重复 1）~5）步骤。

7）为考核内置耦合器的抗干扰能力，在试验结束后，不设置任何局部放电类型，在试验变压器高压输出端放置一根细铜丝，模拟导线端电晕放电（或采用在距离内置耦合器 1m 处拨打手机），测试各厂家的内置耦合器抗干扰能力。

（5）GIS 实验检测内容，如表 7-9 所示。

表 7-9　GIS 实验监测项目

序号	测试项目	数据来源	发送值	接收值	测试结果
1	局部放电时间检测	实际检测			
2	局部放电相位监测				
3	局部放电幅值监测				
4	局部放电类型检测				
5	局部放电位置检测				
6	局部放电计数				

7.2.6　SF_6 密度、微水状态监测

SF_6 气体具有良好的绝缘性能和灭弧性能，现阶段被广泛应用于高压电气设备中，在正常工况下，是较为理想的绝缘灭弧介质。但在运行的 SF_6 电气设备中，SF_6 气体的外泄漏和外部潮气的向内渗透总是难免的，只是渗漏率有高低之别。如果 SF_6 气体密度的下降或气体中微水含量超过规定值，高压电气设备就会存在安全隐患甚至导致事故发生。

气体泄漏是使 SF_6 气体密度下降的直接原因。SF_6 气中固有的残留水分，以及密封不良导致的水分渗入，安装时充气过程也会将水分带入 SF_6 气体，设备零部件，特别是环氧树脂支撑件和拉杆中吸收的水分也会部分释放到 SF_6 气体中。这些都会导致 SF_6 气体中微水含量的超标。气体密度下降会使 SF_6 气体绝缘性能和灭弧性能降低。水分的凝露会导致设备内的沿面放电，SF_6 在电弧的作用下分解，和水反应生成剧毒和腐蚀性气体，这些都会危及 SF_6 电气设备的安全运行。所以对电气设备中 SF_6 气体密度及湿度的监测显得尤为重要。

西泾智能变电站采用了 SF_6 气体密度、微水状态监测系统，密度微水表及其分布图如图 7－37 所示。

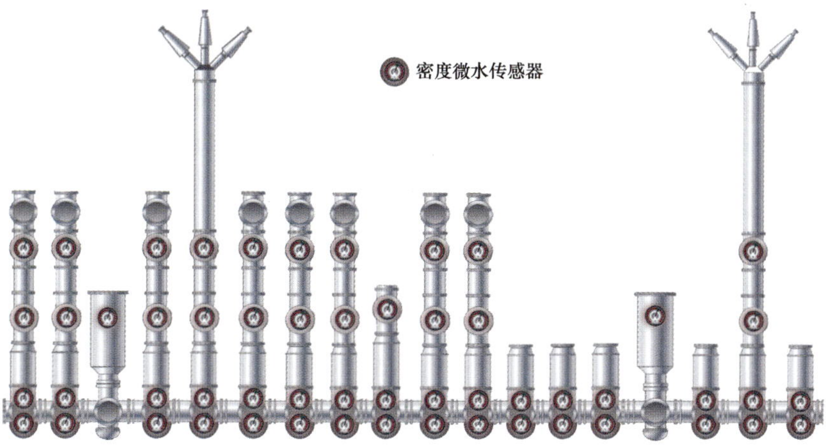

图 7－37 西泾智能变电站密度微水表及其分布图

一、SF_6 气体密度、微水监测原理

因为温度的因素，气压不能直接反应 SF_6 气体的密度大小和泄漏状况。根据气压表气压、环境温度和 SF_6 状态参数曲线来得到气体密度显然是一种很粗略、不易操作的方法。用一只数字式压力传感器和一只温度传感器，数据经内部数模转换并处理后直接输出便于 CAN 总线传输的数字信号，送到上位计算机。数字式密度监测单元采用电子式压力和温度传感器，测得气体的压力、温度值，通过数字运算求出气体标压值，即 P20 值。

SF_6 气体微水含量的测量受气体温度及气体气压的影响，相同的微水含量体积比（μL/L），在不同的 SF_6 气体工作气压下，其绝对气压和露点是不一样的。西泾智能变电站 SF_6 微水监测利用监测得到的实时温度值、实时压力值及 20℃时的压力值，采用修正公式，利用 CPU 直接将测量修正到 20℃时微水的含量。西泾智能变电站 SF_6 气体密度、微水状态监测系统界面图如图 7－38 所示。

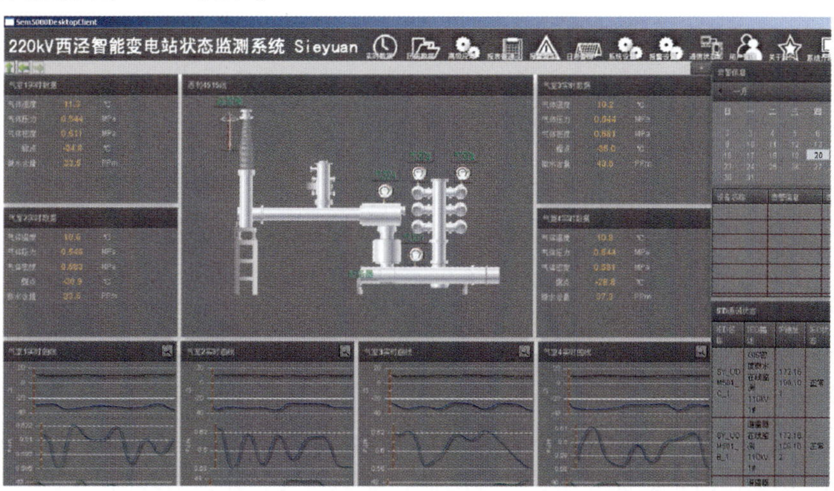

图 7－38 西泾智能变电站 SF_6 气体密度、微水状态监测系统界面图

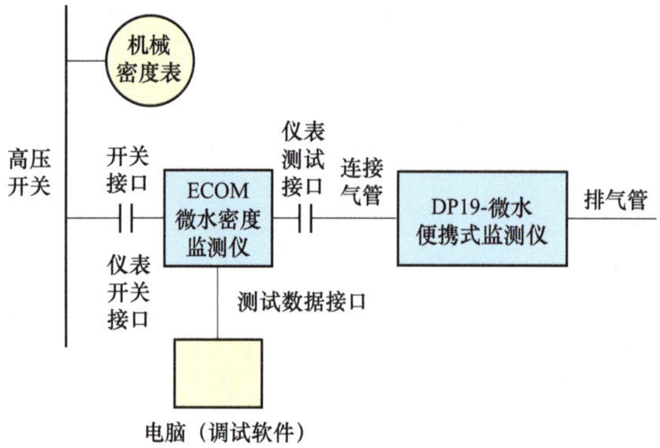

图 7－39　微水密度测试图

二、西泾智能变电站 SF_6 气体密度、微水状态监测装置测试

（1）实验设备（标气制备）：

MSP 微水密度监测仪；

DP19 便携式微水检测仪；

电脑（配调试软件）；

485 转 USB 数据线；

RVVP4X1.0 屏蔽电缆；24V 电源；

连接气管；

放气接头。

（2）实验系统图，如图 7－39 所示。

按 MSP 测试气路连接示意图将产品和测试设备和高压开关连接起来。通过 DP19 排气，测试 MSP 微水检测值是否和 DP19 测试值相同。

SF_6 气体监测项目如表 7－10 所示。

表 7－10　SF_6 气体监测项目

	数据值	阈　值	测试结果（数据及告警）
密度分析、告警	（低于阈值）		
	（高于阈值）		
微水分析、告警	（低于阈值）		
	（高于阈值）		

7.2.7　断路器状态监测

3kV 及以上电力系统中使用的断路器称为高压断路器，它是电力系统中最重要的控制和保护设备。无论电力线路处在什么状态，都要求断路器动作及时，它都应能可靠的动作，或是关合，或是开断电路。概括地讲，高压电路器在电网中起着两方面的作用：第一，控制作用。根据电网运行需要，用高压断路器把一部分电力设备或线路投入或退出运行；第二，保护作用。高压断路器还可以在电力线路或设备发生故障时将故障部分从电网快速切断，保证电网中的无故障部分正常运行。总之，高压断路器能够开断、关合及承载运行线路的正常电流，也能在规定时间内承载、关合及开断规定的异常电流，如过载电流或短路电流。高压断路器典型结构简图如图 7－40 所示。

图 7－40 中开断元件是用来关合、承载和开断正常工作电流和故障电流执行元件，包括触头、导电部分和灭弧室等。触头部分的分合操作是靠操动机构来带动的，通常操动机构有电磁操动机构、弹簧操动机构、压缩空气操动机构和液压操动机构等。

操动机构包括两个部分，一是机械传动部分；二是包括控制机械部分，包括合、分操作的控制回路和辅助回路，如接线端子、接触器、辅助开关、分合闸线圈、微动开关、电机、气体继电器、安全阀等二次元件，控制机械部分简称二次部分。

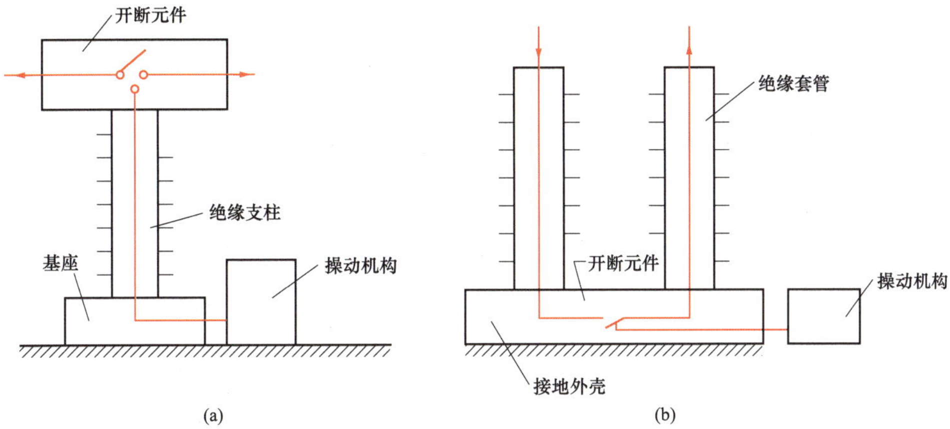

图 7-40 高压断路器典型结构简图
（a）带电箱壳；（b）接地箱壳

一、概述

断路器状态监测技术起步较晚，一直到 20 世纪 90 年代以后才逐渐发展起来。90 年代，美国和日本最先开始研究断路器的状态监测，美国学者率先给出断路器寿命与开断电流的关系，提出“全工况跳合闸回路完整性监视”的概念，“灭弧触头电寿命”的概念也是同期提出的，此时的研究工作主要是围绕着断路器状态检修进行的。随着研究的深入，都先后生产了自己的断路器状态监测装置，不过都存在着只能对其中的一个或几个状态进行监测的问题。检测结果的适用性和部分项目的检测手段仍然很不理想。1992 年，在美国孟菲斯市的 Grizzly 变电站，阿尔斯通公司第一次在 500kV 的断路器上使用了控制和监测系统，在以后的几年中，这套装置广泛使用在加拿大 Hammer 变电站的型号为 FX32D 的 500kV 的高压断路器装置上。后来，在 1999～2000 年，阿尔斯通公司又开发了较为先进的 CBWatch-1 系统，CBWatch-1 系统一项重要的突破是它能够预测 SF_6 气体压力的变化趋势，并能给出低压报警。此外，具有代表性的断路器状态监测系统还有由美国 Hathway 公司开发的 BCM200 型断路器状态监测系统、ABB 公司开发的 SF_6 断路器状态监测系统、日本东京电力公司和东芝公司联合开发的 GIS（Gas Insulated Switchgear）状态监测和诊断系统。

国际大电网会议 13.06 工作组在 1971～1991 年曾经先后对高压断路器进行了两次世界性的调查，第一次世界性大调查是从 1974～1977 年，在这三年里主要对 1964 年 1 月 1 日后安装运行的 63kV 以上的高压断路器进行了统计，全世界有 22 个国家的 102 家电力公司参加了调查，共得到了 20 000 台断路器的资料及 77 892 开关的数据；第二次世界性调查是从 1988～1991 年，主要对 63kV 以上单压式 SF_6 断路器进行了统计，全世界有 22 个国家的 132 家电力公司参加了调查，共得到了 18 000 台断路器的资料及 70 708 开关数据。其中拒合和拒分事故发生的次数最多，第一次大调查时分别占总事故率的 33.7% 和 14.1%，第二次大调查时分别占总事故率的 24.6% 和 8.3%，还有其他故障，如绝缘故障（对地击穿、相间击穿、开路相内击穿和开路相外击穿等）、误合、误分、载流故障以及开断失败等，在总事故率中都占有一定的比例。

在这两次世界性大调查中，高压断路器故障的相关部件主要集中在操动机构部分、载流部分和电气控制和辅助回路部分。在第一次大调查中，操动机构部分的故障占总故障率的33%，载流部分故障占48%，电气控制和辅助回路部分故障占19%。在第二次大调查中，这三部分的故障分别占总故障率的43%、29%和21%。

1999年，中国电力科学研究院对我国高压断路器的运行状况进行了调查，对从1989～1997年这十年间的高压断路器使用以及事故情况作了统计。1989～1997年发生的1500次事故中，拒分事故340次，占22.67%；拒合事故97次，占6.48%；开断与关合事故136次，占9.07%；绝缘事故532次，占35.47%；误动事故105次，占7.02%；载流事故119次，占7.95%；外力及其他事故171次，占11.43%。可以看出绝缘事故和拒分事故最为突出，占到全部事故的近60%。1989～1997年高压断路器事故按类型、电压等级分布表如表7－11所示。

表7－11　1989～1997年高压断路器事故按类型、电压等级分布表

电压等级	拒分(次)	拒合(次)	开断与关合(次)	绝缘(次)	误动(次)	载流(次)	外力及其他(次)	合计(次)
6～10kV	202	30	110	313	20	106	128	909
35kV	67	24	7	154	12	10	16	290
63kV	1	—	—	2	—	1	—	4
110kV	38	32	13	39	39	1	18	180
220kV	28	10	4	16	29	1	3	91
330kV	3	1	1	2	1	—	3	11
500kV	1	—	1	6	4	—	3	15
合计	340	97	136	532	105	119	171	1500

我国在1999～2003年的高压断路器事故的情况如表7－12所示。从表可知，1999～2003年共发生事故144台次。其中，拒分事故20次，占13.9%，拒合事故9次，占6.3%，开断与关合事故7次，占4.9%，绝缘事故60次，占41.7%，误动事故32次，占22.2%，载流事故4次，占2.8%，外力及其他事故12次，占8.3%。可以看出，断路器绝缘事故、拒动、误动事故仍然是最为突出，占到总事故的近80%。

表7－12　1999～2003年高压断路器事故按类型、电压等级分布表

电压等级	拒分(次)	拒合(次)	开断与关合(次)	绝缘(次)	误动(次)	载流(次)	外力及其他(次)	合计(次)
66kV	1	—	—	2	2	—	—	5
110kV	5	6	5	30	7	3	5	61
220kV	12	3	1	12	18	1	5	52
330kV	—	—	—	5	2	—	1	8
500kV	2	—	1	11	3	—	1	18
合计	20	9	7	60	32	4	12	144
事故比率	13.9%	6.3%	4.9%		22.2%	2%	8.3%	100%

二、断路器的故障类型

（1）拒动故障。高压断路器的拒动故障包括拒分故障和拒合故障。其中拒分故障是最严重的故障，往往会引发越级跳闸，造成系统故障，扩大事故范围。从这几次调查的数据来看，拒分故障的发生次数是比较多的。造成断路器拒动的原因主要有：机械方面和电气方面。

1）机械原因由于操动机构及其传动系统机械故障而导致断路器拒动占65%以上。具体故障有机构卡涩，部件变形、位移、损坏，分合闸铁芯松动卡涩，轴销松断，脱扣失灵等。其中，机构卡涩故障次数最多，其原因：一是因为分（合）闸线圈铁芯配合精度差，运动过程中阻力大；二是因为线圈及传动部件发生机械变形或损坏；三是因为液压机构阀体内阀杆等部件锈蚀造成的。轴销松断主要是绝缘拉杆（或提升杆）与金属接头连接处轴销断裂或松脱。造成机械故障的原因主要是制造质量及安装、调试、检修的问题。

2）电气原因在拒动故障中，因电气控制和辅助回路问题而造成的占总故障的32%左右。具体故障有分、合闸线圈烧损，辅助开关故障，合闸接触器故障，二次接线故障，分闸回路电阻烧毁，操作电源故障，保险丝烧断等。其中分、合闸线圈烧损基本上是机械故障引起线圈长时间带电所致；辅助开关及合闸接触器故障虽表现为二次故障，实际多为接点转换不灵或不切换等机械原因引起的；二次接线故障基本是由于二次线接触不良、断线及端子松动引起的。

（2）误动故障分析。高压断路器的误动故障主要是由二次回路接线和操动机构机械故障引起的。

1）二次回路原因最主要的由于二次回路接线端子排受潮而使绝缘降低，从而引发合闸回路和分闸回路接线端子之间放电短路，造成断路器的误动。其他原因还有：二次元件制造质量差，二次电缆破损而引起的断路器误动；断路器的最低操作电压低于标准要求值，在外界干扰下易使断路器发生误动；继电保护装置误动作。

2）液压机构原因主要由于断路器出厂时装配质量差，阀体紧固不够、清洁度差而导致密封圈损坏，从而引起液压油泄漏或者机械机构泄压，最终导致断路器强跳或者闭锁。

3）弹簧操动机构原因主要是在对断路器检修时，操动机构分（合）闸挚子尺寸调整不合适而使弹簧的预压缩量不当，从而导致弹簧机构无法保持而引起断路器自分或者自合。

（3）绝缘故障分析。从统计数据中可以看出，高压断路器的绝缘故障发生的次数是最多的，发生的故障主要有：外绝缘对地闪络击穿，内绝缘对地闪络击穿，相间绝缘闪络击穿，雷电过电压引起的闪络击穿，绝缘拉杆闪络，瓷套管、电容套管闪络、污闪、击穿、爆炸，电流互感器闪络、击穿、爆炸等。其中，内绝缘故障、外绝缘和瓷套闪络故障发生次数较多。

1）内绝缘故障主要原因是由于在断路器的内部存在异物，这些异物有的是在安装过程中产生的，也有的是在断路器运行一段时间后，本体内产生的剥落物，这些异物的存在导致了断路器本体内部发生放电故障。另外，由于触头及屏蔽罩磨损而造成金属颗粒脱落，由于这些金属颗粒而使断路器发生内部放电的故障也时有发生，这主要是由于触头及屏蔽罩的安装位置不正引起摩擦所致的。

2）外绝缘和瓷套闪络故障主要原因是瓷套的外绝缘泄露比距和外型尺寸不符合标准要

求，还有就是瓷套的制造质量存在缺陷。高压开关柜发生的绝缘故障也是比较多的，故障主要有柜内放电、电流互感器闪络和相间闪络等形式。主要原因是由于断路器与开关柜不匹配，绝缘尺寸不够，柜内隔板吸潮，爬电距离不足，老旧开关柜改造不彻底，没有进行加强绝缘措施等。另外开关柜内元件存在质量缺陷，如电流互感器、带电显示器等也多次导致相间短路故障。

（4）开断与关合故障分析。开断与关合故障主要集中在7.2～12 kV电压等级上，少油断路器和真空断路器出现此种故障的较多。少油断路器发生故障的原因主要是由于喷油短路引起灭弧室烧损，从而导致断路器开断能力不足，在关合时发生爆炸事故。真空断路器发生故障的最主要的原因是由于真空灭弧室真空度下降，导致真空断路器开断关合能力下降，引起开断或者关合失败。SF_6断路器发生开断与关合故障主要是因为SF_6气体泄漏或者微水含量超标引起灭弧能力下降而导致的。

（5）载流故障分析。高压断路器的载流故障最主要是由于触头接触不良过热或者引线过热造成的。触头接触不良基本是由于动触头与静触头没有完全对中，在操作时喷口与静弧触头撞击而导致灭弧室喷口断裂造成开断关合事故，或者由于触头过热或引线过热而导致载流和绝缘事故。动触头与静触头的对中问题主要是因为在装配过程中没有有效保证触头对中的措施，造成动静触头10对中偏差过大，最终导致故障。在7.2～12 kV电压等级发生的载流故障的开关柜主要原因是由于开关柜隔离插头接触不良过热、触头烧融而导致引弧烧毁开关柜。

（6）外力及其他故障分析。外力及其他故障绝大多数只造成了断路器的障碍，没有造成事故，但是它反映了开关设备存在的事故隐患，威胁设备的安全运行。在外力及其他故障中，液压机构漏油、气动机构漏气、断路器本体漏油占此类故障的55%以上，部件损坏占20%左右，打压频繁占19%。由此可见，外力及其他故障的主要原因是泄露故障和部件损坏。

1）泄露故障主要是液压机构漏油和气动机构漏气，打压频繁也是因为机构内漏引起的。主要原因是由于密封圈（垫）老化损坏、阀系统密封不严、压力泵接头质量差、压力表接头泄露和清洁度差引起的。另外由于安全阀动作值不正确，环境温度升高时而使安全阀误动，还有就是安全阀动作后不复位，从而造成机构泄压。液压机构泄露油频繁存在时间已久，在国产断路器中普遍存在，主要是由于厂家制造水平的问题。SF_6断路器本体或者气动机构泄露，泄漏点主要出现在表计和管路的接头部位。

2）部件损坏的部位主要有密封件、传动机构部件、拉杆、阀体等。部件损坏的主要原因是由于传动部件机械强度不足，密封件质量差。另外，由于安装、检修质量不高，未能及时发现缺陷而致使断路器缺陷加剧，最终发展成为故障。密封件损坏主要有两方面的原因：一是密封件质量差，易老化，寿命短；二是在检修或装配过程中，密封件受损、位置安装不正或者紧固力过大使密封件变形严重，因而影响其使用寿命。

三、断路器状态监测参数

（一）分、合闸电流

电磁铁是高压断路器操动机构中的重要元件之一，高压断路器一般都是以电磁铁作为操作的第一级控制元件。当线圈中通过电流时，在电磁铁内产生磁通，铁芯受电磁力作用吸合，使断路器合闸或分闸。从能量角度看，合、分闸线圈的作用是把来自电源的电能转化为磁能，并通过铁芯的动作，再转化为机械功输出。大多数断路器均以直流作为控制电源，故直流电磁线圈的电流波形中包含着可作为机械故障诊断用的重要信息，反映了电磁铁本身以及所控制的锁门或阀门以及连锁触头在操作过程中的动作情况。

分、合闸线圈电流的波形中包含了丰富的状态信息，可以作为断路器状态监测所用。西泾智能变电站断路器状态监测就是利用穿心式霍尔磁平衡电流传感器，对正常状态下的分合闸线圈电流进行了多次测量，确认电流波形具有良好的可重复性。

分、合闸线圈结构示意图及等值电路如图 7－41 所示。分、合闸线圈等值为一个电阻 R 和一个电感线圈 L。

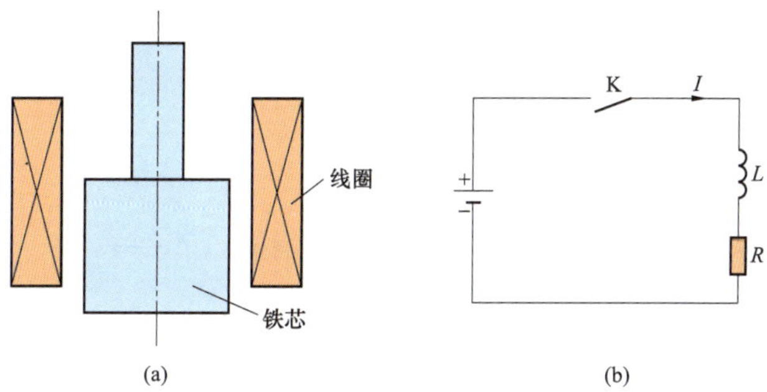

图 7－41　分、合闸线圈结构示意及等值电路

（a）结构示意图；（b）等值电路

假设铁芯不饱和，电感 L 不随 i 变化。当断路器接到分、合闸命令时，隔离开关 K 合上，线圈中通过电流 i，电路微分方程如下式所示：

$$U = Ri + \frac{\mathrm{d}\Psi}{\mathrm{d}t} \tag{7-1}$$

式中 Ψ 为磁链，将 $\Psi = L \cdot i$ 代入上式可得：

$$U = Ri + L\frac{\mathrm{d}i}{\mathrm{d}t} + i\frac{\mathrm{d}L}{\mathrm{d}S}v \tag{7-2}$$

操作线圈电流曲线如图 7－42 所示，图中标出了波形上的几个特征值点。根据铁芯运动过程该波形可分为五个阶段。

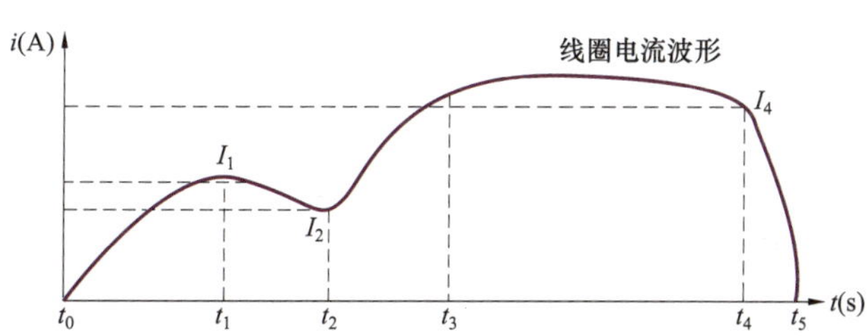

图 7－42　操作线圈电流曲线

（1）铁芯触动阶段：$t = t_0 \sim t_1$

t_0 为断路器分、合闸命令下达时刻，是断路器分、合动作计时起点，t_1 为线圈中电流、磁通上升到足以驱动铁芯运动，即铁芯开始运动的时刻。在这一阶段，$v = 0$，$L = L_0$ 为常

数，代入式（7－2），并代入初始条件 $t=t_0$ 时，$i=0$，可得式（7－3）：

$$i=\frac{U}{R}\left[1-e^{-(R/L_0)t}\right] \tag{7-3}$$

这一阶段的特点是电流呈指数上升，铁芯静止，电流可以反映线圈的状态（如电阻是否正常）。

（2）铁芯运行阶段：$t=t_1\sim t_2$

在时间 t_1，电流增大到动作电流 I_1 铁芯的吸力超过反作用力（如铁芯重力，加在铁芯上的弹簧力等），铁芯开始运动，$v>0$。t_2 为控制电流的谷点，代表铁芯已经触动操作机械的负载而显著减速或停止运动。等值回路中增加一随时间增大的反电势 $i(dL/dS)v$，一般情况下，线圈电流 i 在铁芯运动后迅速下降，直到铁芯停止运动，$v=0$。

这一阶段的特点是电流下降，铁芯运动。电流的变化表征铁芯运动结构有无卡涩，脱扣、释能机械负载变动的情况。

（3）触头分、合闸阶段：$t=t_2\sim t_3$

在这个阶段，铁芯已停止运动，$v=0$，$L=L_m$ 时有式（7－4）：

$$i=\frac{U}{R}\left[1-e^{-(R/L_m)t}\right] \tag{7-4}$$

在这一阶段铁芯运动停止。电流又呈指数上升。因 $L_m>L_0$，故电流上升比第一阶段慢。

（4）维持阶段：$t=t_3\sim t_4$

这一阶段是阶段（3）的延续，电流达到近似的稳定。t_4 为断路器辅助接点切断的时刻，$t_4\sim t_0$ 或 $t_4\sim t_2$ 可以反映操作传动系统得情况。

（5）电流切断阶段：$t=t_4\sim t_5$

此阶段辅助开关分断，在辅助开关触头间产生电弧并被拉长，电弧电压快速升高，迫使电流迅速减小，直到熄灭。

综合以上五个阶段的情况，通过对线圈电流的监测，分析 i 的波形和 t_1，t_2，t_4 及其对应时刻电流 I 等特征值，可以计算出铁芯启动时间、铁芯运动时间、线圈通电时间等参数，从而了解断路器机械操动机构的变动情况。其中 t_1 时刻对应电流值反映了铁芯运动的起始状态，t_2 时刻对应电流值反映了电磁铁芯的运动速度，t_4 时刻电流值反映了线圈操作电压的大小。

因此，实时记录每一次开关操作过程线圈电流的波形，分析上列有关参数是诊断断路器机械操动系统的重要信息。根据得到的操动机构的启动时间、铁芯运动时间、线圈通电时间等，并根据断路器自身参数范围，比较判断操动机构是否已有铁芯空行程、弹簧卡滞等故障，从而预告故障前兆。以上对线圈电流特性的分析，为实际分、合闸线圈电流的状态监测的实现提供了理论参考。

对于不同型号的断路器，特征值会有所区别。并且当线圈工作在不同状态下时，特征值也会相应地发生变化。因而在监测系统投入运行前，需要了解各种可能的工作状态，如操作电压不足、匝间短路、铁芯卡滞、铁芯空行程过长等，找出每种状态下的特征值，并建立分、合闸线圈电流的特征信息库，用于和实际的线圈电流波形进行比较。这样，根据特征值的变化就可以判断分、合闸线圈的工作状态，以及预测操作回路某些故障趋势。此外，线圈电流的起始时刻反映了分、合闸命令到达的时刻，结合上述触头合、分时刻的确定，可以实现断路器分/合闸时间的状态监测。

（二）储能电机电流

断路器的弹簧操动机构中最核心的部件就是储能弹簧，如果直接对其监测则需要将受力的部件截断，装入应力传感器或扭矩传感器，但是这将明显改变开关设备的结构，不易被厂家、用户接受。因此，应用电流传感器，测量储能电动机的工作电流波形及工作时间，可以间接地监测储能弹簧的状态。

在弹簧储能操动机构中，储能电机的功能是在合闸动作完成储能回路接通，拉伸合闸弹簧做功，储存合闸、分闸操作所需的能量。储能电机的工作状态直接影响断路器功能的实现。以 VS1 断路器为研究对象配置永磁直流电机，在长期运行中发现，永磁直流电机主要出现元件断路、绕组匝间短路、电刷磨损等故障，本节对储能电机进行了分析。

永磁直流电机的动态方程如下。

电压方程：

$$u_a = R_a i_a + L_a \frac{\mathrm{d}i_a}{\mathrm{d}t} + C\omega \tag{7-5}$$

转矩方程：

$$Ci_a = J\frac{\mathrm{d}\omega}{\mathrm{d}t} + T_L + R_\omega \omega \tag{7-6}$$

其中，C 为电机常数，$C = \dfrac{pN\Phi}{2\pi a}$

式中 u_a——电枢电压；

R_a——电枢电阻；

i_a——电枢电流；

L_a——电枢电感；

ω——转子角速度；

J——电机转子及其连接机构的转动惯量；

T_L——电机轴上的负载力矩；

R_ω——旋转阻力系数；

p——电机的极对数；

N——电枢绕组有效导体数；

Φ——每极磁通，对于永磁直流电机一般取常数；

a——支路对数。

分析上述各式可知，储能电机电枢电流信号不仅受本身参数的影响，负载特性的变化也能体现在电枢电流波形中。因此，电枢电流能反应储能电机本身如匝间短路及断路、电刷磨损等故障，还能直接反应断路器合闸弹簧、二次回路、储能微动开关的状态。

典型储能电机电流波形如图 7－43 所示。

从图 7－43 中可以看出，储能电动机电流波形可以分为下列四个阶段：

（1）阶段Ⅰ，$t = t_0 \sim t_1$。t_0 时刻开始通电，到 t_1 时刻电动机起动终了，开始平稳工作。这一阶段的特点是有较大的启动电流。

（2）阶段Ⅱ，$t = t_1 \sim t_2$。在这一阶段，电动机处于平稳工作状态，电动机电流基本不变，电动机电流为 I_a。

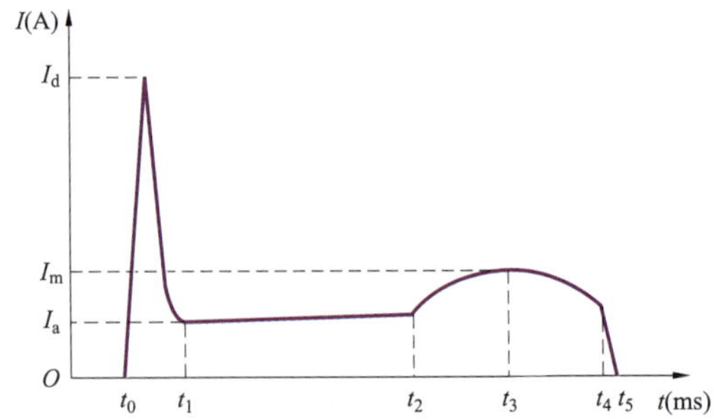

图 7-43 典型储能电机电流波形

（3）阶段Ⅲ，$t=t_2\sim t_3$。在 t_3 时刻，电动机负荷力矩最大，电动机电流达到最大值 I_m。

（4）阶段Ⅳ，$t=t_3\sim t_4$。在 t_4 时刻，辅助开关分断，电流被切断。

分析电流波形时，可以把 t_0、t_1、t_2、t_3、t_4、I_a、I_m 作为特征参数，对比这些电流特征参数的变化，可以判断储能弹簧力特性的改变。如果知道储能电动机的类型及相关机构的参数和尺寸，还可以估算出弹簧力—行程特性。此外，通过监测比较每次的启动电流和稳定工作电流的大小，可以反映出储能电机和负载的工作情况；监视每次电动机的启动时刻和两次启动时间的间隔大小，可以反映断路器储能系统的密封状况。通过每一次储能电机的运行时间的变化，就可以判断出储能电机出力下降或者储能系统密封不严等问题。

四、西泾智能变电站断路器状态监测装置测试

（1）实验仪器：

1）计算机。

2）主站系统软件。

3）监测 IED BMS。

4）电流传感器模块。

5）行程测速器及支架（待定）。

6）光纤（多模）。

7）机柜要有可靠接地。

8）现场提供 220V 交流电源。

9）机柜安装平稳、稳固。

（2）实验内容如表 7-13 所示。

表 7-13　　西泾智能变电站断路器状态监测项目

功　能	测　试　项　目	测　试　结　果
基本功能	分闸线圈电流录波	
	合闸线圈电流录波	
	储能电动机电流录波	
	一次开断电流检测	
	辅助接点	
通信	MMS 服务	

8 物联网在智能变电站的应用

利用物联网技术，通过对外界的感知，构建传感监测网络，可对影响变电站运行的因素实施全方位智能监测。本章主要介绍利用物联网传感技术建立一套全站公用的智能状态监测与辅助控制系统，集成状态监测、图像监视、安全警卫、火灾报警、主变压器消防、采暖通风等辅助系统的系统功能，达到“智能监测、智能判断、智能管理、智能验证”要求，实现变电站智能运行管理。

8.1 物联网技术概述

8.1.1 物联网的概念

物联网是新一代信息技术的重要组成部分，其概念最初于1999年在物流领域提出，物联网内每个产品都有一个唯一的产品电子码（Electronic Product Code，EPC），通常EPC码被存入硅芯片做成的电子标签内，附在被标志产品上，被高层的信息处理软件识别、传递、查询，进而在互联网的基础上形成专为供应链企业服务的各种信息服务。旨在降低成本，提高现代物流、供应链管理水平，被誉为是一项具有革命性意义的现代物流信息管理新技术。

从广义上讲，物联网是以射频识别（Radio Frequency Identification，RFID）系统为基础，结合已有的网络技术、数据库技术、中间件技术等，构筑的一个覆盖世界上万事万物的实物互联网。图8－1是这一概念的形象比喻。

物联网的英文名称叫“The Internet of Things”，顾名思义，就是“物物相连的互联网”。这有两层意思：第一，物联网的核心和基础仍然是互联网，是在互联网基础上的延伸和扩展的网络；第二，其用户端延伸和扩展到了任何物体与物体之间，进行信息交换和通信。因此，物联网又可定义为：通过射频识别（RFID）、红外感应器、全球定位系统、激光扫描器等信息传感设备，按约定的协议，把任何物体与互联网相连接，进行信息交换和通信，以实现对物体的智能化识别、定位、跟踪、监控和管理的一种网络。

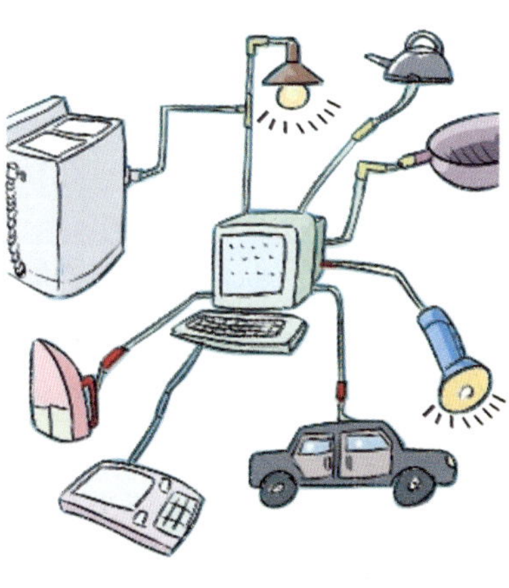

图8－1　物联网的形象概念

这里的“物”要满足以下条件才能够被纳入“物联

网”的范畴：

（1）要有相应信息的接收器；

（2）要有数据传输通路；

（3）要有一定的存储功能；

（4）要有 CPU；

（5）要有操作系统；

（6）要有专门的应用程序；

（7）要有数据发送器；

（8）遵循物联网的通信协议；

（9）在世界网络中有可被识别的唯一编号。

随着传感器技术和网络通信技术的发展，物联网的定义不断深化，人类希望可以以更加精细和动态的方式管理生产与生活，而不仅仅体现在识别物体的简单应用层面上，达到“智慧”状态，提高资源利用率和生产力水平，改善人与自然的关系。传感网正是在这样的背景下应运而生的全新网络技术，它综合了传感器、低功耗、通信以及微机电等技术，由许多集传感与驱动控制能力、计算能力、通信能力于一身的资源受限的嵌入式节点互连起来的网络。每一个节点由数据采集模块（传感器、A/D 转换器）、数据处理和控制模块（微处理器、存储器）、通信模块（收发器）和供电模块（电池、DC/AC 能量转换器）等组成。近期微电子机械加工（MEMS）技术的发展为传感器的微型化提供了可能，微处理技术的发展促进了传感器的智能化，通过 MEMS 技术和射频（RF）通信技术的融合促进了无线传感器及其网络的诞生。

传感网技术是典型的具有交叉学科性质的军民两用战略高技术，广泛应用于军事、国家安全、环境科学、交通管理、灾害预测、医疗卫生、制造业、城市信息化建设等领域。它的三个要素是传感器、感知对象和观察者。它将逻辑上的信息世界与客观上的物理世界融合在一起，改变了人类与自然界的交互方式。在这个网络中，系统可以自动的、实时的对物体进行识别、定位、追踪、监控并触发相应事件。具体地说，就是把传感器嵌入和装备到电网、铁路、桥梁、隧道、公路、建筑、供水系统、大坝、油气管道等各种物体中，然后将“物联网”与现有的网络整合起来，实现人类社会与物理系统的整合，在这个整合的网络当中，存在中心计算机群，对整合网络内的人员、机器、设备和基础设施实施实时的管理和控制。传感网网络拓扑图如图 8－2 所示。

8.1.2 物联网的特征

同传统的互联网相比，物联网有其鲜明的特征。

（1）它是各种感知技术的广泛应用。物联网上部署了海量的不同种类型的传感器，每个传感器都是一个信息源，不同类别的传感器所捕获的信息内容和信息格式不同。传感器获得的数据具有实时性，按一定的频率周期性的采集环境信息，不断更新数据。

（2）它是一种建立在互联网上的泛在网络。物联网技术的重要基础和核心仍旧是互联网，通过各种有线和无线网络与互联网融合，将物体的信息实时准确地传递出去。在物联网上的传感器定时采集的信息需要通过网络传输，由于其数量极其庞大，形成了海量信息，在

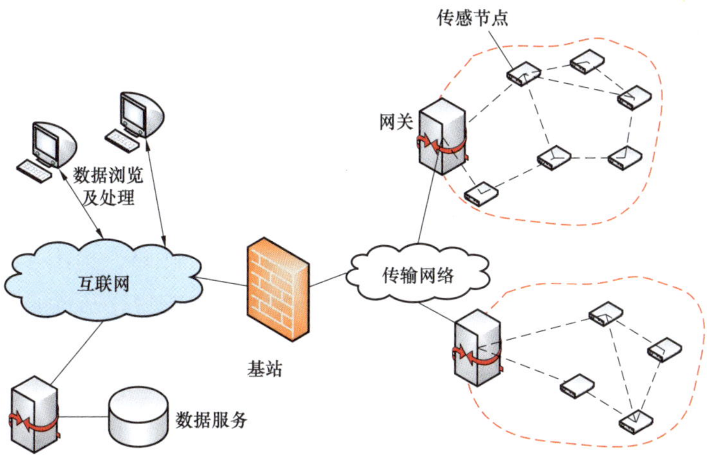

图 8-2 传感网网络拓扑图

传输过程中，为了保障数据的正确性和及时性，必须适应各种异构网络和协议。

（3）物联网不仅仅提供了传感器的连接，其本身也具有智能处理的能力，能够对物体实施智能控制。物联网将传感器和智能处理相结合，利用云计算、模式识别等各种智能技术，扩充其应用领域。从传感器获得的海量信息中分析、加工和处理出有意义的数据，以适应不同用户的不同需求，发现新的应用领域和应用模式。

8.1.3 国外物联网技术研究现状

美国是物联网技术的主导和先行国之一，较早开展了物联网及相关技术的研究与应用。美国很早就开始物联网技术的主要方面——无线传感器网的研究，近几年这方面的研究活动蓬勃开展起来。据美国《科学时报》报道，在美国国家自然科学基金会（NSF）资助下，马萨诸塞州剑桥城于 2007 年就着手打造全球第一个全城无线传感网。在美国国防部高级规划署（DARPA）、美国自然科学基金委员会和其他军事部门的资助下，美国科学家正在对无线传感器网络所涉及的各个方面进行了深入的研究。美国国防部远景计划研究局已投资几千万美元，帮助大学进行“智能尘埃”传感器技术的研发。美国所有著名院校几乎都有研究小组在从事无线传感器网络相关技术的研究，加州大学洛杉矶分校、加州大学伯克利分校、麻省理工学院、康奈尔大学、哈佛大学、卡耐基—梅隆大学等在该研究领域成绩较为突出。

欧盟制定了“欧洲行动计划”，科学规划未来发展路线。欧盟早在 2006 年就成立工作组，专门进行 RFID 技术研究，并于 2008 年发布《2020 年的物联网——未来路线》。2009 年 10 月，欧盟委员会以政策文件的形式对外发布了物联网战略，提出要让欧洲在基于互联网的智能基础设施发展上领先全球，除了通过 ICT 研发计划投资 4 亿欧元，启动 90 多个研发项目以提高网络智能化水平外，欧盟委员会还将于 2011 ~ 2013 年间每年新增 2 亿欧元进一步加强研发力度，同时拿出 3 亿欧元专款，专门支持物联网相关公私合作短期项目建设。欧洲智能系统集成技术平台在其报告《Internet of Things in 2020》中分析预测，未来物联网的发展将经历 4 个阶段，2010 年之前 RFID 被广泛应用于物流、零售和制药领域，2011 ~ 2015 年物体互联，2015 ~ 2020 年物体进入半智能化，2020 年之后物体进入全智能化。就目前而言，许多物联网相关技术仍在开发测试阶段，离不同系统之间融合、物与物之间的普遍链接的远期目标还存在一定差距。

日本政府自20世纪90年代中期以来相继制定了“e—Japan”、“u—Japan”、“i—Japan”等多项国家信息技术发展战略，从大规模开展信息基础设施建设入手，稳步推进，不断拓展和深化信息技术应用，以此带动本国社会、经济发展。为了确保在信息时代的国际竞争地位，2009年7月日本IT战略本部颁布了日本新一代的信息化战略——“i—Japan”战略，并于2009年8月日本又将“u—Japan”升级为“i—Japan”战略，提出“智慧泛在”构想，将传感网列为其国家重点战略之一，致力于构建一个个性化的物联网智能服务体系，充分调动日本电子信息企业积极性，确保日本在信息时代的国家竞争力始终位于全球第一阵营。为了让数字信息技术融入每一个角落，首先将政策目标聚焦在三大公共事业：电子化政府治理、医疗健康信息服务、教育与人才培育，提出到2015年，透过数位技术达到“新的行政改革”，使行政流程简化、效率化、标准化、透明化，同时推动电子病历、远程医疗、远程教育等应用的发展。

韩国政府自1997年起出台了一系列推动国家信息化建设的产业政策，包括RFID先导计划、RFID全面推动计划、USN领域测试计划等。实现建设优化社会的愿景，韩国政府持续推动各项相关基础建设、核心产业技术发展，RFID/USN（传感器网）就是其中之一。2009年10月，韩国通信委员会出台了《物联网基础设施构建基本规划》，将物联网市场确定为新增长动力。该规划提出，到2012年实现“通过构建世界最先进的物联网基础实施，打造未来广播通信融合领域超一流信息通信技术强国”的目标，并确定了构建物联网基础设施、发展物联网服务、研发物联网技术、营造物联网扩散环境等4大领域、12项详细课题。

8.1.4 国内物联网技术研究现状

我国现代意义的物联网——传感网及其应用研究几乎与发达国家同步启动，1999年首次正式出现于中国科学院《知识创新工程试点领域方向研究》的信息与自动化领域研究报告中，作为该领域提出的五个重大项目之一。2009年，《我国工业和信息化发展的现状与展望》首次公开提及传感网络，并将其上升到战略性新兴产业的高度，指出信息技术的广泛渗透和高度应用将催生出一批新增长点。2009年11月，无锡市国家传感网创新示范区（传感信息中心）正式获得国家批准，该示范区规划面积20km^2。根据规划，三年后这一数字将增长近6倍。到2012年，完成传感网示范基地建设，形成全市产业发展空间布局和功能定位，产业规模达到1000亿元，具有较大规模各类传感网企业500家以上，形成销售额10亿元以上的龙头企业5家以上，培育上市企业5家以上，到2015年，产业规模将达2500亿。按照国家传感网标准化工作组的规划，我国会在2011年正式向国标委提交传感网络标准制定方案。目前，我国物联网产业、技术还处于概念和科研阶段，物联网整个产业模式还没有彻底形成，处于起步阶段，但联网的发展趋势是令人振奋的。随着知识创新工程试点工作的深入，我国陆续部署了若干重大研究项目和方向性项目，初步建立传感网络系统研究平台，在智能传感网络通信技术、微型传感器、传感器节点、簇点和应用系统等方面取得很大的进展，部分成果已在实际工程系统中使用。

8.1.5 物联网技术在智能变电站中的应用方向

智能变电站是坚强智能电网的重要基础和支撑，具有信息化、自动化、互动化的特征，由先进、可靠、节能、环保、集成的设备组合而成。它以高速网络通信平台为信息传输基础，自动完成信息采集、测量、控制、保护、计量和监测等基本功能，并可根据需要支持电网实时自动控制、智能调节、在线分析决策、协同互动等高级应用功能。

目前，常规变电站配置的图像监视、安全警卫、火灾报警、主变压器消防、给排水、采暖通风等辅助生产系统，依然是各自独立的、不具备智能对话功能的小型自动化装置，形成多个信息孤岛，需要更多的人工来关注、理解和处理这些设备的信息，没有达到智能变电站的智能运行管理的要求。除了实现变电站的智能运行管理外，验证站内人员的动作行为，减少站内人员的人为工作量也应该是智能变电站的另一个体现。

伴随着对智能变电站理解的不断深入，新的智能化功能要求将不断提出。从智能管理角度来看，搭建一个公用的监测辅助控制平台，集成所有的辅助系统功能，方便新的智能化功能扩充，有利于设备管理；规范各类辅助系统的信息传输传送方式及通信规约，有利于统一化管理；通过集成辅助系统的信息整理，有利于远方人员对站内状况全盘掌控，提高监管质量。

而物联网技术正是契合这一实际发展需求。物联网技术可实现人类社会与物理系统的整合，通过自动、实时对设备进行识别、定位、追踪、监控并触发相应事件，对设备的实时管理和控制。利用物联网技术，通过对外界的感知，构建传感监测网络，对影响变电站运行的因素实施全方位智能监测。在传感监测平台基础上可以建立一套全站公用的智能监测与辅助控制系统，集成目前图像监视、安全警卫、火灾报警、主变压器消防、采暖通风等辅助系统的系统功能，达到“智能监测、智能判断、智能管理、智能验证”要求，实现变电站智能运行管理。

智能监测是指对影响变电站运行的因素采用全方位、多手段的实时监测，自动评估变电站运行状态，减少人为工作量，是变电站实现自动化管理的前提。

智能判断是指在减少远方人员参与的前提下，根据监测的数据，评估变电站的运行状态，自动判出各类异常情况，生成处理方案，形成判断结果。

智能管理是指执行判断结果，实现辅助系统间的协调联动，消除异常情况造成的影响。形成异常情况处理过程报告，及时将结果上报远方集控中心。监测辅助系统的运行状态，执行远方集控中心的各项命令。

智能验证是验证站内人员的巡检、操作运行维护等行为的正确性，与站内人员行为实现互动，保证人员安全，避免事故发生。

8.2 物联网应用于智能变电站状态监测和辅助系统

8.2.1 常规变电站辅助系统配置现状与不足

目前，常规变电站配置的图像监视、安全警卫、火灾报警、消防、给排水、采暖通风等辅助生产系统均为独立设置的，距离智能变电站的智能运行管理的要求还有一定差距。常规变电站各辅助系统配置功能及不足如表 8－1 所示。

表 8－1　　常规变电站各辅助系统配置功能及不足

序号	设备名称	系统功能	配置不足
1	图像监视及安全警卫系统	监视站区周边环境，通过目标区域的红外对射探测器对变电站围墙、大门进行全方位布防监视，有人非法闯入后报警处理；监测站内设备及工作环境，满足监视记录设备运行情况的需要	a）主动报警功能有欠缺。只有人爬上围墙后才能报警，不能对闯入者的动机进行提前判断； b）入侵地点实时定位、入侵人员跟踪拍摄功能不强，不能对目标意图精确判断； c）适应环境能力一般，变电站周边环境和天气情况改变后容易影响设备误警、漏警率； d）与其他辅助系统的联动功能不强
2	火灾报警	在各房间及电缆层、竖井隧道等较易发生火灾处设置感温、感烟探测器，报警装置具有远传功能，信号接入本站监控系统，传至监控中心	a）只能发送简单的硬接点信号，没有详细的运行信息，不能实时了解设备运行状态； b）与图像监视系统没有做到联动，发生事故后，远方人员只能手动切换事故画面，降低事故处理效率
3	消防	主变压器消防采用排油充氮灭火系统。 全站设置消防水池及消防水泵房，消防水池储存全站室内外一次火灾所需的用水量，消防水泵房内设置消防水泵与室内消火栓给水系统配套	
4	给排水	给水系统由自来水公司负责提供用水接口。 生活污水自流汇入污水调节池，经污水泵提升后进入埋地式生活污水处理装置，处理达标后的生活污水排入雨水系统。 雨水排水按有组织排放方式设计，经雨水泵升压后集中排放。 变压器储油坑内的渗漏油及事故油，直接送至油水分离池，进行回收处理	a）污水泄漏及其他原因造成的室内或其他部位积水，缺乏监测手段而不能被察觉到，无形中给设备和电缆的绝缘构成了威胁，影响供电运行安全，带来电力系统的事故隐患； b）不具备远方遥控启停功能，没有详细的运行信息，不能实时了解设备运行状态
5	采暖通风	通风及空调系统的切换运行一般由运行人员根据室外温度来控制，设备启动后，依靠设备本身的温湿度测量元件调整出力	a）不具备远方遥控启停功能，只能靠运行人员现场手动开启。对于空调的运行状况缺少监测手段； b）设备的启停依靠的是自身的温湿度测量元件，缺少外部启动依据，可靠性不高； c）室外温湿度变化时，不能实时调节采暖通风空调系统的切换运行，造成设备运行时间较长，增加运行费用

由表 8－1 可见，常规变电站配置的图像监视、安全警卫、火灾报警、主变压器消防、给排水、采暖通风等辅助生产系统，依然是各自独立的、不具备智能对话功能的小型自动化装置，形成多个信息孤岛，需要更多的人工来关注、理解和处理这些设备的信息，以达到智能变电站的要求。

8.2.2 用物联网技术构建变电站智能状态监测与辅助控制系统

一、系统组成

利用物联网技术，通过对外界的感知，构建传感网测控网络。在传感网测控平台基础上建立智能监测与辅助控制系统，实现状态监测、图像监视、安全警卫、火灾报警、主变压器消防、采暖通风等功能的集成，全面实现变电站智能运行管理，具备“智能监测、智能判断、智能管理、智能验证”功能。

智能监测与辅助控制系统主要由以下部分组成，具体如图 8－3 所示。

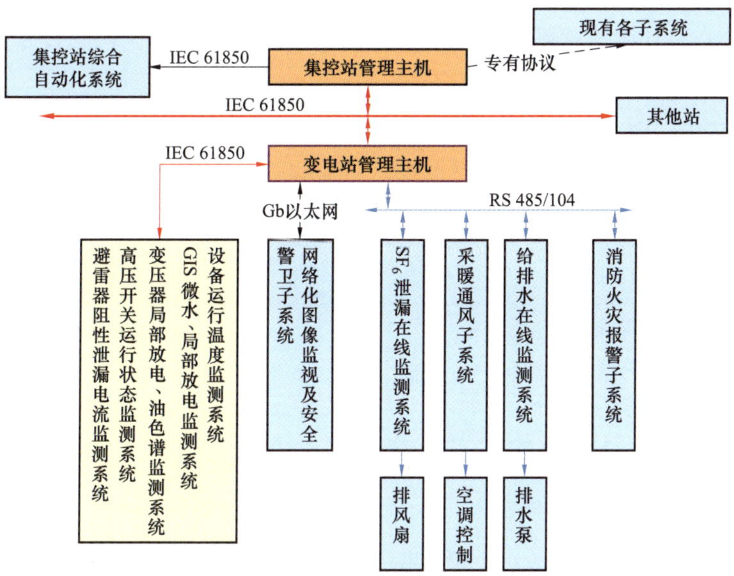

图 8－3　智能监测与辅助控制系统架构体系图

系统主要完成以下功能：

（1）与集控站控制主机完成自动数据交换，接收集控站的命令，完善与变电站综合自动化设备的 IEC 61850 协议通道。

（2）在线监测输变电设备的运行温度，如主变压器套管、穿墙套管等接头的运行温度，为状态检修提供数据支撑。

（3）在线监测避雷器的泄漏总电流、谐波电流和阻性电流，自动分析避雷器状态，在发生事故前及时发出告警信号，为状态检修提供数据支撑。

（4）在线监测 GIS 设备 SF_6 密度、微水、局部放电等 GIS 工作参数。

（5）通过图像、辅助触点在线监测开关变位状态。

（6）通过主变压器油色谱分析，在线监测主变压器工作状态。

（7）通过红外热像仪在线监测主变压器各点工作温度。

（8）监测 GIS 室内 SF_6 泄漏密度，保障工作环境安全。

（9）自动监测变电站环境温湿度，优化动力环境控制方案，自动调节空调设备，节省电力。

（10）自动实现变电站水浸、漏水报警，防止水淹事故的扩大化。

（11）多传感器融合无虚警自动防入侵警戒，高可靠图像识别防止翻越大门、围墙，高可靠图像识别防抛物破坏。

（12）网络化、数字化图像处理，通过图像模式识别实现自动区域保护和灵活图像监控，可以在分辨率和帧速率均衡选择，兼顾高分辨率与动态图像监控的需要。

二、传感器网络构建测控网络的特点

传感网测控网络系统包括传感器节点和汇聚节点。传感器节点包含了温湿度传感节点、电压谐波和相位监测节点、烟雾传感节点、水浸传感节点等设备。各传感节点监测的数据经汇聚节点汇聚后上传至主机。

组网方式可分为有线传感网络和无线传感器网络两种，具体比较如表 8－2 所示。

表 8－2　　有线传感网络和无线传感网络技术比较表

项目 \ 网络结构	有线传感网络	无线传感网络
组网方式	各节点之间采用屏蔽双绞线或其他缆材连接	各节点之间通过无线通信联系
优点	通信线路稳定可靠； 产品维护简单，复杂度低； 生产成本低	安装地点不受限制，无需布线； 现场施工方便； 安装成本低
不足	安装地点易受限制，布线复杂； 维护成本较高	通信易受电磁干扰，抗干扰技术复杂； 产品复杂，生产成本高
工作电源	电池供电或外部电源供电	电池供电或从环境获取能源

若采用电池供电，电池寿命的长短主要取决于传感器的工作电流大小和电池容量（尺寸）的大小，而传感器工作电流的大小又取决于传感器的材料、工作原理和被测目标的变化率（特征频率），各类传感器工作寿命、能耗、电池供电时间如表 8－3 所示。

表 8－3　　各类传感器工作寿命、能耗、电池供电时间

传感器种类	工作寿命	工作电流	电池供电时间
温湿度传感器	＞10 年	＜10μA	10 年
泄漏电流传感器	＞10 年	＜100μA	2 年
电压相位、谐波传感器	＞10 年	＜100μA	2 年
水浸传感器	＞10 年	＜10μA	10 年
SF_6 传感器	＞10 年	＞100mA	6 个月

根据变电站的实际情况，用在高压带电设备上的温度传感器、泄漏电流传感器必须采用无线传感器网络（Wireless Sensor Network，WSN）。

对于功耗很低的无限温度传感器和水浸传感器，可以采用一次锂亚电池供电，在装置的全寿命周期内无需更换电池，对避雷器泄漏电流传感器采取从环境获取能量（太阳能、窃取被测泄漏电流）和一次锂亚电池结合的方法为传感器供电。

而其他辅助设备的传感器由于没有绝缘问题且易于布线的应用宜采用有线网络，这可以降低成本便于维护。

三、系统试验

为了验证应用物联网技术构建的变电站智能状态监测与辅助控制系统各环节功能，需通过有针对性地试验检测，使其满足变电站实际运行安全性、可靠性要求。试验项目一般应包括：电磁兼容试验、传感器性能试验、软件功能测试、信息融合测试、电气性能试验、耐天候性能试验等。

（1）电磁兼容性试验。在取得检测机构的检测合格证书的前提下，鉴于变电站现场的电磁环境的复杂性，需要做电磁兼容的试验，试验项目包括以下两方面：

1）同频干扰：变电站带电前，在现场布置若干个同频段的 WIFI 设备，用于测试对同频段传感器网络的抗干扰性能测试，以验证传感器网络工作是否正常。

2）工频干扰：变电站带电后，对传感器网络性能进行测试，验证其在工频谐波干扰和噪声干扰下有无明显的性能下降。

（2）传感器性能测试。测试无线温度传感器、红外线热像仪、温湿度传感器、水浸传感器、水位传感器精度是否达到了厂家说明书的技术标准。

（3）软件功能测试。对系统软件的功能做符合性测试，验证系统软件满足设计要求。

（4）信息融合测试。测试水浸传感器与视频信息融合，震动传感器与视频信息融合、烟感传感器与视频信息融合等多传感器信息融合性，验证通过信息融合消除虚警信息的有效性。

（5）电气性能试验。施加不低于运行电压，测试直接安装在高压端的无线温度传感器，是否会受到强电场的影响。

（6）耐天候性能试验。施加不低于 200℃ 高温，测试传感器整体及其附件是否有爆炸、泄漏危险；根据传感器防护等级，进行防护等级验证试验。

8.3 智能变电站辅助系统设计实例

伴随着对智能变电站理解的不断深入，新的智能化功能要求将不断提出。从智能管理角度来看，搭建一个公用的监测辅助控制平台，集成所有的辅助系统功能，方便新的智能化功能扩充，有利于设备管理；规范各类辅助系统的信息传输传送方式及通信规约，有利于统一化管理；通过集成辅助系统的信息整理，有利于远方人员对站内状况全盘掌控，提高监管质量。

8.3.1 辅助控制系统主机系统

主机系统通过传感网测控平台接收各子系统的数据，存储并实时展现出来；评估变电站的运行状态，自动判出各类异常情况，执行判断结果，实现辅助系统间的协调联动，消除异常情况造成的影响；形成异常情况处理过程报告，及时将结果上报远方集控中心；监测辅助系统的运行状态，执行远方集控中心的各项命令，规范与监控系统的通信规约。图 8－4 为已经建成投运的西泾智能变电站辅助控制系统主界面。

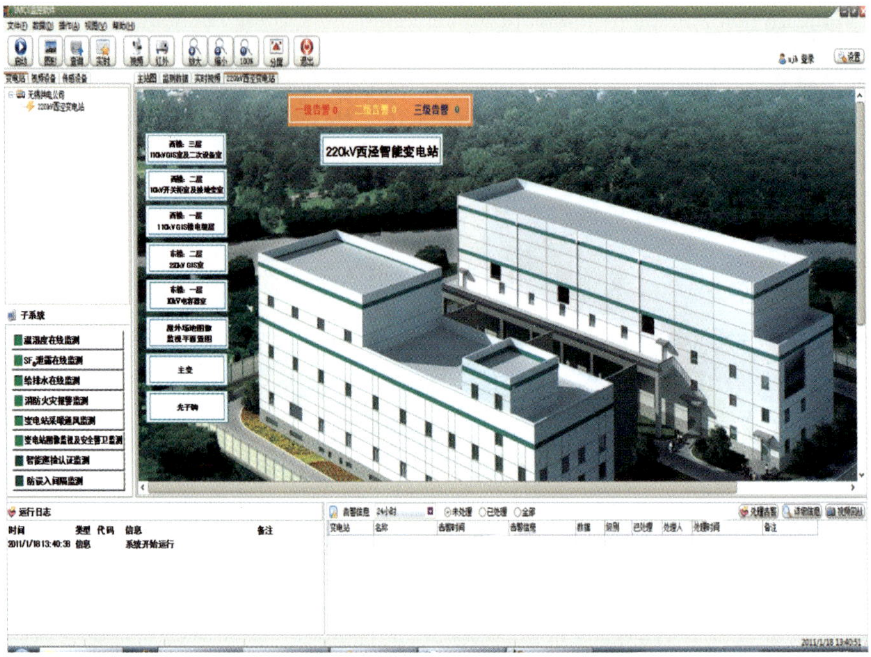

图 8－4　西泾智能变电站辅助控制系统主界面

这里的主机系统包括两层，一是集成各个变电站现有监测与辅助控制子系统的智能监测辅助控制主机；另一个是安装在集控站，统一管理各个下属变电站的智能监测辅助控制系统的集控站主机。整个主机系统的构建也分这两个层次实现，并在系统构成与功能集合上实现统一。

智能监测辅助控制主机主要与各个监测与辅助控制子系统结合完成如下的功能应用：

（1）与集控站控制主机完成自动数据交换，接收集控站的命令，完成与变电站综合自动化系统的 IEC 61850 协议通道。

（2）站内检修、运行维护行为的智能认证：自动分析操作票，物物确认操作对象，自动图像识别检修过程，实现对操作维护工作的智能认证。

（3）站内巡检作为的智能监督：指导现场操作，自动完成路径引导和巡检详细采集、报表生成和填表引导，实现智能监督。

（4）状态监测输变电设备的运行温度，如主变压器套管、穿墙套管等接头的运行温度，为状态检修提供数据支撑。

（5）自动监测变电站环境温湿度，优化动力环境控制方案，自动调节空调设备，节省电力。

（6）自动实现变电站水浸、漏水报警，防止水淹事故的扩大化。

（7）多传感器融合无虚警自动防入侵警戒，高可靠图像识别防止翻越大门、围墙，高可靠图像识别防抛物破坏。

（8）数字化图像处理，通过图像模式识别实现自动区域保护和灵活图像监控，可以在分辨率和帧速率均衡选择，兼顾高分辨率与动态图像监控的需要。

8.3.2 部分子系统案例

一、温度在线监测子系统

温度在线监测子系统由若干数据传输基站、无线温度传感器和环境温度传感器构成。温度在线监测子系统结构如图 8 - 5 所示。

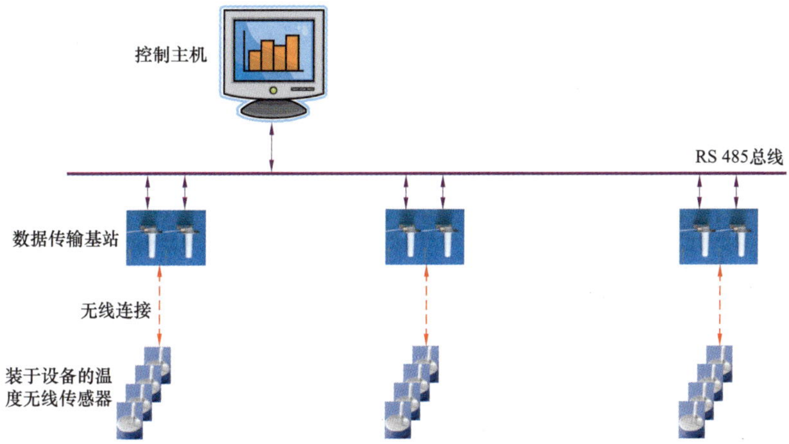

图 8 - 5 温度在线监测子系统结构

无线温度传感器如图 8 - 6 所示，由微功耗控制器、数字温度传感器、射频（Radio Frequency，RF）收发器、电池、天线等组成。控制器定时读取温度传感器的数据，测量电池电压，启动射频通信芯片，将这些数据通过射频信号发送到数据传输基站。通过高频无线信道传输到基站，由基站保存、记录。无线温度传感器采用结构胶安装方式，直接安装在高压输变电设备可能的发热处，如动力电缆、电缆接头、刀闸触点、开关静触点、铜排连接点、电抗器、电容器外壳和设备安装环境内与场地，实现温度和温升的高可靠实时在线监测。

图 8 - 6 无线温度传感器

二、采暖通风子系统

通过外设的温湿度传感器，准确监测室内外的温湿度情况。监测信息传送至主机。同时，温湿度监测前端可执行主机控制命令，根据室内温湿度状况对空调、排风机的温度、风向等进行控制。

主机根据室内外的温湿度情况，自动控制通风系统和空调系统的切换运行。夏季，根据比较各空调区域的室内外焓差，若通风系统能满足室内温度要求则采用风机机械排风来排除室内余热；若通风系不能满足室内温度要求则自动启动空调机，若布置有多台空调机，则根据室外气温逐台启动运行。冬季，若室内盘柜等散发的室内余热能使室内温度满足要求则空调自动停止运行；若室内余热不能使室内温度满足要求则自动启动空调系统。可调节空调温度、风向；可远程查询温湿度检测节点工作状态，精确定位系统故障，远程控制空调运行。

三、给排水子系统

监测给排水设备的状态，测量用水量及排水量，检测污物、污水池水位及异常警报，检测水箱水位，控制给排水设备的启停。

实现对积水情况的检测及智能处理，安装浸水检测节点，实现积水自动排放；启动摄像头联动，查看现场情况；远程查询浸水检测情况，确保系统安全可靠运行；远程控制水泵运行积水情况的准确检测；发出报警信号，提示值班人员采取相应措施。

9 智能变电站工程测试技术

220kV 西泾智能变电站采用大量新技术、新设备、新材料，实现全站信息数字化、通信平台网络化、信息共享标准化，可自动完成顺序控制、一次设备在线监测、辅助系统智能联动及变电站自动化系统高级应用等先进功能，从主系统到辅助系统全面实现智能化。本章介绍西泾智能变电站的特点、工程配置、组网方式以及新设备新技术的应用情况，描述了西泾智能变电站的建模应用情况，重点阐述了工程建设过程中集中集成测试、现场测试及启动试验的项目和方法。

9.1 西泾智能变电站工程配置

9.1.1 概况

220kV 西泾智能变电站是国家电网公司首批智能化变电站试点项目之一，工程于 2010 年 7 月开工建设，2010 年 12 月 29 日建成投运。

西泾智能变电站位于江苏省无锡市惠山区前洲镇，占地面积 6699m^2，建筑面积约 4788m^2，电压等级为 220kV/110kV/10kV。

本期规模：220kV 出线 4 回，双母线接线，利港电厂——石塘湾双回线开断 π 接入，形成利港电厂线 2 回、石塘湾线 2 回；2×180MVA 有载调压自耦变压器；110kV 出线 8 回，双母线接线；10kV 出线 20 回，10kV 电容器 12 组，单母线四分段接线，西泾智能变电站一次接线如图 9-1 所示。

西泾智能变电站 220kV、110kV 采用 GIS，10kV 采用开关柜。220kV、110kV、10kV 采用户内布置，主变压器采用户外布置。站区从东至西分为三块功能区，220kV GIS 配电装置及 10kV 电容器布置在东部的建筑物内，中部为主变压器场地，110kV GIS 配电装置、10kV 开关柜、公共二次设备室以及功能用房布置在西部的建筑物内，西泾智能变电站建筑示意图如图 9-2 所示。

（1）220kV、110kV GIS。开关设备机构执行器不变，取消其传统控制执行回路，在汇控柜内设置集成智能终端（220kV 双套、110kV 单套、母线设备单套），统一控制间隔内断路器、隔离开关、接地开关，并由一套集成智能组件实现状态监测数据采集，智能终端与在线监测智能组件相互独立。

（2）10kV 开关柜。10kV 一次、二次设备均在开关柜内安装，结构紧凑，不设置智能终端。为配合顺序控制，提高智能化程度，10kV 采用手车试验、运行位置可电动操作的开

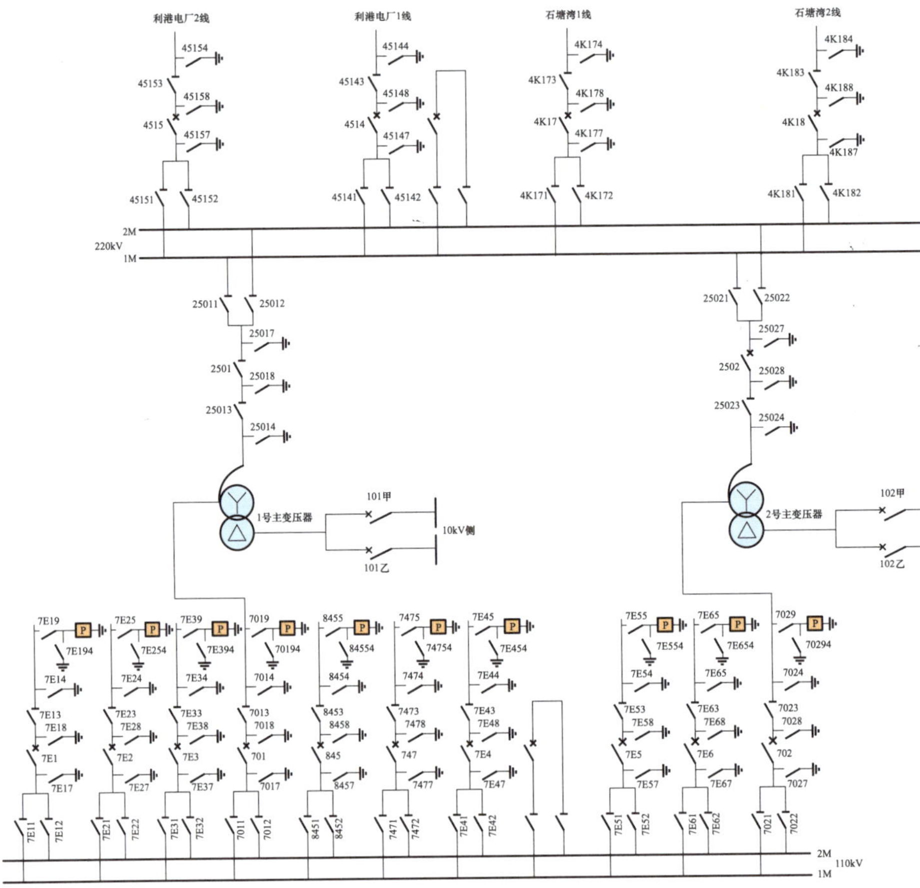

图 9－1　西泾智能变电站主接线

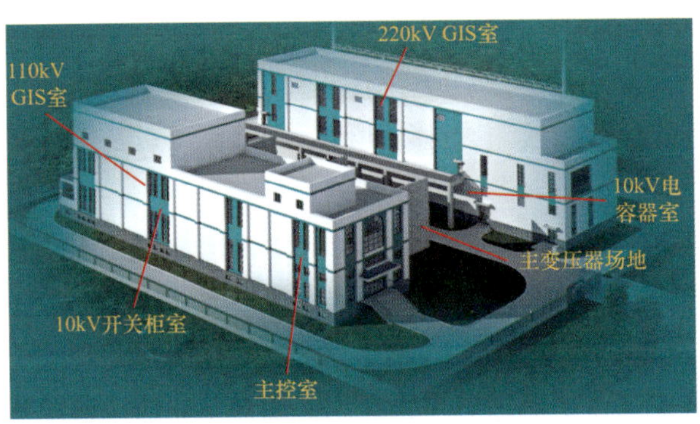

图 9－2　西泾智能变电站建筑示意图

关柜。

（3）主变压器低压侧分支开关柜。机构执行器及其传统控制执行回路不变，在开关柜内设置单套智能终端，统一控制间隔内断路器、手车、接地开关等。

（4）主变压器本体。在主变压器本体端子箱内设置双套智能组件。

1）采集主变压器本体非电量信号，接收主变压器油中溶解气体采集器提供的状态监测信号，经数字化处理后以 GOOSE 报文上送。

2）执行主变压器非电量保护功能，通过电缆方式直接跳闸。

3）执行风冷控制、档位调节等控制功能，取消由电气接点、继电器等搭接的风冷控制回路和调压控制器。

西泾智能变电站 220kV 所有间隔、110kV 所有间隔和主变压器高、中、低压侧配置了全光纤型电流互感器。10kV 各间隔和主变压器公共绕组配置了传统电流互感器。220kV 线路、220kV 母线、主变压器 220kV 侧和 110kV 母线配置了三相电容分压型电压互感器，110kV 有源线路配置了单相电容分压型电压互感器，10kV 母线配置了传统电压互感器。

西泾智能变电站工程技术应用具有如下十个特点：

（1）全站范围大规模采用全光纤型电流互感器，提供双 A/D 采样数据，保证采样数据可靠性。

（2）全站各电压等级均采用保护测控合一装置，节省测控装置数量和二次屏位。

（3）工程调试中采用智能变电站集中集成测试模式，在变电站土建施工的同时，并行开展智能变电站集中集成测试，节约了现场调试的时间，同时也保证了变电站的安全可靠性。

（4）全站采用 IEC 61850 标准实现二次装置信息交互数字化、标准化，利用光纤实现二次装置互联互通，极大简化二次接线，提高装置互操作性。

（5）变电站各间隔保护测控装置、合并单元、智能终端、在线监测设备等设备均下放布置于配电装置现场，节省了屏位和大量缆材。

（6）站控层采用 MMS、GOOSE、SNTP 共网传输，220kV 线路和母联保护过程层采用“直采直跳”方式，220kV 母线保护和主变保护过程层采用“直采网跳”方式，110kV 过程层采用 SV、GOOSE、IEEE 1588“三网合一”方式。

（7）建立数字式计量系统与常规计量系统的对比分析系统，用于验证两种计量系统长期运行中各种外部条件下的精度偏差，为电子式互感器的计量应用提供指导数据。

（8）定制自动化系统高级功能，实现顺序控制、智能告警与故障诊断等高级应用。

（9）利用“物联网”技术建立传感测控网络，建立智能监测与辅助控制系统，实现图像监视、安全警卫、火灾报警、主变压器消防、采暖通风、给排水、SF_6 泄漏监测、运行温度监测等辅助系统的集成应用和联动控制。

（10）全站建立统一的在线监测后台系统，为站内重要一次设备实行状态检修提供技术支撑。

9.1.2 保护配置和组屏方案

西泾智能变电站全站各电压等级采用保护测控合一装置，大大节省测控装置数量。西泾智能变电站 220kV 电压等级线路保护、母联保护、母线保护以及主变压器保护采用双重化冗余配置，包括保护测控装置、合并单元、智能终端、交换机设备。随着保护测控合一，测控功能也双重化。110kV 电压等级线路保护、母联保护、母线保护单重化配置，包括保护测控装置、合并单元、智能终端。为了保证网络可靠性，110kV 过程层采用双网冗余方式。

一、220kV 线路及母联保护测控

220kV 线路保护测控装置第一套采用 PSL603U，第二套采用 PCS931。智能终端双套均采用 PSIU601。间隔合并单元双套均采用 NS3261CD1。线路 EVT 合并单元双套均采用 PCS221CB。线路保护功能配置与常规变电站相同，但保护不设置功能硬压板和出口硬压板，设置了功能软压板、跳闸出口软压板和启动失灵软压板，并设置了检修状态硬压板。保护“保护功能软压板”和“保护功能控制字”相“与”来控制保护功能的投退。智能终端设置了跳、合闸出口硬压板、遥控出口硬压板。

220kV 线路保护测控组屏方案如图 9－3 所示，单套的间隔合并单元、EVT 合并单元、线路保护测控装置、智能终端组在一面屏内。双重化的设备分别组在两面屏内，相互独立。220kV 过程层交换机单独组屏。第一套线路保护测控屏内还包含一次设备验电器，第二套线路保护测控屏内还包含一次设备就地操作部分。

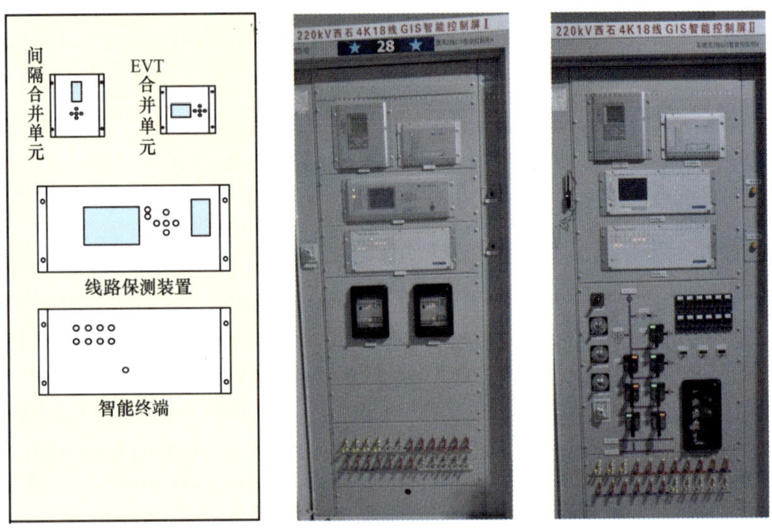

(a)　　(b)　　(c)

图 9－3　220kV 线路保护间隔组屏方案

（a）220kV 线路 GIS 智能控制屏；（b）现场照片 1；（c）现场照片 2

220kV 母联保护测控装置双套均采用 PSL633U，组屏方案与线路保护类似，不同之处是每面屏无 EVT 合并单元。

220kV 线路、母联保护采用“直采直跳”方式，分别与合并单元和智能终端相连。保护测控装置通过 3 个光口和 2 个电口分别接入过程层和站控层，其中 3 个光口分别为点对点 SV 口、直跳 GOOSE 口、组网 GOOSE 口，2 个电口用于接入站控层双重化的 MMS 网络。间隔合并单元提供 8 个点对点 SV 光口、1 个组网 SV 光口、1 个组网 GOOSE 光口（用于发送 GOOSE 告警信号、接收 GOOSE 信息）。智能终端目前根据设计需要配置了 1 个组网 GOOSE 口、1 个直跳 GOOSE 口。

二、220kV 母线保护

220kV 母线保护装置双套均采用 SGB750。双套保护相互独立，每套保护的电流采样采用“点对点”方式（来自各间隔合并单元）、母线电压采样采用“点对点”方式（来自母线电压合并单元)、开入(隔离刀闸、失灵启动等)开出(跳闸、启动远跳等)通过 GOOSE 网络方式与各间隔设备相连。母线保护功能配置与常规变电站相同，保护装置设置检修状态硬压板、功能软压板、各支路跳闸出口软压板、各支路投入软压板。

220kV 母线保护采用了主机 + 子机的方式，子机协助主机进行采样值的处理。母线保护目前根据设计需要配置了 7 个 SV 光口、1 个 GOOSE 光口和 2 个 MMS 电口。

220kV 母线保护组屏方案如图 9 -4 所示，屏内只含有母线保护主机和子机，合并单元、智能终端都在各支路的保护测控屏内。双套母线保护分别组在两个屏内，相互独立。

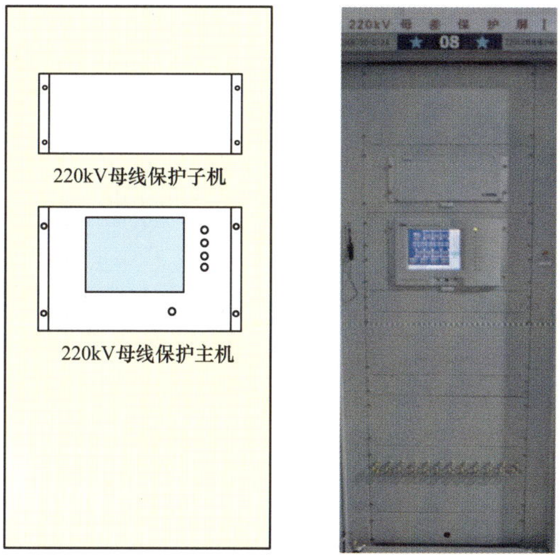

(a) (b)

图 9 -4 220kV 母线保护组屏方案

(a) 220kV 母差保护屏；(b) 现场照片

三、110kV 线路及母联保护测控

110kV 线路保护测控装置采用单套双网的方式，保护测控装置、合并单元、智能终端都是单套配置，过程层网络是双套冗余配置。110kV 线路保护测控装置采用 PSL621U，间隔合并单元采用 NS3261CD1，智能终端采用 PSIU621。线路保护功能配置与常规变电站相同，但保护不设置功能硬压板和出口硬压板，设置功能软压板、跳闸出口软压板，并设置了检修状态硬压板。“保护功能软压板”和“保护功能控制字”相“与”来控制保护功能的投退。智能终端设置了跳、合闸出口硬压板、遥控出口硬压板。

110kV 线路保护测控组屏方案如图 9 -5 所示，线路保护测控装置、间隔合并单元、智能终端、双套间隔交换机组在一面屏内。

110kV 6 条有源线路的线路 EVT 合并单元集中组在一面屏内。

110kV 母联保护测控装置采用 PSL633U，组屏方案与线路保护相同。

110kV 线路保护测控装置、母联保护测控装置通过两个光口分别接至过程层 GOOSE、SV 和 IEEE 1588 “三网合一” 的 A、B 网；通过两个 MMS 电口分别接入站控层 A、B 网。

四、110kV 母线保护

110kV 母线保护装置采用 SGB750。母线保护通过双重化的“三网合一”的过程层网络与相关设备相连。母线保护功能配置与常规变电站相同，保护装置设置检修状态硬压板、功

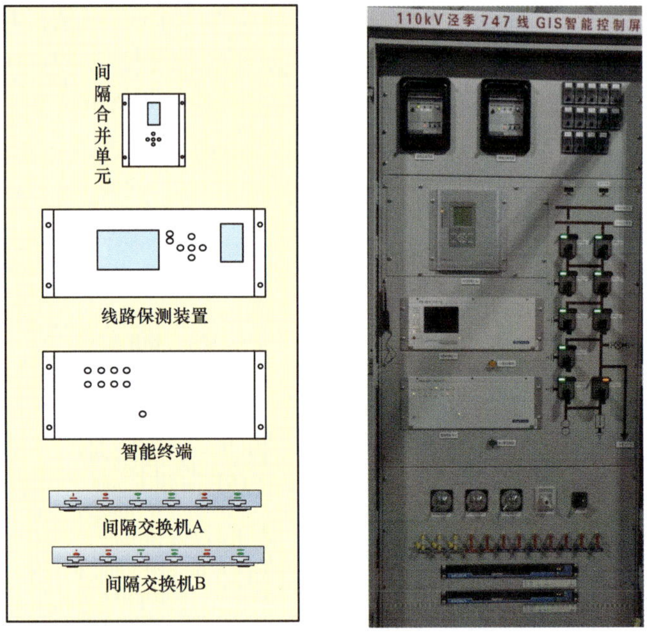

(a) (b)

图 9－5 110kV 线路保护测控组屏方案

（a）110kV 线路 GIS 智能控制屏；（b）现场照片

能软压板、各支路跳闸出口软压板、各支路投入软压板。

考虑到母线保护 SV 端口的处理能力，110kV 母线保护采用 4 个 SV 光口同时接收不同间隔的 SV 采样值；根据设计需要配置了 1 个 GOOSE 网络口和 2 个 MMS 电口。

110kV 母线保护组屏方案如图 9－6 所示，屏内只含有 1 台母线保护装置。

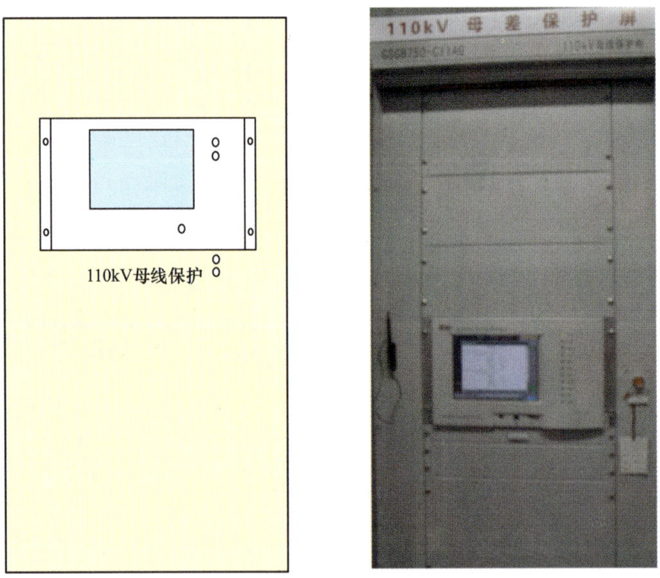

(a) (b)

图 9－6 110kV 母线保护组屏方案

（a）110kV 母差保护屏；（b）现场照片

五、主变压器保护测控

主变压器三侧都采用全光纤电流互感器，公共绕组采用常规电流互感器（通过合并单元将传统模拟量转换为数字量）。220kV 侧配置了独立的 EVT，110kV 侧电压采用母线 EVT 电压，10kV 侧采用常规电压互感器（通过合并单元将传统模拟量转换为数字量）。

主变压器配置双重化的电量保护和一套非电量保护。主变压器电量保护测控装置双套均采用 PCS978；

220kV 侧间隔合并单元双套均采用 NS3261CD1，智能终端双套均采用 PSIU601；

110kV 侧间隔合并单元双套均采用 NS3261CD1，智能终端双套均采用 PSIU621；

10kV 侧间隔合并单元双套均采用 NS3261CD4，智能终端双套均采用 PSIU641；

主变压器公共绕组合并单元双套均采用 NS3261CD2；

非电量保护采用 PST1210C1，就地安装；

本体智能终端采用单套 PSIU602，安装于非电量保护柜。

电量保护采用“直采网跳”方式，非电量保护采用电缆直接跳闸方式。非电量信号通过变压器本体智能终端上传。

主变压器电量保护功能配置与常规变电站相同，保护不设置功能硬压板和出口硬压板，设置了功能软压板、跳闸出口软压板和启动失灵软压板，设置了检修状态硬压板；“保护功能软压板”和“保护功能控制字”相“与”来控制保护功能的投退。主变压器各侧智能终端设置了跳闸出口硬压板、合闸出口硬压板、遥控出口硬压板。主变压器非电量保护配置与压板设置和常规变电站相同。

主变压器保护测控组屏方案如图 9－7 所示，主变压器电量保护测控、10kV 分支间隔合并单元、主变压器交换机组在主变压器保护测控屏内；220kV 侧间隔合并单元、EVT 合并单元、智能终端组在 220kV 侧开关 GIS 智能控制屏内；110kV 侧双套间隔合并单元、双套智能终端组在 110kV 侧开关 GIS 智能控制屏内；10kV 侧每个分支开关的双套智能终端安装在 10kV 开关柜内；双套公共绕组合并单元、单套非电量保护、单套本体智能终端组在非电量柜内。

一台主变压器共有 6 面屏，其中 2 面主变压器保护测控屏（A、B 屏）安装于主控室内；2 面 220kV 侧开关 GIS 智能控制屏（A、B 屏）安装于 220kV GIS 室；1 面 110kV 侧开关 GIS 智能控制屏安装于 110kV GIS 室；1 面非电量保护柜安装于主变就地；4 套 10kV 侧智能终端分别安装于两个 10kV 开关柜。

9.1.3 网络化应用和组网方式

西泾智能变电站在逻辑功能上由站控层、间隔层和过程层三层设备组成，并应用分层、分布、开放式的以太网络实现连接，整个二次系统体系为“三层两网”结构，即由站控层网络实现站控层设备和间隔层设备的连接，由过程层网络实现间隔层设备和过程层设备的连接。

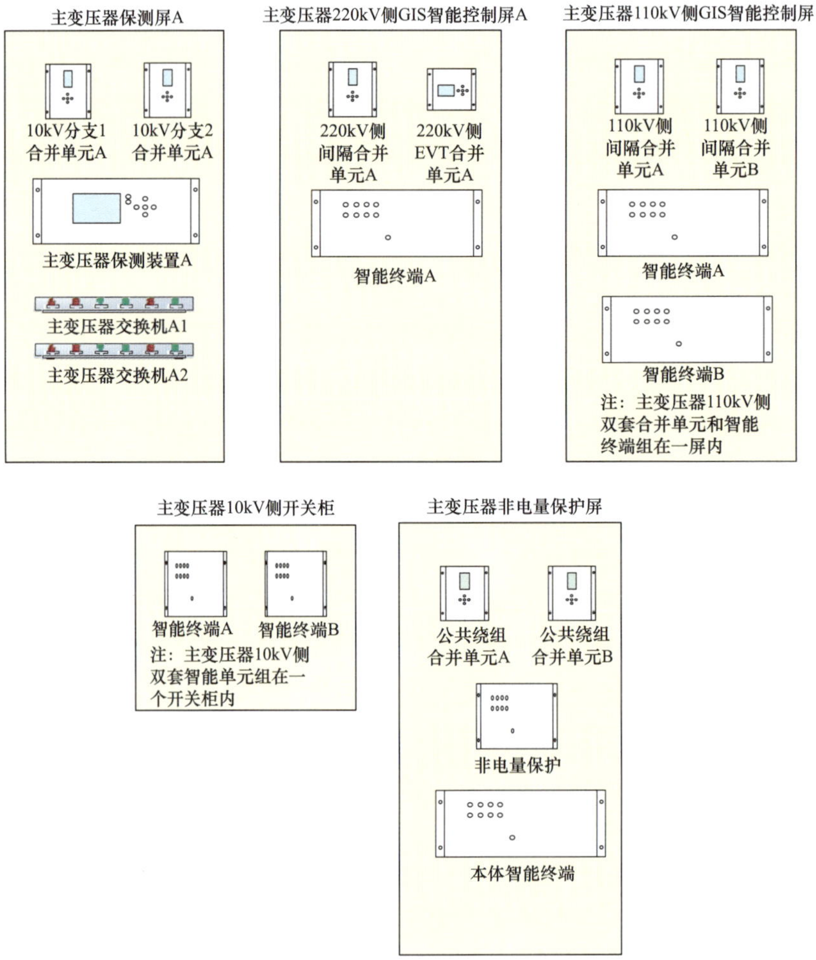

(a)

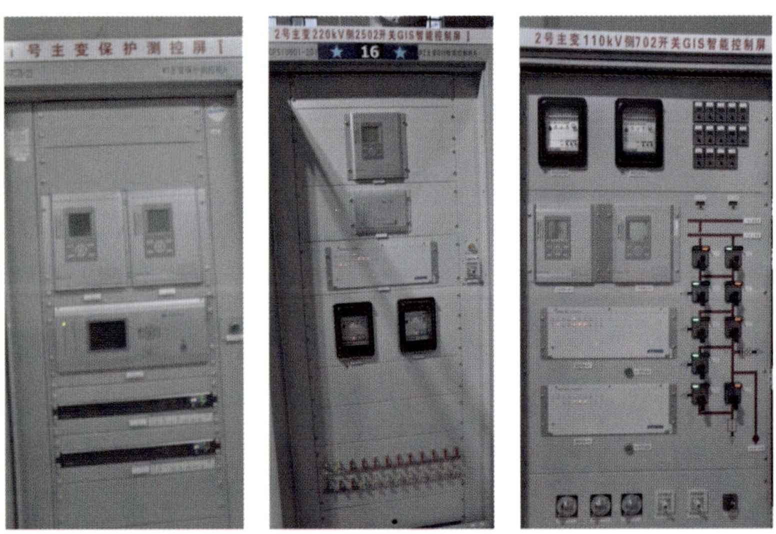

(b)

图 9－7　主变压器保护测控组屏方案

(a) 主变压器保护屏；(b) 现场照片

一、站控层网络

西泾智能变电站控层网络采用双星型拓扑结构，冗余网络采用双网双工方式运行。站控层网络采用 MMS、GOOSE、SNTP 共网传输，MMS 传输保护测控动作信息、告警信息、一次设备状态信息、后台操控命令等，GOOSE 用于传输五防联闭锁信息，SNTP 用于给站控层设备对时。

站控层交换机配置方案如图 9－8 所示。

站控层交换机具体配置数量及规格如表 9－1 所示，配置了 12 台 MOXA 交换机，交换机为百兆 24 电口、4 光口或 2 光口的工业级交换机，不具备 IEEE 1588 功能。

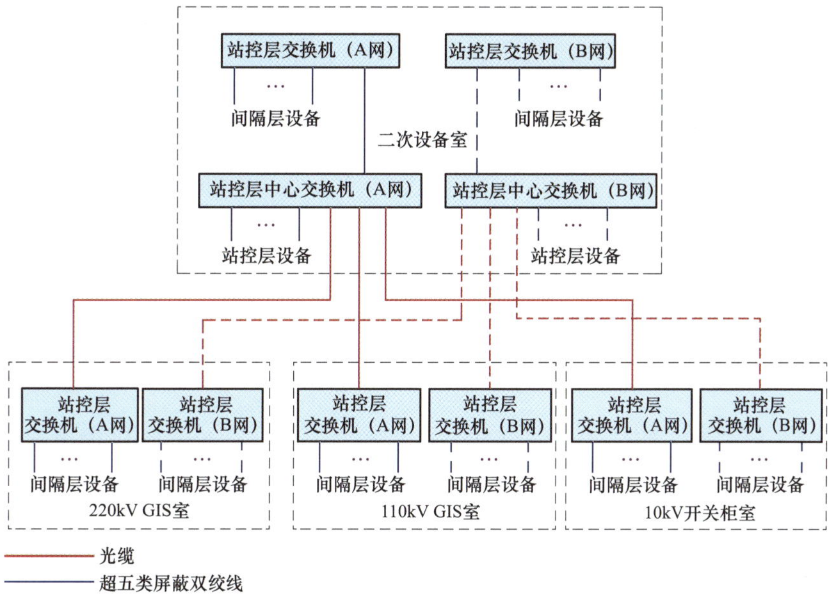

图 9－8　站控层交换机配置方案

表 9－1　　站控层交换机配置数量及规格

交 换 机	本期（台）	远景（台）	交换机规格
站控层中心交换机	2	2	百兆、24 电口、4 光口
二次设备室 站控层交换机	2	2	百兆、24 电口、2 光口
220kV GIS 室 站控层交换机	2	4	百兆、24 电口、2 光口
110kV GIS 室 站控层交换机	2	4	百兆、24 电口、2 光口
10kV 开关柜室 站控层交换机	4	6	百兆、24 电口、2 光口
合　　计	12	18	

二、过程层网络

（1）220kV 过程层。西泾智能变电站 220kV 过程层 SV 采用点对点直采方式，不依赖于外部同步，包括线路保护测控、母联保护测控、母线保护、故障录波器和报文分析仪。220kV 线路、母联保护的跳闸采用直跳方式，其他启失灵、告警等信号采用 GOOSE 网络方式；220kV 母线保护跳闸命令和闭锁重合闸等信息都采用 GOOSE 网络方式。220kV GOOSE 交换机采用集中组屏方式，将 A 套和 B 套交换机分别组在两面屏内，安装于 220kV GIS 室，每面交换机屏包含 4 台交换机。220kV 过程层网络配置如图 9－9 所示，该图只给出了单套网络结构，另一套完全相同。

220kV 过程层 GOOSE 网络采用 8 台 MOXA 交换机。交换机为百兆多模 16 光口工业级交换机，不具备 IEEE 1588 功能。

（2）主变压器过程层。主变压器各电压等级 SV 采用点对点直采方式，不依赖于外部同步。主变压器跳闸采用网络跳闸方式，主变压器各电压等级 GOOSE 信息接入独立的主变压器网络，主变压器本体智能终端的非电量信息也接入主变压器网络。主变压器网络配置如图 9－10 所示，1 号主变压器和 2 号主变压器分别设置独立 GOOSE 网络，主变保护双重化配置，网络相互独立，图中给出了 1 号主变压器和 2 号主变压器的 A 套保护网络结构，B 套保护的网络结构与 A 套相同。

主变压器过程层 GOOSE 网络采用 8 台百兆多模 16 光口工业级交换机，不具备 IEEE 1588 功能。

（3）110kV 过程层。西泾智能变电站 110kV 线路、母联、母线保护采用网采网跳方式，SV 采用 IEEE 1588 同步，过程层采用 SV、GOOSE、IEEE 1588 “三网合一” 的网络方式。110kV 过程层保护装置采用单套配置，网络采用双网冗余的方式，单套保护装置同时接入过程层 A 网和 B 网。110kV 过程层网络配置如图 9－11 所示。

110kV 过程层配置了 26 台 MOXA 交换机。交换机为百兆多模 12 光口工业级交换机，具备 IEEE 1588 功能。

过程层交换机具体配置数量及规格如表 9－2 所示。

表 9－2　　过程层交换机配置数量及规格

交换机	本期（台）	远景（台）	交换机规格
220kV 过程层中心交换机	2	2	百兆、16 多模光口
220kV 过程层交换机 2 个间隔配置 2 台	6	12	百兆、16 多模光口
110kV 过程层中心交换机	8	8	百兆、12 多模光口
110kV 过程层交换机 1 个间隔配置 2 台	18	26	百兆、12 多模光口
主变压器过程层交换机	8	12	百兆、16 多模光口
合　计	42	60	

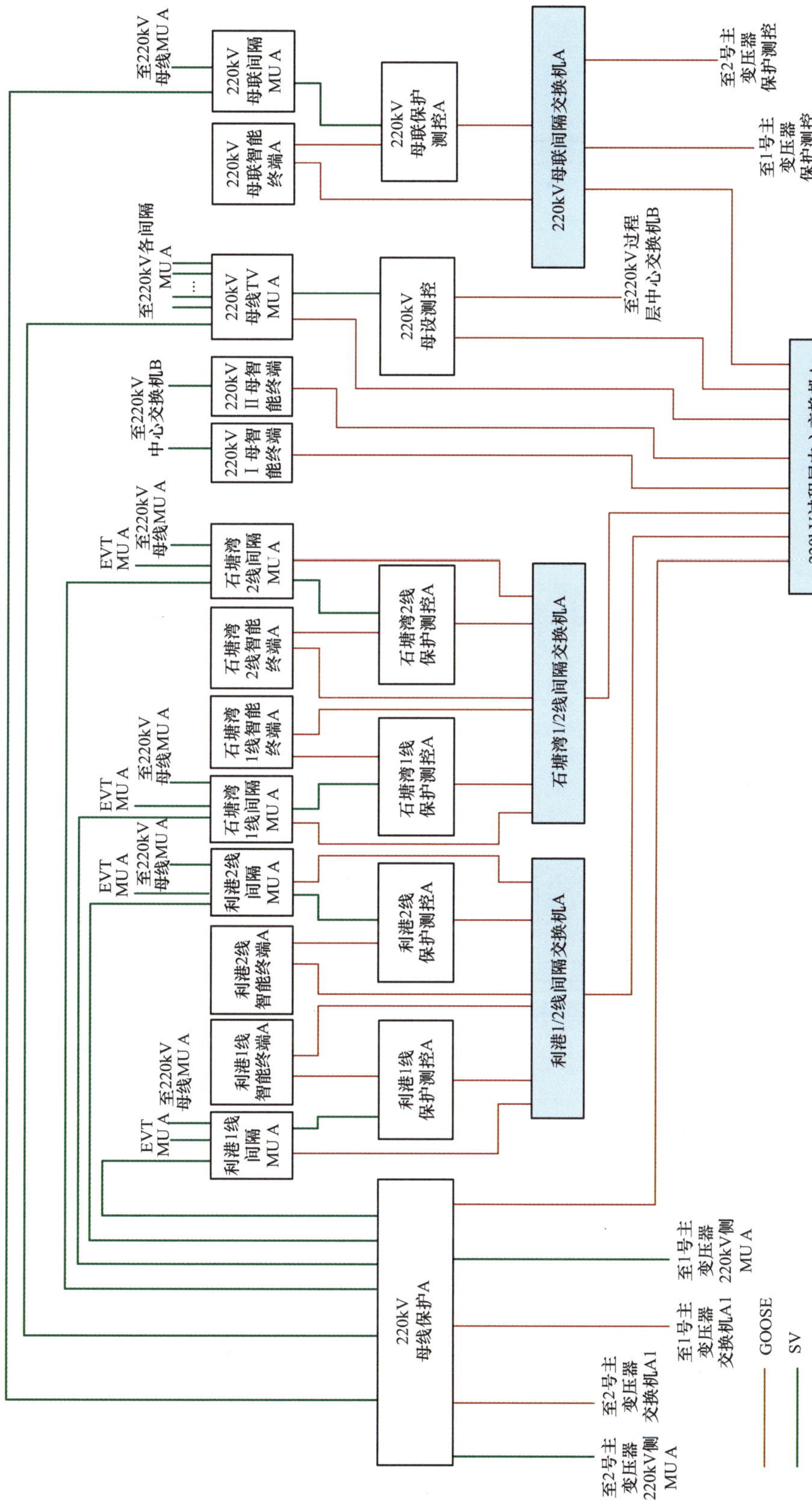

注：220kV保护测控分为A、B套，两套一致。

图 9－9　220kV过程层网络配置

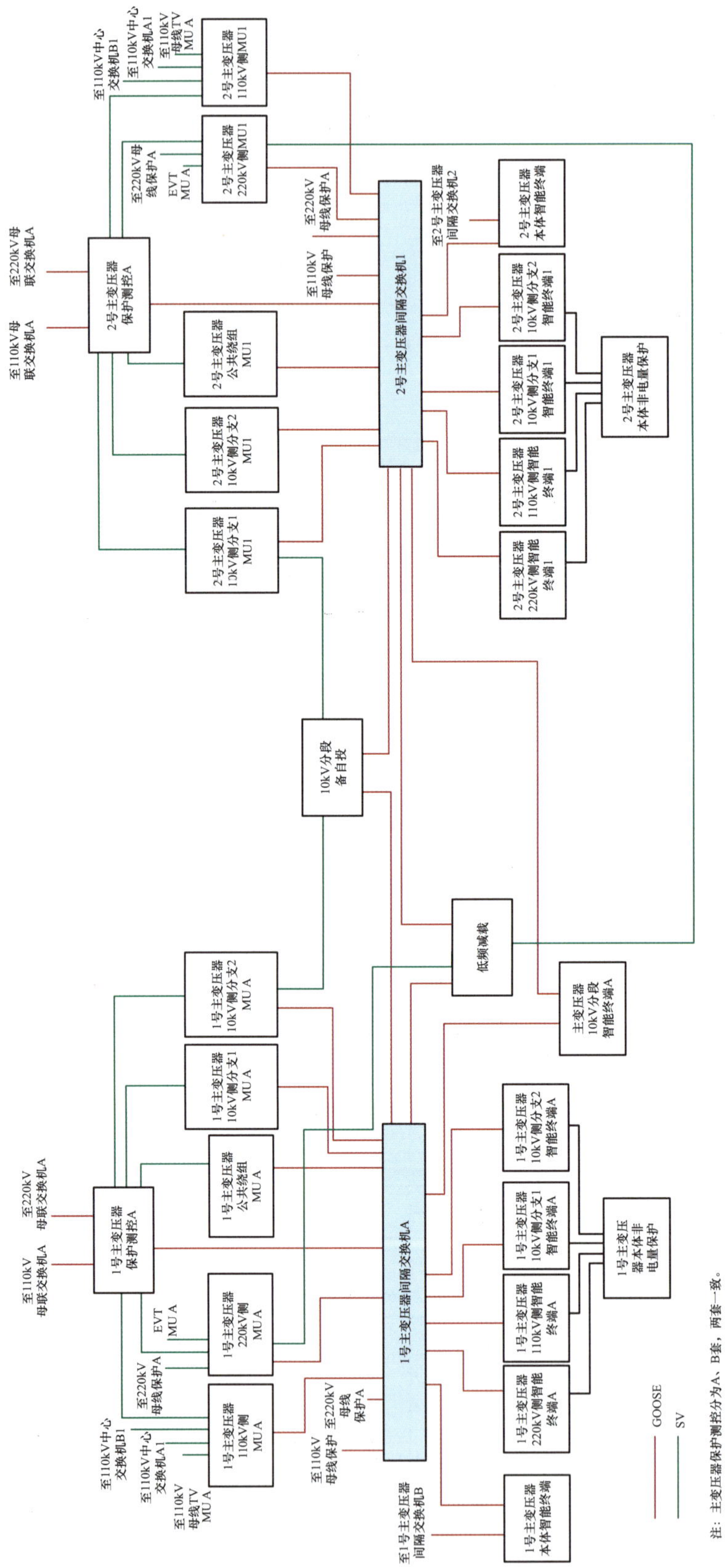

注：主变压器保护测控分为A、B套，两套一致。

图9-10 主变压器网络配置

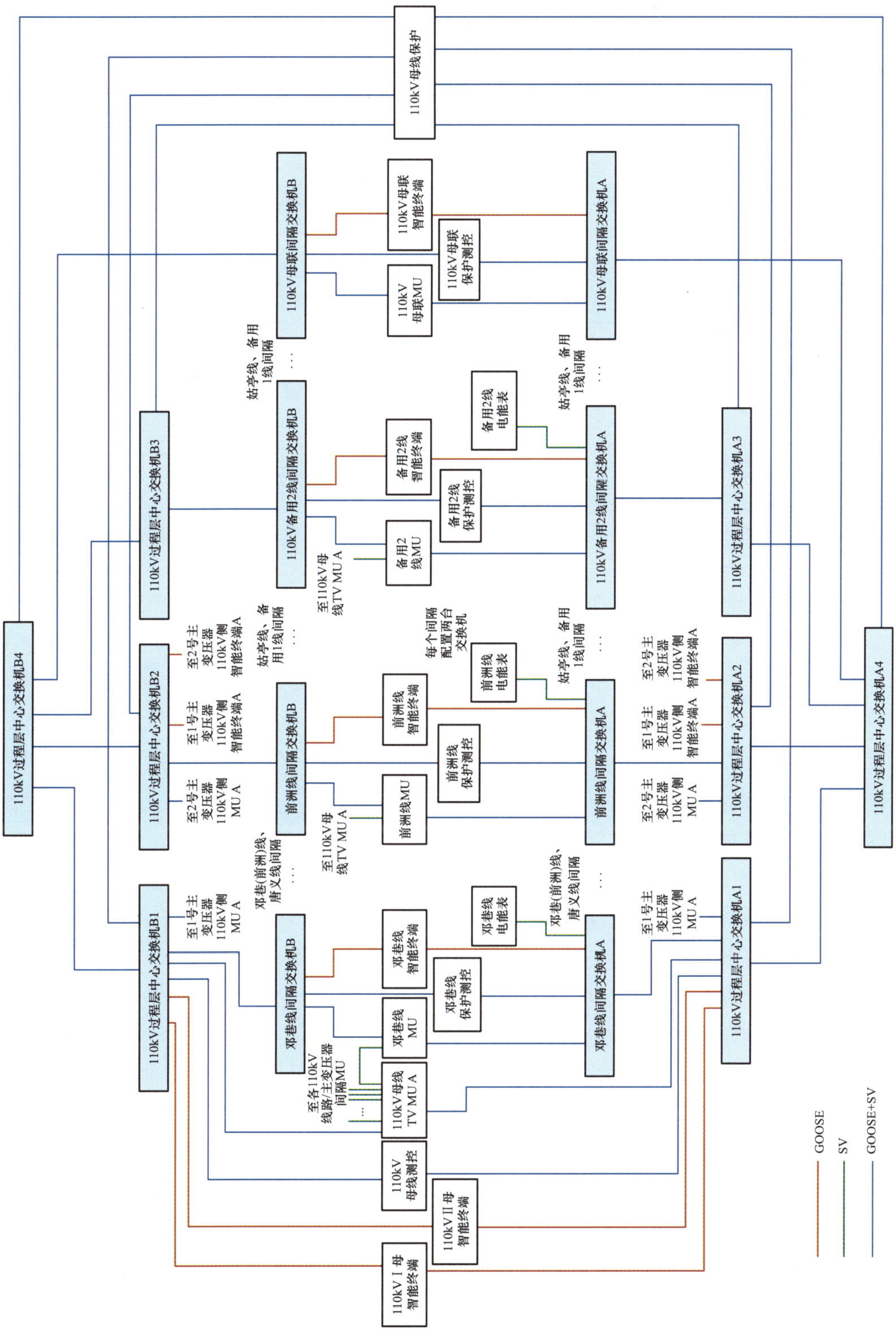

图9-11 110kV过程层网络配置

三、设备间连接方案

（1）220kV 线路间隔。220kV 线路间隔设备连接方案如图 9－12 所示。

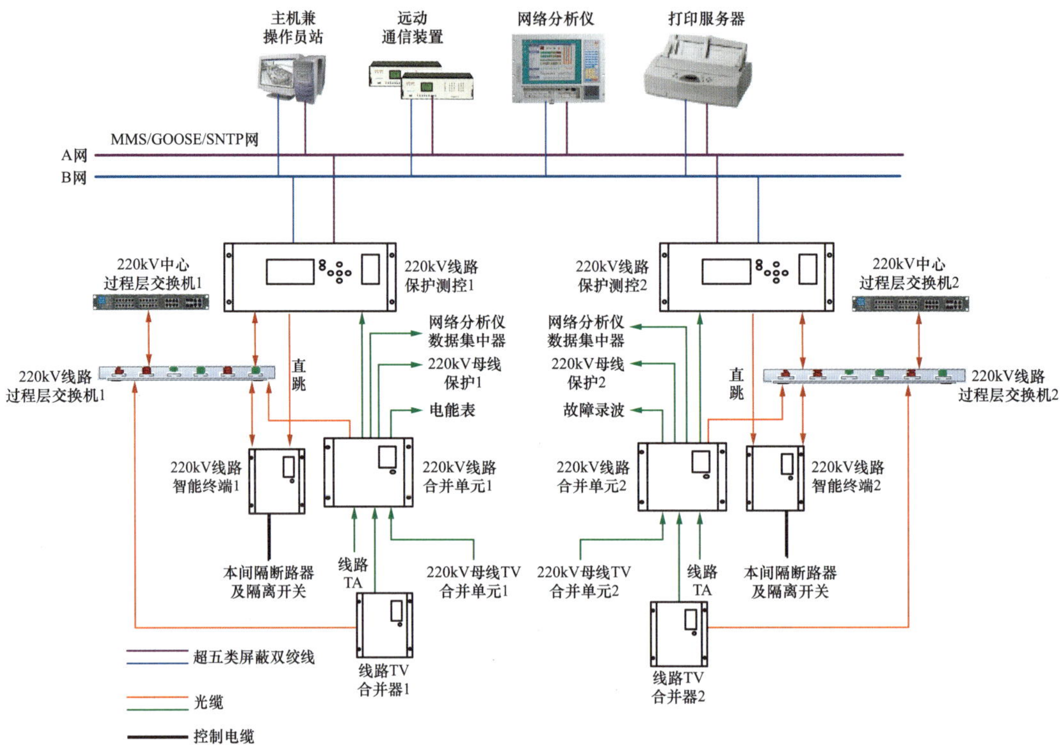

图 9－12　220kV 线路间隔设备连接方案

（2）220kV 母线保护。220kV 母线保护连接方案如图 9－13 所示。

（3）220kV 母联间隔。220kV 母联间隔设备连接方案如图 9－14 所示。

（4）110kV 线路间隔。110kV 线路间隔保护设备连接方案如图 9－15 所示。

（5）110kV 母线保护。110kV 母线保护连接方案如图 9－16 所示。

（6）110kV 母联间隔。110kV 母联间隔设备连接方案如图 9－17 所示。

（7）主变压器间隔。主变压器间隔设备连接方案如图 9－18 所示，本体智能终端将非电量保护的信息同时传输到主变压器 GOOSE 的 A 网和 B 网。

（8）故障录波装置。故障录波装置通过 GOOSE 网络接收 GOOSE 报文录波，具有采样数据接口，从合并单元或交换机上接收采样值进行采样值录波。故障录波装置应满足故障录波相关标准。全站配置集中式故障录波装置，具体配置如图 9－19～图 9－21 所示。220kV 按远景配置 1 面数字式故障录波器柜，要求合并单元接入数量不少于 10 个，点对点 IEC 61850－9－2 接入；GOOSE 组网接入，配置 2 个光口。主变压器按远景配置 1 面数字式故障录波器柜，要求合并单元接入数量不少于 15 个，点对点 IEC 61850－9－2 接入；GOOSE 组网接入，配置 6 个光口；110kV 按远景配置 1 面数字式故障录波器柜，要求合并单元接入数量不少于 15 个，IEC 61850－9－2 和 GOOSE 共网接入。

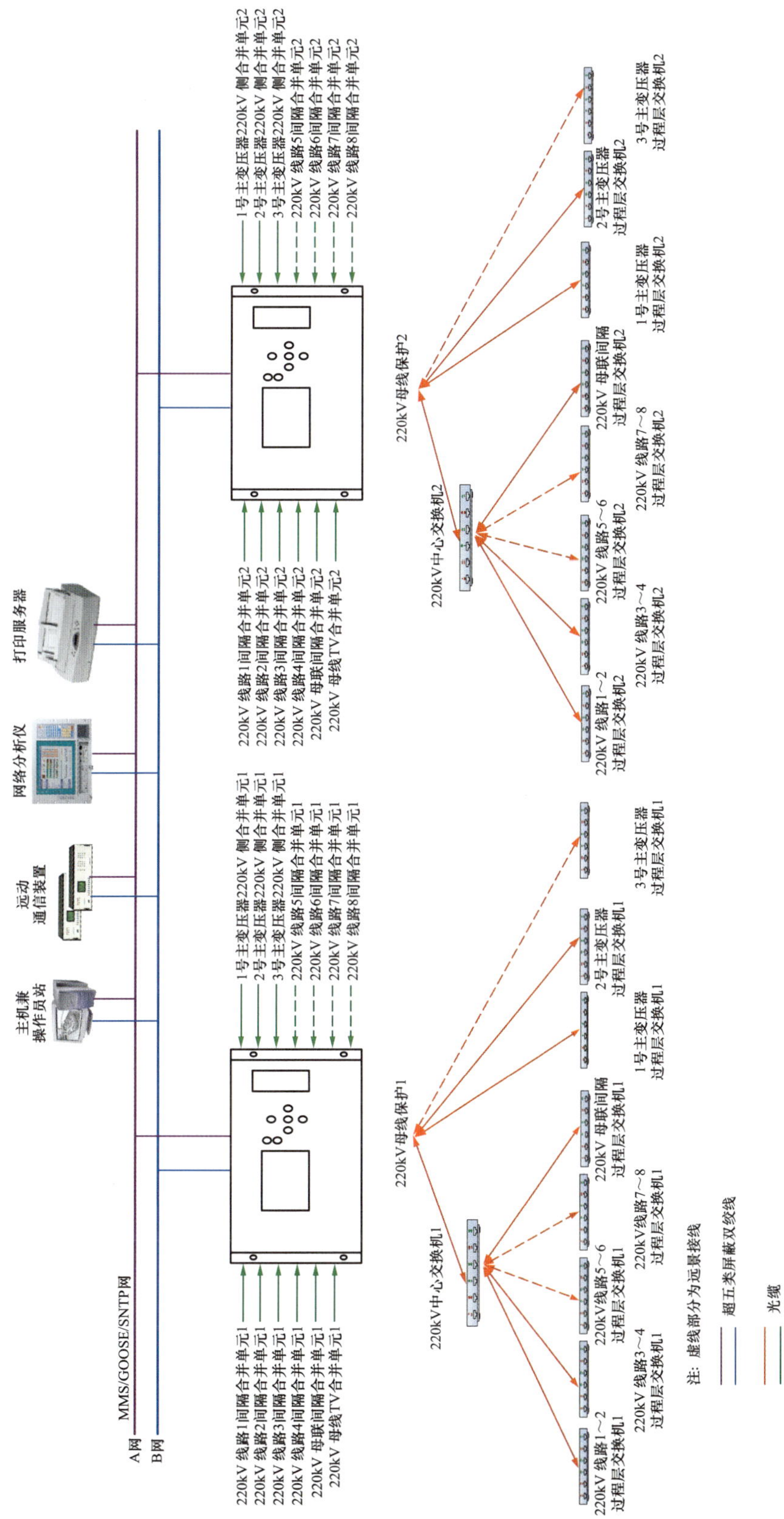

图 9－13　220kV母线保护连接方案

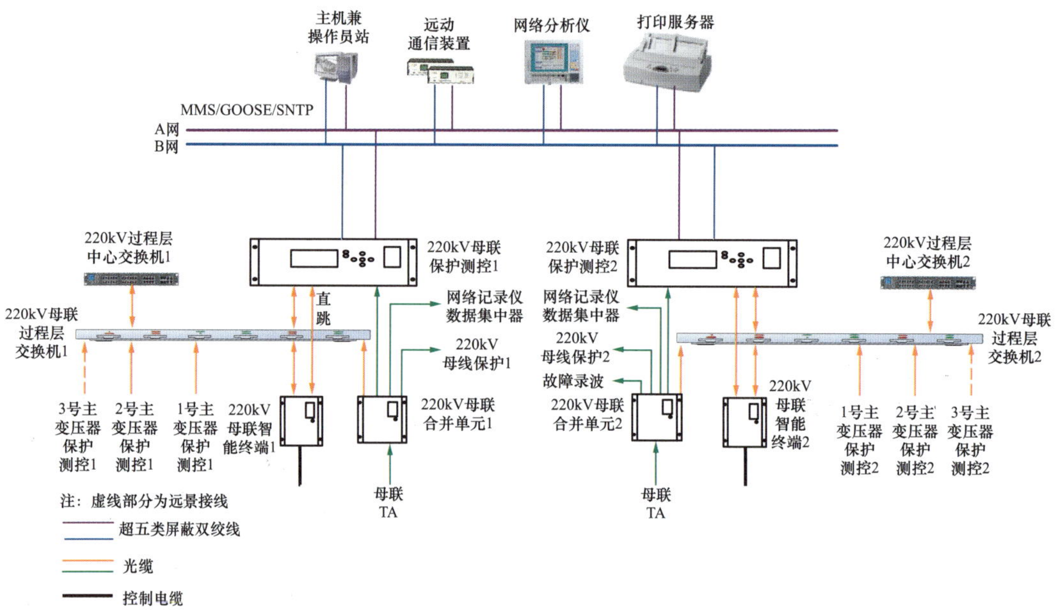

图 9－14　220kV 母联间隔设备连接方案

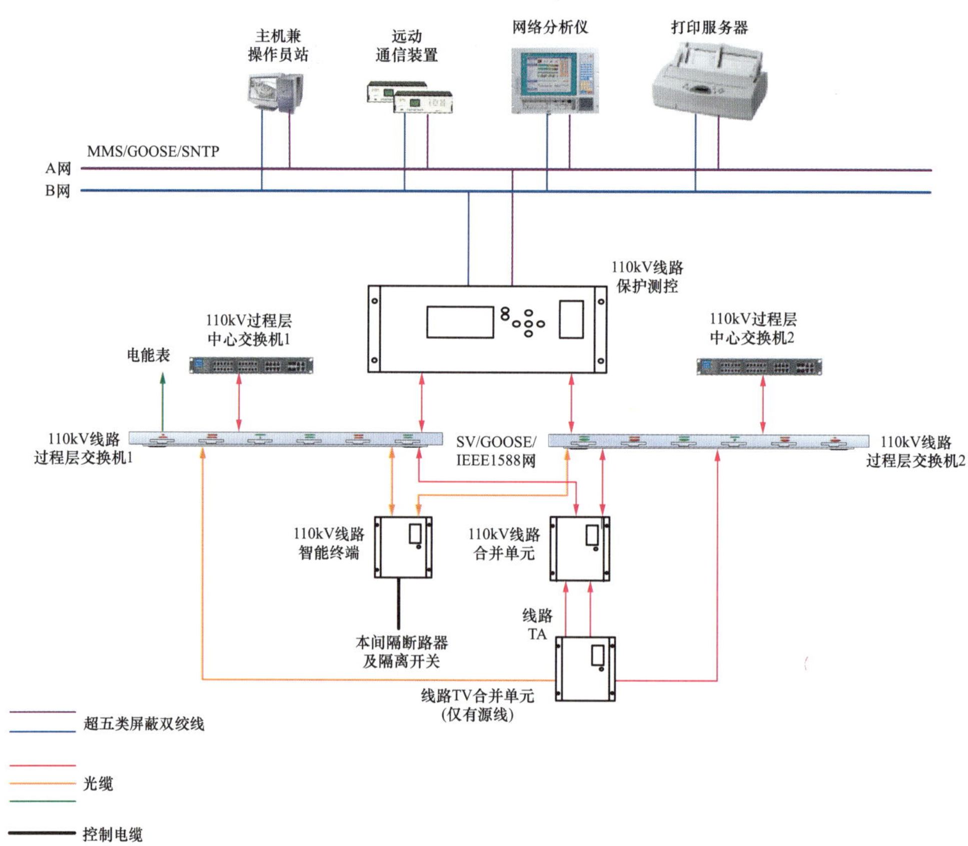

图 9－15　110kV 线路间隔设备连接方案

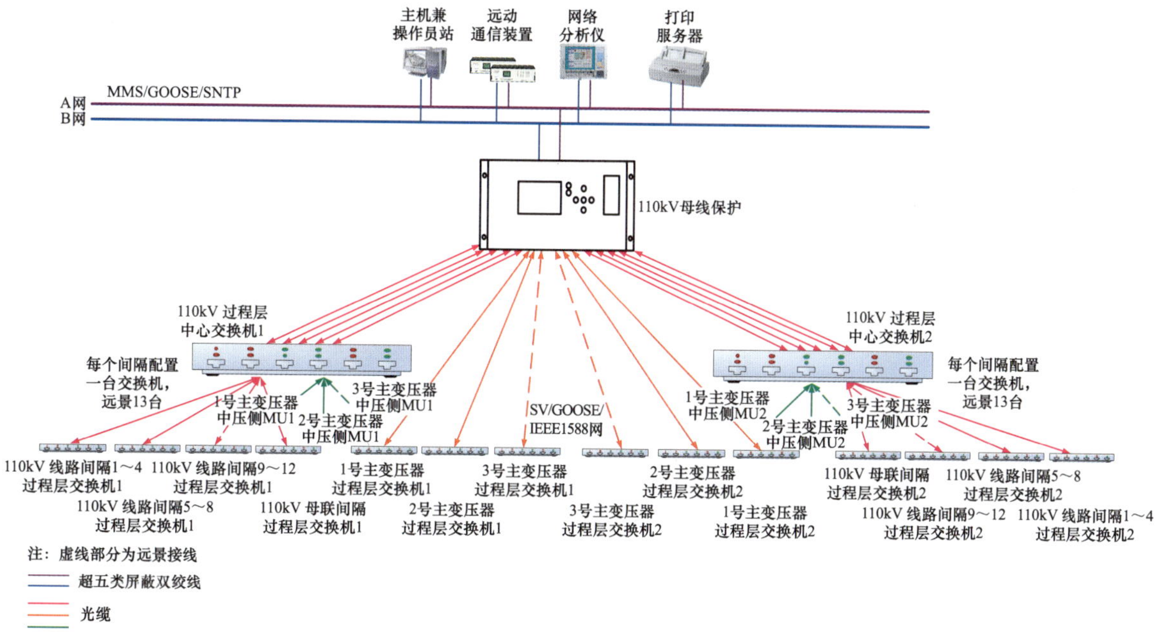

图 9－16　110kV 母线保护连接方案

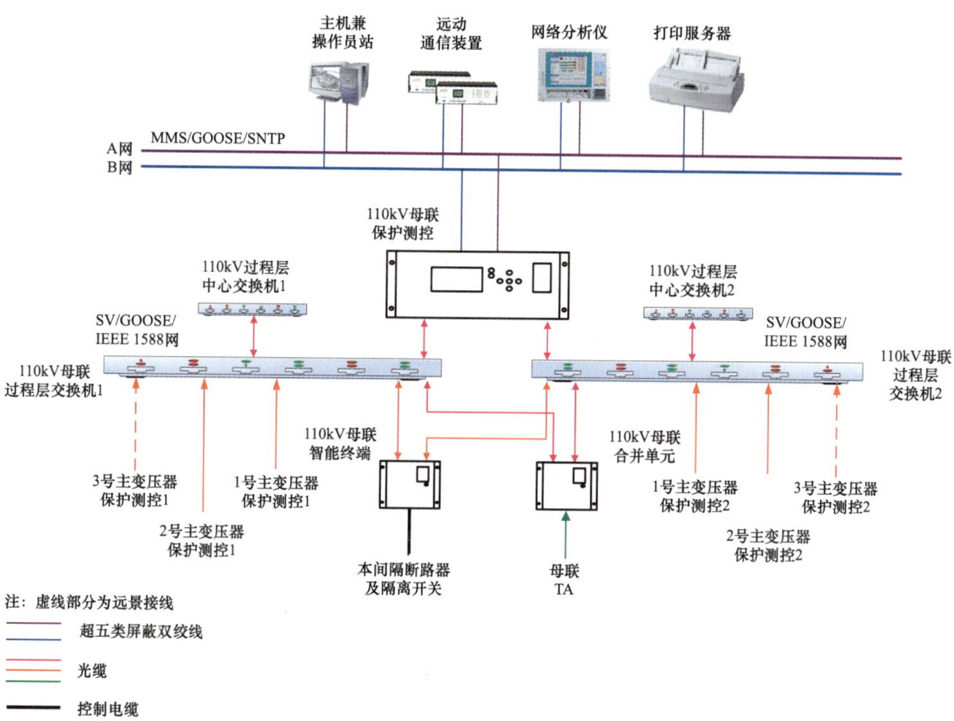

图 9－17　110kV 母联间隔设备连接方案

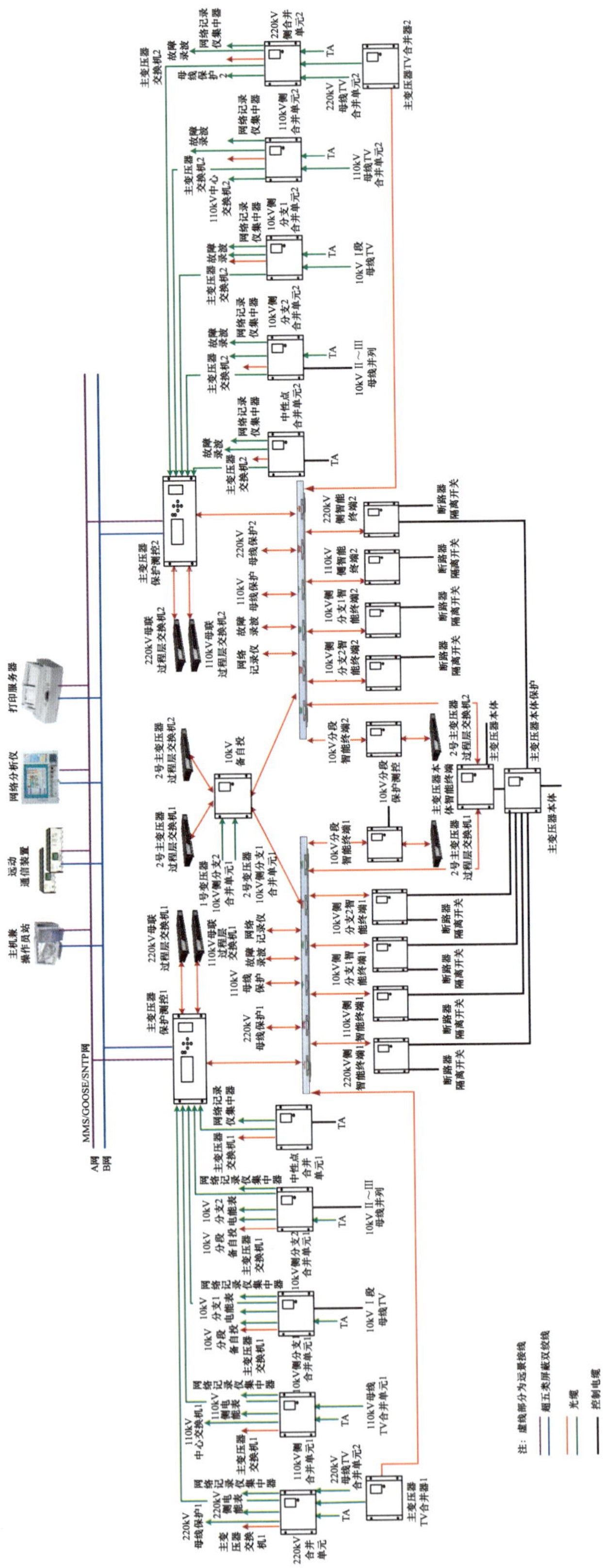

图9－18　主变压器间隔设备连接方案

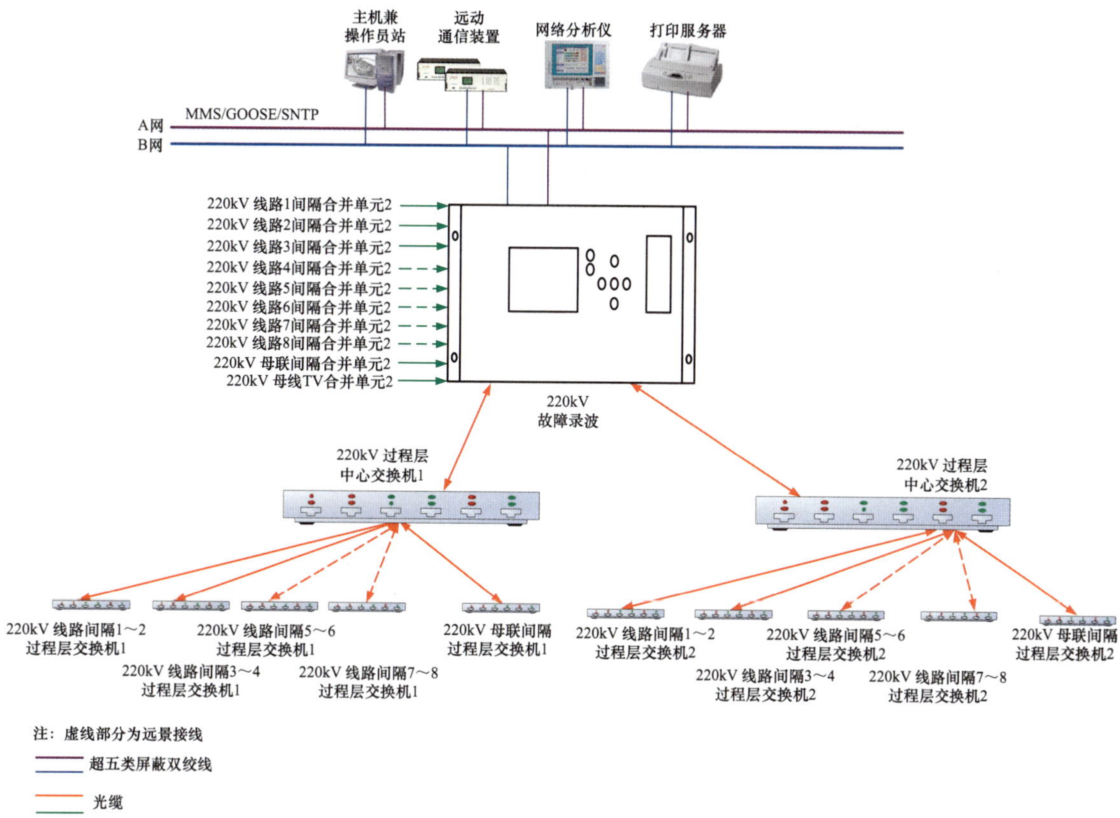

图 9－19　220kV 故障录波器连接方案

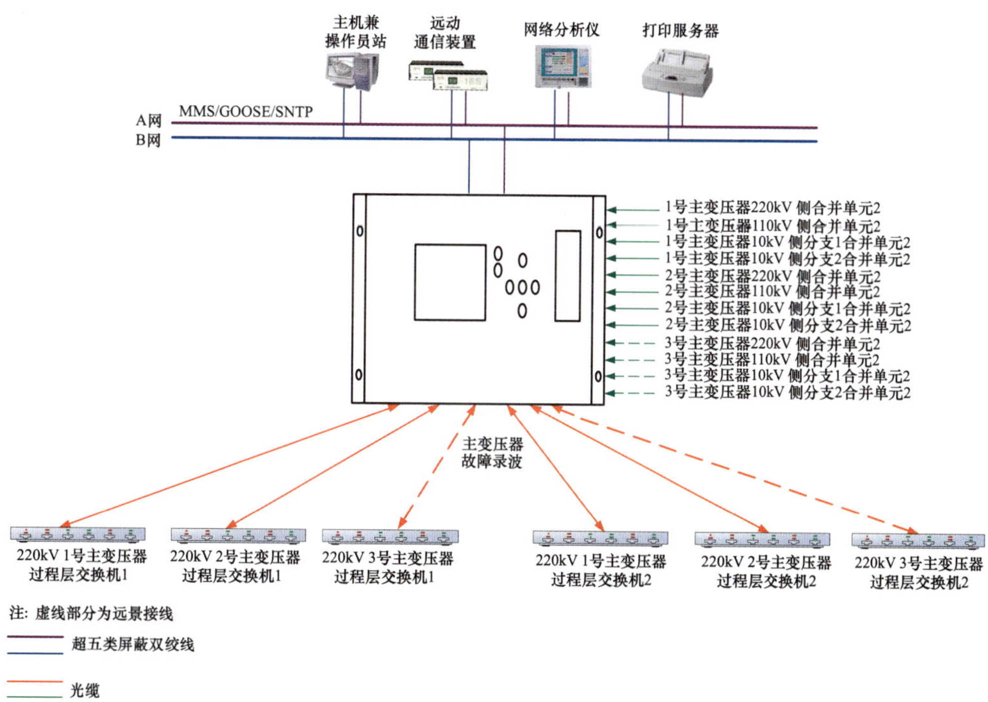

图 9－20　主变压器故障录波器连接方案

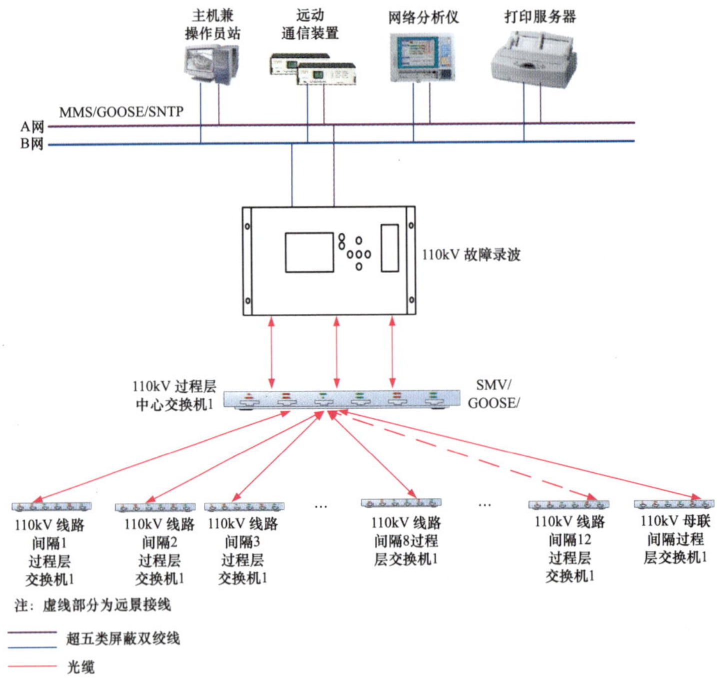

图 9-21　110kV 故障录波器连接方案

（9）低频低压减载装置。西泾智能变电站采用集中式低频低压减载装置，支持以 IEC 61850-9-2 方式获取主变压器 220kV 进线交流电压，以 GOOSE 方式获取主变压器 10kV 进线断路器分/合位信息，实现自适应判断。减载跳闸信号通过站控层网络发送。低频低压减载装置连接方案如图 9-22 所示。

（10）母线设备间隔组网。220kV 和 110kV 母线间隔设备连接方案分别如图 9-23 和图 9-24 所示。

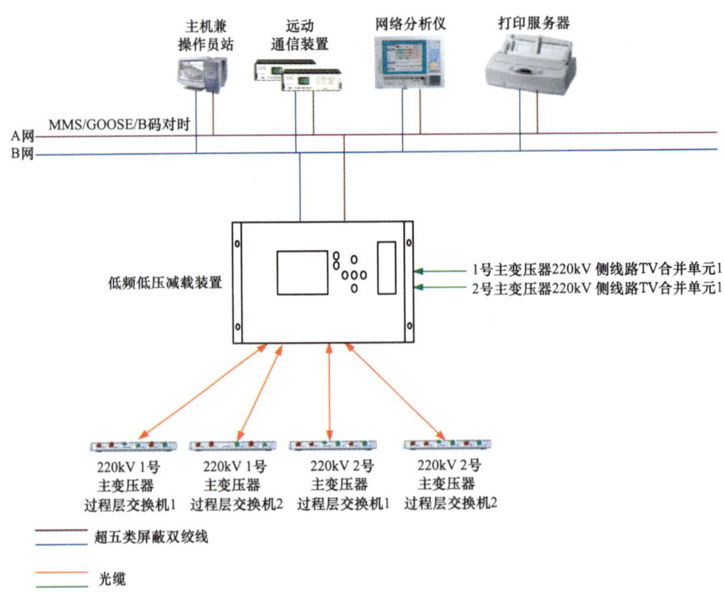

图 9-22　低频低压减载装置连接方案

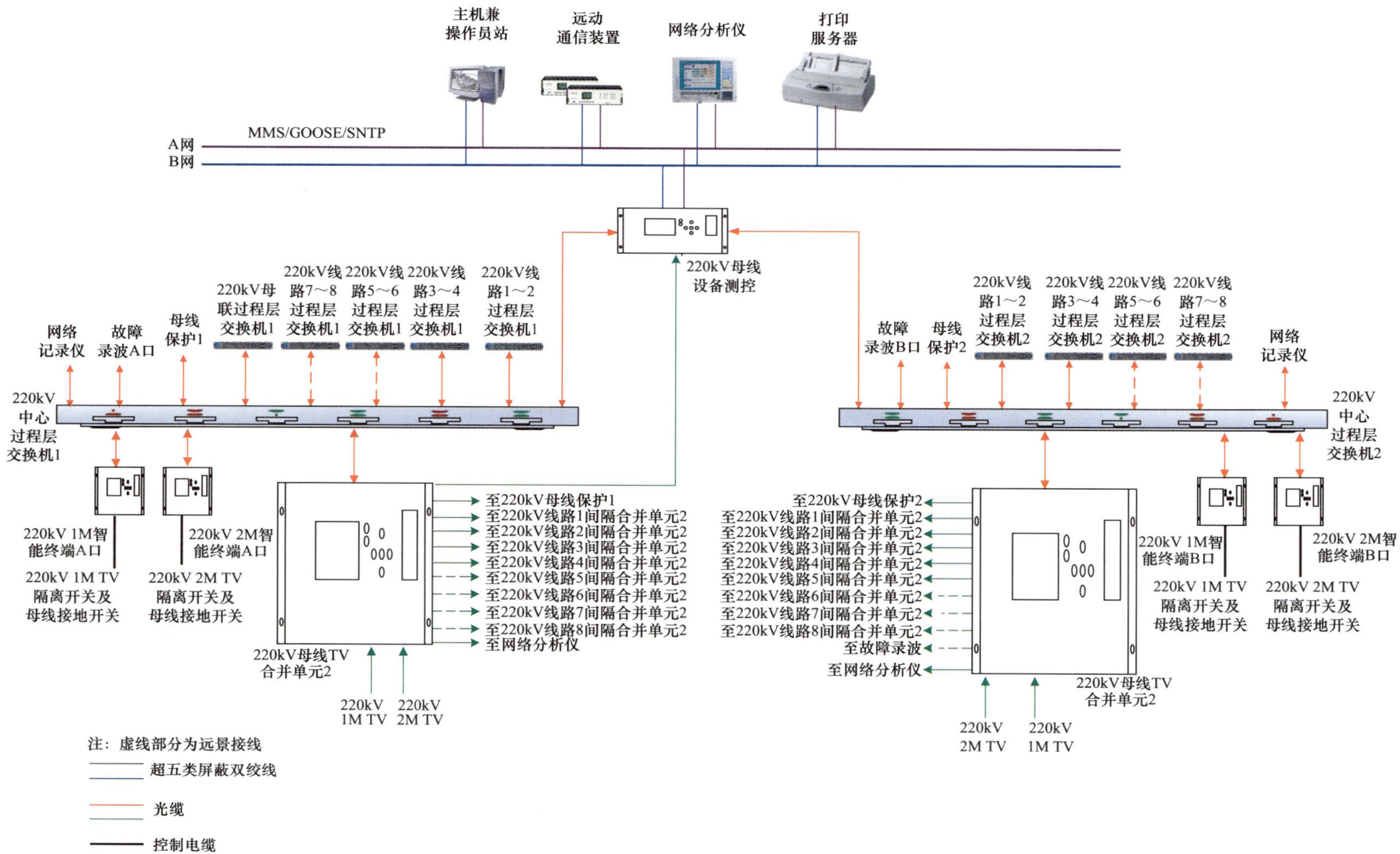

图9－23　220kV母线设备间隔连接方案

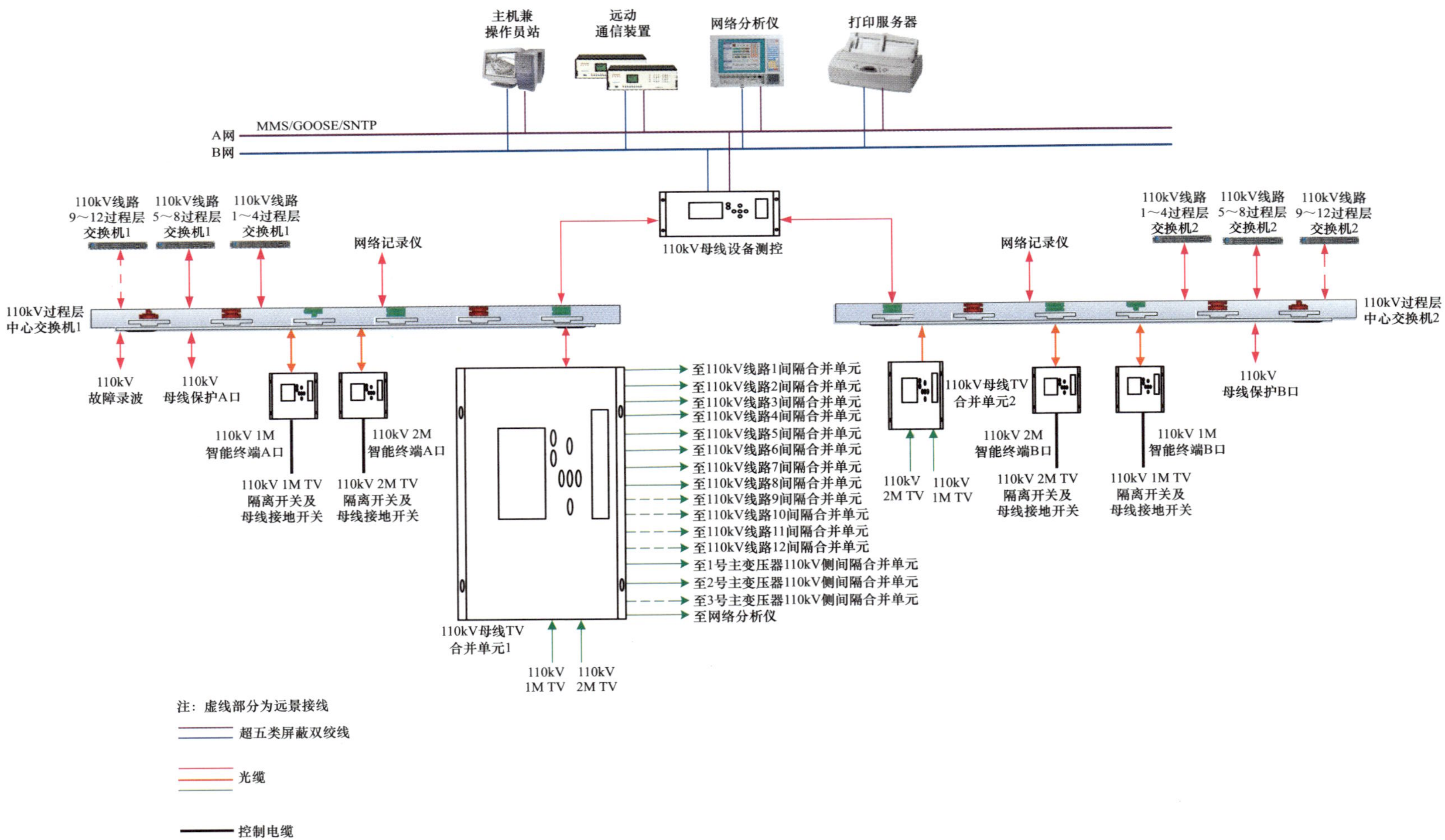

图9-24　110kV母线设备间隔连接方案

9.1.4 二次设备就地布置情况

西泾智能变电站220kV各线路和母联间隔的保护测控、合并单元、智能终端、220kV母线保护、过程层交换机、在线监测设备等二次设备均下放布置于220kV GIS室。110kV各线路和母联间隔的保护测控、合并单元、智能终端、过程层间隔交换机、在线监测设备等二次设备均下放布置于110kV GIS室。主变压器220kV和110kV电压等级的合并单元、智能终端也都下放布置于相应GIS室；主变压器保护测控和10kV分支合并单元安装于主控室；主变压器10kV分支智能终端安装于10kV配电室；主变压器非电量保护、本体智能终端和公共绕组合并单元就地布置于室外。110kV母线保护和过程层中心交换机安装于主控室。西泾智能变电站部分二次设备就地布置情况现场如图9－25所示。

（a） （b） （c）

图9－25 西泾智能变电站部分二次设备就地布置情况现场照片

（a）220kV线路GIS智能控制柜；（b）110kV GIS室屏柜；

（c）主变压器本体保护柜

9.1.5 新设备新技术应用

一、电子式互感器应用

（一）全光纤电流互感器

西泾智能变电站所有全光纤电流互感器均遵循《智能变电站继电保护技术规范》中双A/D采样的要求，其中220kV、主变压器三侧采用“4敏感环＋4A/D”模式，110kV采用“2敏感环＋2A/D”模式。

考虑到检修、运行的方便性以及减少互感器与GIS间的相互不良影响，提高可靠性，所有GIS全光纤型电流互感器均采用气室外安装，其中220kV GIS为三相分体结构，互感器采用气室外独立箱体安装。110kV GIS为三相共体结构，互感器采用法兰盘安装。互感器在GIS的安装方式通过设联会与各相关厂家最终确定，采用一体化设计、一体化安装，如图9－26、图9－27所示。

主变压器10kV侧全光纤型电流互感器采用开关柜内安装方式，如图9－28所示。

图 9－26　220kV GIS 安装方式

图 9－27　110kV GIS 安装方式

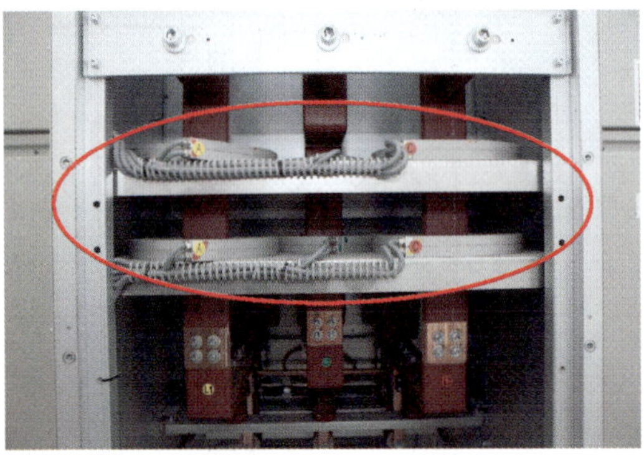

图 9－28　10kV 开关柜安装方式

（二）电子式电压互感器

全站 220kV、110kV 电压互感器均采用电容分压式电子式电压互感器，所有电子式电压互感器均采用双 A/D 采样。220kV 线路间隔、主变压器间隔和正、副母线上都配置三相电子式电压互感器；110kV 正、副母线上配置三相电子式电压互感器；110kV 有源线路上配置单相电子式电压互感器。

电子式电压互感器采用独立罐体安装，如图 9－29、图 9－30 所示。

图 9－29　220kV 线路 EVT GIS 安装方式

图 9－30　220kV 母线 EVT GIS 安装方式

二、合并单元配置

合并单元是电子式互感器不可分割的一部分，电子式互感器与合并单元之间的数据协议采用私有协议，合并单元与电子式互感器为同一厂家的产品。电压合并单元的电压信号经过电流合并单元同步处理后统一传输给应用装置，电流合并单元兼具处理电压信号的功能，也称为间隔合并单元。电压合并单元与间隔合并单元之间采用国家电网公司 FT3 格式传输数据，间隔合并单元采用 IEC 61850 -9 -2 格式传输采样值，母线电压合并单元采用 IEC 61850 -9 -2 格式将电压信号传输给母线保护装置。

（一）220kV 合并单元配置

220kV 线路保护、母联保护、母线保护双重化配置，线路间隔和母联间隔的间隔合并单元都双重化配置，与保护装置一一对应。220kV 线路配置三相线路 EVT，因此每个线路间隔配置双套电压合并单元，与间隔合并单元一一对应，将电压数据传输给间隔合并单元。220kV 正、副母配置三相 EVT，双重化配置两套母线电压合并单元，每套母线电压合并单元都采集正、副母电压信号。母线电压合并单元将电压信号传输给每个线路间隔的间隔合并单元，以供测控功能同期使用，由于测控功能双重化，双重化间隔合并单元都接收母线电压合并单元的电压信号。220kV 线路间隔和母联间隔合并单元配置连接如图 9 -31 所示。图 9 -32 中只给出了一个线路间隔，其他线路间隔相同。线路间隔合并单元具有母线电压切换功能，母线电压合并单元具有母线电压并列功能。其中利港电厂 1、2 线间隔的间隔合并单元还提供一路点对点 SV 至计量对比分析系统。

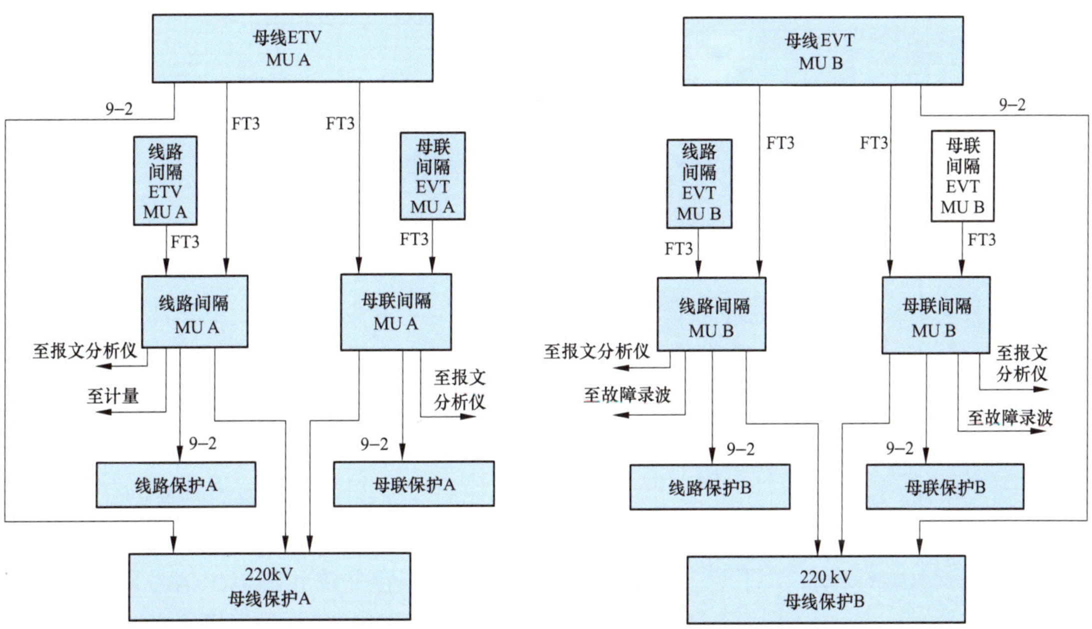

图 9 -31　220kV MU 配置示意图

注：9 -2 为 IEC 61850 -9 -2。

（二）110kV 合并单元配置

110kV 保护单套配置，各间隔合并单元也单套配置。为了配合主变压器保护双重化的使用，110kV 母线 EVT 配置双重化的两套母线电压合并单元，其中 A 套供 110kV 线路、母线保护和主变压器保护 A 套使用，B 套只供主变压器保护 B 套使用。A 套母线电压合并单元将电压信号以 FT3 格式点对点传输给各 110kV 线路或主变压器间隔合并单元，并将电压信号以 IEC 61850 -9 -2 格式通过网络传输给母线保护。110kV 有源线路还配置了单相 EVT，供同期使用，有源线路间隔配置了电压合并单元，电压合并单元通过 FT3 格式将电压信号点对点传输给间隔合并单元。110kV MU 配置示意图如图 9 -32 所示，图 9 -33 中只给出了一个线路间隔，其余 5 个有源线路间隔与该线路间隔相同。另两个无源线路间隔没有线路电压合并单元，其他相同。

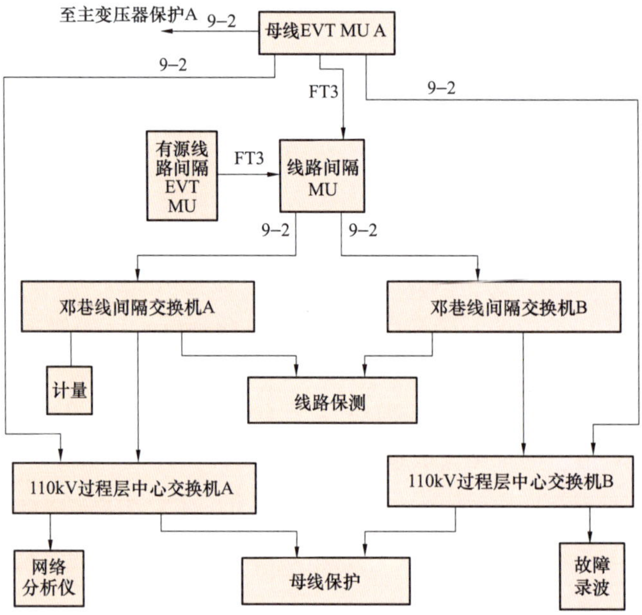

图 9 -32　110kV MU 配置示意图

注：9 -2 为 IEC 61850 -9 -2。

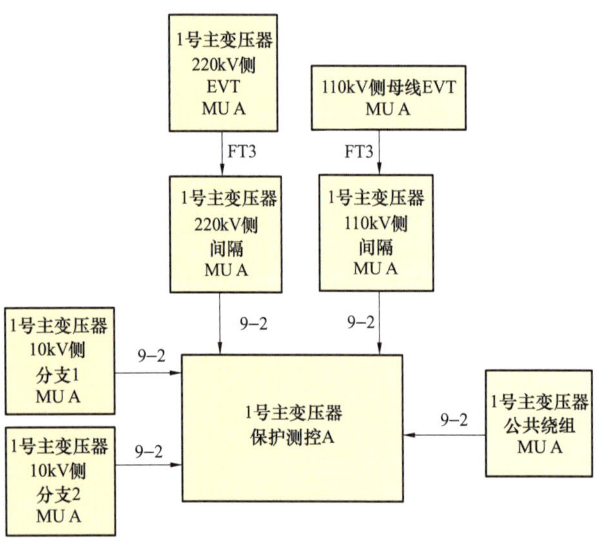

图 9 -33　主变压器 MU 配置示意图

注：9 -2 为 IEC 61850 -9 -2。

（三）主变压器合并单元配置

主变压器高、中、低三侧都配置了全光纤电流互感器，三侧都配置有间隔合并单元；公共绕组为常规 TA，采用就地合并单元数字量转换；主变压器 220kV 侧配置有独立的三相 EVT，因此 220kV 侧配置有电压合并单元，电压合并单元将电压信号以 FT3 格式传输给 220kV 侧间隔合并单元。主变压器 10kV 侧采用常规 TV，经主变压器 10kV 分支合并单元采集转换。主变压器各合并单元都双重化配置。主变压器 MU 配置示意图如图 9 -34 所示，图 9 -33 中给出了 1 号主变压器 A 套合并单元配置，1 号主变压器 B 套和 2 号主变压器 A 套、B 套与图中相同。

三、信息高级应用

（一）顺序控制

顺序控制可接收和执行调度、集控中心和本地监控系统发出的控制命令，经安全校核正确后，自动完成相关运行方式变化要求的设备控制，支持遥控、遥调、保护软压板投退、定值区切换、急停和单步执行等控制方式，可在站内和远端实现可视化操作。

在顺控执行过程中，变电站可以及时向调度、集控中心反馈执行过程的信息，如当前执行步骤、遥控超时、逻辑闭锁等，以便远端系统能更全面的掌控执行过程。系统可以根据典型操作票自动生成顺序控制步骤，支持操作票上传，站内和远端都可实现图形化、可视化的顺序控制操作。西泾智能变电站后台顺序控制截图如图 9－34 所示。

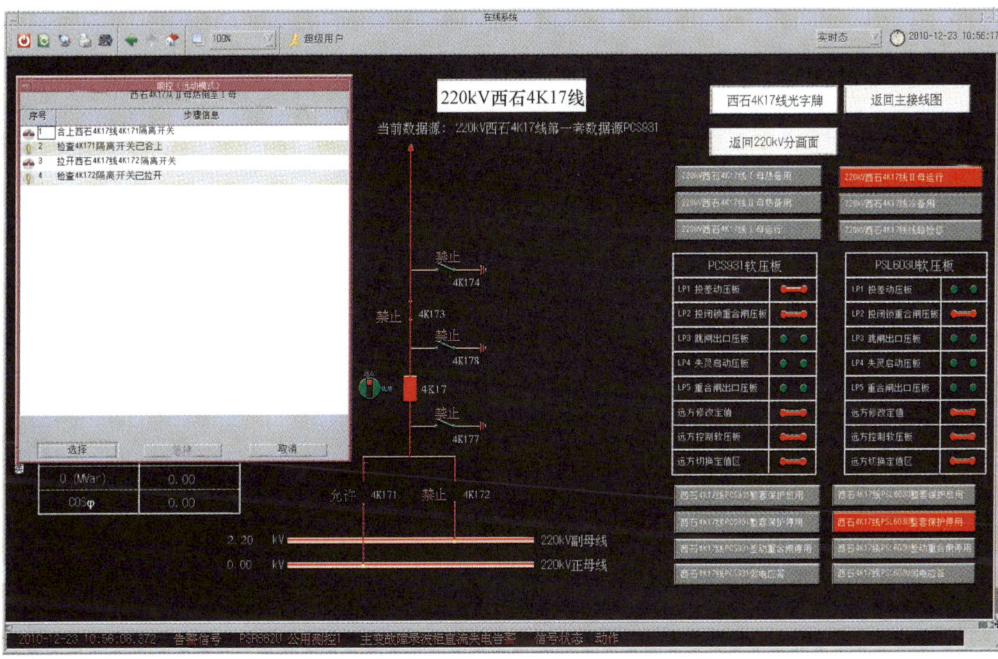

图 9－34　西泾智能变电站后台顺序控制截图

（二）双测控切换处理技术

西泾智能变电站采用保护测控一体装置，而继电保护设计规范要求 220kV 及以上电压等级的保护装置需双重化配置，处理双重化的测控就成为监控、远动系统必须面对的问题。

双重化的测控处理有以下技术难点：如何选择数据源，数据源不一致时如何处理，数据源切换时如何保证信息不丢、不重，如何保证控制操作时的安全性和准确性？

对于上行的公共信息，西泾智能变电站监控系统和远动系统采用多源数据模式来处理，同时接收同一间隔不同保护测控装置的上行数据，根据数据源的健康程度来判断采用哪个装置的数据源，数据源预设优先等级，在健康程度相同的情况下，采用优先等级高的数据源反映一次设备运行信息。对于装置上行的私有数据，不采用多源数据模式处理。

对于下行的控制命令，控制命令只发送到其中的一个数据源执行，首先根据数据源的健康程度来判断控制命令采用哪个装置来执行，数据源预设优先等级，在健康程度相同的情况下，采用优先等级高的数据源执行。对于下行到装置的私有数据，不采用多源数据模式处理。

（三）智能告警

西泾智能变电站智能告警软件具备以下功能：

（1）对不同类别的告警或事故信息赋予不同的告警等级，对于不同等级的信息显示在不同的告警窗口，不同等级的信息可灵活独立配置多种属性。

（2）对同单元（间隔）设备的告警对象赋予关联属性，把同单元（间隔）设备在一段时间内发生的告警信息作为综合告警组织在一个窗口显示，便于值班人员直观地分析原因。

（3）当某提示信息在一段时间内反复出现时，则作为告警信息出现在告警窗口。

（4）对于系统运行状态，如硬盘空间、CPU 占用率等信息，当越过设定的限值时，通过告警窗口给出提示以及处理措施。

（四）分布式状态估计

随着调度中心智能化和自动化水平的提高，对基础数据的要求和依赖程度也越来越高。基础数据不准确会带来严重影响，主要表现为常有拓扑错误和量测坏数据出现，传统的状态估计模型和算法的改进无法从根本上解决调度中心基础数据的准确性问题，严重时导致调度中心状态估计不可用或不可信，制约了高级应用的实用化。在变电站内实现分布式状态估计功能，可以实现站内数据辨识与处理，能够向调度中心提供可靠的数据，减轻主站系统的运算负担并提高状态估计的可靠性。西泾智能变电站分布式状态估计画面如图 9－35 所示。

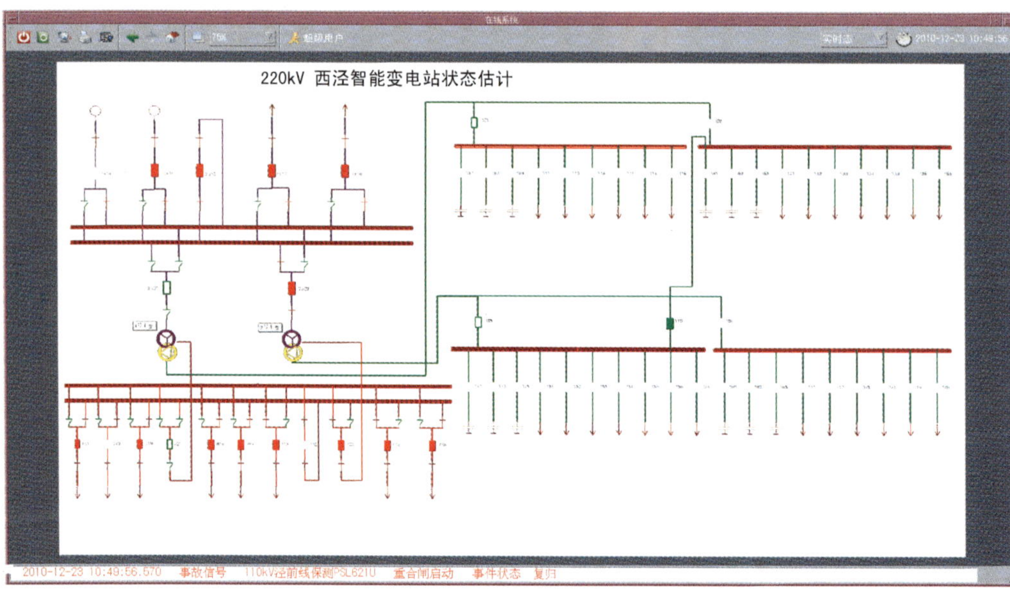

图 9－35　西泾智能变电站状态估计画面

四、计量对比分析系统

西泾智能变电站 220kV 利港电厂电源线同时采用了电子式互感器和常规 TA/TV 对线路进行电能计算。西泾智能变电站在国内首次建立数字式计量系统与常规计量系统的对比分析系统，在实际工况中验证两者间长期运行中各种外部条件下的精度实时偏差以及长时间两个系统的累计误差，为电子式互感器的计量应用提供指导数据。计量对比分析系统结构如图 9－36 所示。

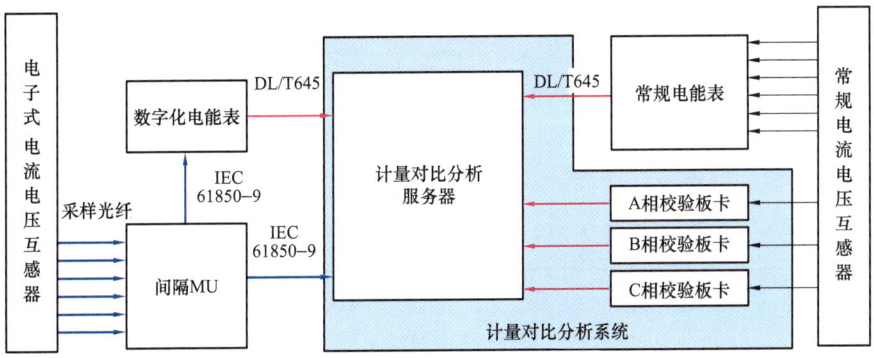

图 9－36　计量对比分析系统结构

9.2 西泾智能变电站 IEC 61850 工程应用模型

智能变电站的基础是设备间基于 IEC 61850 以统一的模型进行通信。目前，国内已有 DL/T 860《变电站通信网络》、Q/GDW 396—2009《IEC 61850 工程继电保护应用模型》等标准对智能变电站建设过程中的统一建模进行了规定。然而，国内各厂家对标准的理解还存在一定的出入，且在具体工程实施时，标准中有些建模原则需要细化或具体约定。因此，西泾智能变电站在集中集成测试前的准备阶段就编制了《220kV 西泾智能变电站 IEC 61850 工程规范》（简称《工程规范》），以规范并统一各种设备的建模，提高工程测试效率。

9.2.1　总体原则

应遵循 DL/T 860《变电站通信网络》、DL/T 1146—2009《DL/T 860 实施技术规范》、Q/GDW 383—2009《智能变电站技术导则》、Q/GDW 441—2010《智能变电站继电保护技术规范》及 Q/GDW 396—2009《IEC 61850 工程继电保护应用模型》标准的内容，对上述标准中存在争议及工程中需进一步明确的细节作出规定，与上述标准不一致之处以上为准。

9.2.2　建模原则

DL/T 860.7 规范了数据模型、服务以及建模方法，应基于面向对象的建模思想和分层次的总体原则对设备进行建模。

一般情况下，同一个功能对象相关的数据以及数据属性，应建模在该功能对象中（包括对该对象的扩展）；同多个功能相关或同全系统功能相关的数据，应建模在公共的逻辑节点或者逻辑设备中。

一、物理设备建模原则

一个物理设备即一个 IED，应建模为一个装置对象。该对象是一个容器，应包含服务器对象，服务器对象中应包含至少一个 LD 对象，每个 LD 对象中应至少包含 3 个 LN 对象（LLN0、LPHD 和功能 LN）。

二、服务器建模原则

服务器描述一个设备外部可见（可访问）的行为，每个服务器应有一个访问点。支持过程层自动化的间隔层设备，对上与变电站层设备通信对下与过程层设备通信，可采用不同访问点分别与变电站层和过程层进行通信。所有访问点，应在同一个 ICD 文件中体现。访问点根据设备所接的网络属性建模，站内装置模型访问点设置如下。

（1）220kV 保护测控一体化装置：

访问点名称	网络属性	信息内容
S1	站控层	使用 MMS 协议与后台系统、远动等客户端进行信息交互；使用 GOOSE 协议，用于联闭锁信息交互
M1	过程层 SV 接收	使用 IEC 61850－9－2 协议，用于采样值接收
G1	过程层 GOOSE 网	使用 GOOSE 协议，用于过程层开关等信息交互

（2）220kV 母线保护：

访问点名称	网络属性	信息内容
S1	站控层	使用 MMS 协议与后台系统、远动等客户端进行信息交互
M1	过程层 SV 接收	使用 IEC 61850－9－2 协议，用于采样值接收
G1	过程层 GOOSE 网	使用 GOOSE 协议，用于过程层开关等信息交互

（3）110kV 保护测控一体化装置：

访问点名称	网络属性	信息内容
S1	站控层	使用 MMS 协议与后台系统、远动等客户端进行信息交互；使用 GOOSE 协议，用于联闭锁信息交互
P1	过程层 SV、GOOSE 共网	使用 IEC 61850－9－2 协议，用于采样值接收；使用 GOOSE 协议，用于过程层开关等信息交互

（4）110kV 母线保护：

访问点名称	网络属性	信息内容
S1	站控层	使用 MMS 协议与后台系统、远动等客户端进行信息交互
P1	过程层 SV、GOOSE 共网	使用 IEC 61850－9－2 协议，用于采样值接收；使用 GOOSE 协议，用于过程层开关等信息交互

（5）10kV 线路保护测控装置：

访问点名称	网络属性	信息内容
S1	站控层	使用 MMS 协议与后台系统、远动等客户端进行信息交互；使用 GOOSE 协议，用于接收跳闸信号和发送 3I0、开关位置信号

（6）10kV 备自投装置：

访问点名称	网络属性	信 息 内 容
S1	站控层	使用 MMS 协议与后台系统、远动等客户端信息交互
M1	过程层 SV 接收	使用 IEC 61850－9－2 协议，用于采样值接收
G1	过程层 GOOSE 网	使用 GOOSE 协议，用于过程层开关等信息交互

（7）220kV 合并单元：

访问点名称	网络属性	信 息 内 容
M1	过程层 SV 发布	使用 IEC 61850－9－2 协议，用于采样值传输
G1	过程层 GOOSE 网	使用 GOOSE 协议，用于发送装置告警信号等

（8）110kV 合并单元：

访问点名称	网络属性	信 息 内 容
P1	过程层 SV、GOOSE 共网	使用 IEC 61850－9－2 协议，用于采样值传输；使用 GOOSE 协议，用于发送装置告警信号等

（9）智能终端：

访问点名称	网络属性	信 息 内 容
G1	过程层 GOOSE 网	使用 GOOSE 协议，用于开关等信息交互

（10）低频减载：

访问点名称	网络属性	信 息 内 容
S1	站控层	使用 MMS 协议与后台系统、远动等客户端进行信息交互；使用 GOOSE 协议，用于发送跳闸命令
M1	过程层 SV 接收	使用 IEC 61850－9－2 协议，用于主变压器高压侧采样接收
G1	过程层 GOOSE 网	使用 GOOSE 协议，用于主变压器低分支、分段开关信号的接收

（11）消弧线圈：

访问点名称	网络属性	信 息 内 容
S1	站控层	使用 MMS 协议与后台系统、远动等客户端进行信息交互；使用 GOOSE 协议，用于 3I0、分段开关信号的接收

（12）交直流一体化设备：

访问点名称	网络属性	信 息 内 容
S1	站控层	使用 MMS 协议与后台系统、远动等客户端进行信息交互

三、逻辑设备建模原则

DL/T 860 标准中未规范具体 LD 如何划分，规定应遵循 Q/GDW 396—2009 和 Q/GDW 441—2010 中规定的建模原则，按照逻辑节点的公用特性划分如下 LD：

（1）公用 LD，inst 名为“LD0”：包括与保护功能无关的装置告警信号、通信故障（包含 MMS、GOOSE、SV）等。

（2）测量 LD，inst 名为“MEAS”：包括遥测信号。

（3）保护 LD，inst 名为“PROT”：包括与保护功能相关的各类信号，例如保护 LN、跳闸 LN、保护模拟量 LN、保护开入量 LN 等。

（4）控制 LD，inst 名为“CTRL”：包括遥信和遥控信号。

（5）保护测控过程层访问点的 LD，inst 名为“PI”：包括 GOOSE 信号。

（6）采样值 LD，inst 名为“SVLD”：包括保护、测控接收的 SV 信号。

（7）智能终端 LD，inst 名为“RPIT”：包括与智能终端相关的各类信号，例如跳闸 LN、开关 LN、遥控 LN、测量 LN 等。

（8）录波 LD，inst 名为“RCD”：包括保护录波或专用录波器 LN。

（9）合并单元 LD，inst 名为“MU”：包括合并单元所需的各类信号，例如互感器 LN 等。

四、逻辑节点建模原则

需要通信的每个最小功能单元应建模为一个逻辑节点对象，属于同一功能对象的数据和数据属性应放在同一个 LN 对象中。LN 实例建模应遵循 Q/GDW 396—2009 中 6.2 节的规定。

（1）模拟量数据建模。属于同一测量对象的数据建立在同一 LN 中，保护模拟量建模于保护逻辑设备（PROT），遥测量建模于测量逻辑设备（MEAS）。

（2）控制数据建模。控制数据建模于控制及开入逻辑设备（CTRL）。

（3）开入量数据建模。保护开入量数据建模于保护逻辑设备（PROT），遥信量建模于控制与开入逻辑设备（CTRL）。断路器、隔离开关、接地开关应在接入设备处完成单双点的转换和建模。

（4）保护事件建模。

保护事件数据应建模于保护逻辑设备（PROT）。

保护事件相关数据对象的通用数据类应为 ACT、ACD。

分相动作或跳闸事件应采用 ACT 或 ACD 中的 phsA、phsB、phsC 来表示单相还是三相。对于单相事件，应将 general 置为 TRUE，同时将 phsA、phsB、phsC 中对应的数据对象置为 TRUE；对于三相事件，应将 general 和 phsA、phsB、phsC 数据对象均置为 TRUE；事件返回时应将 general 和 phsA、phsB、phsC 中对应的数据对象均置为 FALSE。

线路保护装置动作时提供的故障测距信息应采用 RFLO 逻辑节点建模，使用 FltZ 和 FltDiskm 数据对象分别上送故障阻抗值和故障测距值。事件的动作和返回信息应作为同一个点的合、分状态发送，不应分成两个独立的信息点发送。

（5）告警建模。

装置告警和通信告警，如通信插件告警、GOOSE、SV 断链告警等，应位于设备的公共逻辑设备（LD0）；保护告警，如过负荷告警等，可位于保护逻辑设备（PROT）。

告警应采用 DL/T860 中规定的 GGIO 中的 Alm 进行告警建模。

告警的动作和返回信息应作为同一个点的合、分状态发送，不应分成两个独立的信息点发送。

（6）压板建模。

检修压板采用硬压板，其他压板采用软压板（包括功能、保护出口、控制压板等）。

与保护功能、跳闸出口相关的压板数据应建模于保护逻辑设备中（PROT）。保护功能软压板建模于 LLN0 中。保护硬压板作为开入信号建模于开入 LN 中。出口压板应建模于 PTRC 和 RREC 中。通用数据类采用 SPC 类型建模。

保护压板数据集中应同时包含硬压板和软压板数据。与测控功能相关的压板数据应建模于控制及开入逻辑设备中（CTRL）。

（7）装置复归建模。每个装置宜配置一个复归对象，复归数据应建模于公用逻辑设备（LD0），采用 LLN0 中的 LEDRs 和增强型直接控制方式。

（8）定值建模。

1）控制字，例如公共控制字、纵联保护控制字、差动控制字、距离保护控制字……，这些控制字与多个功能逻辑节点相关，控制字定值应建模于保护逻辑设备（PROT），扩展在 LN0 中。

2）控制字按照投退方式建模时，与系统相关的控制字应建模于保护逻辑设备（PROT），扩展在 LN0 中；与具体功能相关的控制字，建模于相关的功能 LN 中；如零序 II 段投入控制字扩展建模于零序二段的功能 LN 中。

3）与某个具体功能 LN 相关的定值，如相间 I 段电抗定值、接地 II 段电抗定值、接地 I 段时间定值……，宜建模于该功能 LN 内。

4）与某几个具体功能 LN 相关的定值，如启动定值……，宜建模于功能 LN 所在的逻辑设备，扩展在 LN0 中。

5）保护测控一体装置中“远方修改定值”、“远方切换定值区”、“远方控制压板”3 块软压板应在保护逻辑设备（PROT）中建模，仅控制保护功能模块；测控模块应另外提供一块“远方/就地”软压板，并在控制及开入逻辑设备中（CRTL）建模。

6）保护装置的就地功能优先，任何状态下装置应允许就地操作。

7）定值的量纲、步长、范围等属性应在模型文件中静态配置。根据 DL/T 860 规定，定值区号应从 1 开始。在保护 LD 的 LLN0 中，应定义系统参数数据集（dsParameter）和成组定值数据集（dsSetting）。两个数据集的成员均为装置定值，数据集成员的排列顺序与装置说明书定值单中定值的顺序相同。两个数据集均仅定义定值顺序，不进行实际通信。

（9）录波建模。录波数据应建模于录波逻辑设备（RCD）。

（10）GOOSE 建模。GOOSE 输出数据集应采用 DA 方式，智能终端发布给测控的 GOOSE 数据集中应包含状态；GOOSE 输入虚端子应在以“GOIN”为前缀的 GGIO 逻辑节点中定义 DO 信号。模型文件中应配置 GOAlmGGIO 逻辑节点，建模于公共逻辑设备中（LD0），用于 GOOSE 通信告警。

（11）SV 建模。所有合并单元均应提供模型文件，无论是采用 IEC 60044－8 还是 IEC

61850 -9 -2 标准。SV 建模应遵循 Q/GDW 441—2010 中 A.3 的规范。互感器采用双 AD 采样时，应在相应的互感器逻辑节点中建立两个 DO，如 TCTR 中分别用 Amp1 和 Amp2 对应互感器 AD1 和 AD2 的采样数据，TVTR 中分别用 Vol1 和 Vol2 对应互感器 AD1 和 AD2 的采样数据。

SV 输出数据集应采用 DA 方式，当采用 IEC 60044 -8 时数据集中只包含 instMag. i，当采用 IEC 61850 -9 -2 时数据集中包含 instMag. i 和 q 属性，数据集中第一个数据为合并单元额定延时，之后为电流量，最后为电压量。

SV 输入虚端子应在以“SVIN”为前缀的互感器逻辑节点（TVTR、TCTR）中定义 DO 信号，双 AD 采样时在同一逻辑节点中定义两个 DO；额定延时虚端子应在以“SVIN”为前缀的 GGIO 逻辑节点中定义 DO 信号，在 GGIO 中扩展定义数据名称为 DelayTRtg、CDC 为 SV 的 DO 信号。

互感器逻辑节点前缀根据保护、测量功能以及相别等按如下原则定义：

1）保护电流逻辑节点前缀根据相别分别用 P_A、P_B、P_C、P_0 表示；

2）测量电流逻辑节点前缀根据相别分别用 M_A、M_B、M_C、M_0 表示；

3）电压逻辑节点前缀根据相别分别用 U_A、U_B、U_C、U_0 表示；

4）SV 输入虚端子根据上述三条原则在逻辑节点前缀再加上“SVIN”，如 SVINPATCTR1；

5）同一组互感器的逻辑节点实例号相同，多组互感器逻辑节点在同一模型文件中采用不同的实例号区分，如：PATCTR1、PBTCTR1、PCTCTR1，SVINUATVTR2、SVINUBTVTR2、SVINUCTVTR2。

模型文件中应配置 SVAlmGGIO 逻辑节点，建模于公共逻辑设备中（LD0），用于 SV 通信告警。

五、数据描述

ICD 文件中应包含中文的“desc”描述和 dU 属性，供配置工具和客户端软件离线或在线获取数据描述。

六、建模扩展原则

建模中如需对逻辑节点、数据等做扩展应遵循 DL/T 1146—2009 中 7.2 节及 Q/GDW 396—2009 中 6.1 节的规定。

9.2.3 服务实现原则

服务实现应遵循 Q/GDW 396—2009 中第 7 章的规定。

一、数据集

模型文件中应预先定义好统一名称的数据集，数据集的描述应符合 Q/GDW 396—2009 中 7.3.1 条的规定。报告服务应支持 IntgPd 和 GI。

二、控制服务

（1）使用 SelectWithValue（带值的选择）、Cancel（取消）和 Operate（操作）服务。

（2）断路器、隔离开关遥控使用 sbo-with-enhenced security 方式。

（3）装置复归使用 Direct control with enhenced security 方式。

（4）保护软压板采用 sbo-with-enhanced security 的控制方式。

（5）变压器挡位采用 direct control with normal security 的控制方式。

（6）装置应初始化遥控相关参数（ctlModel、sboTimeout 等）。

（7）SBOw、Oper 和 Cancel 数据应支持 GetDataDirectory（读数据目录）、GetDataDefinition（读数据定义）和 GetDataValues（读数据值）服务。

三、取代

所有支持 MMS 协议的装置应支持取代服务。

（1）使用 SetDataValues 服务将 subEna 置为 True 时，subVal、subQ 应被赋值到相应的数据属性 Val、q，其品质的第 10 位（0 开始）应该置 1，表明取代状态。

（2）当 subEna 置为 True 时，改变 subVal、subQ 应直接改变相应的数据属性 Val、q，无须再次使能 subEna。

（3）当取代的数据配置在数据集中，subEna 置为 True 时，取代的状态值和实际状态值不同，应上送报告，上送的数据值为取代后的数值，原因码同时置数据变化和品质变化位。

（4）客户端除了设置取代值，还要设置 subID。当某个数据对象处于取代状态时，服务器端应禁止 subID 不一致的客户端改变取代相关的属性。

（5）装置取代服务的实现应能满足信号对点和联闭锁调试功能的需求。GOOSE 服务中 ACT 类型的动作信号，不应支持取代。

（6）数据被取代后装置的 MMS、GOOSE 服务（除 ACT 类型信号）和联闭锁逻辑所使用的数据值应为取代后的值。装置重启后，取代状态应保持。当 subEna 置为 True 或 False 时，数据属性 Val 如何传递给联闭锁逻辑的输入，如何影响 GOOSE 发送报文的数据值，由装置内部实现。

（7）客户端应支持批量恢复取代信号的功能。

四、定值服务

保护装置统一设置 3 块独立且无关联关系的软压板，分别为“远方修改定值”、“远方切换定值区”、“远方控制压板”软压板。这 3 块软压板只能在保护装置就地修改、监控后台不能修改。其中，“远方修改定值”软压板投入时，装置参数、装置定值可远方修改；“远方切换定值区”软压板投入时，装置定值区可远方切换，定值区号放入遥测数据集，供远方监控；“远方控制压板”软压板投入时，装置功能软压板、GOOSE 出口软压板可远方控制。就地操作不受压板控制。

9.2.4 设备建模要求

一、220kV 保护测控一体化设备建模规范

220kV 保护测控一体化设备有 3 个访问点：S1（站控层网络）、G1（GOOSE）、M1（SV）。S1 使用 MMS 协议，用于和后台系统进行信息交互；G1 使用 GOOSE 方式，用于联闭锁信息交互，包含 LD0、PROT、MEAS、CTRL、RCD 逻辑设备；G1 使用 GOOSE 方式，用于过程层信息交互，包含 PI 逻辑设备。M1 使用 IEC 61850－9－2 协议，用于采样值传输，包含 SVLD 逻辑设备。

（1）测控功能建模示意。测控功能建模参考 Q/GDW 396—2009 中 6.8 节测控装置模型

的要求，按图 9－37 分解逻辑节点。

（2）保护功能建模示意。保护功能建模参考 Q/GDW 396—2009 中 6.3～6.7 节各类型保护装置模型的要求，按图 9－38 示意分解逻辑节点。

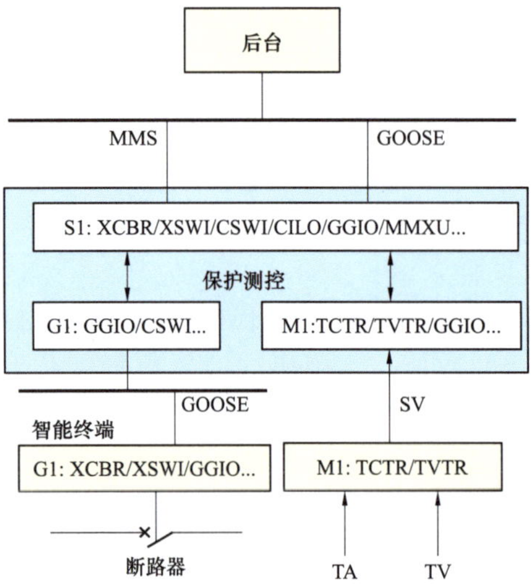

图 9－37 测控装置模型

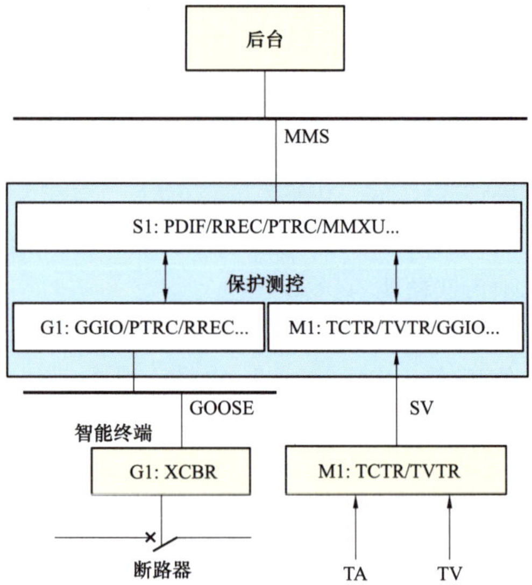

图 9－38 保护装置模型

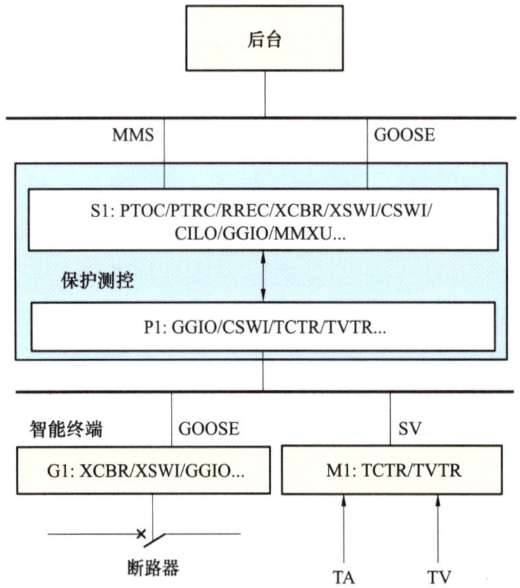

图 9－39 110kV 保护测控一体化装置模型

二、110kV 保护测控一体化设备建模规范

110kV 保护测控一体化设备有两个访问点：S1（站控层网络）、P1（GOOSE、SV 共网）。S1 使用 MMS 协议，用于和后台系统进行信息交互；使用 GOOSE 方式，用于联闭锁信息交互，包含 LD0、PROT、MEAS、CTRL、RCD 逻辑设备。P1 使用 GOOSE 和 IEC 61850－9－2 协议，用于过程层信号和采样信息交互，包含 PI、SVLD 逻辑设备。参考 Q/GDW 396—2009 中第 6 部分的要求，按图 9－39 示意分解逻辑节点。

三、10kV 保护测控设备建模规范

10kV 保护测控设备仅有一个访问点：S1 使用 MMS 协议，用于和后台系统进行信息交互；使用 GOOSE 方式，用于接收低频低压装置的跳闸命令。S1 访问点下应包含：LD0、PROT、MEAS、CTRL、RCD 逻辑设备，按图 9－40 示意分解逻辑节点。

四、智能终端模型规范

智能终端的 LD 建于 G1 访问点下，inst 名为 RPIT，参考 Q/GDW 396—2009 中 6.9 部分分解逻辑节点。模型中建立开关位置数据集，包含断路器、隔离开关、接地开关等位置信

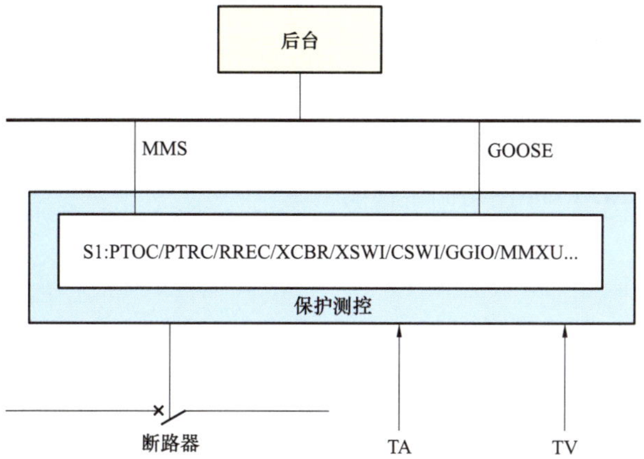

图 9-40　10kV 保护测控一体化装置模型

号；信号数据集，包含机构告警信号、装置闭锁信号、装置告警信号等；其他数据集，包含温湿度测量信号等。

五、合并单元模型规范

合并单元的 LD 建于 M1 访问点下，inst 名为 MU。参考 Q/GDW 441—2010 中 A.3.1 部分分解逻辑节点。SV 采用 IEC 61850-9-2 协议发送时，需要在发布数据集中增加 q 属性，例如，TCTR1.Amp1[MX].q。

9.3 智能变电站集中集成测试技术

9.3.1 集中集成测试必要性

西泾智能变电站是国家电网公司首批智能变电站试点工程之一，电子式互感器、智能终端以及其他智能设备的大量使用，使其二次回路的大量电缆被光纤代替，传统的交流电流、电压信号以及直流控制、位置、告警信号被光信号所取代，各装置之间的连接关系就体现在全站的 SCD 配置文件中。配置文件相当于传统的二次电缆端子排图，因此，其正确性显得非常重要，测试的工作重点就是要验证各装置 CID 配置文件的正确性，这部分工作可以充分利用实验室开展。在变电站土建施工的同时，可并行开展智能变电站集中集成试验，设备到现场安装后，对于二次回路的查线工作就只有部分的二次电缆部分，可直接进行整组传动试验，大大节约了现场调试的时间，同时也保证了变电站的安全可靠性。集中集成测试是智能变电站建设调试的重要特点，西泾智能变电站工程建设流程如图 9-41 所示。

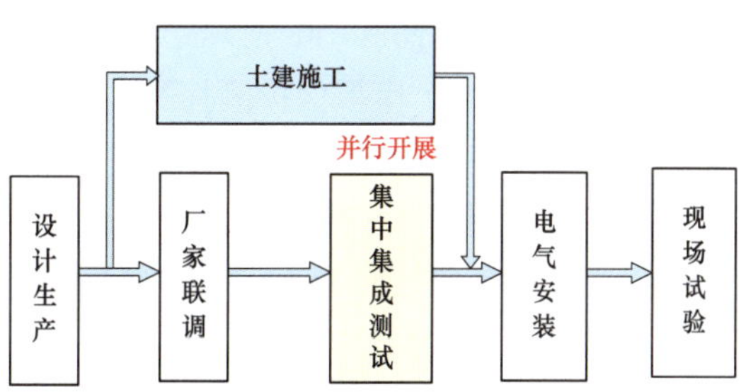

图 9-41　西泾智能变电站工程建设流程

集中集成测试基本思路是按照现场工程配置对相关设备进行集成，在此基础上进行工程应用测试。西泾智能变电站的集中集成测试主要包括以下几个方面：

（1）设备单体测试：主要包括单体功能测试，SV 采样测试，开入开出测试。

（2）过程层测试：主要包括 SV 回路测试，整组联动测试。

（3）站控层测试：主要包括遥控、遥信、遥测测试。

（4）网络性能测试：主要包括网络切换测试、网络风暴测试。

（5）同步测试：主要包括 220kV 线路差动保护两侧同步测试、主变压器各侧同步测试、母线保护同步性能、IEEE 1588 网络同步性能测试。

9.3.2 设备单体测试

西泾智能变电站使用的智能电子设备主要包括保护测控一体化装置（简称保护测控装置）、智能终端、合并单元。单体测试内容主要包括 SV 采样测试、GOOSE 开入开出测试、保护测控的逻辑功能测试、智能终端的 GOOSE 开入开出测试、合并单元的 SV 输出测试、电压并列测试、电压切换功能测试及自检告警测试。

一、保护测控单体测试

（一）SV 采样测试

西泾智能变电站采用光纤电流互感器和分压式电子式电压互感器，且电流和电压互感器都采用双 AD 以提高可靠性。电子式电压互感器的数据通过 FT3 的格式点对点传输到间隔合并单元；间隔合并单元将电流、电压数据统一处理后以 IEC 61850 -9 -2 的形式提供给后端用户使用。间隔合并单元输出的 IEC 61850 -9 -2 数据中含有双 AD 的保护电流数据，单 AD 的测量电流数据以及双 AD 的电压数据。因此，对于 SV 采样的测试，除了传统的精度测试，还需要验证双 AD 数据的一致性以及保护测控装置如何处理双 AD 数据。

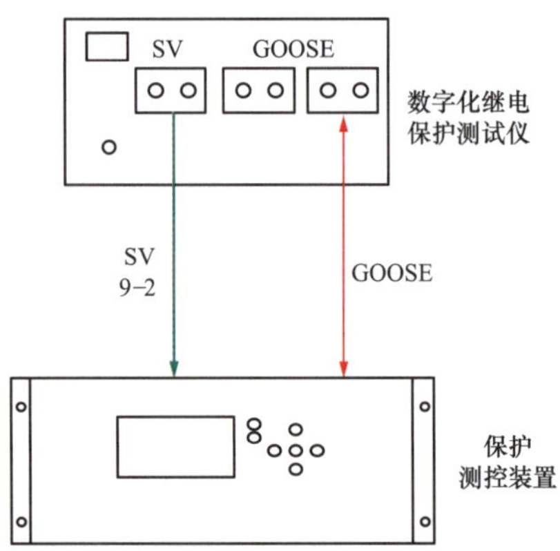

图 9 -42 保护测控装置单体测试图

测试时，采用图 9 -42 所示的测试结构，数字化继电保护测试仪按照西泾智能变电站 IEC 61850 建模规范，提供设备所需的电压电流数据。AD1 和 AD2 分别施加不同量，观察记录保护测控装置采样数值，同时观察保护测控装置对于双 AD 数据的处理情况。

（二）GOOSE 开入开出测试

测试前，采用自行开发的 GOOSE talk 软件自动生成如表 4 -2、表 4 -3 所示的被测试保护测控装置 GOOSE 开入量、开出量列表，相当于传统的保护装置原理图。

开入测试时，使用图 9 -42 所示结构，利用数字化继电保护测试仪的 GOOSE 发布功能，按照表 4 -2 的内容逐个模拟保护测控的 GOOSE 开入，检查保护测控相应开入显示，通过该方法测试保护测控装置的开入功能。

开出测试时，利用数字化继电保护测试仪的 GOOSE 订阅功能，订阅保护测控的 GOOSE 开出，在保护测控装置按照表 4 -3 的内容逐一模拟保护和测控的 GOOSE 开出，测试保护测控装置的 GOOSE 开出是否与配置文件一致。

（三）逻辑功能测试

保护测控装置的内部逻辑和常规保护测控装置是一样的，不同的是外部接口基本采用数字化形式。

保护逻辑功能测试时，使用数字化继电保护测试仪，模拟各类故障，例如单相瞬间故障、单相永久故障、相间故障，来测试保护测控装置的动作行为、动作时间和动作定值。

测控逻辑功能测试时，在保护测控装置的测控界面上直接进行相应操作，然后检查相应的 GOOSE 输出是否正确。

二、智能终端单体测试

智能终端的本质是常规操作箱加上通信接口模块。其主要功能是：接收保护测控装置的控制命令，并以继电器接点形式输出给一次设备，控制一次设备的操作；通过接点开入的方式接收一次设备的位置和状态信息，并以 GOOSE 报文方式传输给保护测控装置。

智能终端开入开出测试前同样利用 GOOSE talk 软件自动生成被测装置的 GOOSE 开入开出虚端子列表。开入测试时，利用数字化继电保护测试仪的 GOOSE 发布功能，按照虚端子列表的内容逐一发送相应的 GOOSE 给智能终端，测试智能终端的相应开出硬接点以判断 GOOSE 开入功能是否正确。

智能终端 GOOSE 开出测试时，短接或断开智能终端的相应开入硬接点，利用数字化继电保护测试仪的 GOOSE 订阅功能，按照虚端子列表的内容订阅智能终端的 GOOSE 开出，测试智能终端的 GOOSE 开出是否正确，并且判断是否与配置文件一致。

三、合并单元单体测试

合并单元的主要功能是将电子式互感器电压、电流量进行整合处理，以 IEC 61850－9－2 报文的形式发送至保护测控装置。

（一）SV 输出测试

合并单元 SV 输出测试时，采用相应的电压或电流模拟器给合并单元提供数字量，采用传统的继电保护测试仪给电压或电流模拟器施加电压或电流量，利用数字万用表或报文记录分析仪解析合并单元的 SV 输出值，检查 SV 中的通道配置是否与配置文件一致，判断 SV 的值是否与继电保护测试仪施加的量一致，并检查 SV 中双 AD 输出数据是否正确。

（二）母线电压并列测试

220kV 母线和 110kV 母线均采用电子式电压互感器，母线电压并列功能的原理与传统的相同，但实现方式不同。传统的母线电压并列由独立的电压并列装置实现，通过母联断路器、隔离开关和母线 TV 刀闸的位置继电器实现母线电压模拟量的真实并列；而采用电子式互感器后，电压并列功能在母线电压合并单元中实现，通过 GOOSE 信号进行逻辑判断后由软件实现。因此，必须对母线电压合并单元的电压并列功能进行测试。

测试时，通过母线设备智能终端模拟母联断路器、隔离开关、母线 TV 刀闸的位置，通过保护测控装置或报文记录分析仪观察母线电压合并单元的输出母线电压判断母线电压是否已并列。

（三）母线电压切换测试

220kV 线路设有三相线路 TV，保护逻辑运算采用线路 TV 的电压，而同期功能需要母线电压与线路电压比较，因此，线路保护测控装置需要采集母线电压。220kV 双母线接线，保

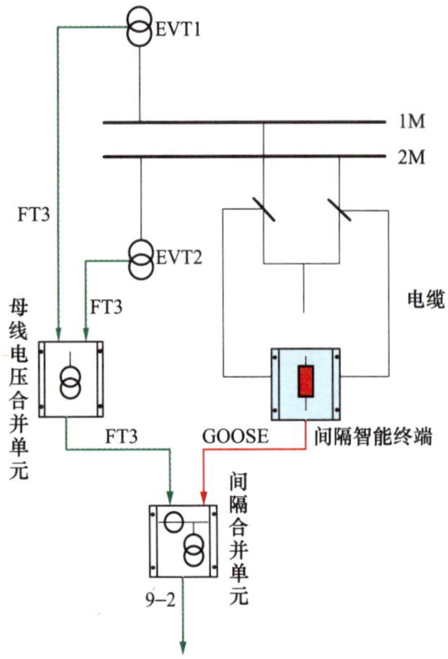

图 9–43 母线电压切换示意图

注：9–2 为 IEC 61850–9–2。

护测控装置所需的母线电压需要随着线路的运行方式而切换。110kV 双母线接线，线路未装设三相线路 TV，保护测控装置、计量等采用母线电压，因此母线电压也需要切换。西泾智能变电站由间隔合并单元完成母线电压切换功能，间隔合并单元接收母线 TV 合并单元的双母线电压，然后通过智能终端的隔离开关位置 GOOSE 信息完成母线电压的切换，如图 9–43 所示。正常运行时，间隔合并单元必须选择正确的母线电压；当隔离开关位置都是分位或都处于无效状态时，不能进行电压切换，间隔合并单元输出的母线电压显示为无效；倒母线过程中，间隔合并单元必须要根据隔离开关情况及时切换母线电压，且要母线电压要进行无缝切换，电压切换过程中，保护测控装置不能感受到电压无效过程的存在。表 9–3 给出了母线电压切换条件。

表 9–3 母线电压切换条件

切换条件	电压输出	切换条件	电压输出
1QS 合位、2QS 分位	输出 I 母电压	1QS 分位、2QS 分位	输出电压为 0，且置数据无效
1QS 分位、2QS 合位	输出 II 母电压	1QS 合位、2QS 合位	输出最后隔离开关合位所对应的母线电压

测试时，给间隔内智能终端的相应隔离开关位置置位，间隔合并单元根据智能终端的 GOOSE 应能正确切换母线电压，通过保护测控装置面板查看电压数据就能判断母线电压切换是否正确；倒母线过程中，通过观察保护测控装置是否报“电压无效”，判断电压切换过程是否有电压数据无效过程（至少可以判断倒母线过程中，电压切换是否给保护测控装置带来影响）。

（四）自检告警测试

合并单元应能检查自身与电子式互感器之间的链路是否正常、采样值数据是否有效，并将相应状态字置位并通过 GOOSE 发出告警信号。

测试时，利用相应电压或电流模拟器模拟电子式互感器“链路异常”、“光路异常”、“电路异常”等故障情况，通过报文记录分析仪解析 SV 报文及报文中的状态字，判断 SV 报文的状态位是否正确；同时通过报文记录分析仪解析合并单元发出的 GOOSE 报文，判断合并单元是否发出相应的告警信号。

9.3.3 过程层测试

一、SV 回路测试

SV 回路测试内容与上述保护测控单体测试中的 SV 采样测试相同，除了测试精度外，还需要验证双 AD 数据的一致性。

测试时，间隔 SV 回路及整组联动测试原理如图 9－44 所示，采用 OMICRON＋TV/TA 模拟器的模式给合并单元提供数据，合并单元给保护装置提供采样值数据，电压合并单元、间隔合并单元以及保护测控装置之间按照工程应用连接。模拟器与真实电子式互感器性能相同，采用双 AD 工作模式。OMICRON 分别为电压和电流模拟器提供电压、电流量，在保护测控装置上分别记录保护采样值和测控采样值，分析比较装置显示采样值是否与 OMICRON 输出值一致，同时分析双 AD 数据处理是否正确以及电压电流之间的夹角是否正确。

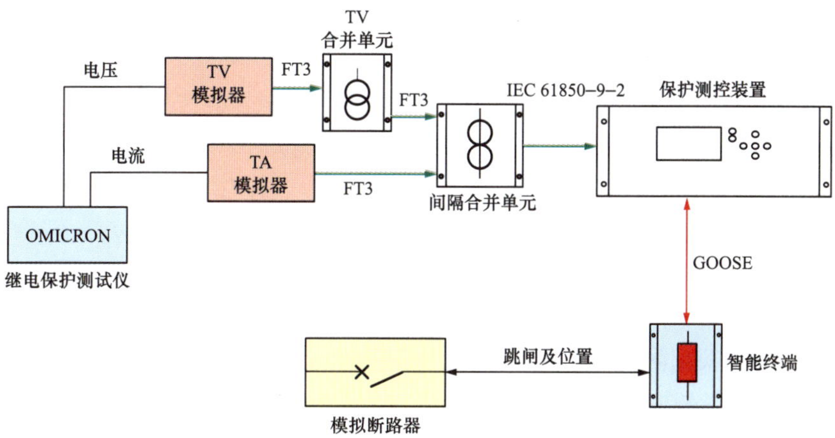

图 9－44　间隔 SV 回路及整组联动测试原理

二、整组联动测试

如图 9－44 所示，保护测控装置保护动作发出跳闸命令或测控操作发出遥控命令，跳闸或遥控命令以 GOOSE 报文的形式发送至智能终端，驱动智能终端继电器动作，最终以硬接点形式输出至断路器，控制断路器分合操作；同时保护测控装置接收一次设备位置等 GOOSE 信号。整组联动测试主要是测试从保护测控装置——智能终端——一次设备（可采用模拟断路器代替）之间的回路正确性。

采用模拟断路器代替一次设备，其与智能终端之间用测试导线连接。继电保护测试仪模拟各类故障，例如，单相瞬时故障、单相永久性故障、相间故障，通过检查模拟断路器的动作行为来测试保护功能整组联动的正确性。在保护测控装置上直接操作一次设备，通过检查模拟断路器的动作行为来测试测控功能整组联动的正确性。

9.3.4　网络性能测试

成熟的网络通信技术在变电站中得到了广泛应用，尤其在智能变电站中，网络扮演着不可或缺的角色。网络的组网方式、交换机的性能、设备之间网络通信的可靠性、延时等都是影响变电站安全、稳定运行的因素。因此，对网络性能的测试，包括网络通信可靠性、延时、是否会产生网络风暴等，具有重要的意义，也是智能变电站测试过程中必不可少的一部分。

一、交换机性能测试

交换机是网络信息交互过程中的重要设备，交换机性能的优劣直接决定了网络的通信质量。交换机性能测试主要测试交换机吞吐量、丢包率、延时等基本性能是否满足性能要求，同时还须测试交换机广播抑制、组播动态管理等高级功能的性能。

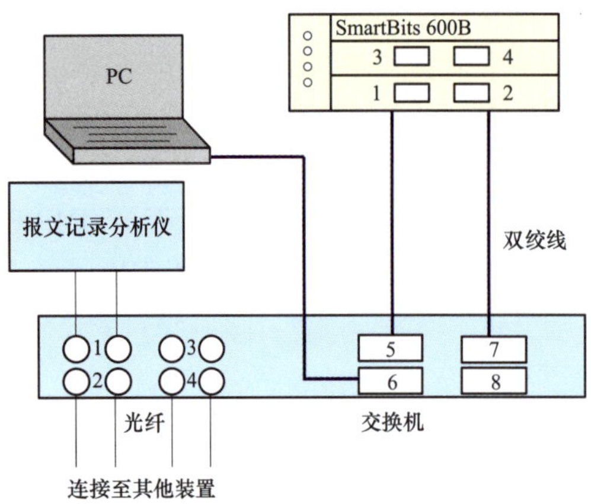

图 9-45　交换机性能测试系统

网络性能测试仪 SmartBits 可以测试交换机的吞吐量、丢包率、延时等性能。SmartBits 也能产生用户所需要的网络背景流量，为网络测试提供环境，交换机的广播抑制功能，可采用其吞吐率测试功能进行测试。交换机性能测试系统如图 9-45 所示，PC 登陆交换机进行设置修改并监视交换机的运行状态。

二、站控层网络性能测试

站控层网络性能主要测试在不同网络流量下，保护测控装置与监控后台/信息子站之间的通信性能，包括 MMS 报文延时、丢包以及保护测控装置对监控后台/信息子站的命令响应等性能，同时还要考验监控后台/信息子站在不同网络流量下的性能。

站控层网络测试采用图 9-46 所示结构，SmartBits 为站控层提供 1% ~90% 的网络背景流量，背景流量分为无效报文、广播报文、与保护测控装置或监控后台/信息子站无关的报文、保护测控装置或监控后台/信息子站需要处理的报文，在这些不同背景流量下，测试保护测控装置发送 MMS 信号的丢包率、时延等以及监控后台/信息子站接收 MMS 的丢包率和时延；同时还要在监控后台/信息子站对保护测控设备进行遥控操作，测试保护测控设备的响应性能。

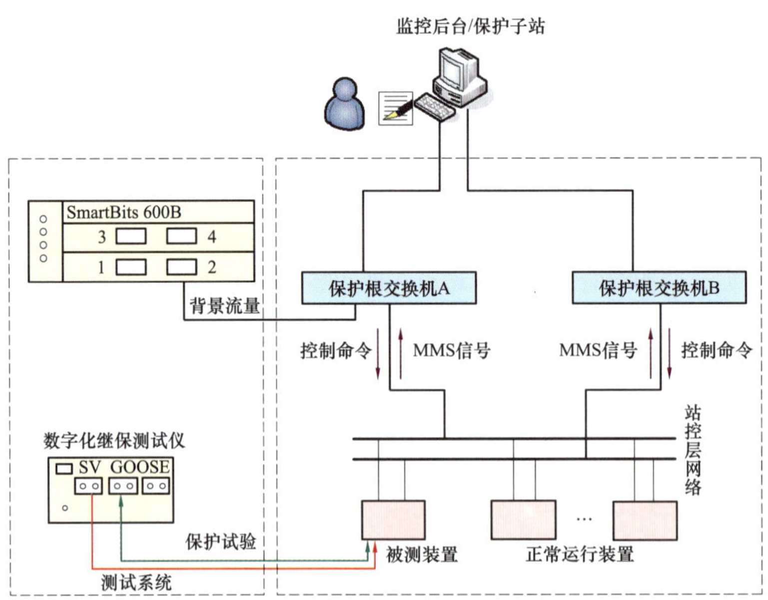

图 9-46　站控层网络测试

三、GOOSE 网络性能测试

GOOSE 网络性能主要测试在不同有效或无效网络背景流量下，保护测控设备、智能终端的跳合闸性能；还需模拟网络中若某一设备出问题，错误发送 GOOSE 情况下，测试网络中其他设备的响应及性能。

测试系统与站控层网络性能测试类似，采用 SmartBits 为 GOOSE 网络提供 1% ~90% 的网络背景流量，背景流量分为无效报文、广播报文、与保护测控设备或智能终端无关的报文、保护测控设备或智能终端需要处理的报文。在这些背景流量下，模拟保护动作或测控遥控命令，验证智能终端出口的正确性、延时性；为智能终端提供位置节点，验证保护测控设备位置信息返回的正确性及延时性；模拟保护测控设备发送错误 GOOSE 报文或不停发送同一 GOOSE 报文，验证智能终端是否会误动或拒动；模拟智能终端发送错误 GOOSE 报文，验证保护设备动作行为的正确性或是否会闭锁保护功能。

四、SV 网络性能测试

西泾智能变电站 110kV 部分采用网络方式传输 SV 采样值，需对其 SV 网络性能进行测试，主要测试在不同背景流量下，保护测控设备的采样精度。

测试系统与站控层网络性能测试类似，采用 SmartBits 为 SV 网络提供不同的背景流量，背景流量可以是 SV 报文，也可以不是 SV 报文，用数字化继电保护测试仪为保护测控设备提供电流/压量，测试保护测控设备采样精度及保护的动作行为。

9.3.5 同步测试

一、IEEE 1588 网络对时性能测试

网络中的设备若采用 IEEE 1588 对时，还需对网络对时性能进行测试，测试系统如图 6 - 32 所示，主要测试正常情况下、主钟失去 GPS、主钟恢复 GPS、丢失对时报文、对时报文出错以及在不同背景流量情况下的对时性能；还需要测试主钟之间切换对对时性能的影响。

在正常对时情况下，用 TimeAcc - 007 测试各被对时设备的秒脉冲与 GPS 时间之间的误差，并可绘出时间曲线；设备对上时以后，主钟突然失去 GPS 信号，用 TimeAcc - 007 测试各被对时设备的秒脉冲与 GPS 时间之间的误差，并可绘出时间曲线；设备失去同步以后，主钟 GPS 信号恢复，用 TimeAcc - 007 测试各被对时设备的秒脉冲与 GPS 时间之间的误差，并可绘出时间曲线；用 SmartBits 给对时网络施加不同的背景流量或发送错误的对时报文，用 TimeAcc - 007 测试各被对时设备的秒脉冲与 GPS 时间之间的误差，并可绘出时间曲线；两台主钟正常运行，关闭一台主钟，用 TimeAcc - 007 测试各被对时设备的秒脉冲与 GPS 时间之间的误差，并可绘出时间曲线，同时用报文记录分析仪分析网络中对时报文的变化情况。

二、220kV 线路光差保护两侧同步测试

对西泾智能变电站 220kV 线路差动保护来说，应用了光纤电流互感器，而对侧利港电厂和石塘湾为常规电流互感器，验证光纤电流差动保护在一侧采用光学电流互感器、另一侧采用传统互感器时的同步问题对光纤电流差动保护来说至关重要。测试方法及测试数据见第六章第五节中的常规保护与数字化保护间数据同步测试。

三、110kV 电子式互感器同步测试

电子式互感器采样由合并单元控制，因此合并单元的同步性能即决定了互感器同步性

能，测试方案如图 9－47 所示，1588 主钟采用 peer-to-peer 方式通过支持 IEEE 1588 的交换机给合并单元对时，然后将 1588 主钟和合并单元的 1pps 信号引入示波器的两个通道，通过对比示波器两个通道 1pps 上升沿时间差即可得知合并单元与主钟之间的同步对时性能，表 9－4 给出了 110kV 各间隔与 1588 主钟之间的时间差。同时通过网络报文记录分析仪记录并分析合并单元的报文和交换机上的报文，可以分析出合并单元的对时长期稳定性、同步过程报文的变化。

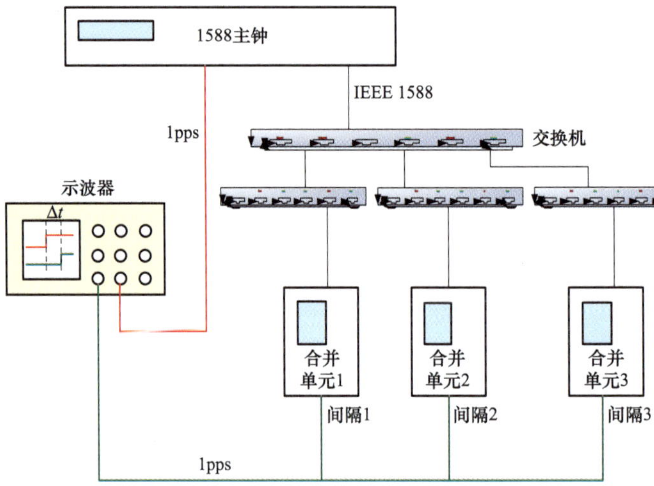

图 9－47 合并单元对时性能测试系统结构

将两个或多个合并单元的 1pps 信号同时引入示波器的不同通道可以比较合并单元之间，即互感器之间的同步性能。表 9－5 给出了 1 号主变压器与 2 号主变压器的 110kV 侧合并单元之间的秒脉冲时间差，每小时记录一次。

表 9－4　　110kV 各间隔与 1588 主钟间时间差

次数 / 间隔	时间差（ns）				
	1	2	3	4	5
线路 1	－407	－231	－501	－591	－330
线路 2	－657	－763	－578	－701	－487
线路 3	－409	－543	－704	－587	－492
线路 4	－609	－822	－704	－511	－671
线路 5	－504	－573	－485	－689	－800
线路 6	－821	－831	－586	－391	－760
线路 7	－354	－419	－401	－544	－616
线路 8	－388	－442	－418	－346	－427
110kV 母联	－631	－795	－574	－436	－518
1 号主变压器 110kV 侧	－477	－525	－381	－261	－580
2 号主变压器 110kV 侧	－389	－432	－502	－298	－600

表 9-5　　1 号、2 号主变压器 110kV 侧合并单元之间秒脉冲时间差

次数/h	1	2	3	4	5	6	7	8	9	10	11	12
时间差（ns）	-43	-67	-10	27	-60	-179	-56	-81	99	-35	-154	-214

9.4 智能变电站现场测试技术

9.4.1 整体思路

智能变电站现场测试主要是在一、二次设备安装完成后，对其整体性能、功能进行测试。其特点是将一、二次设备作为一个整体，以整组联动的方式开展测试。由于设备单体和专项性能测试已经在集中集成测试部分完成，所以现场测试更关注于对安装的正确性、系统功能、高级应用、电压电流回路方面的测试。主要包括：

1）光纤检查；

2）光功率及裕度测试；

3）保护整组联动测试；

4）程序化操作测试；

5）全站遥信测试；

6）全站联闭锁测试；

7）电子式互感器现场测试；

8）一次通流通压试验。

9.4.2 光纤检查

智能变电站中，网络的应用使得光纤替代了大量的电缆，光纤连接的正确性是设备间正常通信的基础，也是现场后续工作开展的基础。由于一根光纤中可以传输多个信号，光纤数量总体上要比电缆少，但仍具有一定规模，铺设过程中仍会出错。光纤的机械强度比较差，现场施工过程中容易断裂。现场环境较差，光纤接头容易受损或受污染而造成光衰耗增大。因此现场测试前必须对光纤进行检查，主要包括光纤连接正确性、光纤是否受损或受污染。

高性能激光笔可用于光纤连接正确性检查，同时也能进行光纤损坏的检查。利用激光笔在光纤一端的接头射入一定强度的可见光，根据设计院提供的光纤连接图，在光纤另一端接头处检查是否有可见光射出。若有可见光射出，且强度较强，如图 9-48 所示，则光纤连接是正确的，且光纤无损坏，可正常使用该光纤；若有可见光射出，但强度较弱，则光纤连接是正确的，但光纤有损坏，可能是光纤接头受污染或光纤中间有损坏，需要更换备用光纤；若无可见光射出，但在附近光纤中发现有光纤发出较强的可见光，则光纤连接错误，需更换连接；若无可见光射出，且在附近也找不到其他光纤发出可见光，则光纤发生严重损坏或光纤铺设错误，需更换备用光纤。

图 9-48　光纤检查

9.4.3 光功率及裕度测试

智能变电站中，设备之间采用光纤网络通信，为了保证设备间能正常通信，光纤网络发送口的光发送功率必须满足接收口的要求，并且要留有一定裕度，以备长期运行后发光器件产生衰耗。由于现场灰尘较多，施工过程中灰尘侵入光纤接口或光纤接头将直接影响光衰耗，因此在现场必须进行光功率及裕度的测试。

光纤网络的光功率及裕度测试主要针对保护测控、智能终端、合并单元等 IED 的 GOOSE 收发接口和 SV 收发接口进行。主要包括以下内容：

（1）装置光功率输出：将光功率计通过短光纤接入装置的光纤发送端口进行测量，忽略短光纤的光衰耗，则光功率计测得的光功率读数即为装置的发送光功率。

（2）装置光接收功率：将接入被测端口的光纤接入光功率计，光功率计的光功率读数即为被测端口的接收光功率。

（3）光功率裕度：将光功率衰耗器串接入光纤回路，调整光功率衰耗器至接收方信号断链，然后解开光纤接收端口，接入光功率计，测量此时的接收光功率，用正常时的光功率减去断链时的光功率即为光功率裕度。

9.4.4 保护整组联动

保护整组联动测试主要验证从保护装置出口至智能终端，最后直至开关回路整个跳、合闸回路的正确性；保护装置之间的启动失灵、闭锁重合闸等回路的正确性。其中，保护装置至智能终端的跳、合闸回路和装置之间的启动失灵、闭锁重合闸回路是通过网络传输的软回路；而智能终端至开关本体的跳、合闸回路是硬接线回路，与传统回路基本相同。保护装置接口数字化后已不再包含出口硬压板，但出口受保护装置软压板控制，而传统的出口硬压板也并未取消，而是下放到智能终端的出口，因此保护整组联动测试在验证整个回路的同时需对回路中保护出口软压板、智能终端出口硬压板的作用进行分别验证。保护整组联动测试回路如图 9－49 所示。

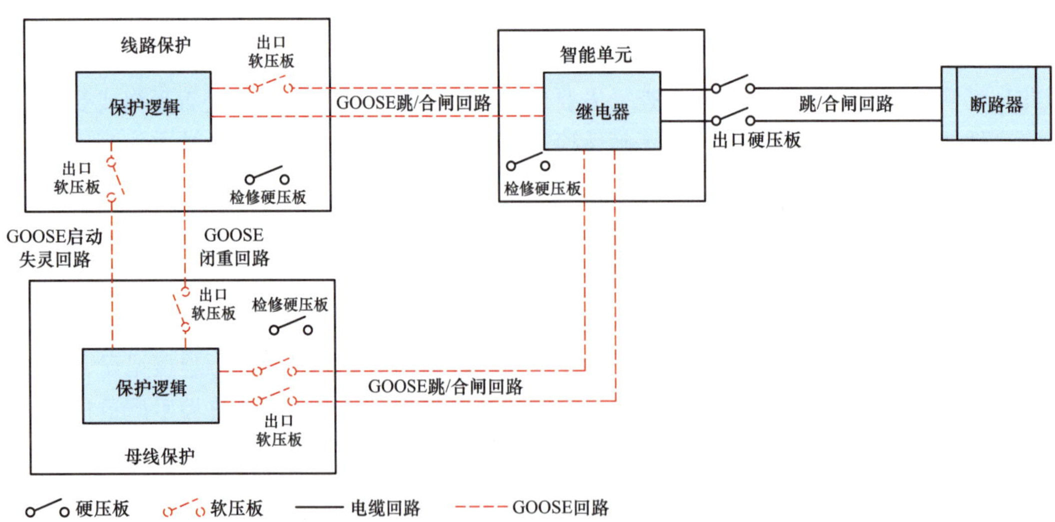

图 9－49 保护整组联动测试回路

智能变电站中，二次设备之间通过GOOSE信号相互联系，而GOOSE信号是通过总线形式传输的，并不能像传统硬电缆连接那样可靠隔离。因此，考虑到检修、扩建等问题，智能化二次设备都新增了一个硬压板——检修压板，通过检修压板控制装置的运行状态，同时Q/GDW 396—2009《IEC 61850工程继电保护应用模型》规范了GOOSE检修机制：

1）当装置检修压板投入时，装置发送的GOOSE报文中的test应置位；

2）GOOSE接收端装置应将接收的GOOSE报文中的test位与装置自身的检修压板状态进行比较，只有两者一致时才将信号作为有效进行处理或动作；

3）对于测控装置，当本装置检修压板或者接收到的GOOSE报文中的test位任意一个为1时，上传MMS报文中相关信号的品质q的Test位应置1。

由上述检修机制可以看出，保护装置与智能终端之间的跳合闸软回路以及装置之间的启动失灵、闭锁重合闸软回路是受到装置检修压板影响的。因此，保护整组联动测试同时需要分别验证每个装置的检修压板。

保护整组联动测试还需在80%直流电源情况下验证保护动作、开关跳闸的可靠性。

一、220kV线路保护整组联动

220kV线路保护装置的出口软压板设置有GOOSE跳闸出口软压板、GOOSE重合闸出口软压板、GOOSE启动失灵出口软压板，软压板不分相；220kV线路间隔智能终端出口硬压板设置有A相跳闸出口硬压板、B相跳闸出口硬压板、C相跳闸出口硬压板、重合闸出口硬压板，跳闸出口分相，重合闸出口不分相。因此，220kV线路保护在整组联动测试过程中需要验证上述3个软压板和4个硬压板的正确性以及压板与回路的一一对应关系；考虑到检修机制，220kV线路保护还需验证保护装置和智能终端的检修压板对应关系的正确性。

220kV线路断路器具有两个跳闸线圈和一个合闸线圈；220kV线路保护采用双重化配置，两套保护的跳闸回路，包括两个完全独立的操作电源；两套保护的合闸回路在合闸线圈之前也完全独立的，只有第一套中包含合闸操作电源。因此，220kV线路保护的跳闸回路应分别验证其对应关系，包括控制电源也应验证对应关系；而合闸回路和控制电源，由于断路器只有一个合闸线圈，只需分别验证两套保护合闸回路的正确性，不需验证对应关系。

220kV线路保护整组联动测试时，保护装置投入主保护差动保护，测试时两套保护分别测试，具体项目如表9－6和表9－7所示。

表9－6　220kV线路第一套保护整组联动测试

故障类型	保护装置				智能终端					母线保护	操作电源1	操作电源2	结果
	GOOSE跳闸出口软压板	GOOSE重合闸出口软压板	GOOSE启动失灵出口软压板	检修压板	A相跳闸出口硬压板	B相跳闸出口硬压板	C相跳闸出口硬压板	重合闸出口硬压板	检修压板	检修压板			
A相瞬时故障	√	√	√	×	√	√	√	√	×	×	√	×	开关A相单跳单重，A相启动失灵

续表

故障类型	保护装置：GOOSE跳闸出口软压板	保护装置：GOOSE重合闸出口软压板	保护装置：GOOSE启动失灵出口软压板	保护装置：检修压板	智能终端：A相跳闸出口硬压板	智能终端：B相跳闸出口硬压板	智能终端：C相跳闸出口硬压板	智能终端：重合闸出口硬压板	智能终端：检修压板	母线保护：检修压板	操作电源1	操作电源2	结果
B相瞬时故障	√	√	√	×	√	√	√	√	×	×	√	×	开关B相单跳单重，B相启动失灵
C相瞬时故障	√	√	√	×	√	√	√	√	×	×	√	×	开关C相单跳单重，C相启动失灵
B相永久故障	√	√	√	×	√	√	√	√	×	×	√	×	开关三相跳闸，三相启动失灵
BC相间故障	√	√	√	×	√	√	√	√	×	×	√	×	开关三相跳闸，三相启动失灵
A相瞬时故障	×	√	√	×	√	√	√	√	×	×	√	×	开关无动作，A相启动失灵
	√	×	√	×	√	√	√	√	×	×	√	×	开关A相单跳，A相启动失灵
	√	√	×	×	√	√	√	√	×	×	√	×	开关A相单跳单重，未启动失灵
	√	√	√	×	×	√	√	√	×	×	√	×	开关无动作，A相启动失灵
	√	√	√	×	√	×	×	√	×	×	√	×	开关A相单跳单重，A相启动失灵
	√	√	√	×	√	√	√	×	×	×	√	×	开关A相单跳，A相启动失灵
B相瞬时故障	√	√	√	×	√	×	√	√	×	×	√	×	开关无动作，B相启动失灵
	√	√	√	×	×	√	×	√	×	×	√	×	开关B相单跳单重，B相启动失灵
C相瞬时故障	√	√	√	×	√	√	×	√	×	×	√	×	开关无动作，C相启动失灵
	√	√	√	×	×	×	√	√	×	×	√	×	开关C相单跳单重，C相启动失灵
BC相间故障	√	√	√	√	√	√	√	√	×	×	√	×	开关无动作，未启动失灵
	√	√	√	√	√	√	√	√	×	√	√	×	开关无动作，三相启动失灵

续表

故障类型	保护装置				智能终端					母线保护	操作电源1	操作电源2	结果
	GOOSE跳闸出口软压板	GOOSE重合闸出口软压板	GOOSE启动失灵出口软压板	检修压板	A相跳闸出口硬压板	B相跳闸出口硬压板	C相跳闸出口硬压板	重合闸出口硬压板	检修压板	检修压板			
BC相间故障	√	√	√	√	√	√	√	√	√	√	√	×	开关三相跳闸，三相启动失灵
	√	√	√	×	√	√	√	√	√	√	√	×	开关无动作，未启动失灵
	√	√	√	×	√	√	√	√	×	√	√	×	开关三相跳闸，未启动失灵
B相瞬时故障	√	√	√	×	√	√	√	√	×	——	×	√	开关无动作
AC相间故障	√	√	√	×	√	√	√	√	×	——	×	√	开关无动作

注 √表示压板或电源合；×表示压板或电源分；——表示与压板状态无关；母线保护启动失灵只是启动线路相应支路的失灵，其他支路不启动失灵。

表 9－7　　220kV 线路第二套保护整组联动测试

故障类型	保护装置				智能终端					母线保护	操作电源1	操作电源2	结果
	GOOSE跳闸出口软压板	GOOSE重合闸出口软压板	GOOSE启动失灵出口软压板	检修压板	A相跳闸出口硬压板	B相跳闸出口硬压板	C相跳闸出口硬压板	重合闸出口硬压板	检修压板	检修压板			
A相瞬时故障	√	√	√	×	√	√	√	√	×	×	√	√	开关A相单跳单重，A相启动失灵
B相瞬时故障	√	√	√	×	√	√	√	√	×	×	√	√	开关B相单跳单重，B相启动失灵
C相瞬时故障	√	√	√	×	√	√	√	√	×	×	√	√	开关C相单跳单重，C相启动失灵
A相瞬时故障	√	√	√	×	√	√	√	√	×	×	√	√	开关三相跳闸，三相启动失灵
AC相间故障	√	√	√	×	√	√	√	√	×	×	√	√	开关三相跳闸，三相启动失灵
A相瞬时故障	√	√	√	×	×	√	√	√	×	×	√	√	开关无动作，A相启动失灵
	√	√	√	×	√	×	×	√	×	×	√	√	开关A相单跳单重，A相启动失灵

续表

故障类型	保护装置				智能终端					母线保护	操作电源1	操作电源2	结果
	GOOSE跳闸出口软压板	GOOSE重合闸出口软压板	GOOSE启动失灵出口软压板	检修压板	A相跳闸出口硬压板	B相跳闸出口硬压板	C相跳闸出口硬压板	重合闸出口硬压板	检修压板	检修压板			
B相瞬时故障	×	√	√	×	√	√	√	√	×	×	√	√	开关无动作，B相启动失灵
	√	×	√	×	√	√	√	√	×	×	√	√	开关B相单跳，B相启动失灵
	√	√	×	×	√	√	√	√	×	×	√	√	开关B相单跳单重，未启动失灵
	√	√	√	×	√	×	√	√	×	×	√	√	开关无动作，B相启动失灵
	√	√	√	×	×	√	×	√	×	×	√	√	开关B相单跳单重，B相启动失灵
	√	√	√	×	√	√	√	×	×	×	√	√	开关B相单跳，B相启动失灵
C相瞬时故障	√	√	√	×	√	√	×	√	×	×	√	√	开关无动作，C相启动失灵
	√	√	√	×	×	×	√	√	×	×	√	√	开关C相单跳单重，C相启动失灵
AC相间故障	√	√	√	√	√	√	√	√	×	×	√	√	开关无动作，未启动失灵
	√	√	√	√	√	√	√	√	√	×	√	√	开关三相跳闸，未启动失灵
	√	√	√	√	√	√	√	√	√	√	√	√	开关三相跳闸，三相启动失灵
	√	√	√	×	√	√	√	√	√	√	√	√	开关无动作，未启动失灵
	√	√	√	×	√	√	√	√	√	×	√	√	开关无动作，三相启动失灵
C相瞬时故障	√	√	√	×	√	√	√	√	×	——	√	×	开关无动作
	√	√	√	×	√	√	√	√	×	——	×	√	开关C相单跳不重合
AB相间故障	√	√	√	×	√	√	√	√	×	——	√	×	开关无动作

注 √表示压板或电源合；×表示压板或电源分；——表示与压板状态无关；母线保护启动失灵只是启动线路相应支路的失灵，其他支路不启动失灵。

二、110kV线路保护整组联动

110kV线路保护采用三跳三重方式，即只要故障是瞬时的，无论是单相故障还是相间故障，都是直接跳三相，然后重合三相，智能终端的出口也是三相的，没有分相压板，且110kV线路不启动母线保护的失灵。因此，110kV线路保护装置的出口软压板设置有GOOSE跳闸出口、GOOSE重合闸出口；110kV线路间隔智能终端出口硬压板设置有跳闸出口、重合闸出口。无论是保护装置的软压板还是智能终端的硬压板都是不分相的。因此，110kV线路保护在整组联动测试过程中需要验证上述两个软压板和两个硬压板的正确性，压板没有相别对应关系；考虑到检修机制，110kV线路保护还需验证保护装置和智能终端的检修压板对应关系的正确性。

110kV线路断路器只具有一个跳闸线圈和一个合闸线圈，操作电源也只有一个，线路保护也是单套配置，因此110kV线路保护与220kV保护不同，不存在两套之间的对应关系。

110kV线路保护整组联动测试时，保护装置投入主保护距离保护，测试项目如表9-8所示。

三、母线保护整组联动

母线保护通过线路或主变压器智能终端跳挂在母线上的各支路，由于智能终端至开关本体部分的回路通过线路保护整组联动或主变压器保护整组联动中验证，因此在母线保护整组联动测试中就不必包含这部分内容，母线保护整组联动测试只需验证母线保护GOOSE跳闸出口软压板的正确性即可，母线保护GOOSE跳闸出口软压板是按支路整定的，因此每个支路的GOOSE跳闸出口软压板都需要验证。

母线保护动作闭锁相应线路支路的重合闸，因此母线保护与线路保护的闭锁重合闸软回路也必须同时验证。

考虑到检修机制，母线保护整组联动测试还需要验证母线保护与智能终端之间以及母线保护与线路保护之间的检修压板对应关系。

四、主变压器保护整组联动

主变压器保护具有高、中、低三侧，主变压器保护装置对于每一侧都设置有独立的GOOSE跳闸出口软压板，主变压器三侧的整组联动可以独立进行。主变压器高压侧和中压侧开关具有两个独立的跳闸线圈，低压侧只有一个跳闸线圈；主变压器保护装置和智能终端都是双重化配置的，因此对于高压侧和中压侧而言，跳闸回路是两个完全独立的回路；而低压侧保护装置和智能终端是完全独立的回路，跳闸线圈共用一个回路。

主变压器保护在任何故障情况下都是三跳的，且不会重合，对于高压侧而言智能终端的跳闸出口是分相的；对于中压侧和低压侧而言智能终端的跳闸出口是不分相的。因此对于主变高压侧，跳闸回路要分相验证。

主变压器保护与220kV母线保护和110kV母线保护之间还有启动失灵软回路需要验证。同时考虑到检修机制还需验证主变压器保护装置与各侧智能终端之间以及与母线保护之间的检修压板的对应关系。

主变压器保护整组联动测试时，保护装置投入主保护差动保护，测试时两套保护分别测试，测试项目相同，具体项目如表9-9所示。

五、备自投整组联动

备自投整组联动测试主要验证 10kV 分段智能终端跳闸出口硬压板以及主变压器 10kV 分支智能终端合闸出口硬压板的正确性，同时考虑到检修机制，还需验证备自投和 10kV 分段智能终端、主变压器 10kV 分支智能终端之间的检修压板的对应关系。

六、低频低压减载整组联动

低频低压减载装置跳 10kV 出线，因此整组联动测试主要验证 10kV 线路保护的跳闸出口硬压板的正确性，低频低压减载装置对于每个 10kV 线路出口都设置了 GOOSE 出口软压板，因此需对 GOOSE 出口软压板的正确性及对应关系进行验证。

表 9－8　　110kV 线路保护整组联动测试

故障类型	保护装置			智能终端			操作电源	结　果
	GOOSE 跳闸出口软压板	GOOSE 重合闸出口软压板	检修压板	跳闸出口硬压板	重合闸出口硬压板	检修压板		
A 相瞬时故障	√	√	×	√	√	×	√	开关三跳三重
B 相瞬时故障	√	√	×	√	√	×	√	开关三跳三重
C 相瞬时故障	√	√	×	√	√	×	√	开关三跳三重
BC 相间瞬时故障	√	√	×	√	√	×	√	开关三跳三重
A 相永久故障	√	√	×	√	√	×	√	开关三跳不重合
A 相瞬时故障	×	√	×	√	√	×	√	开关无动作
	√	×	×	√	√	×	√	开关三跳不重合
	√	√	×	×	√	×	√	开关无动作
	√	√	×	√	×	×	√	开关三跳不重合
BC 相间瞬时故障	√	√	√	√	√	×	√	开关无动作
	√	√	√	√	√	√	√	开关三跳三重
	√	√	×	√	√	√	√	开关无动作

注　√表示压板或电源合；×表示压板或电源分。

表 9－9　　主变压器保护整组联动测试

故障类型	保护装置					高压侧智能终端				中压侧智能终端		低压侧智能终端		母线保护	结　果
	高		中	低	检修压板										
	GOOSE 跳闸出口	GOOSE 启动失灵出口	GOOSE 跳闸出口	GOOSE 跳闸出口		A 相跳闸出口	B 相跳闸出口	C 相跳闸出口	检修压板	跳闸出口	检修压板	跳闸出口	检修压板	检修压板	
A 相瞬时故障	√	√	√	√	×	√	√	√	×	√	×	√	×	×	主变压器三侧都三跳，三相启动失灵
B 相瞬时故障	√	√	√	√	×	√	√	√	×	√	×	√	×	×	主变压器三侧都三跳，三相启动失灵

续表

故障类型	保护装置					高压侧智能终端				中压侧智能终端		低压侧智能终端		母线保护	结果
	高		中	低	检修压板										
	GOOSE跳闸出口	GOOSE启动失灵出口	GOOSE跳闸出口	GOOSE跳闸出口		A相跳闸出口	B相跳闸出口	C相跳闸出口	检修压板	跳闸出口	检修压板	跳闸出口	检修压板	检修压板	
C相瞬时故障	√	√	√	√	×	√	√	√	×	√	×	√	×	×	主变压器三侧都三跳，三相启动失灵
C相永久故障	√	√	√	√	×	√	√	√	×	√	×	√	×	×	主变压器三侧都三跳，三相启动失灵
BC相间故障	√	√	√	√	×	√	√	√	×	√	×	√	×	×	主变压器三侧都三跳，三相启动失灵
B相故障	√	√	√	√	√	√	×	√	×	√	×	√	×	×	开关无动作，未启动失灵
	√	√	√	√	√	√	√	√	√	√	√	√	√	×	主变压器三侧都三跳，未启动失灵
	√	√	√	√	√	√	√	√	√	√	√	√	√	√	主变压器三侧都三跳，三相启动失灵
	√	√	√	√	×	√	√	√	√	√	√	√	√	√	开关无动作，未启动失灵
	√	√	√	√	×	√	√	√	×	√	×	√	×	√	主变压器三侧都三跳，未启动失灵
C相故障	×	√	×	×	×	√	√	√	×	√	×	√	×	×	开关无动作，三相启动失灵
	√	×	√	√	×	√	√	√	×	√	×	√	×	×	主变压器三侧都三跳，未启动失灵
	√	√	√	√	×	×	√	√	×	×	×	×	×	×	高压侧B、C跳开,三相启动失灵
	√	√	√	√	×	√	×	√	×	×	×	×	×	×	高压侧A、C跳开,三相启动失灵
	√	√	√	√	×	√	√	×	×	×	×	×	×	×	高压侧A、B跳开,三相启动失灵
	√	√	√	√	×	×	×	×	×	√	×	×	×	×	中压侧三相跳开,三相启动失灵
	√	√	√	√	×	×	×	×	×	×	×	√	×	×	低压侧三相跳开,三相启动失灵

注　√表示压板或电源合；×表示压板或电源分；母线保护指220kV母线保护，母线保护启动失灵只是启动主变压器相应支路的失灵，其他支路不启动失灵。

9.4.5 程序化操作

监控系统的程序化操作可以实现无人值班，一般采用单键操作，将操作票转变成任务票；减少甚至无需人工操作，大大降低误操作的几率，提高了操作效率，达到减人增效的目的。

根据操作的输入输出信息所涉及的测控或保护装置，可将程序化操作分为间隔内的程序化操作和跨间隔的程序化操作。

为了保证程序化操作的安全性，采取了下列措施：

（1）一次设备性能经过严格测试，满足程序化要求。

（2）变电站监控系统在人机接口界面“选择—监护—执行”的过程中，预先设定用户的权限和密码管理，通过配置逻辑联闭锁等功能防止电气误操作。

（3）遥控操作时采用“选择—返校—执行”安全模式强化操作安全性。

（4）变电站内一旦发出“事故总”、“保护动作”等信号，程序化操作系统应可靠闭锁并自动终止程序化操作。

（5）人工干预包括主动干预和被动干预。人工干预越少，越能体现程序化操作的优越性，提高操作效率，降低失误几率。

西泾智能变电站程序化操作采用基于主机的实现方案，操作命令的动作序列表被预制在主机中。该方案以监控后台主机、远动机为主体，根据变电站的典型操作票编制对应的操作序列表库，当运行人员选定操作任务后，计算机按照预定的操作程序向相关电气间隔的测控保护设备发出操作指令，执行操作。操作命令的动作序列表被预制在主机中，依靠变电站各间隔单元的状态信息和编程能力强大的主机，实现单一间隔或跨电气间隔的程序化操作。

程序化操作测试时，需在本站监控后台主机和远方集控中心后台分别就所有程序化操作票逐一进行测试。

9.4.6 全站遥信试验

全站遥信试验主要包含：一次设备位置及状态信号、二次设备的动作及报警信号。

一、一次设备位置及状态信号

一次设备位置及状态信号以硬接点形式输入智能终端，智能终端以 GOOSE 报文的形式将一次设备位置及状态信号传送至保护测控装置，由保护测控装置以 MMS 报文的格式送至站控层监控后台及远动机，并由远动机传输至远方集控中心，如图 9－50 所示。

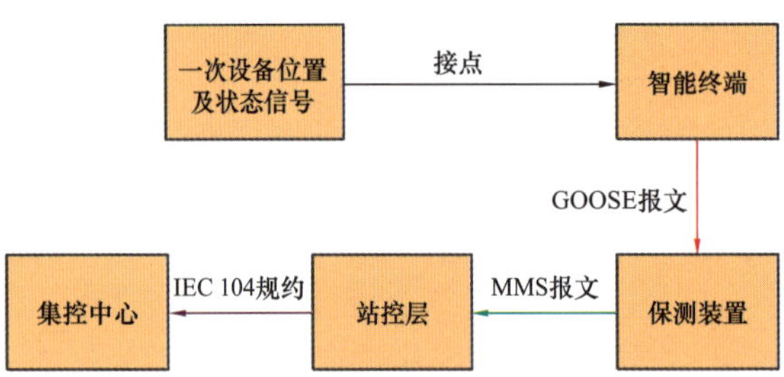

图 9－50　一次设备位置及状态信号测试

一次设备位置及状态信号测试时，实际操作一次设备改变其位置和设备状态，在本站监控后台服务器上检查相应信号变化是否正确，同时需在集控中心的后台上检查相应信号变化是否也正确。

二、二次设备的动作及报警信号

保护测控装置的动作及报警信号直接以 MMS 报文的形式送至站控层监控后台及远动机，智能终端和合并单元的报警信号则先以 GOOSE 报文的形式送至保护测控装置，再由保护测控装置以 MMS 报文的形式送至站控层监控后台及远动机，并由远动机传输至远方集控中心，如图 9－51 所示。

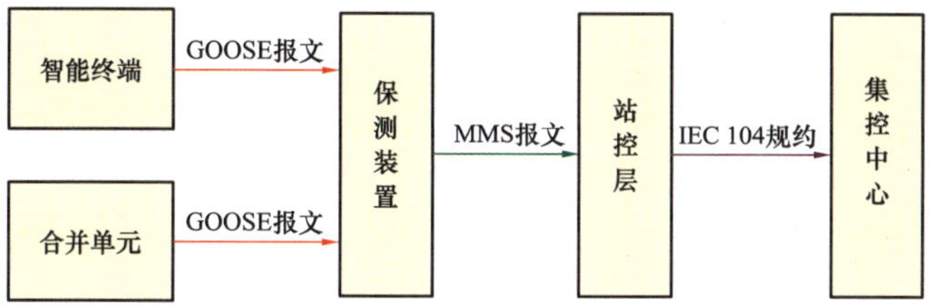

图 9－51　二次设备动作及告警信号测试

二次设备的动作信号及报警信号测试时，实际模拟产生相应信号，然后在本站监控后台服务器上检查相应信号变化是否正确，同时需在集控中心的后台上检查相应信号变化是否也正确。

9.4.7　电子式互感器试验

一、电子式电流互感器精度试验

采用比较法通过专用电子式互感器校验仪测试电子式互感器的误差，即用一个与被试电子式互感器额定变比（额定电压）相同的传统精密互感器作为标准，标准互感器二次信号与被试电子式互感器二次数字信号同时输入专用电子式互感器校验仪进行比较，直接读出被试电子式互感器的比差 f 和角差 δ。

电子式电流互感器现场校验装置由调压器、升流器、标准电流互感器、电子式互感器校验仪、二次转换器及相关配套设备等组成。互感器校验仪的测量不确定度小于 0.05%。极性试验需要配置直流升流器、数字式互感器分析仪；或交流升流器、数字式互感器校验仪。二次供电电源的开断抗干扰试验需要配置数字式互感器分析仪。

测试时，现场试验区装设围栏，悬挂“止步，高压危险”标示牌；操作间隔区装设围栏，悬挂“在此工作”标示牌；“远方/近控”把手打到就地位置；在一经合闸即可送电到工作地点的断路器、隔离开关的操作把手上应悬挂“禁止合闸，有人工作”的标示牌。进入现场试验区，工作人员应戴安全帽，穿绝缘鞋。

按图 9－52 进行一次设备操作，按图 9－53 接好试验设备。认真检查试验接线、仪器量限，调压器回零位。调节调压器，将一次电流升至额定电流的 1%、5%、20%、100%、120%，测试通道延时、互感器误差并记录数据。

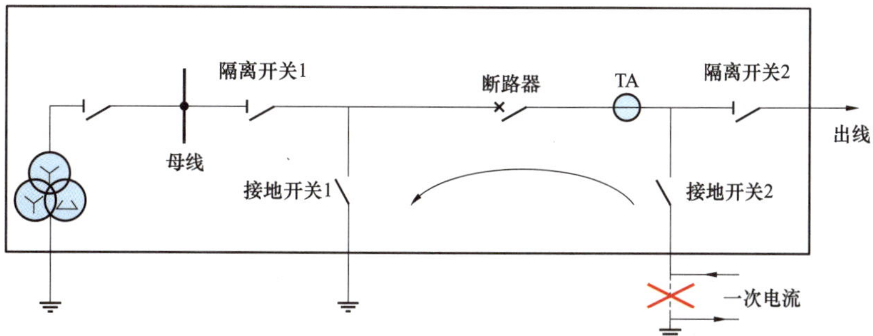

图 9－52　GIS 型电流互感器现场测试一次回路

试验结束，断开试验电源，恢复互感器接线，“远方/近控”把手恢复到远方位置，并对被试设备进行检查和清理现场。

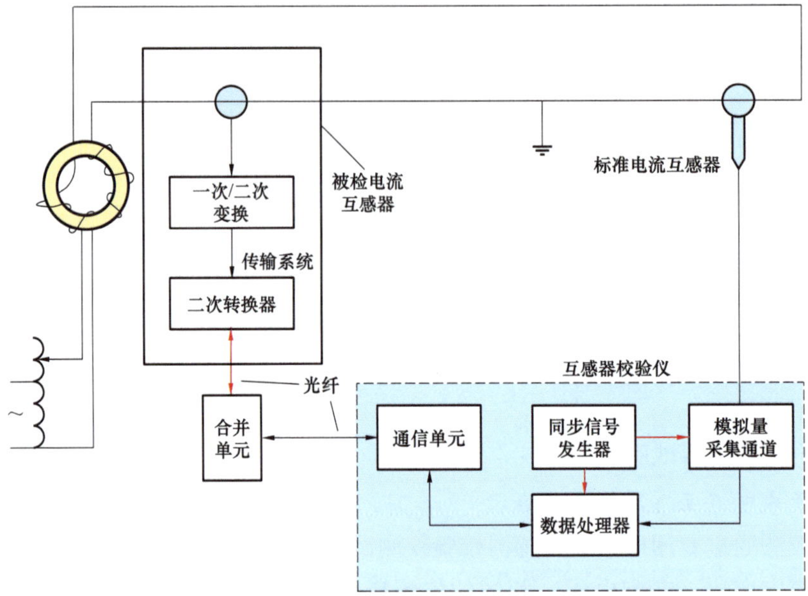

图 9-53　电子式电流互感器现场测试接线

表 9-10 给出了西泾智能变电站 220kV 西石 4K18 线电流互感器精度测试结果。

表 9-10　　西泾智能变电站西石 4K18 线电流互感器精度测试结果

端　口	准确度等级	误　差	额定电流百分数		
			5	20	100
测量 MUA	0.2S	比值误差（%）	0.017	-0.029	-0.066
		相位误差（′）	-1.5	0.7	0.9
测量 MUB	0.2S	比值误差（%）	-0.023	0.056	0.015
		相位误差（′）	-6.4	-0.2	-0.3

二、电子式电流互感器极性试验

电流互感器的极性是一个非常重要的技术指标，校核光纤电流互感器的极性成为现场工作的一个重要内容。

“直流法”校核光纤电流互感器极性如本书第三章第四节第四部分所述，从光纤电流互感器一次侧通入直流电流，使用专用 SV 报文分析软件，以波形的方式表示每个模拟量通道数值，若 SV 电流值为正值表明光纤电流互感器为正极性接法；若 SV 电流值为负值表明光纤电流互感器为反极性接法。

9.4.8　一次通流试验

一、220kV 侧一次通流试验

三相升流仪的基本原理就是将 380V 动力电源通过大容量降压变压器，输出为可以调节的低电压。一次通流时，三相升流仪加在一次导体和大地之间，通过操作开关、隔离开关及接地开关，使得一次导体和大地构成导电回路，利用三相升流仪的输出电压产生较大的短路电流，例如100A。通过该短路电流对电子式电流互感器的变比、极性进行验证。

220kV 侧一次通流接线如图 9－54 所示，利港 2 线、1 号主变压器、利港 1 线、2 号主变压器、石塘湾 1 线运行于 I 母，母联合环运行，石塘湾 2 线运行于 II 母。将利港 2 线出线接地开关和 GIS 外壳之间的联片解开，在其中串入三相升流仪。220kV 部分一次通流试验分为五步。

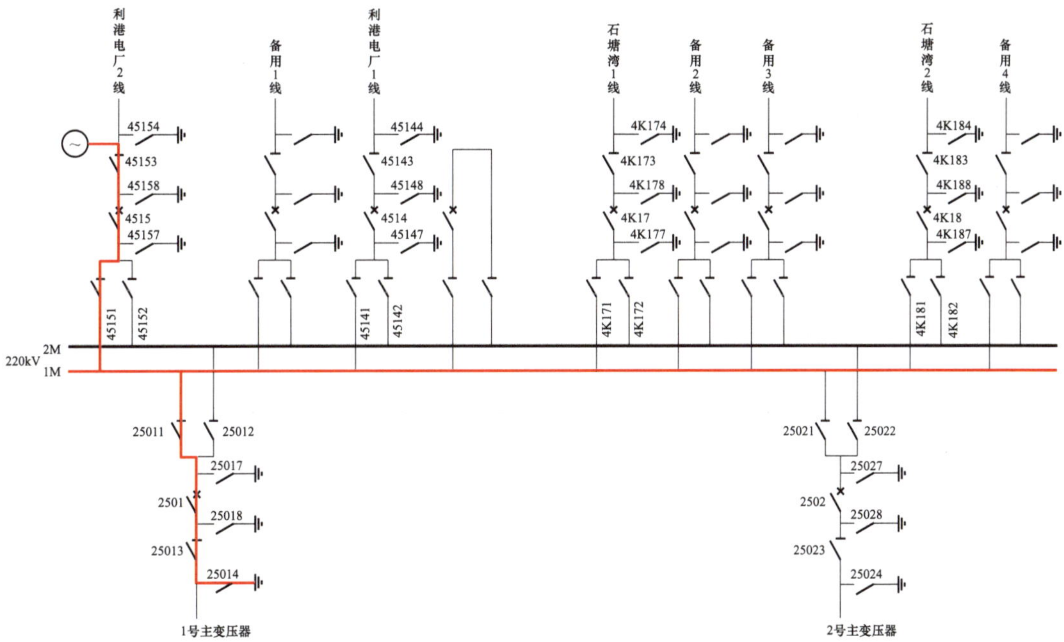

图 9－54　220kV 侧一次通流接线图

第一步，如图 9－54 所示，通过合 1 号主变压器 25014 接地开关，构成利港 2 线、1 号主变压器导电回路，利用短路电流测试利港 2 线、1 号主变压器电子式电流互感器的变比和极性。测试完成后，分开 1 号主变压器 25014 接地开关。

第二步，通过合利港 1 线 45144 接地开关，构成利港 2 线、利港 1 线导电回路，利用短路电流测试利港 1 线电子式电流互感器的变比和极性。测试完成后，分开利港 1 线 45144 接地开关。

第三步，通过合 2 号主变压器 25024 接地开关，构成利港 2 线、2 号主变压器导电回路，利用短路电流测试 2 号主变压器电子式电流互感器的变比和极性。测试完成后，分开 2 号主变压器 25024 接地开关。

第四步，通过合石塘湾 1 线 4K174 接地开关，构成利港 2 线、石塘湾 1 线导电回路，利用短路电流测试石塘湾 1 线电子式电流互感器的变比和极性。测试完成后，分开石塘湾 1 线 4K174 接地开关。

第五步，通过合石塘湾 2 线 4K184 接地开关，构成利港 2 线、母联、石塘湾 2 线导电回路，利用短路电流测试母联、石塘湾 2 线电子式电流互感器的变比和极性。测试完成后，分开石塘湾2线4K184接地开关。

二、110kV一次通流试验

110kV部分一次通流试验的基本方法同于220kV部分的一次通流试验，具体如图9-55所示，解开邓巷接地开关和GIS外壳之间的联片，将三相升流仪串入其中。邓巷、邓巷（前洲）、前洲、唐义、姑亭、备用1线、备用2线、1号主变压器、2号主变压器运行于I母，母联开关合环运行，备用3线运行于II母。由于110kV出线较多，110kV部分一次通流共分为九步。

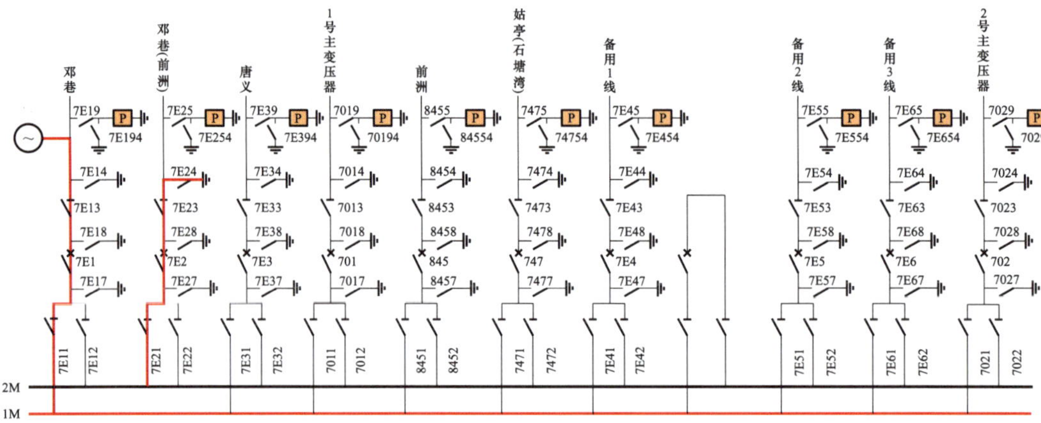

图9-55 110kV一次通流接线图

第一步，如图9-55所示，通过合邓巷（前洲）7E24接地开关，构成邓巷、邓巷（前洲）导电回路，利用短路电流测试邓巷、邓巷（前洲）电子式电流互感器的变比和极性。测试完成后，分开邓巷、邓巷（前洲）7E24接地开关。

第二步，如图9-55所示，通过合前洲线8454接地开关，构成邓巷、前洲导电回路，利用短路电流测试前洲线电子式电流互感器的变比和极性。测试完成后，分开前洲8454接地开关。

第三步，如图9-55所示，通过合唐义线7E34接地开关，构成邓巷、唐义线导电回路，利用短路电流测试唐义线电子式电流互感器的变比和极性。测试完成后，分开唐义线7E34接地开关。

第四步，如图9-55所示，通过合姑亭线7474接地开关，构成邓巷、姑亭线导电回路，利用短路电流测试姑亭线电子式电流互感器的变比和极性。测试完成后，分开姑亭线7474接地开关。

第五步，如图9-55所示，通过合备用1线7E44接地开关，构成邓巷、备用1线导电回路，利用短路电流测试备用1线电子式电流互感器的变比和极性。测试完成后，分开备用1线7E44接地开关。

第六步，如图9-55所示，通过合备用2线7E54接地开关，构成邓巷、备用2线导电回路，利用短路电流测试备用2线电子式电流互感器的变比和极性。测试完成后，分开备用2线7E54接地开关。

第七步，如图9-55所示，通过合1号主变压器7014接地开关，构成邓巷、1号主变压器导电回路，利用短路电流测试 1 号主变压器电子式电流互感器的变比和极性。测试完成后，分开 1 号主变压器 7014 接地开关。

第八步，如图 9－55 所示，通过合 2 号主变压器 7024 接地开关，构成邓巷、2 号主变压器导电回路，利用短路电流测试 2 号主变压器电子式电流互感器的变比和极性。测试完成后，分开 2 号主变压器 7024 接地开关。

第九步，如图 9－55 所示，通过合备用 3 线 7E64 接地开关，构成邓巷、母联开关、备用 3 线导电回路，利用短路电流测试母联开关、备用 3 线电子式电流互感器的变比和极性。测试完成后，分开备用 3 线 7E64 接地开关。

三、主变压器一次通流试验

由于主变压器阻抗较大，使用三相升流仪无法提供可供仪表精确测量的电流，所以只能考虑使用现场 380V 动力电源作为电源，通过操作主变压器各侧断路器、隔离开关及接地开关，构成导电回路，利用短路电流对主变压器各侧和公共绕组电流互感器的变比和极性进行测试。

进行主变压器一次通流试验，首先需要根据主变压器铭牌参数，计算出主变压器模型，得出主变压器通流的一次电流。如果将 380V 动力电源加在主变压器高压侧，合主变压器中压侧接地开关，构成导电回路，则一次短路电流很小，无法使用仪表测量。如果将 380V 动力电源加在主变压器低压侧，合主变压器高压侧接地开关，构成导电回路，则主变压器高压侧电压过高，危及人身安全。因此，主变压器一次通流选择将 380V 动力电源加在主变压器中压侧，通过合高压侧接地开关，进行高—中压侧通流试验；通过合低压侧接地开关，进行低—中压侧通流试验，这样既可以提供足够仪表测量的一次电流，又不产生危及人身安全的电压。主变压器模型如图 9－56 所示。

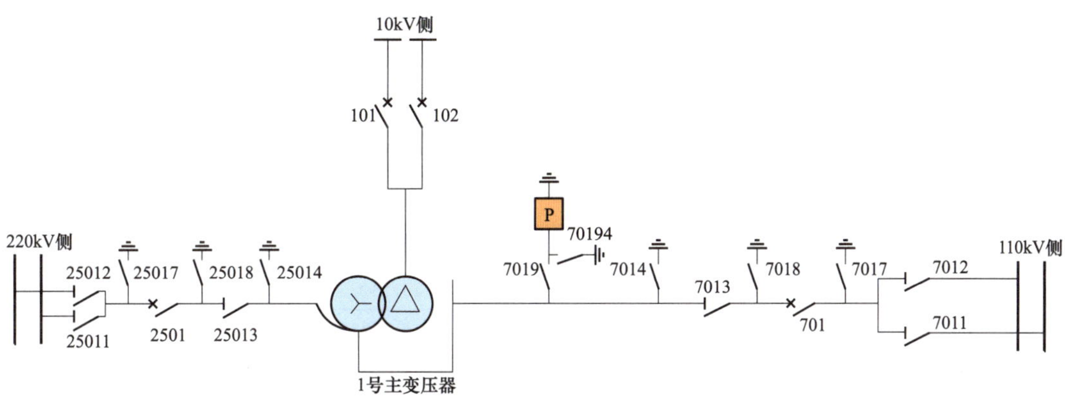

图 9－56　1 号主变压器模型

（1）主变压器模型计算。西泾智能变电站主变压器铭牌参数：

参数名称	数值	参数名称	数值	参数名称	数值
高压侧额定容量	180MVA	高压侧额定线电压	220kV	高压侧额定线电流	472.36A
中压侧额定容量	180MVA	中压侧额定线电压	110kV	中压侧额定线电流	944.73A
低压侧额定容量	60MVA	低压侧额定线电压	10kV	低压侧额定线电流	3464.00 A
$U_{(1-2)}\%$	13	$U_{(1-3)}\%$	64	$U_{(2-3)}\%$	47

通过阻抗短路比的定义，不考虑主变励磁阻抗，可计算出主变压器高—中压侧阻抗和中—低压侧阻抗，如下表所示：

参数名称	数值	参数名称	数值	参数名称	数值
X_{T1}（归算高压侧）	40.34	X_{T2}（归算高压侧）	-5.38	X_{T3}（归算高压侧）	131.76
$X_{T(1-2)}$（归算高压侧）	34.96	$X_{T(1-3)}$（归算高压侧）	172.10	$X_{T(2-3)}$（归算中压侧）	31.60

（2）主变压器高—中压一次通流试验。主变压器高—中压一次通流如图 9－57 所示。

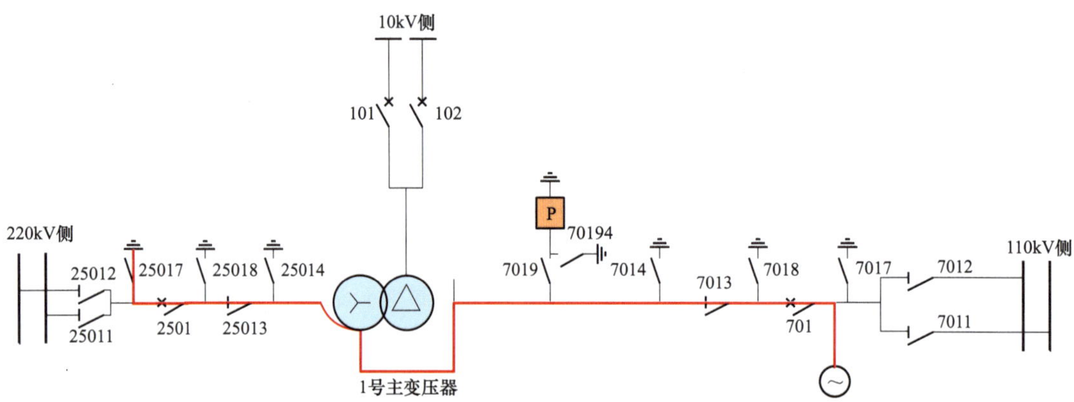

图 9－57　1 号主变压器高—中压一次通流

将 380V 动力电源加装在主变压器中压侧，通过合主变压器高压侧接地开关，构成导电回路。由于 $X_{T(1-2)}=34.96$ 是归算到高压侧，所以动力电源折算到高压侧的相电压是 $U=220\times2=440$V，$Z=34.96$，根据电路原理，得出以下数据。

TA 名称	相　别	一次电流	二次电流
高压侧 TA 2500/5	A	12.58A	25mA
	B	12.58A	25mA
	C	12.58A	25mA
中压侧 TA 2000/5	A	25.16A	62.9mA
	B	25.16A	62.9mA
	C	25.16A	62.9mA
公共绕组 TA 600/5	A	12.58A	104.8mA
	B	12.58A	104.8mA
	C	12.58A	104.8mA

（3）主变压器中—低压一次通流试验。主变压器中—低压一次通流如图 9－58 所示。

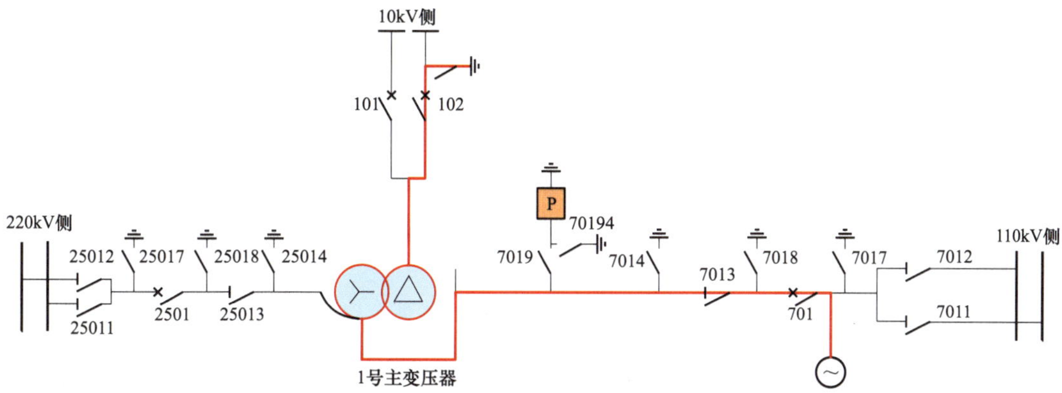

图 9－58　主变压器中—低压一次通流

将 380V 动力电源加装在主变压器中压侧，通过合主变压器低压侧接地开关，构成导电回路。在中压侧加 380V 动力电源，由于 $X_{T(2-3)}=31.60$ 是归算到中压侧，所以 $U=220\text{V}$，$Z=31.60$，根据电路原理，得出以下数据。

TA 名称	相　　比	一 次 电 流	二 次 电 流
中压侧 TA	A	6.96A	17.4mA
	B	6.96A	17.4mA
	C	6.96A	17.4mA
低压侧 TA 2500/5	A	76.56A	153mA
	B	76.56A	153mA
	C	76.56A	153mA

9.4.9　智能变电站现场启动试验

智能变电站启动试验进行的项目和常规变电站基本类似，主要是对电压、电流量的校验，主要有：TV 定相、TV 核相、TA 带负荷试验。

一、TV 定相

常规变电站的 TV 定相可以使用相序表进行，而智能变电站电压量采用数字形式，需要使用新的方法。目前主要有两种方法：① 使用专业的符合 IEC 61850 要求的数字式相位表，从 TV 合并单元的备用接口接受电压数据，而后通过表计显示来判断 TV 的二次电压是否是正序关系；② 直接在保护、测控等二次设备上观察电压的相位。

二、TV 核相

TV 核相主要有同电源核相和异电源核相。同电源核相一般在新设备带电过程中进行，按照带电的步骤，以一个 TV 为参考，对其他 TV 进行核相，就是两个 TV 的 A 相和 A 相比对、B 相和 B 相比对、C 相和 C 相比对。异电源核相，通常是对来组两个不同电源的 TV 进行按相比对。常规变电站的 TV 核相用万用表来进行，智能变电站的 TV 核相可以用两种方法：① 使用专业的符合 IEC 61850 要求的数字式相位表，从不同 TV 合并单元的备用接口接受电压数据，而后通过表计显示来判断两个 TV 的电压是否同相位；② 直接在故障录波器或报文记录分析仪等设备上观察两个 TV 的电压是否同相位。

三、TA 带负荷试验

常规变电站的 TA 带负荷试验可以使用相位表进行，测量电流的大小和电压的角度，来确定 TA 变比和极性安装的正确。智能变电站 TA 带负荷试验，主要有两种方法：① 使用专业的符合 IEC 61850 要求的数字式相位表，从间隔合并单元的备用接口接受电流和电压数据，而后通过表计显示来判断电流的大小和相位是否正确；② 直接在保护、测控等二次设备上观察电流的大小和相位是否正确。

10 常用测试仪器及软件

随着智能变电站工程建设的开展，与智能变电站相关的测试仪器和软件得到深入的研究与广泛应用，本章将介绍智能变电站工程测试过程中相关测试仪器和测试软件的使用方法，主要包括虚端子自动生成系统、数字化继电保护测试仪、电子式互感器校验仪、网络报文分析仪、网络性能测试仪、网络抓包工具。

10.1 虚端子自动生成系统

GOOSE talk 是一款基于 . net 的智能变电站二次设备虚端子自动生成软件系统，可自动扫描全站的 SCD 文件，生成全站二次设备的虚端子表，完成配置文件向传统二次回路联接的映射，软件可自动生成 Excel 虚端子表和 Visio 虚端子图，在保证智能变电站现场二次回路正确性的前提下提高了调试效率。该软件基于微软的 . net 平台开发，利用了 XML 类库对配置文件进行解析，根据 IEC 61850 的要求对文件中的数据进行了深层挖掘，构成一张虚端子联系表作为整个软件的基础数据表。软件与 Excel 和 Visio 交互，并使用高级控件展现全部数据信息，增强数据的可读性和软件的易操作性。

10.1.1 SCD 解析功能

点击 GOOSE talk 工具栏中 SCL 按钮，选择 SCD 文件打开。SCD 文件读入后软件对 SCD 文件中的配置进行解析，分析出一些常见的问题，显示在软件的下方信息框内。

在软件左侧的树形列表中选择某设备（或输入关键字筛选），软件根据设备的配置动态列出此设备的配置类别（Goose Output/Goose Input/Sv Output/Sv Input），用户可根据需要选择查看。

软件在工作区的上半部分表格显示（Goose Input 或 Sv Input），在下半部分表格显示（Goose Output 或 Sv Output）。软件可直接根据分类，查看到本设备的详细配置。其中 Input 和 Output 都是根据 SCD 中配置的虚端子联系生成，仅仅是显示的方式有所区别。Input 是反向的显示方式，即显示了到达本装置的全部数据；Output 是正向的显示方式，即显示了本装置送出的全部数据及终点（根据配置不同，部分数据可能没有装置接收，软件中以“ - ”显示）。

软件根据不同的使用人群所关注的配置信息，设置了三种模式：工程人员、设计院、集成商，可自由切换，软件选择的模式展现配置内容。图 10 - 1 为设计院模式下的配置表格显示。

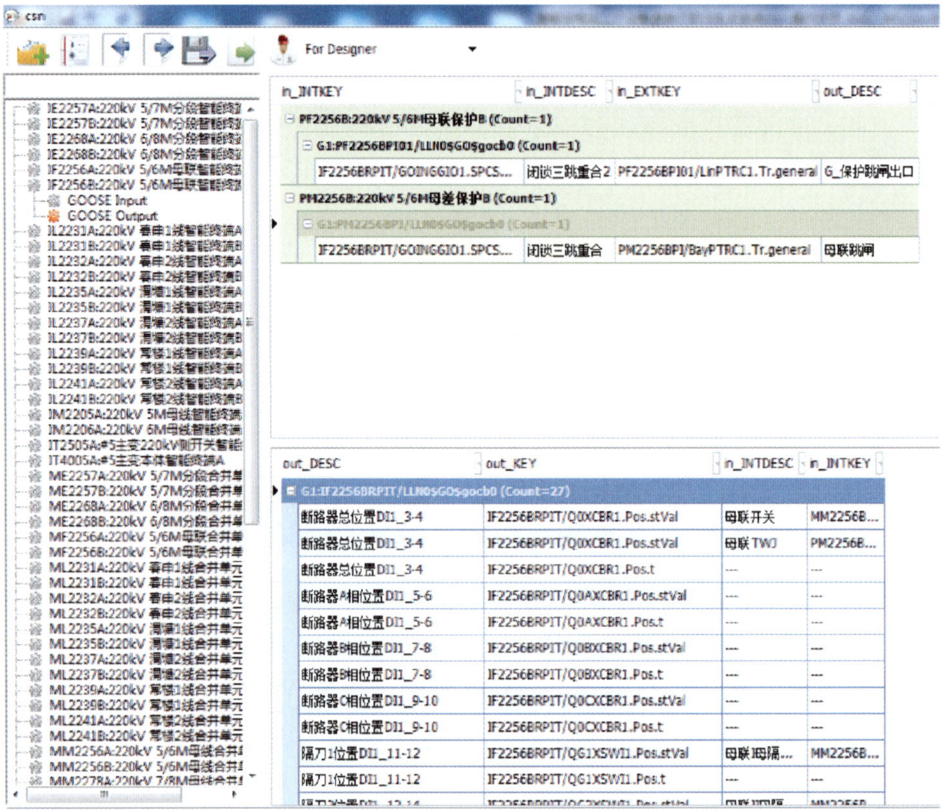

图 10 - 1　设计院模式下的配置表格显示

软件提供了 Visio 图形显示全站的数据流向图，以及装置的虚端子图，如图 10 - 2、图 10 - 3 所示。

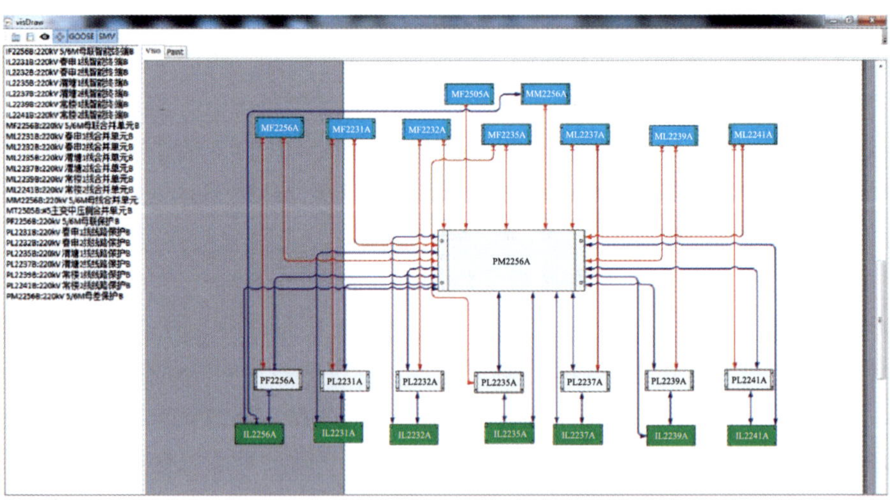

图 10 - 2　数据流 Visio 显示功能

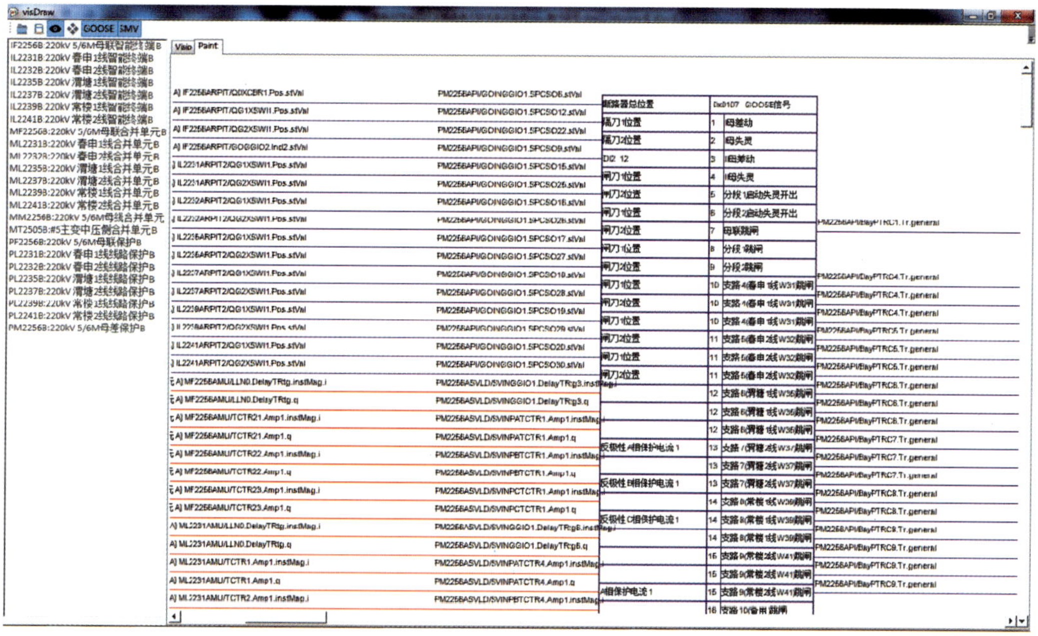

图 10－3　虚端子图显示功能

10.1.2　数据导出功能

软件提供了如下四种导出方式，导出的文件默认保存于软件目录下的工程目录中。GOOSE 开入表如图 10－4 所示。

导出 Input：点击 Export Input. xls 按钮导出全部 Input 信息于一个 Excel 文件，或右击装置选择导出 Input 则导出本装置的 Input 信息。

导出 Output：与导出 Input 类似。

导出 DataSet：与导出 Input 类似。

导出 Mac：导出全站的网络地址配置。

PM2256B:220kV 5/6M母差保护B								
开入量		序号	开出量	开出装置	开出GOOSE控制块	MAC	APPID	VLAN
母联TWJ	<-----	1	断路器总位置	IF2256B:220kV 5/6M母联智能终端B	G1:IF2256BRPIT/LLN0GOgocb0	01-0C-CD-01-04-1F	041F	425
母联G1	<-----	9	隔刀1位置					
母联G2	<-----	11	隔刀2位置					
母联SHJ	<-----	11	DI2 12		G1:IF2256BRPIT/LLN0GOgocb1	01-0C-CD-01-04-20	420	425
支路4(春申1线W31)G1	<-----	28	1G_从2	IL2231B:220kV 春申1线智能终端B	A3:IL2231BRPIT3/LLN0GOgocb0	01-0C-CD-01-04-05	405	425
支路4(春申1线W31)G2	<-----	30	2G_从2					
支路5(春申2线W32)G1	<-----	28	1G_从2	IL2232B:220kV 春申2线智能终端B	A3:IL2232BRPIT3/LLN0GOgocb0	01-0C-CD-01-04-0A	040A	425
支路5(春申2线W32)G2	<-----	30	2G_从2					
支路6(渭塘1线W35)G1	<-----	28	1G_从2	IL2235B:220kV 渭塘1线智能终端B	A3:IL2235BRPIT3/LLN0GOgocb0	01-0C-CD-01-04-0F	040F	425
支路6(渭塘1线W35)G2	<-----	30	2G_从2					
支路7(渭塘2线W37)G1	<-----	28	1G_从2	IL2237B:220kV 渭塘2线智能终端B	A3:IL2237BRPIT3/LLN0GOgocb0	01-0C-CD-01-04-14	414	425
支路7(渭塘2线W37)G2	<-----	30	2G_从2					
支路8(常楼1线W39)G1	<-----	28	1G_从2	IL2239B:220kV 常楼1线智能终端B	A3:IL2239BRPIT3/LLN0GOgocb0	01-0C-CD-01-04-19	419	425
支路8(常楼1线W39)G2	<-----	30	2G_从2					
支路9(常楼2线W41)G1	<-----	28	1G_从2	IL2241B:220kV 常楼2线智能终端B	A3:IL2241BRPIT3/LLN0GOgocb0	01-0C-CD-01-04-1E	041E	425
支路9(常楼2线W41)G2	<-----	30	2G_从2					
外部充电启动母联失灵开入	<-----	2	G_失灵启动	PF2256B:220kV 5/6M母联保护B	G1:PF2256BPI01/LLN0GOgocb0	01-0C-CD-01-02-08	208	401
支路4(春申1线W31)A相失灵	<-----	6	A相启动失灵	PL2231B:220kV 春申1线线路保护B	A2:PL2231BTRIP/LLN0GOgocb0	01-0C-CD-01-02-01	201	401
支路4(春申1线W31)B相失灵	<-----	7	B相启动失灵					
支路4(春申1线W31)C相失灵	<-----	8	C相启动失灵					
支路5(春申2线W32)A相失灵	<-----	6	A相启动失灵	PL2232B:220kV 春申2线线路保护B	A2:PL2232BTRIP/LLN0GOgocb0	01-0C-CD-01-02-02	202	401
支路5(春申2线W32)B相失灵	<-----	7	B相启动失灵					
支路5(春申2线W32)C相失灵	<-----	8	C相启动失灵					
支路6(渭塘1线W35)A相失灵	<-----	6	A相启动失灵	PL2235B:220kV 渭塘1线线路保护B	A2:PL2235BTRIP/LLN0GOgocb0	01-0C-CD-01-02-03	203	401
支路6(渭塘1线W35)B相失灵	<-----	7	B相启动失灵					
支路6(渭塘1线W35)C相失灵	<-----	8	C相启动失灵					
支路7(渭塘2线W37)A相失灵	<-----	6	A相启动失灵	PL2237B:220kV 渭塘2线线路保护B	A2:PL2237BTRIP/LLN0GOgocb0	01-0C-CD-01-02-04	204	401
支路7(渭塘2线W37)B相失灵	<-----	7	B相启动失灵					
支路7(渭塘2线W37)C相失灵	<-----	8	C相启动失灵					
支路8(常楼1线W39)A相失灵	<-----	6	A相启动失灵	PL2239B:220kV 常楼1线线路保护B	A2:PL2239BTRIP/LLN0GOgocb0	01-0C-CD-01-02-05	205	401
支路8(常楼1线W39)B相失灵	<-----	7	B相启动失灵					
支路8(常楼1线W39)C相失灵	<-----	8	C相启动失灵					
支路9(常楼2线W41)A相失灵	<-----	6	A相启动失灵	PL2241B:220kV 常楼2线线路保护B	A2:PL2241BTRIP/LLN0GOgocb0	01-0C-CD-01-02-06	206	401
支路9(常楼2线W41)B相失灵	<-----	7	B相启动失灵					
支路9(常楼2线W41)C相失灵	<-----	8	C相启动失灵					

图 10－4　GOOSE 开入表

10.1.3 GOOSE 虚端子映射软件应用

以西泾智能变电站 220kV 母差保护为例，利用 GOOSE 虚端子导出软件从西泾智能变电站的 SCD 文件中导出 220kV 母差 A 套的 GOOSE 开入量映射表，具体如图 10－5 所示。

PM2201A:SGB750 220kV母差保护1								
开入量		序号	开出量	开出装置	开出GOOSE控制块	MAC	APPID	VLAN
母联TWJ	<-----	1	断路器总位置DI1 3-4	IF2201A:PSIU601 220kV母联智能终端1	G1:IF2201ARPIT/LLN0GOgocb1	01-0C-CD-01-20-66	2066	0
母联G1	<-----	5	隔刀1位置DI1 11-12					
母联G2	<-----	6	隔刀2位置DI1 13-14					
母联SHJ	<-----	34	DI3 19		G1:IF2201ARPIT/LLN0GOgocb2	01-0C-CD-01-20-67	2067	0
支路6G1	<-----	5	隔刀1位置DI1 11-12	IL2201A:PSIU601 利港电厂1智能终端1	G1:IL2201ARPIT/LLN0GOgocb1	01-0C-CD-01-20-07	2007	0
支路6G2	<-----	6	隔刀2位置DI1 13-14					

图 10－5 西泾智能变电站 220kV 母差 A 套的 GOOSE 开入量映射

10.2 数字化继电保护测试仪

智能变电站采用了符合 IEC 61850 的数字化保护装置，随之带来的问题就是如何使用相关配套测试仪对接口数字化的保护装置进行测试。本节以 ZH－605D 型数字继电保护测试仪为例，主要介绍其数字报文测试功能在工程测试中的应用。ZH－605D 的测试主界面如图 10－6 所示。

图 10－6 ZH－605D 测试主界面

10.2.1 试验配置

打开测试仪控制软件，试验之前首先进行试验配置。包括“SV 采样值配置”和“GOOSE 输入输出配置”。

一、SV 配置

SV 配置界面如图 10－7 所示，对于点对点输出主要配置的项目包括 AppID、MAC、光口、通道数目、svID，组网输出还需要配置 VLanID。具体内容包括：

（1）采样值报文规范。选择采样值报文类型，可选 IEC 60044－7/8、IEC 61850－9－1、IEC 61850－9－2，也可自定义，一般选 IEC 61850－9－2 或自定义。

（2）采样频率、周波点数。设置采样值报文输出频率及相应的每周波点数，可参考设置采样频率为4000，周波点数为80。

（3）序号同步、翻转序号。有不同步、秒脉冲同步、自定义翻转三种方式。不同步时，报文序号依次累加，不翻转；秒脉冲同步时，收到秒脉冲信号时报文序号回置为0，然后依次累加，直至下次秒脉冲的到来；自定义翻转时，报文序号增加到翻转序号时回置为0，例如翻转序号为4000时，若本次序号为3999，则下次序号为0。

（4）AppID、MAC地址、ASDU数目、VLanID、优先级、品质因数、svID、状态字、版本号。AppID、MAC、svID都要根据scd文件中进行配置，通道数目与图中的“序号”相对应。例如，SV采样值采用20通道，其中可设置第1路为通道延时时间；第2～10路为线路采样电流（其中AD1采样电流用于保护和测量，AD2采样电流用于保护）；第11～16路为线路采样电压；第17～20路为母线I和母线II采样电压。

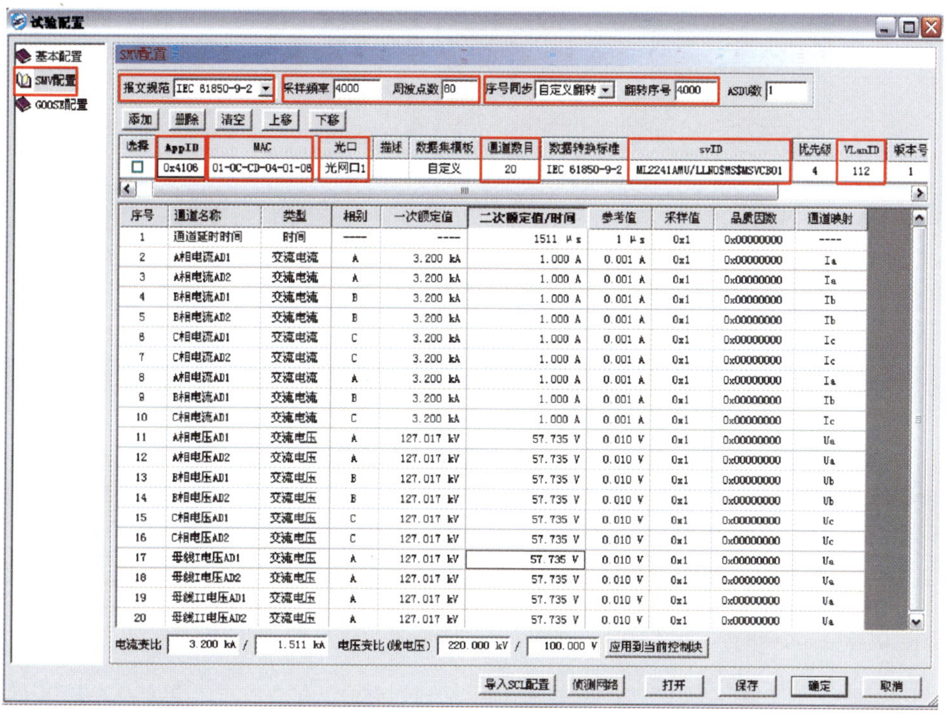

图10－7 SV配置界面

二、GOOSE配置

（1）导入SCL配置。GOOSE配置界面如图10－8所示，点击“导入SCL配置”进行配置。导入SCL界面如图10－9所示，在左栏中选择要导入的项目，在“内部GOOSE控制块列表”中选中相应控制块，点击“确定”。

（2）开出量映射。除了导入SCL配置之外，如果对保护装置进行开入开出测试，还要进行“开出量映射”。如在图10－10中，将“A相跳闸”、“B相跳闸”、“C相跳闸”、“重合闸_ GOOSE”与右侧“开出量映射”中“开出1”、“开出2”、“开出3”、“开出4”分别绑定。

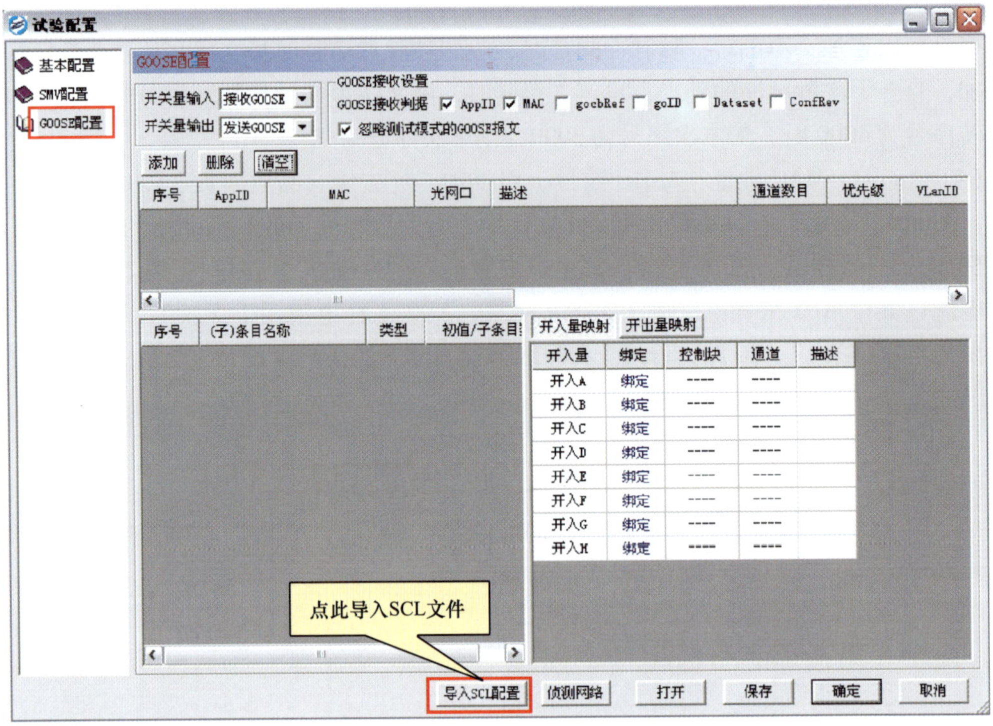

图 10-8 GOOSE 配置界面

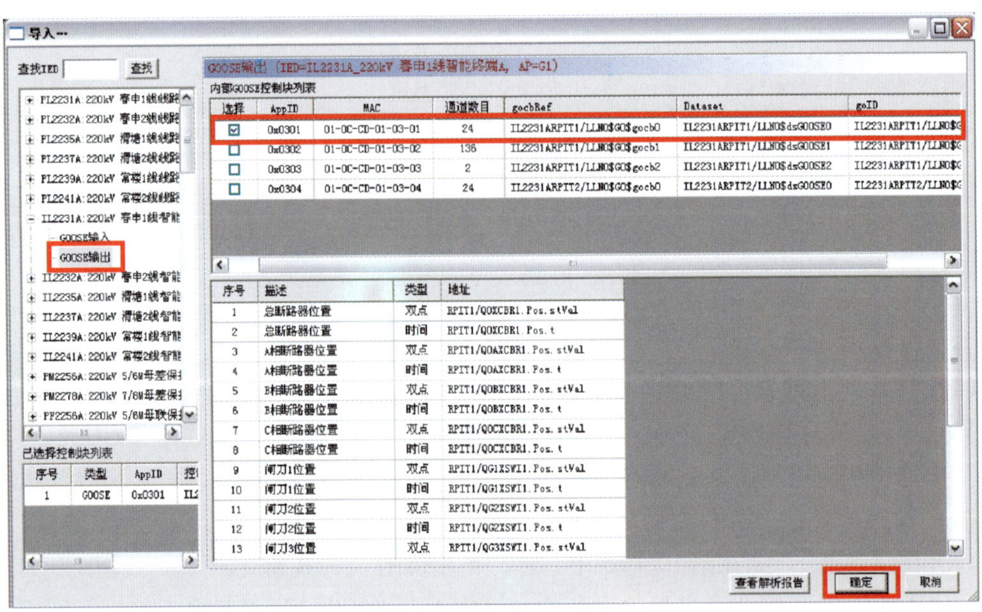

图 10-9 导入 SCL 配置界面

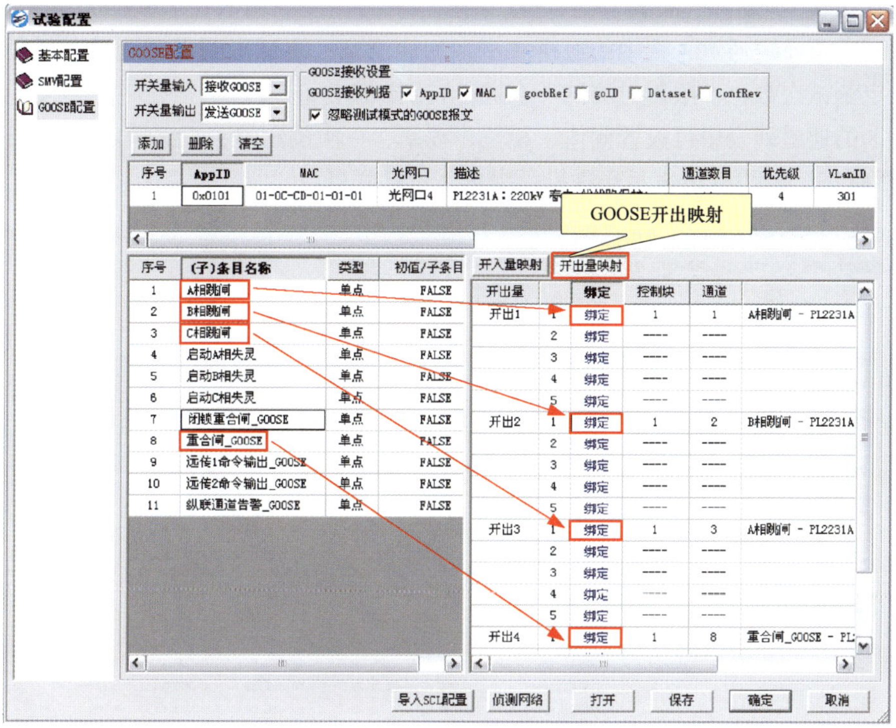

图 10－10 开出量映射界面

10.2.2 数字报文测试

“数字报文测试”模块最主要的功能是输出 SV 采样值和发送 GOOSE 信号。测试仪提供 4 个 100Mbps 光纤以太网收发口、6 个光串口输出，可同时发送和接收多组采样值报文，发送多组 GOOSE 报文并实时显示状态变化。

测试前，首先在配置栏中进行测试配置，包括 AppID、光口、MAC 等，如果已经进行了上述介绍过的配置，则打开“数字报文测试”时，配置栏中则默认为配置过的内容，不需再配置。

一、SV 采样值发送

采样值发送界面如图 10－11 所示，分为左区的基本配置、右上区的采样值控制块列表和右下区的通道列表 3 个部分。部分设置如下：

（1）控制块数。IEC 60044－8 最多可设置 3 个控制块，IEC 61850－9－1 和 IEC 61850－9－2 最多可设置 5 个控制块，改变控制块数目时，右上侧的控制块列表会相应增减行数。

（2）显示一次/二次值。通道列表中的“幅值”列会根据相应设置显示为一次值或二次值；当采用 IEC 61850－9－1 标准和 FT3 规约标时，通道列表中的“参考值”列设置为一次额定值或者二次额定值（电压通道为相电压）；当采用 IEC 61850－9－2 标准时，先将幅值转换为一次值再打包发送数字报文。

（3）输出光口选择。可从控制块列表的“光口”选项为各控制块选择输出光口。

（4）控制块列表报文测试列。默认时无测试，双击弹出报文测试设置对话框，可设置序号偏差（失步）、阻塞、丢帧、同步位、品质、序号跳变、错值（假数据）等测试；品质和错值测试需要设定通道，选中的通道才产生相应测试；测试限制设置测试起始帧/点，限制次数设定测试次数，不限制时测试一直进行直到试验停止。

右下区的通道列表中可设置幅值、相位、频率、一次额定值、二次额定值等通道参数。

“联机状态”灯为红色表示未联机，绿色表示已联机。

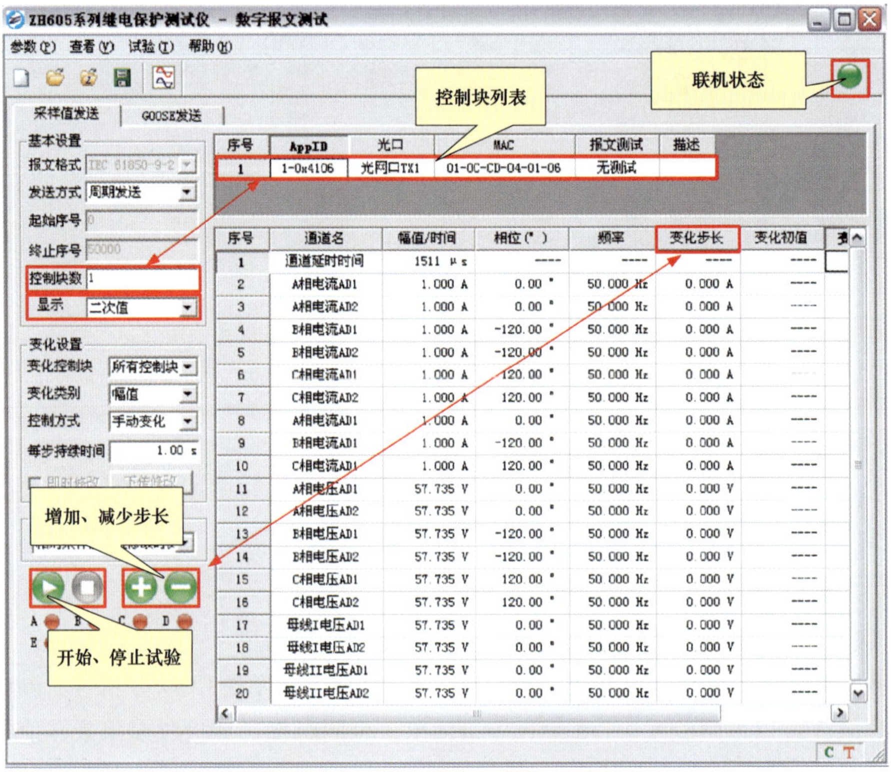

图 10－11　采样值发送界面

二、GOOSE 发送

GOOSE 发送界面如图 10－12 所示。该页分为上中下三部分：上部设置品质因数、控制块数，最多可同时发送 10 个控制块的 GOOSE 报文；中部为控制块列表，设置各个控制块参数；下部为通道列表，可手动改变每个控制块通道状态。

发送 GOOSE 数据分为单点和双点类型，单点类型的值用小灯表示，绿灯表示“TRUE”、红灯表示“FALSE”；双点类型的值为 on、off、int 和 bad 四种，其中 on 表示“合”、off 表示“分”、int 表示“中间态”、bad 表示“坏状态”。

10.2.3　通信相关说明

各功能软件通过收发以太网报文与测试仪通信，通信状态由右上角的指示灯标识。对于多网卡的计算机，软件会在以下三种情况弹出图 10－13 所示的对话框，以便用户选择要绑定的网卡：

（1）首次启动试验模块；

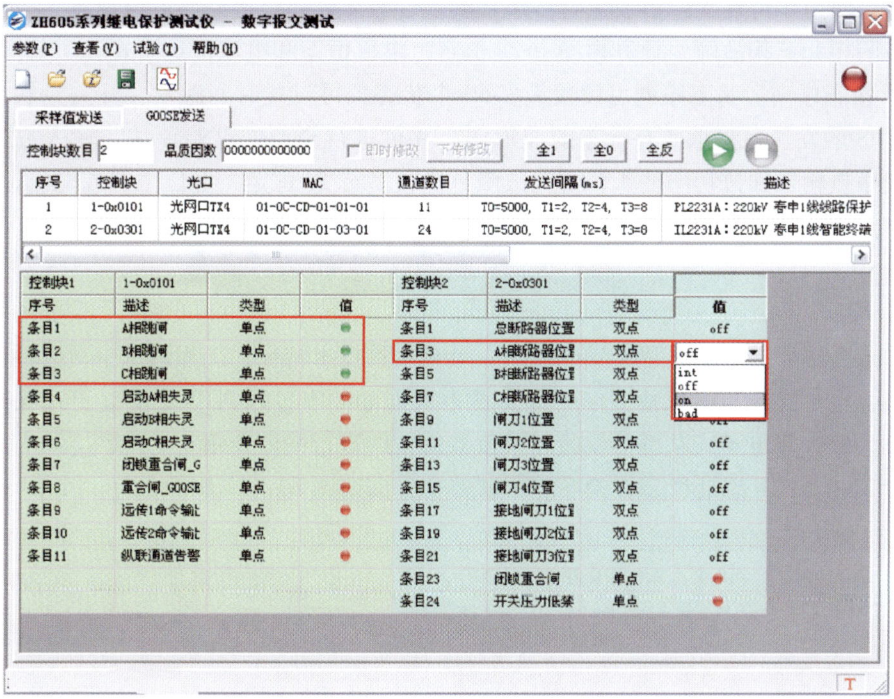

图 10－12　GOOSE 发送

（2）计算机的网络连接有变动时，如用户添加、拆除网卡，或停用、启用网络连接；

（3）用户单击菜单项：试验→绑定网卡。

图 10－13　多网卡的选择绑定

10.2.4　其他功能模块介绍

ZH－605D 测试仪除了可以进行“数字报文测试”之外，还可以进行“电压电流”、“整组试验”、“状态序列”等十余项功能模块，下面主要对电流电压、整组实验、状态序列进行简要介绍。

（1）电压电流。电压电流具有以下功能：电压保护测试、电流保护测试、功率保护测试、频率及高低周保护测试、时间继电器测试、直流继电器测试。

电压保护、电流保护、时间继电器和直流继电器测试可以测试装置的动作值和动作时间。功率保护测试除了可测试动作值和动作时间之外，还可以测试动作边界。频率及高低周保护测试可测试动作值、动作时间、df/dt 闭锁值，dv/dt 闭锁值，低电压闭锁值和低电流闭锁值。用户只需设置起始值、终止值、变化步长以及判断开入量变位方式，装置将自动完成实验，并显示试验结果。频率及高低周保护还可提供滑差变化方式。

四个开出量可单独控制，可设置起始状态，提供三种变位方式：变位后复位、变位后不复位和不变位。变位的起始时间及变位持续时间都可设置，最小分辨率为 1ms。

（2）整组实验。整组实验模块用于模拟输电线路故障前、故障、跳开、重合和永久性故障等状态，以测试保护装置在各个状态下的动作情况。可叠加非周期分量，选择任意合闸角或固定合闸角。可在故障后或重合后添加转换性故障，故障起始时刻可设置，故障类型包含单相、两相和三相故障，计算模型有 Zs 恒定、电压恒定和电流恒定模式。

（3）状态序列。状态序列可设置最多 50 个状态，可设置时间触发、开关量触发、同步触发和 GPS 触发。可显示所有状态的波形图，并可进行全面的试验评估。输入方式有任意输入、按序量输入和按功率输入，短路故障计算模型有 *Zs* 恒定、电压恒定或电流恒定。

10.3 电子式互感器校验仪

电子式互感器的应用是智能变电站的一个重要的技术特征，工程测试中对其性能要求越来越严格，电子式互感器校验工作的重要性不言而喻，本节以 NT702 型电子式互感器稳态校验系统为例，对电子式互感器校验以及仪器的使用进行简要介绍。

NT702 电子式互感器稳态校验系统的软件主界面如图 10－14 所示。

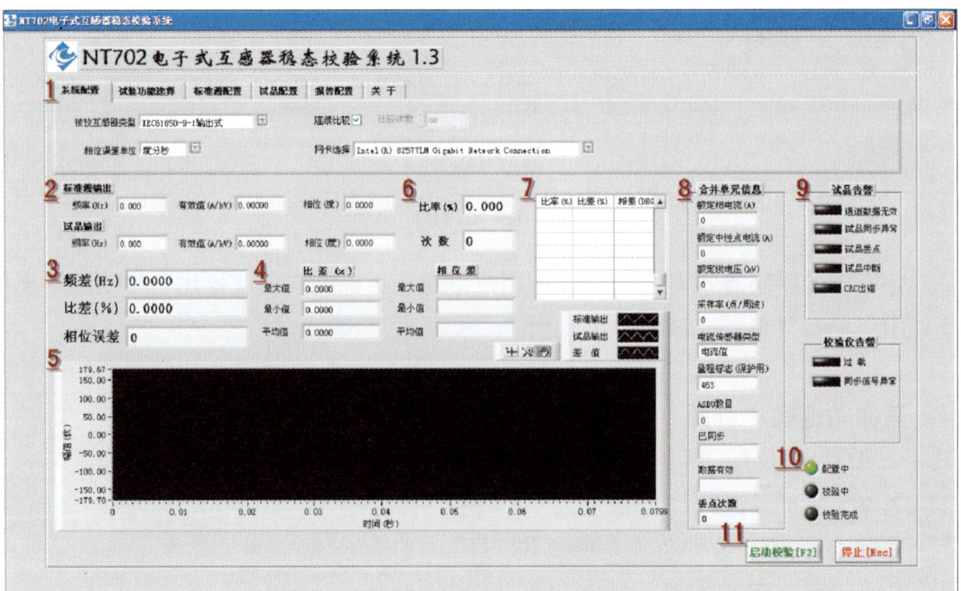

图 10－14　NT702 电子式互感器稳态校验系统的软件主界面图

10.3.1　参数配置

参数配置对应主界面图（图 10－14）中标注 1 区域。

一、系统配置

图 10－15 为系统配置界面，下面具体介绍配置过程。

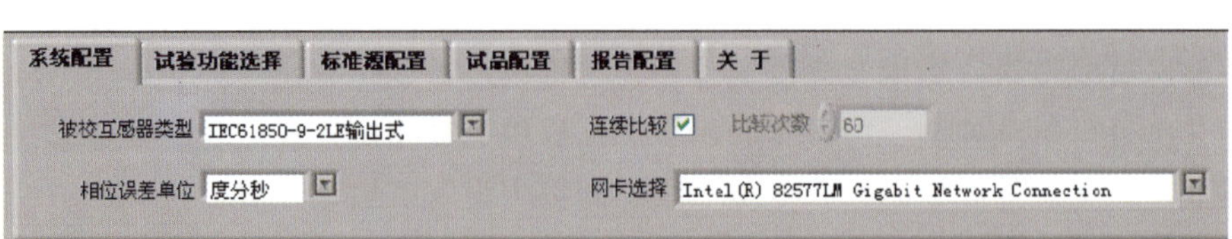

图 10－15　系统配置界面

（1）被校验互感器类型。开始试验前，根据被测互感器的输出方式，选择“模拟量输出式”、“IEC 61850 -9 -1 输出式”、“IEC 61850 -9 -2LE 输出式”、“IEC 61850 -9 -2 输出式”或“FT3 输出式”。该配置选项在程序启动后，会进入灰色显示状态，不允许改变。若要改变此值，应先停止程序的运行。

（2）比较次数。设定需要进行校验试验的次数。当程序比较的次数达到设定值时，会自动生成试验报告，并结束程序运行。当“连续比较”复选框钩选后，该设置项自动变灰，表示试验会一直进行下去，无固定校验次数。

（3）相位误差单位。设定相位误差数据是以“度分秒”为单位，还是以“分”为单位。

（4）网卡选择。当进行数字量输出式互感器校验时，系统自动检测可供使用的网卡并列表，需根据实际接线进行选择。模拟量校验时因为无需使用网卡，此项自动变灰。

二、标准源配置

标准源配置界面图如图 10 -16 所示。

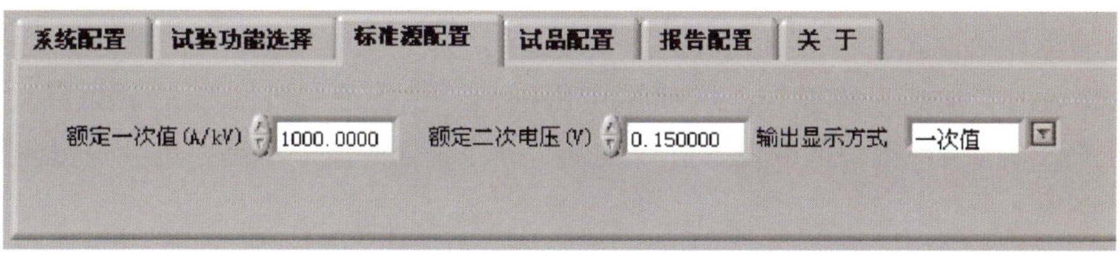

图 10 -16　标准源配置界面图

（1）额定一次值、额定二次电压。标准源配置按照标准源信号的接入方式来设置该值。如果标准源电流信号采用“内接”，则“额定二次电压”固定填写 2V。举例如下。

情况一：试验用标准电流互感器是 1000A/1A 的接线方式，标准互感器 1A 输出电流接至校验仪的“1A”电流输入端，则此时“额定一次值”为 1000A、“额定二次电压”固定为 2. 0V。

情况二：如果标准电流互感器是 1000A/5A 的接线方式，标准互感器 5A 输出电流接至校验仪的“5A”电流输入端，则“额定一次值”是 1000A，“额定二次电压”固定为 2. 0V。如果标准源电压信号采用“内接”，则“额定二次电压”固定填写 2. 5V。举例：试验用标准电压互感器是 110kV/100V 的接线方式，标准互感器 100V 输出电压接至校验仪的“100V”电压输入端，则此时“额定一次值”为 110kV；“额定二次电压”固定为 2. 5V。如果标准源信号采用“外接”方式，则需要根据标准互感器的一次侧的额定值来设置“额定一次值”，根据该额定值转化成的对应二次侧模拟电压值来设置“额定二次电压”。

（2）输出显示方式。“一次值”是指一次侧所加的电流电压值，“二次值”是指一次量变换到二次后的，加到采集模块上的模拟电压的值。主界面标注 2 处的“标准源输出”中，有效值的显示方式会根据该值的设定进行改变。标注 5 处的波形绘制，也会根据此设定值进行相应改变。

三、试品配置

当“系统配置”中的“被校验互感器类型”为“模拟量输出式”时，此处界面如图 10 -17 所示。

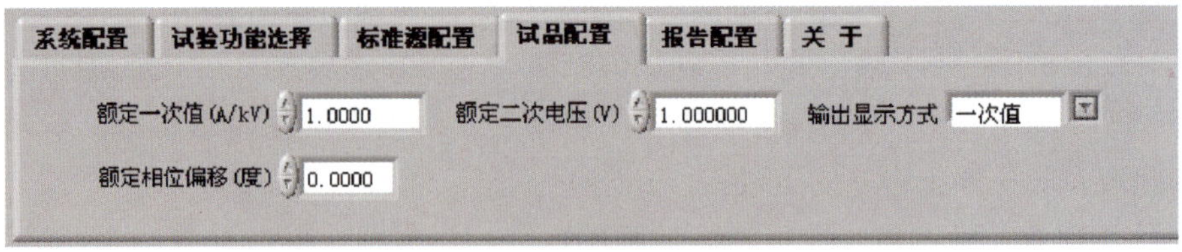

图 10－17　“模拟量输出式”试品配置界面图

(1) 额定一次值、额定二次电压。按照被测互感器参数，设定该值。例如，被测互感器是额定参数 400A 的罗氏线圈，额定二次输出电压是 150mv，则此的“额定一次值”为 400A、“额定二次电压”为 0.15V。如果被试互感器是 600A 的测量线圈，二次额定电压为 4.0V，则“额定一次值”为 600A；“额定二次电压”为 4.0V。如果被试互感器 110kV 的 TV，二次额定电压为 1.5V，则“额定一次值”为 110kV、“额定二次电压”为 1.5V。

(2) 输出显示方式。“一次值”是指一次侧所加的电流电压值，“二次值”是指一次量变换到二次后的，加到采集模块上的模拟电压的值。主界面标注 2 处的“试品输出”中，有效值的显示方式会根据该值的设定进行改变。标注 5 处的波形绘制，也会根据此设定值进行相应改变。

(3) 额定相位偏移。根据被试品所提供的参数来设置，单位“度”。试验开始前应由被试品生产商提供该参数，试验过程中该项变灰，禁止改动。

当“系统配置”中“被校互感器类型”为“IEC 61850－9－1 输出式”或“FT3 输出式”时，此处界面如图 10－18 所示。

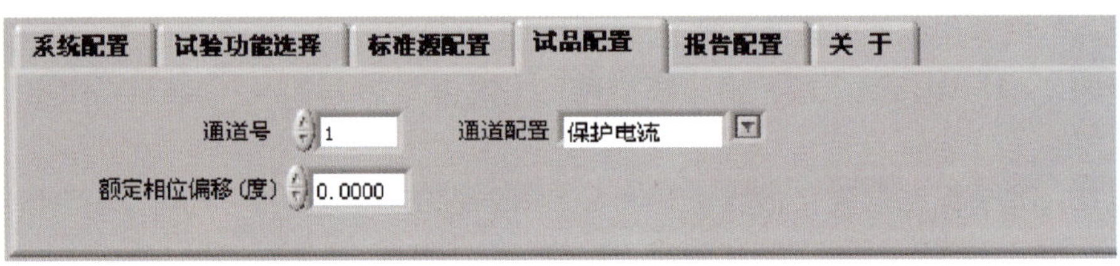

图 10－18 “IEC 61850－9－1 输出式”或“FT3 输出式”试品配置界面图

(1) 通道号。从合并单元（MU）数据集的 12 路数据通道中选择某一路采样数据进行试验。

(2) 通道配置。根据所选“通道号”对应的信号类别来设置此项：电压、测量电流、保护电流、或者零序电流。

(3) 额定相位偏移。同上，当“系统配置”中“被校互感器类型”为“IEC 61850－9－2LE 输出式”或“IEC 61850－9－2 输出式”时，此处界面如图 10－19 所示。

(1) 通道号、通道配置、额定相位偏移。上述参数的设置均同上。因为 IEC 61850－9－2 中以 32 位整型数据来传输实际一次值，无一次额定参数值，当传输电流值时，数字量 1 代表 1mA，传输电压时，数字量 1 代表 10mV，所以此处的“通道配置”中，测量电流、保护电流和零序电流是无差别的，均表示该通道为电流值。

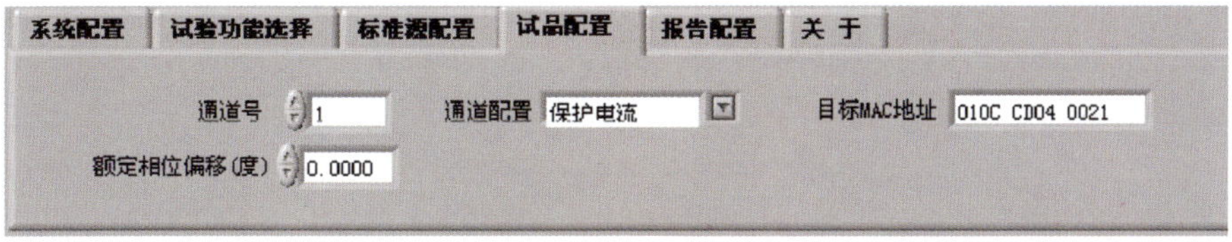

图 10－19 “IEC 61850－9－2 输出式”试品配置界面图

（2）目标 MAC 地址。根据需要接收的 IEC 61850－9－2 采样值报文所对应的以太网目标 MAC 地址来设定此参数，十六进制。

10.3.2 测量结果显示

对应主界面图（图 10－14）标注 2。“标准源”和“试品”的测量结果分开显示，包括频率值、基波有效值、基波相位值。此处的基波有效值会根据配置信息来决定是显示一次值还是二次值。

10.3.3 校验结果显示

对应主界面图（图 10－14）标注 3。校验试验是将互感器的测试结果，包括基频频率、基频幅值、基频相位，分别与标准源的基频频率、基频幅值和基频相位进行比对，得出频差、比差和相位差。在数字量输出的电子式互感器校验中，“相位差”和“相位误差”有不同的概念，相位差中除了包含相位误差外，还有额定相位偏移和额定延时时间造成的相位移，详见 IEC 60044－7（GB/T 20840.7）和 IEC 60044－8（GB/T 20840.8）中对“相位误差”的说明。

10.3.4 校验结果统计

对应主界面图（图 10－14）标注 4。在校验试验过程中对试验结果进行统计，得到当前的比差和相差的最大值、最小值和平均值。

10.3.5 波形显示

对应主界面图（图 10－14）标注 5。对每次比对中所采集到的标准源信号，被测互感器信号进行波形绘制，同时得出被试互感器相对标准源的差值信号，各个波形以不同的颜色加以区分。此处的波形幅值受“输出显示方式”的控制。波形的控制可以点击控制图标 ，第一个暂无用处；第二个  为波形缩放，波形缩放子图标如图 10－20 所示。

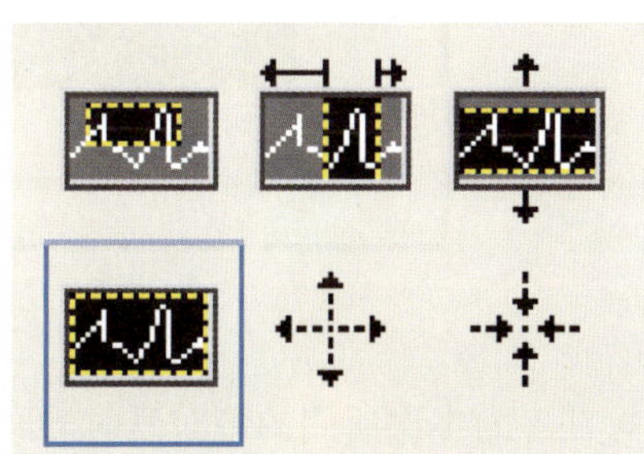

图 10－20 波形缩放子图标

功能依次为：所选窗口放大，横向放大，纵向放大，全屏显示，整体放大，整体缩小。第三个图

标 为波形的拖拽。波形窗口点击右键可以进行波形图像的清除，标注和导出，以及坐标的调整。

10.3.6 比率及次数

对应主界面图（图 10-14）标注 6。“比率”是指从标准源侧看，一次电压或一次电流的实际值相对“标准源配置”中“额定一次值”的百分比。“次数”显示当前试验已比较的次数。

10.3.7 程序控制按钮

对应主界面图（图 10-15）标注 11。点击程序左上角 后，程序即进入校验试验前的配置阶段，程序运行阶段指示灯会指示为“配置中”。当配置完毕后，点击“启动校验”按钮，即进入校验试验。“停止”按钮可随时停止校验试验的进行。

10.3.8 绝对延时测试

绝对延时测试的子界面如图 10-21 所示。

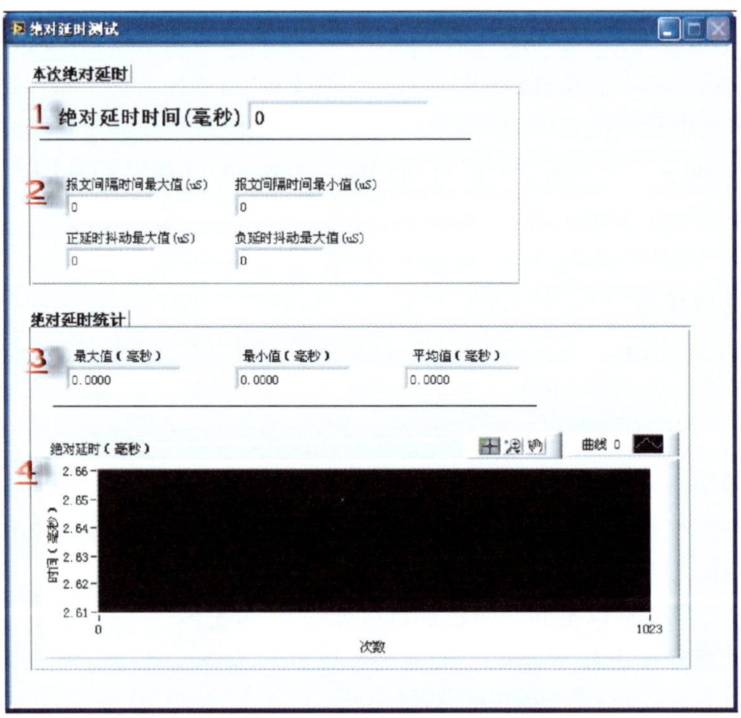

图 10-21 绝对延时测试的子界面

标注 1 为本次所测的绝对延时时间，毫秒值。

标注 2 为本次所测的合并器（MU）采样值报文时间特性，包括报文与报文之间的时间间隔，延时抖动的值，均以微秒为单位。

标注 3 为上述标注 1 处的绝对延时时间的统计值，包括最大值，最小值和平均值。

标注 4 为绝对延时时间的图形绘制。

10.4 网络报文分析仪

智能变电站中，设备之间的网络通信已成为信息交互和共享的主要方式。网络报文的发送端、接收端以及通信网络异常均有可能影响变电站的正常运行，因此需要对网络报文进行有效的监视、记录和诊断。当电力系统故障发生时，不仅需要对网络原始报文进行记录，还需要对网络报文进行解析，还原为一次设备的故障波形和二次设备的动作行为记录，便于事故发生后进行分析和快速查找故障原因。本节将简要介绍 ZH－5N 型和 NSAR500 型网络报文分析仪的使用方法。

10.4.1 ZH－5N 网络报文分析仪简介

ZH－5N 网络报文分析装置由过程层报文记录子系统、站控层报文记录子系统、暂态录波子系统、就地管理分析子系统以及远端管理分析子系统组成。过程层报文记录子系统主要记录智能变电站过程层的 SV 报文、GOOSE 报文以及 PTP 报文；站控层报文记录子系统记录站控层网络中 MMS 报文、GOOSE 报文（五防闭锁用）。暂态录波子系统以 COMTRADE 格式记录一次系统故障波形（包括电压、电流、开关量）。就地管理分析子系统和远端管理分析子系统实现就地和远方的人机交互管理，可以设置系统运行参数，调阅、查询、分析原始记录报文和暂态录波文件等。

10.4.2 使用方法

一、打开程序

双击 

图标，打开 ZH－5N 管理机的管理软件。

双击 

图标，打开 ZHNPA 报文分析程序。

二、报文文件查询

在 ZH－5N 管理机软件的左栏“采集器”中，报文列表查询如图 10－22 所示，双击“ZH5N_ 2N（v1.03，ZH－5N/CLU）”。

右栏“报文查询”输入查询时间段，点击“查询”，弹出查询结果；或者直接点击“最近”进行查询。

图 10－22 报文列表查询

三、下载文件

双击相应的文件条目就会自动进行下载，并弹出“ZHNPA 报文分析程序”窗口。报文下载如图 10－23 所示。

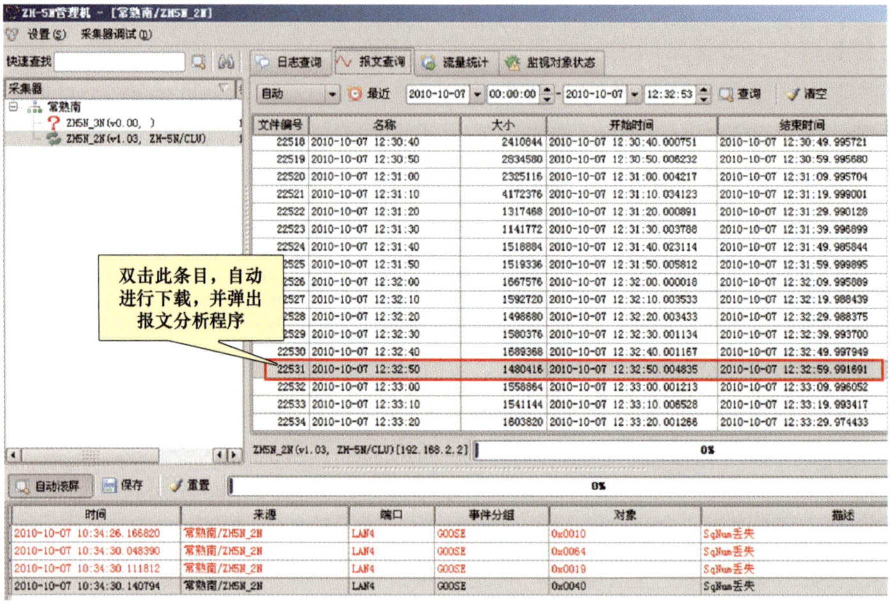

图 10－23　报文下载

四、同时打开多个文件

ZH－5N 报文分析仪每隔 10s 就会记录一个报文文件，如果同时打开多个报文文件，可以双击多条报文文件进行下载，在“ZHNPA 报文分析程序”窗口中“文件”下拉菜单中点“同时打开多个文件”即可，如图 10－24 所示。

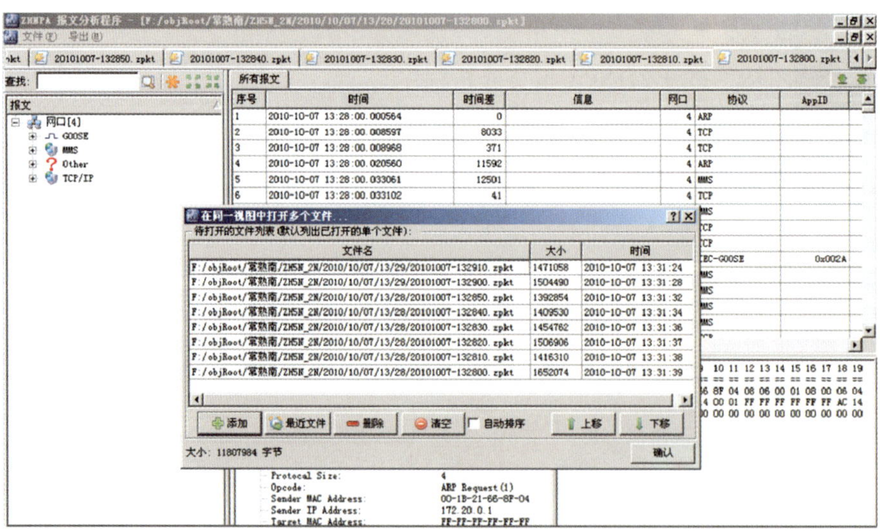

图 10－24　打开文件

五、查找

在“查找”框中输入设备IP地址的某一字段可以快速找到IP地址中包含该字段的所有设备。例如要查询IP地址为172.20.22.93的设备，可以在“查找”框中输入“93”，进行查找，如图10－25所示。

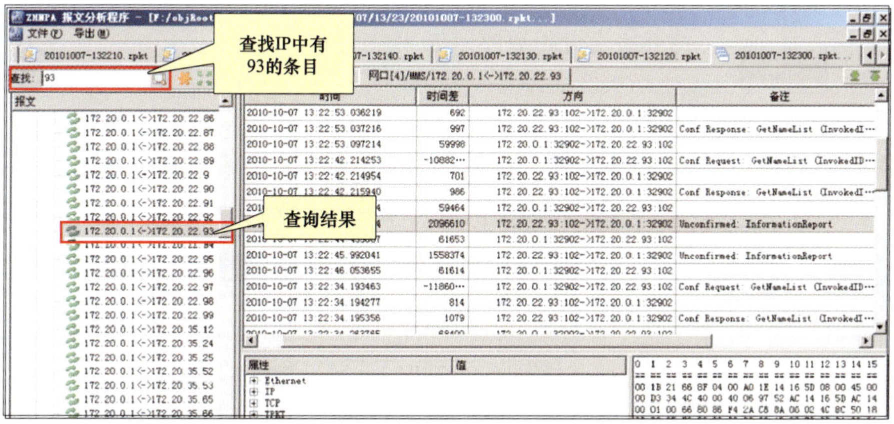

图10－25　报文查询

六、查看报文

在图10－26的右栏中点击相应报文条目进行查看。

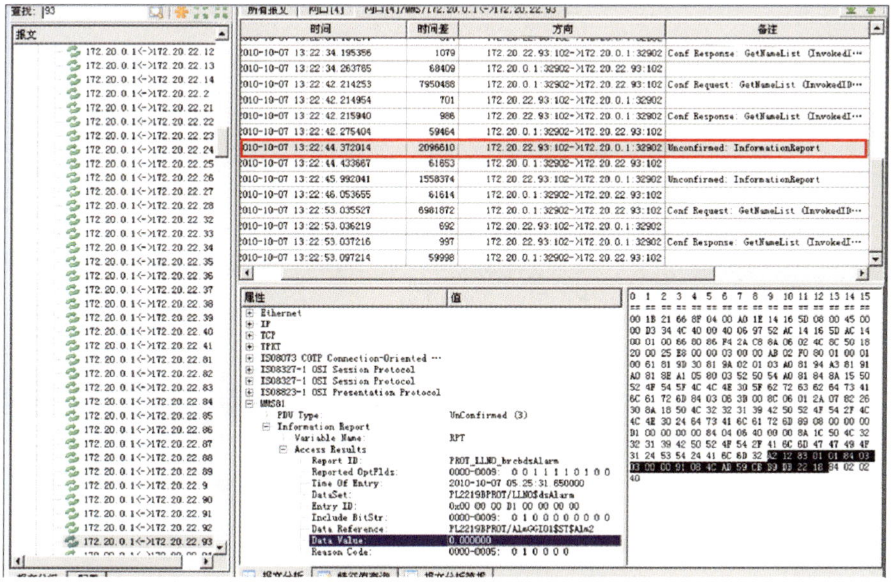

图10－26　报文分析

10.4.3　NSAR500网络报文分析仪简介

NSAR500网络报文记录分析系统是智能变电站通信监视设备，可对网络通信状态进行在线监视，并对网络通讯故障及隐患进行告警，有利于及时发现故障点并排查故障；同时能够对网络通信信息进行无损全记录，以便于重现通信过程及故障。该设备通过对智能变电站中的所有通信信息进行实时解析，能够以可视化的方式展现“数字式二次回路”状态。

10.4.4 使用方法

一、打开程序

双击图标，打开报文分析程序。

二、下载文件

图 10－27 中显示有四个记录通道，任何一个通道都可以查看报文。双击其中一个通道弹出下载对话框，如图 10－28 所示，选中某条文件进行下载。

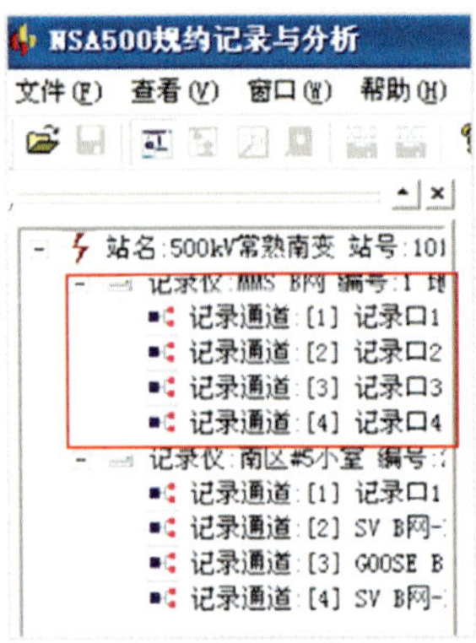

图 10－27 记录通道查询

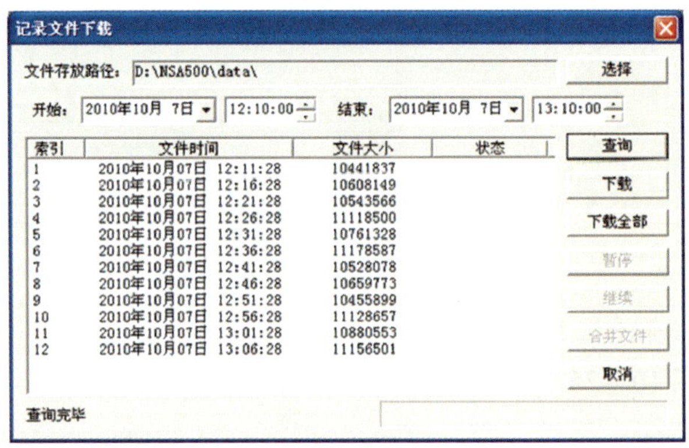

图 10－28 报文下载

三、规约分析

下载完成后，要进行规约分析，如图 10－29 所示，点右键选择“规约分析”，弹出图 10－30 所示界面。

图 10－29 规约分析选择

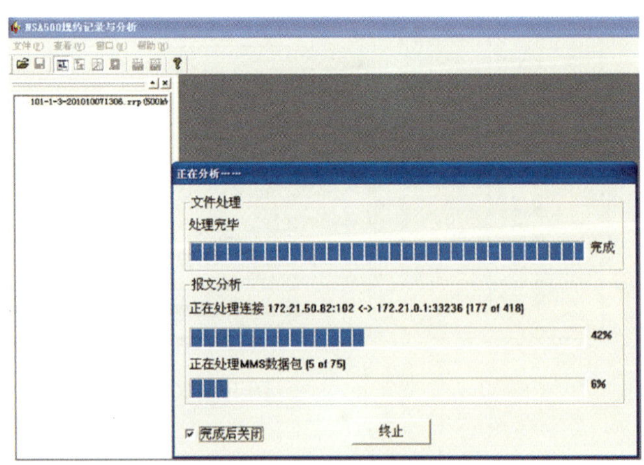

图 10－30 报文分析界面

四、报文分析

规约分析结束后可以看到图 10－31 所示界面，显示报文文件中的每一帧报文。图 10－32 为“MMS 无应答服务”报文的分析界面。

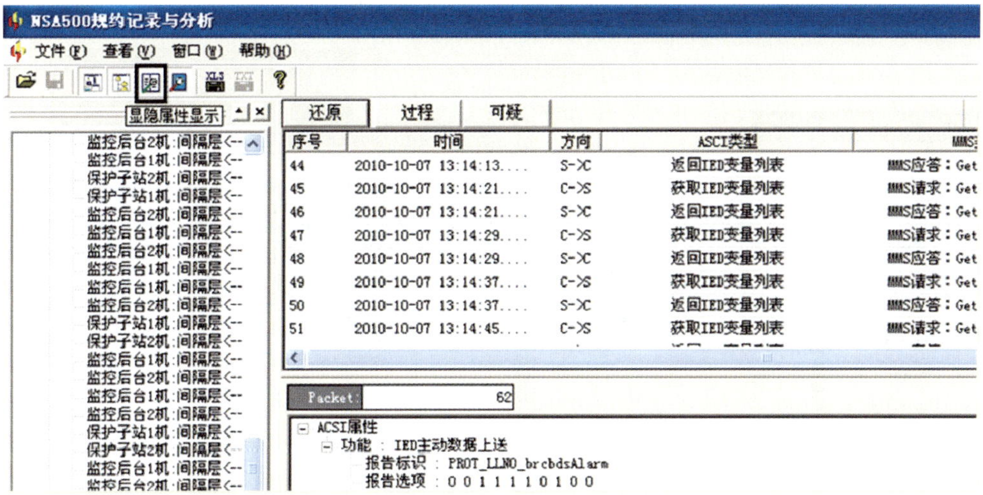

图 10－31　报文分析

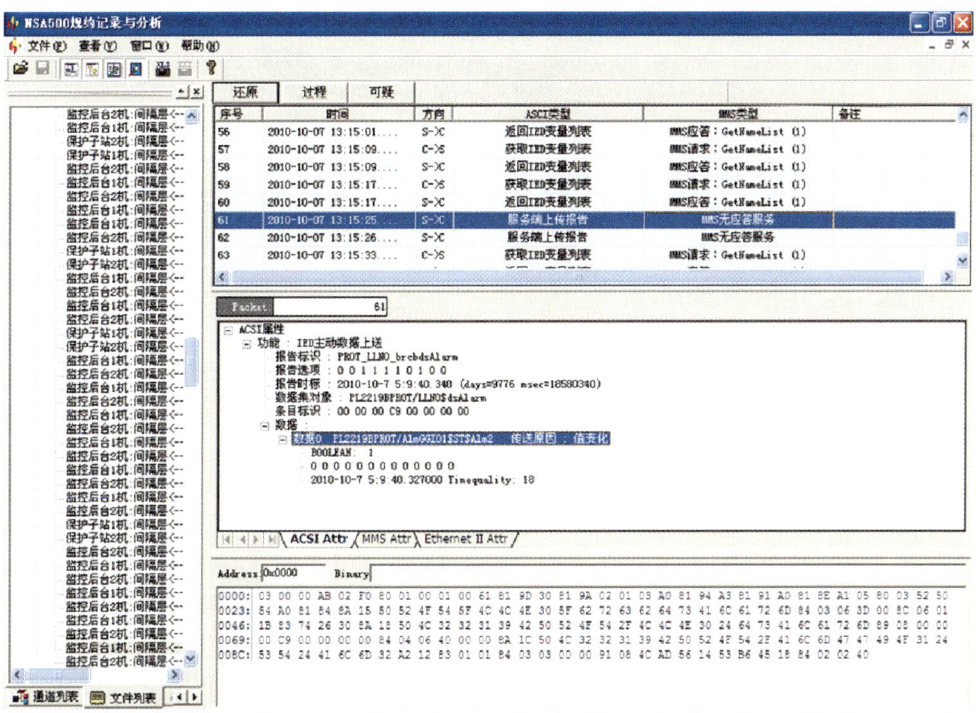

图 10－32　报文分析界面例子

五、查找某个间隔

对于某个保护间隔可以通过“查找”快速找到。例如，沙家浜 2 线线路保护 B 柜，可右击 MMS 点击查找，输入“沙家浜 2 线线路”即可。报文查找如图 10－33 所示，设备交互信息查询如图 10－34 所示。

图 10－33 报文查找

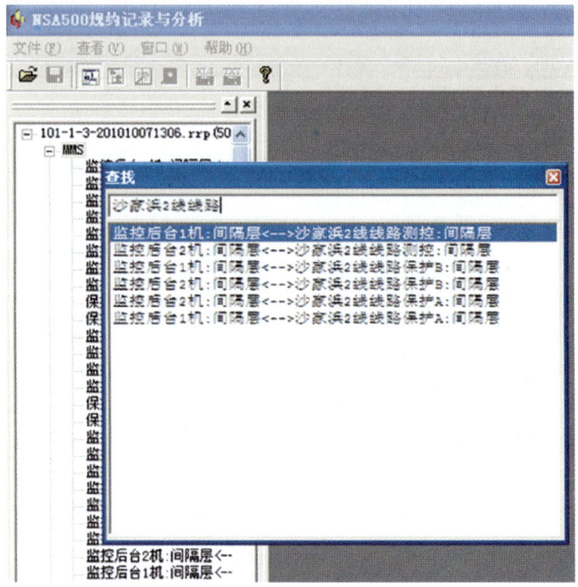

图 10－34 设备交互信息查找

10.5 网络性能测试仪

SmartBits 是专用的网络性能测试仪，可以对网络中的交换机性能及整个网络的性能进行测试分析。本节通过 SmartWindow 软件介绍 SmartBits 的使用方法。

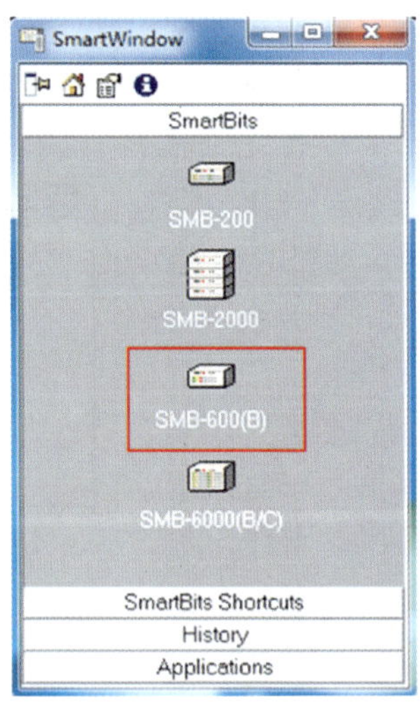

图 10－35 选择程序

一、打开程序

双击  图标，打开 Smart Window 程序。

二、选择 SmartBits 装置类型

软件预设四种装置类型，根据硬件设备选择相应的控制软件装置类型，如图 10－35 所示。

三、设置连接项

连接参数设置如图 10－36 所示，点击“Options”下拉菜单中“ConnectionSetup…”项，进行连接设置。

连接设置主要进行通信方面的设置，如图 10－37 所示，设置远程 IP 地址。

四、连接网络

连接设置完成之后，点击“Actions”下拉菜单中的“Connect”项进行连接，如图 10－38 所示。

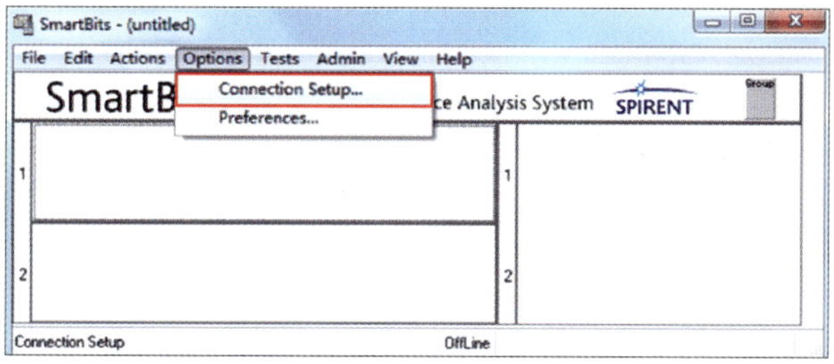

图 10－36　连接参数设置

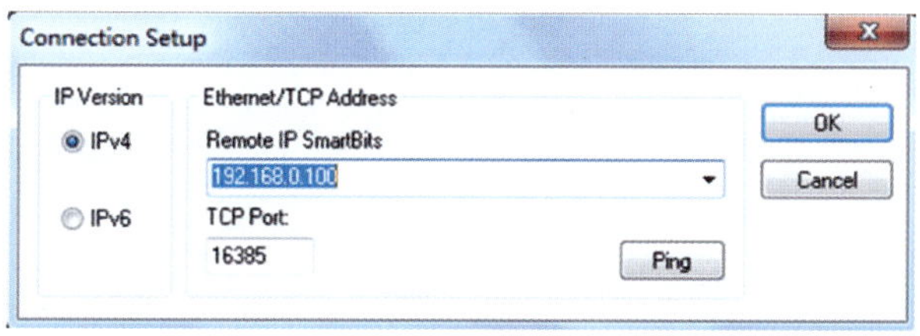

图 10－37　设置通信地址

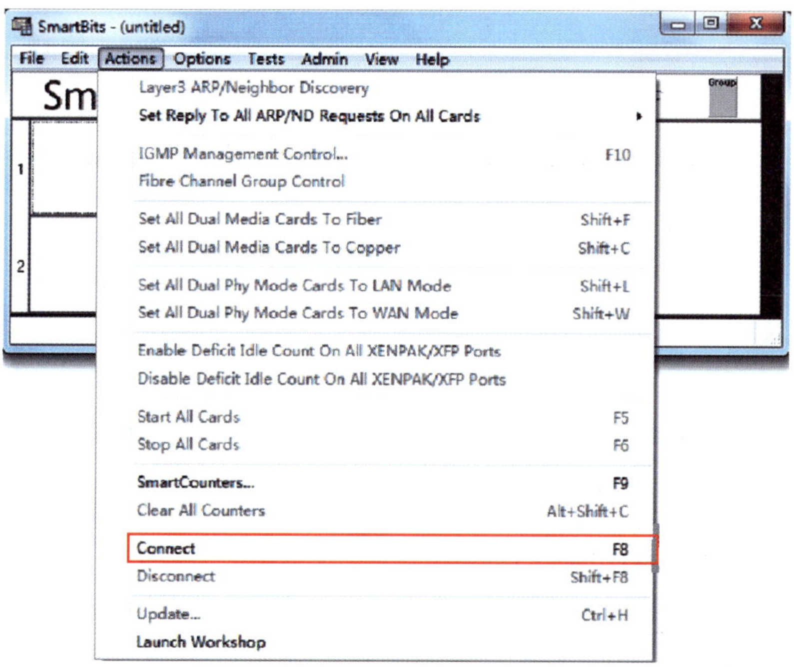

图 10－38　连接设备

五、启用模块

启用设备如图 10－39 所示，在相应设备图标上点右键，选“Reserve This Module”启动相应设备。

六、使能电口

启动设备后，根据连接装置的端口是电口还是光口，对相应端口进行使能。选择测试口如图 10－40 所示，选“Enable Copper Port”将电口使能。

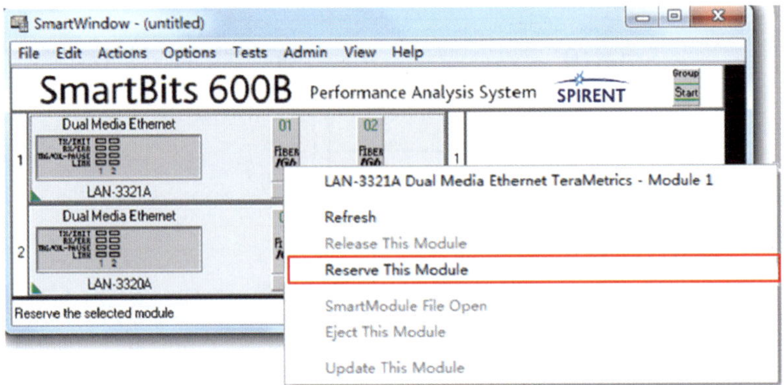

图 10－39　启用设备

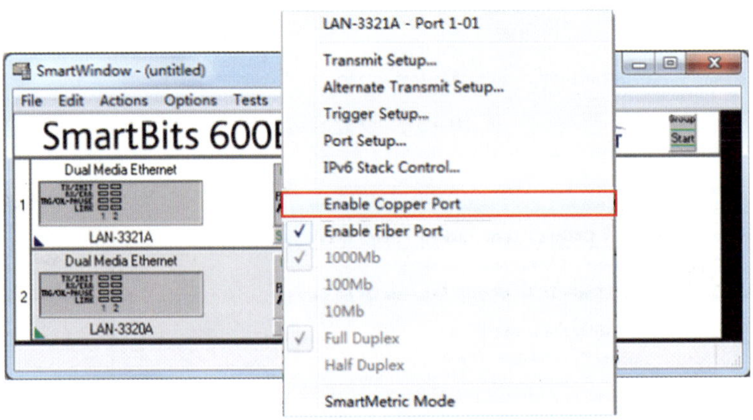

图 10－40　选择测试口

七、参数设置

使能端口后就要对传输参数进行设置，如图 10－41 所示，点右键选择“Transmit Setup…”项进入参数设置界面，如图 10－42 所示。

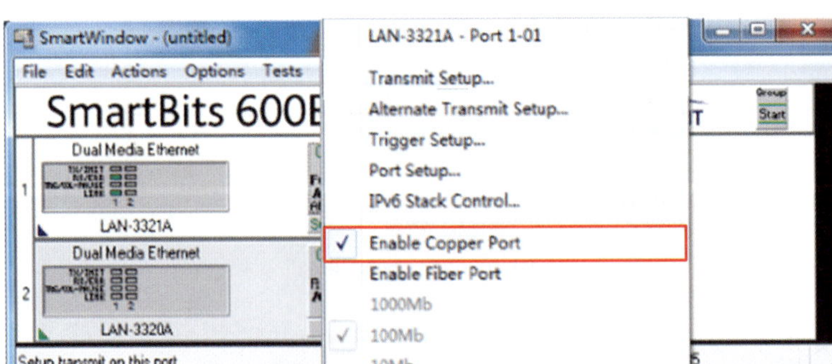

图 10－41　设置测试参数

“Mode”表示发包的方式，“Contnuous”表示持续发包，“Single Burst”表示在短时间内突发某个数量的包。

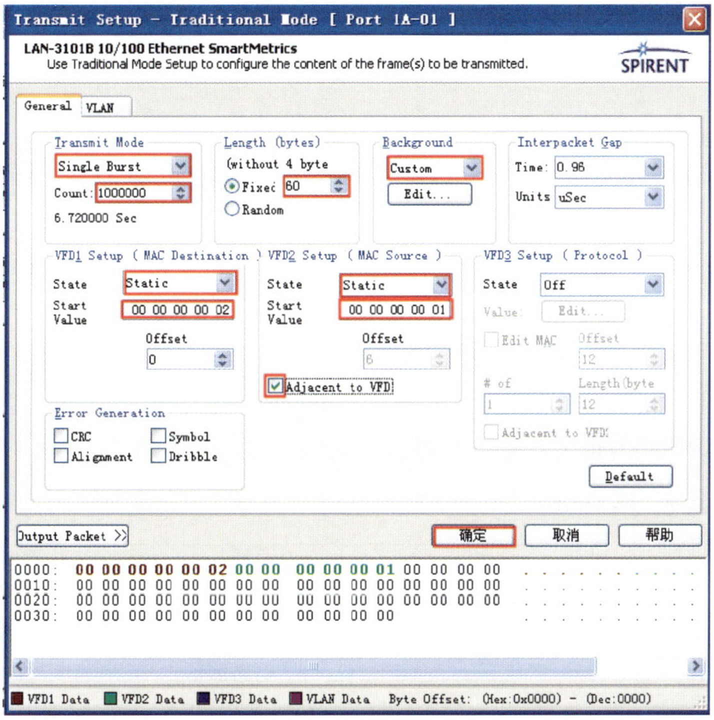

图 10－42　设置测试参数界面

“Count”表示以太网速度。“100 000”表示 100M 以太网，“10 000”表示 10M 以太网。

“Length（bytes）”表示数据包的长度，取值范围为：60～1514 字节。

“Background”表示数据包的类型，有 IP、UDP、TCP、IPX、AAAA 等。

“Interpacket Gap”表示数据包发送时的间隙，可通过 μsec、mSec、% Utilization 等方式表示。数据包之间的最小间隙为 96Bit（即 16 字节），此时带宽的利用率最高。

将鼠标移至测试的第一个端口上，按右键选择“Copy Port Data”，复制当前端口的数据。

八、开始测试

图 10－43 中，点击“Start”即开始测试。

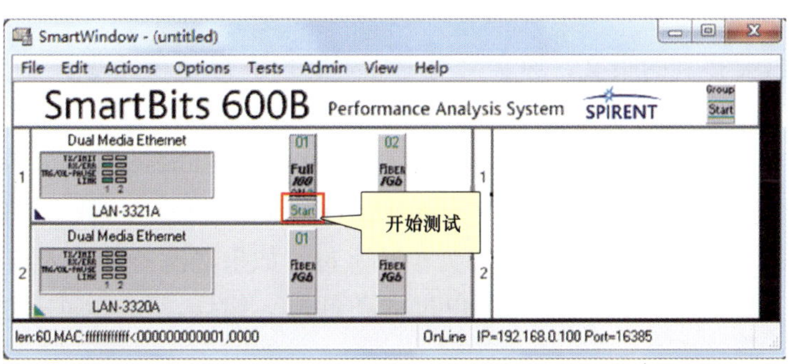

图 10－43　开始测试

10.6 网络抓包工具

10.6.1 Ethereal

Ethereal 是一个开放源代码的报文分析工具，支持 Linux 和 Windows 平台。自从 1998 年发布最早的 0.2 版本至今，Ethereal 已经支持五百多种协议解析。智能变电站建设过程中，工程人员通常利用 Ethereal 对 MMS 报文和 GOOSE 报文进行抓包分析，以便于测试过程查找并解决问题。

一、主界面

打开 Ethereal，主界面如图 10－44 所示，“options” 进行抓包配置，“Filter” 可以输入过滤条件过滤显示抓到的报文。

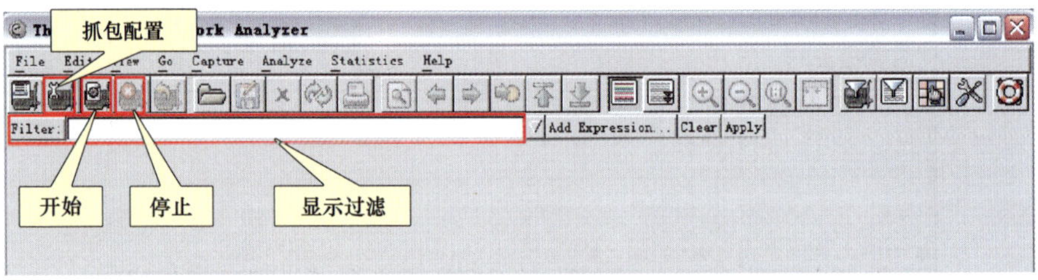

图 10－44　Ethereal 工具界面

二、抓包配置

首先，在“Interface”项中选择网卡，即将来用于抓包的接口，网卡选择不正确就会捕捉不到报文；“Display Options（显示设置）”中，建议选中“Update list of packets in realtime（实时更新抓包列表）”、“Automatic scrolling in living capture（自动滚屏）”、“Hide capture info dialog（隐藏抓包信息对话框）”三项；“Capture packets in promiscuous mode（混杂模式抓包）”是指捕捉所有的报文，若不选中则只捕捉本机收发的报文；若选中“Limit each packet to（限制每个包的大小）”项，则只捕捉小于该限制的包。设置完成后即可点击“Start”开始捕捉。Ethereal 参数设置如图 10－45 所示。

三、报文显示过滤

为了快速查找要得到的报文，通常会对捕捉到的包进行显示过滤。在“Filter”栏中输入过滤条件，按回车键或者点击“Apply”进行报文显示过滤，例如“eth. src ==5a：48：36：30：35：44”，则过滤后显示的全部为源地址 MAC－Address 为 5a：48：36：30：35：44 的报文；或者直接点击右键，如图 10－46 所示进行显示过滤。

注意：“Filter”栏中输入的过滤条件为小写字母，如果过滤条件输入正确，则“Filter”栏底色为绿色，否则底色为红色提醒用户过滤条件输入错误。Ethereal 过滤条件设置如图 10－46 所示。

常用过滤条件及说明如表 10－1 所示。

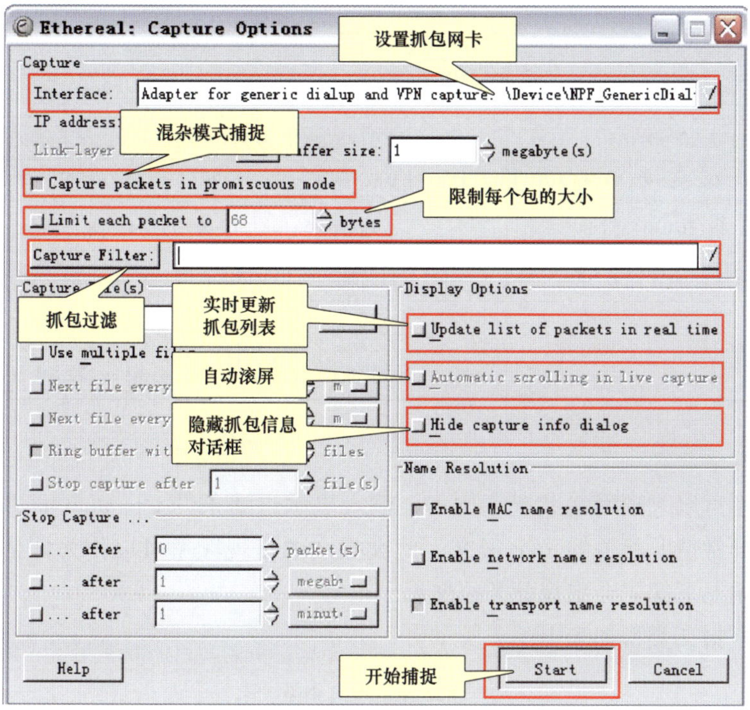

图 10－45　Ethereal 参数设置

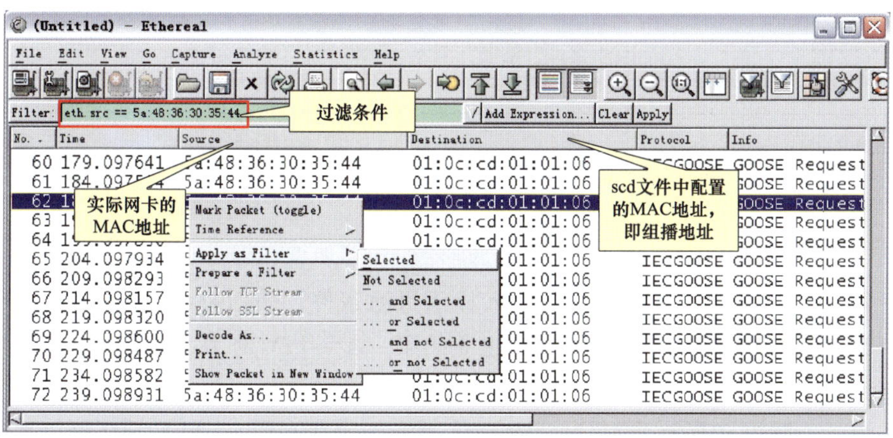

图 10－46　Ethereal 过滤条件设置

表 10－1　　　　常用过滤条件及说明

显示过滤语法	说　明
mms	只显示 MMS 报文
iecgoose	只显示 GOOSE 报文
tcp	只显示 tcp 报文
udp	只显示 udp 报文
ip. addr = = 172. 20. 50. 164	与 IP 地址为 172. 20. 50. 164 的服务器交互的报文

续表

显示过滤语法	说　明
ip. src == 172. 20. 50. 164	源地址 IP 为 172. 20. 50. 164 的服务器发出的报文
ip. dst == 172. 20. 50. 164	与目的地址 IP 为 172. 20. 50. 164 的服务器交互的报文
eth. addr == 5a:48:36:30:35:44	与 MAC 地址为 5a:48:36:30:35:44 的服务器交互的报文
eth. src == 5a:48:36:30:35:44	源地址为 5a:48:36:30:35:44 的服务器发出的报文
eth. dst == 01:0c:cd:01:01:06	与目的地址为 01:0c:cd:01:01:06 的服务器交互的报文
&&	逻辑并，例如(mms)&&(ip. dst == 172. 20. 50. 164)
‖	逻辑或，例如(mms)‖(ip. dst == 172. 20. 50. 164)

四、判别网络状况

某些报文还可以判别网络状况，例如，输入显示过滤条件 tcp. analysis. flags，可以显示丢失、重发等异常情况相关的 TCP 报文，此类报文的出现频率可以作为评估网络状况的一个标尺。通常情况下偶尔会出现此类报文属于正常。

常见的异常报文类型如表 10－2 所示。

表 10－2　　常见异常报文类型

异常报文类型	异　常　原　因
[TCP Retransmission]	由于没有及时收到 ACK 报文而产生的重传报文
[TCP Dup ACK ×××]	重复的 ACK 报文
[TCP Previous segment lost]	前一帧报文丢失
[TCP Out-Of-Order]	TCP 的帧顺序错误

（1）监视 TCP 连接建立与中断。输入显示过滤条件：tcp. flags. syn == 1 ‖ tcp. flags. fin == 1 ‖ tcp. flags. reset == 1，SYN 是 TCP 建立的第一步，FIN 是 TCP 连接正常关断的标志，RST 是 TCP 连接强制关断的标志。

（2）统计心跳报文有无丢失。在 statistics -> conversations 里选择 UDP，可以看到所有装置的 UDP 报文统计。一般情况下，相同型号装置的 UDP 报文数量应该相等，最多相差 1 到 2 个，如果个别装置数量异常，则可能是有心跳报文丢失，可以以该装置的地址为过滤条件进行进一步查找。

五、捕捉过滤设置

当网络报文流量很大时，如果只想捕捉特定的报文，抓包之前可在“Capture Filter”进行抓包过滤设置，如图 10－47 所示，与“显示报文过滤”不同的是：“显示报文过滤”抓到的是所有报文，只显示特定的报文；而“捕捉过滤”是在捕捉报文时就进行筛选，符合条件的报文才进行捕捉。

常用捕捉过滤语法如表 10－3 所示。

表 10－3　　常用捕捉过滤语法

捕捉过滤语法	说　明
tcp	只捕捉 tcp 报文
udp	只捕捉 udp 报文
host 172. 20. 50. 181	只捕捉 IP 地址为 172. 20. 50. 181 的报文
ether host 5a:48:36:30:35:44	只捕捉 MAC 地址为 5a:48:36:30:35:44 的报文

六、保存

保存报文时在“Packets Range”项中有几个可选项：

（1）Captured——保存捕捉到的所有报文；

（2）Displayed——保存屏幕显示的报文；

（3）All packets——保存所有的数据包；

（4）Selected packets only——保存选中的数据包；

（5）Marked packets only——保存标记过的数据包。

“All packets”、“Selected packets only”、“Marked packets only”与“Captured”、“Displayed”结合使用。报文保存如图 10－47 所示。

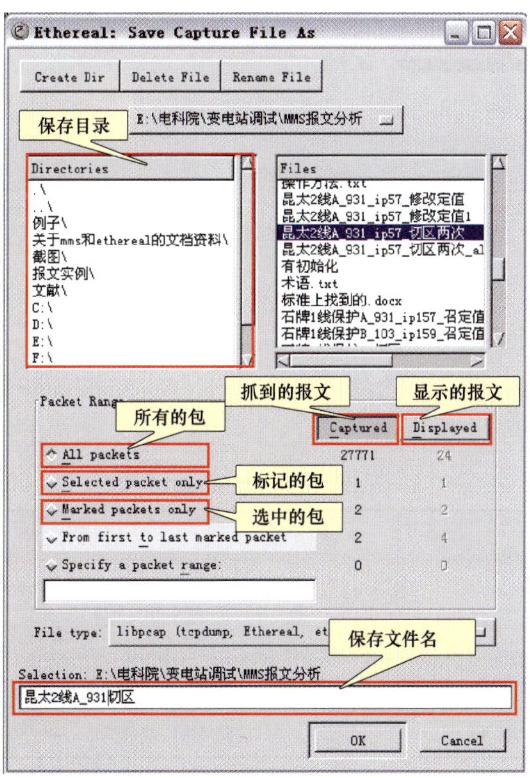

图 10－47　报文保存

10.6.2 Wireshark

Wireshark 也是开源的网络协议分析软件，支持 Windows/Unix/Linux，前身是前面介绍过的 Ethereal。由于 Wireshark 对 SV 采样值报文解析地较好，所以在智能变电站集中集成测试中，一般用 Wireshark 来对过程层的 IEC 61850－9－2 采样值报文进行抓包解析，而 Ethereal 则用于对站控层 MMS 报文和过程层 GOOSE 报文进行解析。

本章已在第六节第一部分中已经对 Ethereal 进行了较详细的介绍，Wireshark 与 Ethereal 工具使用方法非常类似，故在此处将对 Wireshark 进行简略的说明。

一、软件主界面

在软件主界面中主要是设置抓包网卡，这与 Ethereal 的抓包时在“Options”中设置网卡相类似，不同之处是 Wireshark 的网卡设置直接在“Interface List”选择。Wireshark 工具卡选择如图 10－48 所示。

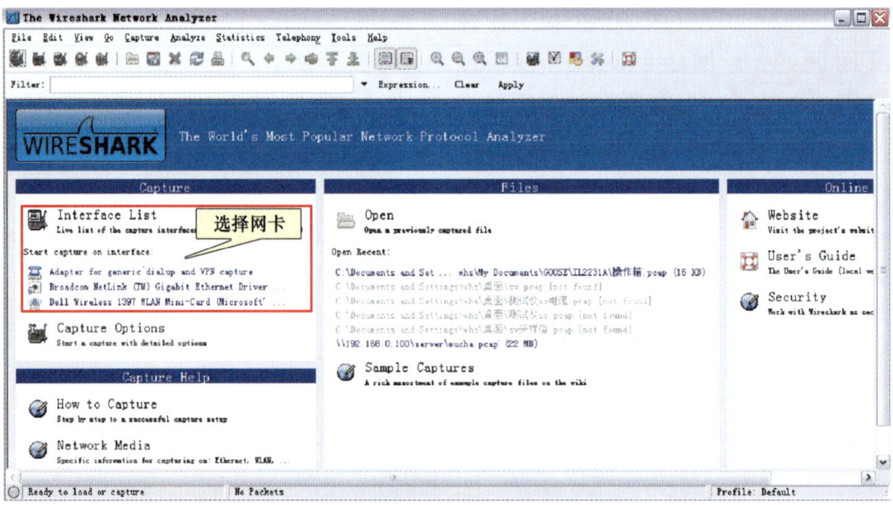

图 10－48 Wireshark 工具网卡选择

二、抓包

Wireshark 抓包界面如图 10－49 所示。

三、报文显示过滤

常见过滤语法如表 10－4 所示。

表 10－4　常见过滤语法

显示过滤语法	说　明
sv	IEC 61850－9－2 采样值报文
goose	GOOSE 报文
host 172.20.50.181	只捕捉 IP 地址为 172.20.50.181 的报文
ether host 5a:48:36:30:35:44	只捕捉 MAC 地址为 5a:48:36:30:35:44 的报文

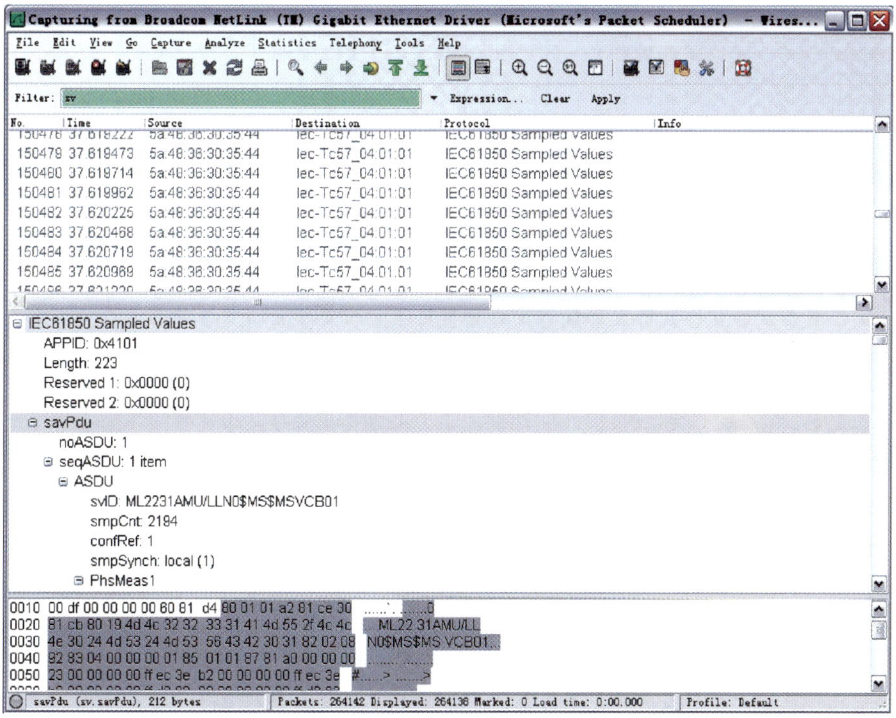

图 10-49 Wireshark 工具抓包界面

参 考 文 献

[1] 刘振亚．智能电网技术．北京：中国电力出版社，2010.
[2] 刘振亚．智能电网知识读本．北京：中国电力出版社，2010.
[3] 高翔．数字化变电站应用技术．北京：中国电力出版社，2008.
[4] 刘延冰，刘红斌，余春雨，等．电子式互感器原理、技术及应用．北京：科学出版社，2009.
[5] 高新华．数字化变电站技术丛书测试分册．北京：中国电力出版社，2010.
[6] 张曾科，阳宪惠．计算机网络．北京：清华大学出版社，2006.
[7] 黎连业，王安，向东明．交换机及其应用技术．北京：清华出版社，2004.
[8] 杨奇逊，黄少锋．微型机继电保护基础．2 版．北京：中国电力出版社，2005.
[9] 朱德恒，谈克雄．电绝缘诊断技术．北京：中国电力出版社，1998.
[10] 肖登明．电力设备状态监测与故障诊断．上海：上海交通大学出版社，2005.
[11] 孙才新，陈伟根，李俭．电气设备油中气体状态监测与故障诊断技术．北京：科学技术出版社，2003.
[12] 高翔，张沛超．数字化变电站的主要特征和关键技术，电网技术．2006，30（23）：67－71.
[13] 张沛超，高翔，等．数字化变电站系统结构．电网技术，2006，30（24）：73－77.
[14] 鲁国刚，刘骥，等．变电站的数字化技术发展．电网技术，2006，30（Z）：499－504.
[15] 张斌，倪益民，马晓军．变电站综合智能组件探讨．电力系统自动化，2010，34（21）：91－94.
[16] 赵丽君，席向东．数字化变电站应用技术．电力自动化设备，2008，28（5）：118－121.
[17] 王勇，梅生伟，何光宇．变电站一次设备数字化特征和实现．电力系统自动化，2010，34（13）：93－98.
[18] 吴在军，胡敏强．基于 IEC 61850 标准的变电站自动化系统研究．电网技术，2003，27（1）：71－75.
[19] 辛耀中，王永福，任雁铭．中国 IEC 61850 研发及互操作试验情况综述．电力系统自动化，2007，31（12）：1－6.
[20] 殷志良，刘万顺，杨奇逊，等．基于 IEC 51850 的通用变电所事件模型．电力系统自动化，2005，29（19）：45－50.
[21] 殷志良，刘万顺，杨奇逊，等．基于 IEC 61850 标准的过程总线通信研究与实现．电机工程学报，2005，25（8）：84－89.
[22] 徐天齐，尹项根，游大海，等．兼容 IEC 61850 的间隔层 IED 模型设计与实现．电力系统自动化，2007，31（24）：42－46.
[23] 李久虎，郑玉平，古世东，等．电子式互感器在数字化变电站的应用．电力系统自动化，2007，31（7）：94－98.
[24] 李澄，袁宇波，罗强．基于电子式互感器的数字保护接口技术研究．电网技术，2007，31（9）：84－87.
[25] 吴在军，窦晓波，胡敏强．基于 IEC 61850 标准的数字保护装置建模．电网技术，2005，29（21）：81－84.
[26] 常弘，茹锋，薛钧义．IEC 61850 语义信息模型的实现．电网技术，2005，29（12）：39－42.
[27] 王丽华，江涛，盛晓红，等．基于 IEC 61850 标准的保护功能建模分析．电力系统自动化，2007，31（2）：55－59.
[28] 樊陈，陈小川，马彦宇，等．基于 IEC 61850 的变电站配置研究．继电器，2007，35（8）：46－49.

[29] 窦晓波，陶洪平，胡敏强，等. 基于C#. NET的IEC 61850配置工具的设计和实现. 电力自动化设备，2007，27（11）：67－70.
[30] 王丽华，张青山，张马龙，等. IEC 61850建模工具的设计与实现. 电力系统自动化，2008，32（4）：73－76.
[31] 高湛军，潘贞存，卞鹏，等. 基于IEC 61850标准的微机保护数据通信模型. 电力系统自动化，2003，27（18）：43－46.
[32] 范建忠，马千里. GOOSE通信与应用. 电力系统自动化，2007，31（19）：85－90.
[33] 段吉泉，段斌. 变电站GOOSE报文在IED中的实时处理. 电力系统自动化，2007，31（11）：65－69.
[34] 徐成斌，孙一民. 数字化变电过程层GOOSE通信方案. 电力系统自动化，2007，31（19）：91－94.
[35] 袁宇波，卜强生，包玉树，等. 电子式互感器数据分析系统的设计与应用. 电力系统自动化，2009，33（20）：78－82.
[36] 戚栋. 一种适应母线电流动态范围宽的光电式电流互感器供电电源. 中国电机工程学报，2006，26（19）：160－164.
[37] 邱红辉，李立伟，段雄英，等. 用于激光供能电流互感器的低功耗光电传输系统. 电力系统自动化，2006，30（20）：72－76.
[38] 钱政. 有源电子式电流互感器中高压侧电路的功能方法. 高压电器，2004，40（2）：135－138.
[39] 王夏宵，张春熹，张朝阳，等. 全光纤电流互感器的偏振误差研究. 光子学报，2007，36（2）：320－323.
[40] 赵晶晶，冯丽爽，张春熹. 全光纤波片对光纤电流互感器性能的影响. 光学技术，2005，31（6）：918－920.
[41] 王化冰，赵志敏. 基于电容分压器的电子式电压互感器的研究. 继电器，2007，35（18）：46－49.
[42] 阎永志. 多通道型Pockels光纤传感器及其监测系统的研究. 压电与声光，1990，12（4）：46－51.
[43] 余春雨，叶国雄，王晓琪，等. 电子式互感器的校准方法与技术. 高电压技术，2004，30（4）：20－24.
[44] 尚秋峰，杨以涵，于文斌，等. 光电电流互感器测试与校验方法. 电力系统自动化，2005，29（9）：77－81.
[45] 孙一民，李延新，黎强. 分阶段实现数字化变电站系统的工程方案. 电力系统自动化，2007，31（5）：90－93.
[46] 叶罕罕，许平，宗洪良，等. 数字化变电站的电压互感器配置和电压切换. 电力系统自动化，2008，32（24）：93－95.
[47] 黄灿，郑建勇，苏麟. 电子式互感器配置问题探讨. 电力自动化设备，2010，30（3）：137－140.
[48] 童晓阳，李岗，陈德明，等. 采用IEC 61850的变电站间隔层IED软件设计方案. 电力系统自动化，2006，30（14）：54－58.
[49] 孙一民，陈远生. 母线保护装置的IEC 61850信息模型. 电力系统自动化，2007，31（2）：51－54.
[50] 操丰梅，宋小舟，秦应力. 基于数字化变电站过程层的分布式母线保护的研制. 电力系统自动化，2008，32（4）：69－72.
[51] 何卫，唐成虹，张祥文，等. 基于IEC 61850的IED数据结构设计. 电力系统自动化，2007，31（1）：57－60.
[52] 李慧，赵萌，杨卫星，等. 应用IEC 61850规约的220KV变电所继电保护设计. 电力系统保护与控制，2009，37（6）：60－63.
[53] 胡道徐，李广华. IEC 61850通信冗余实施方案. 电力系统自动化，2007，31（8）：100－103.
[54] 王峥，胡敏强，郑建勇. 基于GPS的变电站内部时间同步方法. 电力系统自动化，2002，26（4）：36－39.
[55] 雷霆，李斌，黄太贵. 220kV变电站GPS时间同步系统实现技术. 电力自动化设备，2007，27（11）：

71 – 74.

[56] 殷志良，刘万顺，杨奇逊，等．基于 IEEE 1588 实现变电站过程总线采样值同步新技术，电力系统自动化，2005，29（13），92 – 27.

[57] 胡永春，张雪松，许伟国，等．IEEE 1588 时钟同步系统误差分析及其检测方法．电力系统自动化，2010，34（21）：107 – 111.

[58] 杨丽，赵建国，陈大超．IEEE 1588 V2 在全数字化保护系统中的应用．电力自动化设备，2010，30（10）：98 – 102.

[59] 赵上林，胡敏强，窦晓波，等．基于 IEEE 1588 的数字化变电站时钟同步技术研究．电网技术，2008，32（21）：97 – 102.

[60] 于鹏飞，喻强，邓辉，等．IEEE 1588 精确时间同步协议的应用方案．电力系统自动化，2009，33（13）：99 – 103.

[61] 袁振华，董秀军，刘朝英．基于 IEEE 1588 的时钟同步技术及其应用．计算机测量与控制，2006，14（12）：1726 – 1728.

[62] 殷志良，刘万顺，杨奇逊，等．一种遵循 IEC 61850 标准的合并单元同步的实现新方法．电力系统自动化，2004，28（11）：57 – 61.

[63] 陈卫，翟正军，王季．以太网分布式测试系统中实时传输技术研究．计算机测量与控制，2008，16（2）：259 – 261.

[64] 高厚磊，江世芳，贺家李．数字电流差动保护中几种采样同步方案．电力系统自动化，1996，20（9）：46 – 49.

[65] 闫志辉，胡彦民，周丽娟．重采样移相技术在过程层 IED 中的应用．电力系统保护与控制，2010，38（6）：64 – 66.

[66] 刘宏君，孙一民，李延新．数字化变电站光纤纵差保护性能分析．电力系统自动化，2008，32（17）：72 – 74.

[67] 曹团结，陈建玉，黄国方．基于 IEC 61850 – 9 的光纤差动保护数据同步方法．电力系统自动化，2009，33（24）：58 – 60.

[68] 吴俊兴，胡敏强，吴在军．基于 IEC 61850 标准的智能电子设备及变电站自动化系统的测试．电网技术，2007，31（2）：70 – 74.

[69] 凌平，沈冰，周健．全数字化变电站系统的检测手段研究．华东电力，2007，37（6）：952 – 955.

[70] 郑博明，吴奕，杨洪，等．变电程序化操作的设计与实现．电力系统自动化，2006，30（9）：105 – 107.

[71] 孙一民，侯林，揭萍，等．间隔层保护测控装置防误操作实现方法．电力系统自动化，2006，30（11）：81 – 85.

[72] 唐成虹，宋斌，胡国，等．基于 IEC 61850 标准的新型变电站防误系统．电力系统自动化，2009，33（5）：96 – 99.

[73] 罗钦，段斌，肖红光，等．基于 IEC 61850 控制模型的变电站防误操作分析与设计．电力系统自动化，2006，30（22）：61 – 65.

[74] 赵杰，潘勇斌，曹玉文，等．500kV 变电站自动化系统改造经验．电力系统自动化，2000，24（22）：59 – 60.

[75] 张少华，陈卫中．金华 500kV 变电站综合自动化系统运行分析．电力系统自动化，2000，24（6）：57 – 60.

[76] 王冬青，李刚，何飞跃．智能变电站一体化信息平台的设计．电网技术，2010，34（10）：20 – 25.

[77] 王德文，朱永利，王艳．基于 IEC 61850 的输变电设备状态监测集成平台．电力系统自动化，2010，34（13）：43 – 47.

[78] 杜凌艳，王振浩，王刚，等．高压断路器运行状态实时监测系统设计．电力自动化设备，2006，26（1）：58－61.

[79] 陈庆国，王永红，高文胜．局部放电在线监测的数据分析及现场干扰抑制．高电压技术，2005，31（11）：10－12.

[80] 李福祺，姜磊，林渡．JFY－3型变压器局部放电状态监测系统．电工电能新技术，2000（3）：69－72.

[81] 王保云．物联网技术研究综述．电子测量与仪器学报，2009，23（12）：1－7.

[82] 陈蕾．物联网技术及其在电力系统通信中的应用．企业技术开发，2010，29（17）：31－33.

[83] Hoga. C，Share. P. IEC 61850 Projects in Germany and Switzerland. Transmission and Distribution Conference and Exhibition，2006：390－393.

[84] Andersson L，Brunner C，Engler F. Substation Automation based on IEC 61850 with new process-close technologies，IEEE Powertech 2003，Bologna，2003：441.

[85] Tor Skeie，Svein Johannessen，Christoph Brunner. Ethernet in Substation Automation，IEEE Control Systems Magazine，2002：43－51.

[86] A. Apostolov，D. Tholomier. Impact of IEC 61850 on Power System Protection. Power Systems Conference and Exposition，2006：1053－1058.

[87] SAHA T K. Review of modern diagnostic techniques for assessing insulation condition in aged transformers. IEEE Transon Dielectrics & Electrical Insulation，2003，10（5）：903－917.

[88] INOUE N，TSUNEKAGE T，SAKAI S. Fault section detection system for 275 kV XLPE-insulated cables with optical sensing technique. IEEE Trans on Power Deilvery，1995，10（3）：1148－1155.

[89] OZANSOY C R，ZA YEGH A，KALAM A. The real-time publisher/subscriber communication model for dist ributed substation systems. IEEE Trans on Power Delivery，2007，22（3）：1411－1423.

[90] BRUNNE C H，SCHIMMEL G，SCHUBERT H. Standardization of Serial Links Replacing Parallel Wiring to Transfer Process Data. In：Proceedings of 2002 International Conference，Study Commiette 34，Protecton & Local Control. Paris（France）：CIGRE，2002：34－209.

[91] PYLVÄ NÄINEN J K，NOUSIAINEN K，VERHO P. Studies to utilize loading guides and ANN for oil-immersed dist ribution transformer condition monitoring. IEEE Trans on Power Delivery，2007，22（1）：201－207.

[92] SKEIE T，JOHNANNESSEN S，HOLMEIDE O. Highly Accurate Time Synchronization over Switched Ethernet. In：Proceeding of 8th IEEE International Conference on Emerging Technologies and Factory Automation，Vol 1. Antibes-Juan les Pins（France），2001. Piscataway（NJ，USA）：IEEE，2001：195－204.